U0896165

国际照明设计年鉴

2012

100+ PROJECTS

INTERNATIONAL LIGHTING DESIGN YEARBOOK 2012

何崴 主编　赵晓波 陈东 张倩 周轩宇 参编

照明设计杂志社 策划
北京理工大学出版社
BEIJING INSTITUTE OF TECHNOLOGY PRESS

Pre序言face

走过21世纪的头一个十年，照明设计已经从我们不太熟悉的事物转变为设计环节中必不可少的内容。当谈论照明或者照明设计的时候，我们不得不惊叹这十年来变化的巨大。在上个世纪末期，照明并不被看成是一门“设计”，它更多地被划归“工程”的范畴。在建筑设计院中并没有照明设计师这个职业，有的只是电器工程师。他们的工作重心也更多在于满足基本照明的功能需求，至于艺术性表现力并不在考虑之列。固然，这很大程度上是因为当时的职业分工还没有涉及这个领域，但也说明在十年前，并没有太多的照明艺术化的要求。照明还只是我们驱散黑暗的功能性必需。

随着行业的发展，职业分工的细化，特别是人们对“光”（包括自然光和人工光）作为空间表现手法的重新认识，照明开始在满足功能性需求之余步入了“艺术化设计”时代；照明设计师也开始逐渐地登上历史的舞台。

对于中国来说，照明设计行业正处于一个方兴未艾的时期。照明设计正逐渐被业主、建筑师、室内设计师所认可；好的设计师、好的设计案例逐渐涌现；行业媒体、行业协会也担负起了推动行业发展的作用……一切迹象都正朝着有利的方向发展着。我们有理由相信照明设计事业的春天已经来到，但是，这并不意味着中国照明设计的未来就一片坦途。正如所有新兴的行业一样，照明设计行业也面临着一系列挑战。

首先，对于其他的设计行业来说，照明设计是一个非常年轻的新兵。到现在为止，中国还没有照明设计专业的本科教育，虽然在一些高校的研究生阶段有照明设计的研究方向，但和高速发展的设计实践需求相比俨然供不应求，再加上从事照明设计门槛相对较低，这就造成中国当下的照明设计师出身和身份混杂，设计水平参差不齐，设计师的行业自律性也不够。从长远利益上讲，设计市场的混乱并不利于设计职业的发展。

其次，“什么是好的照明设计？”在当下的中国仍然是被激烈讨论的话题。从近年来的照明案例中不难发现两种截然不同的现象：其一、用光素雅，宁静，着力追求一种“文人情怀”，抑或现代主义的审美情趣；其二、大胆地运用光、色的组合和变化，强调光的独立表现力，在很大程度上符合后现代的多元文化、大众审美取向，给人以缤纷热闹之感。固然，两种设计手法本身并没有孰对孰错之分，但如何运用，运用在什么项目中去是可以评判的。

再次，随着照明新技术的发展，特别是LED的出现，照明与建筑、多媒体等相邻领域的关系发生了改变。灯光进入了电子化、信息化的时代，是继续扮演建筑的“好帮手”还是脱离建筑，成就灯光的独立本体性；是坚持灯光用于驱散黑暗的初衷，还是赋予灯光更广、更大的社会学职责，让它变为“公共领域”的一份子，这些都是照明设计必须面对的课题。

最后，随着近年来节能、环保意识的提高，照明中自然光的回归已经成为了一种必然的趋势。无论是对环境的保护，还是从人类健康本身的考虑，自然光都有其不可替代的优势。因此，如何运用自然光，如果平衡自然光与人工光的关系就成为了照明设计师必须掌握的能力。

本书正是在中国照明设计行业如此的大背景下完成的，此书并不是希望回答上面所述的诸多命题，我们只是希望通过书中的百余个精选案例的介绍来开启一种对上述问题的思考。

书中的部分案例来自《照明设计》杂志，也有很多是为此书专门征集的。在编辑此书期间，我们力图选取海内外近两年来最优秀、最具有代表性的案例来加以呈现；在表达方式上，我们希望在有限的篇幅内，提纲挈领地介绍这些案例的精华和亮点，起到方向标的作用。诚然，由于水平有限且成书条件的限制，书中难免有不完整，甚至是不准确的地方，我们真诚的希望得到广大读者的谅解和批评指正。

最后我代表编辑团队向给予过此书帮助的师长、朋友、同行们表示由衷的感谢，没有你们的帮助我们永远不可能走得如此之远。

《照明设计》执行主编
2012年5月于北京

Walking through the first decade of the 21st century, lighting design has transformed from an unfamiliar theme to an essential role of design process. While mentioning lighting or lighting design, we are amazed at the huge change in the decade. At the end of last century, it was more placed under the scope of the "engineering" . The "profession" of lighting designer was not included in Architectural Design Institute; there were only electrical engineers, whose focus was more to meet the functional requirements of the basic lighting. The artistic expression was not taken into consideration. Of course, at that time the occupational division of labor was not involved in this area, and there were no much requirements of art lighting ten years ago. Lighting was only essential and functional for beaconing darkness.

With the development of the industry and the refinement of the occupational division, especially the people's new understanding of "light" (including natural and artificial light)as the spatial expression, lighting steps into the age of "artistic design" as well as meeting the functional requirements, lighting designers also began to board the stage of history.

For China, the lighting design industry is in a flourishing period. Lighting design is gradually being recognized by the clients, architects and interior designers; good designers or design cases are gradually emerging; media and associations take the role of promoting the development of the industry. All the signs are developing in a favorable direction. We do believe that the lighting design career is starting to grow rapidly, but it does not mean that lighting design will be on a smooth road in the future. With all emerging industries, the industry of lighting design also has to face a series of challenges.

First, for the other design industries, lighting design is a recruit. Up to now, China has had no undergraduate education for lighting design. Although some colleges and universities offer postgraduate research in lighting design, it is in short supply compared to the rapid development of design practice needs. Besides, the threshold of lighting design is relatively low, which results lighting designers with different backgrounds and identities, uneven levels of design, and not enough industry self-regulation. As far as the long-term benefits are concerned, chaotic design market is not conducive to the design career development.

Second, "What is good lighting design?" In contemporary China it is still a hot topic. In recent years it is not difficult to find two distinctive phenomena: One is the simple, elegant, quiet lighting which focuses on the pursuit of a "scholar feeling, or the modernist aesthetic taste, the other is the bold use of the light and color combinations and changes, emphasizing the independent expression of light, largely in line with modern multi-cultural and public aesthetic orientation that gives a colorful and lively sense. Of course, it is hard to judge the two design techniques, but how to apply and what kind of project it can be used in can be judged.

Third, with the development of new technologies of lighting, especially the emergence of LED, the relationship between lighting and architecture, multimedia and other related areas is changed. Entering into the era of electronic information technology, whether lighting continues to play "good helper" for the building or isolated from building, so as to achieve light's independent body; whether it keeps being used to disperse the darkness of the mind, or it be given wider and greater sociological responsibilities so as to become part of the "public domain" , all these are faced by lighting design inevitably.

Finally, as in recent years, energy-saving, environmental awareness are improved, regression of natural light has become an inevitable trend. No matter from the protection of the environment or human health considerations, natural light has irreplaceable advantages. Therefore, how to use or balance natural and artificial light has become compulsory ability for lighting designers.

This book is complied in the huge background of China's lighting design industry. This book does not wish to answer many of the above-mentioned propositions. We just hope, through the introduction of selected more than 100 cases, to open a kind of thinking of the above problems.

Some cases in the book are from the "Professional Lighting Design" magazine, and some are specifically solicited for this book. During the book-editing, we are trying to select the most representative cases of the past two years both domestic and abroad. We hope to express within the limited space, the vital essence and highlights of these cases. Indeed, owing to our limited ability and the book condition, the book inevitably is being incomplete, even inaccurate; we sincerely hope to achieve the understanding, criticism and correction from readers.

Finally, on behalf of the editorial team, I express our sincere thanks to the teachers, friends, colleagues who have given us help with this book. We can never go so far without your help.

HE, Wei
Editor-in-Chief of PLD China
May, 2012 in Beijing

CONTENTS 目录

part 1 LIGHTING DESIGN PROJECTS 优秀照明设计案例

文化建筑 Cultural Construction

休闲娱乐 Leisure & Entertainment

商业零售 Commercial & Retail

办公空间
Work Space

酒店住宅
Hotel & Housing

公共艺术
Public Art

交通设施
Transportation

part 2 FIELD RECOMMENDATION 专业推荐

照明产品推荐
LIGHTING PRODUCT RECOMMENDATION

照明工程公司推荐
LIGHTING ENGINEER RECOMMENDATION

照明设计公司推荐
LIGHTING PRACTICE RECOMMENDATION

照明设计师推荐

| part 2 - 专业推荐 | part 3 - 附录&索引 |

LIGHTING DESIGN PROJECTS 100+

优秀照明设计案例100+

100+ 优秀照明设计案例

LIGHTING DESIGN PROJECTS 100+

乌兹别克斯坦塔什克

国际会议中心

INTERNATIONAL CONVENTION CENTRE, TASHI KE/UZBEKISTAN

业主： 乌兹别克斯坦共和国
建筑设计： Tashiprogor co.
室内设计： Ippolito Fleitz Group GmbH
照明设计： Pfarré Lighting Design – Gerd Pfarré, Dominik Buhl, Katharina Schramm, Anh Nguyen
产品应用：
定制灯具： Faustig KG, Lichtlauf, Korona GmbH

塔什克的国际会议中心是乌兹别克斯坦最与众不同的新建筑，这里经常举办国家最高级别的接待活动，以及大型国内、国际会议。这里还有一个高级餐厅、两个宽敞的大堂，以及一个近 43m 高、拥有 1850 个座位的剧院和音乐厅，整个建筑是首都的象征和骄傲。

室内空间面积为 28000m^2，采用了大量的定制灯具、照片物体及水晶吊灯。整体理念是创作一种融合了乌孜别克族传统建筑元素的现代空间。照明设计基于两点基本原则：充分表现出建筑及室内空间的特色，以及通过水晶灯及其他照明设备的应用实现高质量的光环境效果及不同氛围。

整个建筑从里到外都呈现通透的白色，通过正立面两侧的入口进入。在主大厅的一侧，室内照明的主要任务是使这部分空间在夜晚实现很好的内透光效果。主大厅中的定制水晶灯直径为 21m，高 5m，重量约为 15000kg。立面 18m 高的窗户通过窄光束的射灯被强调，在夜晚变成巨大的“灯笼”，在这些巨大的窗户之间安装了射灯，将白色的大理石地板照亮。

大厅中间层以上的两侧部分悬挂了高 8m、直径为 3.4m 的水晶吊灯，在下方的大厅，天花板上安装了环形照明元素。大约由 18000 颗施华洛世奇水晶组成的球形水晶灯悬挂在空中，并配备了可变化不同光束角的下照光源。大厅天花板中凹陷的部分隐藏了可调光光源，夜晚使这里呈现柔美的光效，从外部看上去，建筑如同发光的灯笼熠熠生辉。

大礼堂镀钯的表皮成为前厅区域的视觉焦点，通过嵌入天花板的洗墙灯被不均匀地照亮。通过嵌入式照明所达到的效果，能够将视觉焦点从地板区域转移到该大体量空间上。大礼堂的立面与天花板直接相连。地面采用 LED 灯带的方式进行照明。12 个光环悬挂在通往 VIP 厅楼梯的上方 24m 高处，采用暖白光 LED 光源，尺度虽大，但视觉上却如浮在空中一般轻盈。

大礼堂中的照明设计又别有一番风味。整个空间高 43m，拥有 1850 个坐席。光环中采用了两种照明方式，即利用 DMX 控制系统进行光色调控的三基色 LED 照明系统，以及通过荧光灯实现的间接反射而形成的环境光。LED 装置对后部墙面的照明至关重要。当墙面被照亮时，大礼堂内拥有非常好的环境背景光。设计看起来似乎非常复杂，其实不然。10m 高的墙面唯一的背景装饰元素是表面的线条图案，不同厚度的条纹产生不同的光效。墙面通过嵌入安装在穹顶中的 LED 装置从正面被照亮，侧面则采用了荧光灯背透光的方式。LED 可通过调光变换光色。通过增加适当的彩色光，能够消除纯白光的单调感。

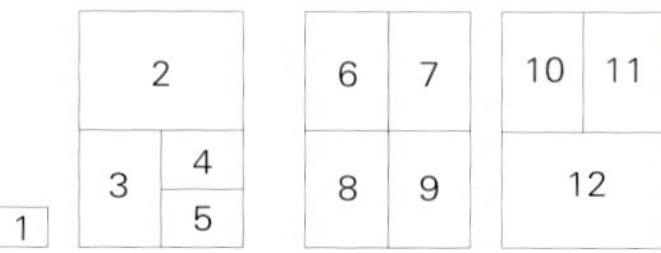

1　这栋新古典主义的建筑是一个具有国际会议接待功能的综合性建筑
2　建筑的照明风格既有节日氛围，又高贵典雅。室内外相互呼应
3　从建筑的外部看去，经典的照明元素给建筑赋予了一张现代的脸孔
4,5　一层大厅
6　巨大的圆环形的灯具悬挂在楼梯间上方，成为一个视觉焦点
7　一层大厅照明平面布置图
8　餐厅和洗手间，采用与其他空间统一的照明手法。嵌入式照明效果提高了白色空间的纵深感
9　一个巨大的，直径21m长、5m高的水晶吊灯成为空间的主导元素，并将地板照亮。整个灯具重达15000kg
10,11　大厅中层采用了一系列球形水晶吊灯，总共使用18000颗施华洛世奇水晶制成
12　大会议室融合了现代和古典的照明元素，嵌入式照明与水晶灯两种元素很好地结合在一起

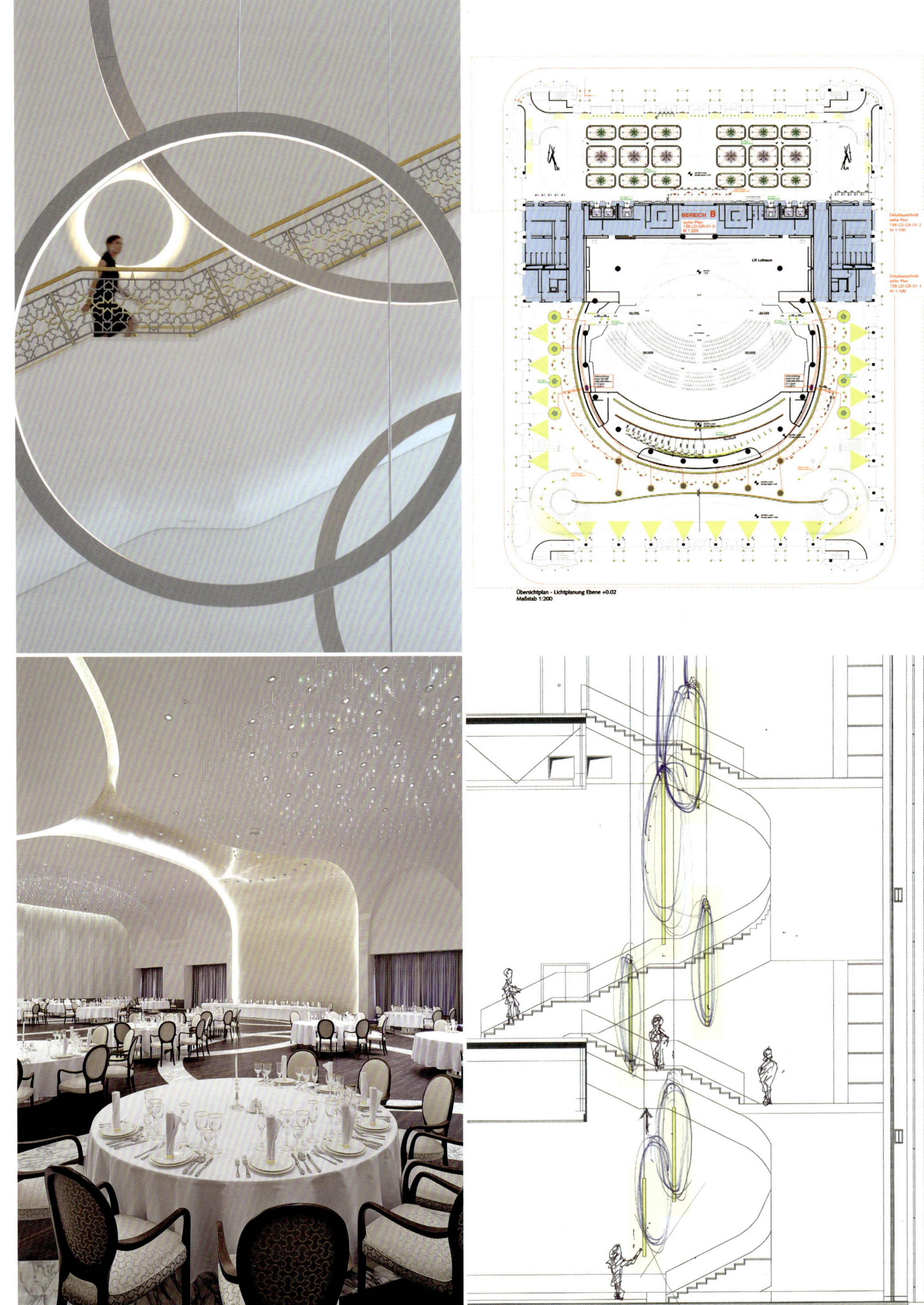

Übersichtplan - Lichtplanung Ebene +0.02
Maßstab 1:200

德国沃尔姆斯

沃尔姆斯文化和会议中心

THE WOURMS THEATER,CULTURE AND CONGRESS CENTER, WOURMS/GERMANY

业主：沃尔姆斯城市管理局
总建筑面积：18700m²
建筑设计：gmp
项目负责人：贝恩德·格罗斯曼, Christian Klimaschka
方案设计人员：Uta Graff, Antje Pfeifer, Katina Roloff
施工设计人员：Elisabeth Heiner, Sebastian Baumeister, Antje Pfeifer, Anna Maria Stiera, Kathrin Binder, Boris Grischkat, Emanuel Homann, Nicole Jahn, Katrin Röser, Andrea Schmeing, Eva Westermeier
照明设计：SCHLOTFELDT LICHT
摄影：Marcus Bredt

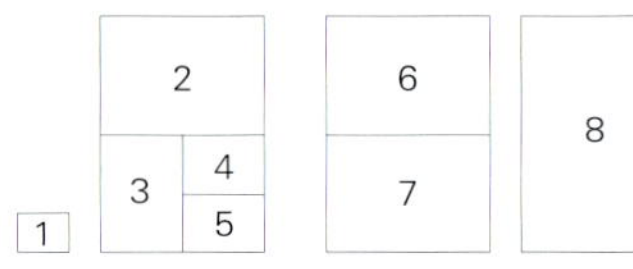

1　从外部欣赏新建会议中心内部透出的光感
2　剧院入口里面呈现出的光效果
3　新建会议中心大厅内部照明
4　新建会议中心前厅照明
5　剧院前厅走廊
6　新建会议中心大厅照明
7　剧院照明
8　连接新旧建筑的通廊内吊灯简洁、美观

剧院大厅始建于1889年，目前内敛、朴素建筑主体为60年代从战后的残骸基础上恢复而成。建筑主体列于文物保护政策之下。这次庆典和演出中心的全面翻新工程任务包括：在不对建筑的时代风格产生不良影响的前提下，进行技术方面的维护和升级。并对工程设备以及舞台技术设备、演出场景照明设备、音响设备进行全面的更新和现代化改造。

通过新建建筑，建筑师阐述了其对60年代战后建筑独特的理解，并在设计中继承发展了原有的风格元素。例如二层仿佛露台般悬挑出的剧院外部连廊，剧院正厅前厅处大面积的玻璃幕墙以及歌剧院内弧形和立方体的造型和布局。

立方体内置圆形大厅，这一原有建筑的典型特点在新建建筑中得到重新演绎。两栋建筑的主体空间由外至内均贯彻了这一主题：活动庆典中心内置的圆柱形封闭空间为观众厅，其外侧为对外开放的前厅，将观众厅环抱于内。文化会议中心内，会议厅平面呈方形，置于圆形前厅之内。大厅立方体被弧形外墙围绕，并在屋面上形成一个庭院。新建建筑的流线型外墙一直延伸至旧建筑体处，一座悬挑出的通廊将两栋建筑连为一体。

建筑可以适应各种形式的演出活动，并可作为整体或分割成小型单位使用：新建的可容纳800人的大厅功能多样，可自由的进行分隔组合。此外建筑体内还设有一座前厅、餐饮设施、展览空间以及灵活的会议空间。

整个文化会议中心综合体的供货区和地下停车库均设置于与其相连的酒店内，对建筑体功能实现了有效补充。照明设计采用现代的先进照明技术，赋予改建后的沃尔姆斯文化会议中心庄严大气的照明效果，并且在内部设计上与建于1960年的保留建筑庆典活动中心的面貌建立起联系。

外立面采用了筒状洗墙灯配合立面的弧线外形，使建筑看起来仿佛一座均匀发光的体块。前厅，咖啡厅和走廊采用大面积的圆形射灯照明。中央大厅内侧墙壁通过可调节亮度的洗墙灯进行强调。位于周边的大厅的扩展区域以及过道则采用射灯。圆形漫射光源和简洁的壁灯对墙面进行了装饰。会议大厅天花板照明采用了由方格组成的带状照明，在其网轴内灵活安装一组四个射灯，其中两个为光线强烈的金卤筒灯，另外两个则是可调节的卤素筒灯，可调节光线角度。经过设计师的精心设计，会议厅可以满足各种场合的照明需求，而且看起来十分简洁、舒适。

德国卡塞尔

卡塞尔议会堂

STÄNDEHAUS KASSEL, KASSEL/GERMANY

业主：黑森联邦州国家福利协会
使用者：黑森联邦州国家福利协会
建筑设计：Atelier 30 Architekten GmbH，Fischer-Creutzig BDA
照明设计：Licht Kunst Licht AG
Licht Kunst Licht AG项目主管：Isabel Ehm，Martina Weiss
摄影：Steffen Spitzner

重新开发现存建筑并且使其恢复生气，以及谨慎处理现有结构——这些均是来自卡塞尔的 Atelier 30 开始翻新此项目时需要面对的困难。给人的印象是空间再一次开始呼吸。堵塞的窗户得以打开，天花顶开孔得以建造，还有内部中庭上面的天窗得以构建。栏杆、墙壁灯具以及议会堂饰有金银丝细工的木制天花板结构采用了黄铜材料重建。油漆层下方原始状态的颜色被暴露出来。独特的建筑元素为照明提供了不言而喻的位置：灯光突出强调各种各样的空间结构，例如筒形拱顶、结构筋板以及广泛的天花板凹槽。

通过主入口进入建筑大厅的门廊之中。天花板结构被建造成圆筒形拱顶，由 LED 灯具的微妙暖白光间接照明。灯具安装在灰泥天花板上，从参观者的视野中隐藏起来。在活动预告之际，灯光能够随意地调整为有色的场景。参观者会将目光扫向议会堂装饰精巧的具有黑森州盾徽的黄铜门上。

穿过一个玻璃门，人们就进入了两层高的大厅空间。这里的显著特征是筋板，由较短末端进行照明，到达空间中心的亮度会均匀地降低。这里安装了配备 T5 荧光灯的线型反射灯具，空间充满了令人愉悦的暖白光。

邻近大厅以及二楼区域配备了装有强力金卤灯的齐平式嵌装筒灯。根据整体照明理念，作为设计元素的灯具在视觉上要融入到背景中来支持其灯光效果以及空间气氛。现存的已修复的黄铜墙壁上的壁灯现在安装了可调光的卤素灯，灿烂的灯光非常引人注目。

黄铜覆盖的中庭被大厅的三边所封闭，并且允许有活力的日光进入到空间。由此处，参观者能够凝视大厅上方。装饰吊灯增添了欢乐的气氛并且使得墙壁表面以及玻璃栏杆上形成有趣的反射。

当进入议会堂时，日光照亮的天花板引人注目。天花板上的照明元素已经融入到现存的建筑结构中。在比较暗的灯光条件下，可以打开在阁楼房屋里的荧光灯具来补充照明。

通过下面的漫射层，灯光均匀地分布到空间的每个角落并且营造了极具活力的效果。在这层下面，木质板条被垂直于薄板轴向运行的照明通道中断。这些通道都配有荧光灯，荧光灯通过抛光的压克力罩均匀散射其光线。一种新的照明元素已经运用到这里：成对排列的齐平式嵌入式卤素和金卤筒灯提供强烈的可定向照明，以及会议状态所要求的照明水平。

侧壁部分地由木材包裹，同时由洗墙灯光进行照明，为环境照明增加直射光。为了达到这个目的，窄光束 LED 灯具安装在现有的天花板凹槽中。

那些分布在画廊和活动场所的大量弯曲的照明灯槽中的未遮蔽的荧光灯，已经被定向分配光线的 LED 灯具所取代。这些可调光的照明元素会随意切换到彩色模式。这与门厅的 LED 灯具相协调而产生，所以不管配色方案如何，对人眼来说整体印象都显得和谐平顺。

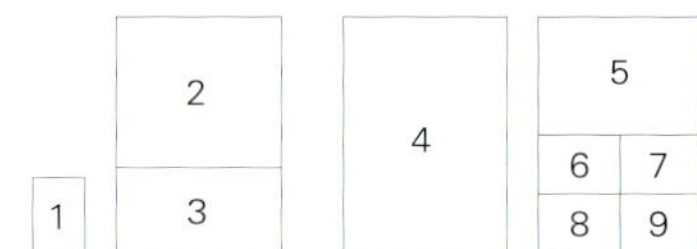

1,2 大厅
3 大厅的门廊
4 中庭
5,6,7,8 议会堂里不同照明效果的转换
9 木质板条被垂直于薄板轴向运行的照明通道中断

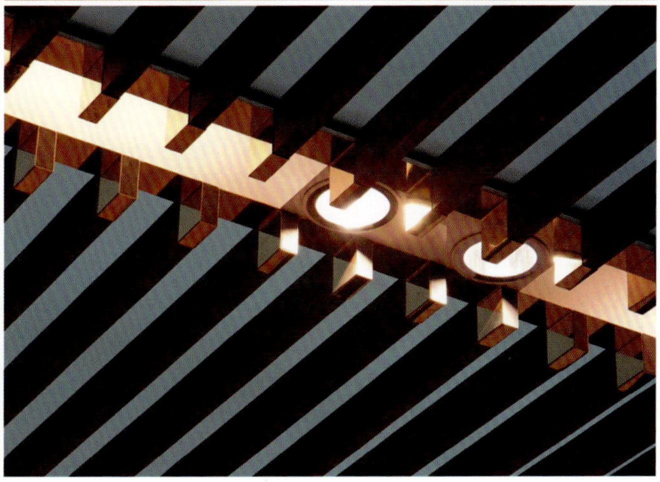

中国青岛

青岛大剧院

QINGDAO GRAND THEATRE, QINGDAO/CHINA

业主： 青岛国信大剧院有限公司
总建筑面积： 60,000 m²
建筑设计： gmp
设计团队： Clemens Kampermann, Sophie v. Mansberg, Xia Lin, Li Ling, Stephan Rewolle, Ralph Sieber, Giuseppina orto
照明设计： SCHLOTFELDT LICHT
摄影： Christian Gahl

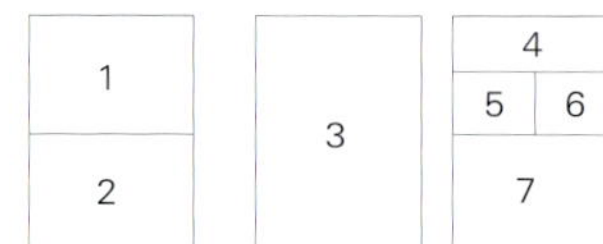

1 歌剧院正面
2 歌剧院主前厅入口
3 歌剧院内部照明
4 大厅剖面图和音乐厅剖面图
5 拥有1600个坐席的歌剧院
6 歌剧院舞台
7 歌剧院内透与埋地形成的光影效果

流线型的屋顶、连贯的建筑外形和与周围山水的关系共同营造出一种创造性的张力，这就是青岛大剧院。做照明设计时，通过了解自然光照的情况，同时参考自然光在变化条件下的颜色、强度以及方向后，在设计中合理的运用了日光和人工光两种光源。

入口和大厅歌剧院宽敞明亮的大厅采用了线形天花板结构的设计主题，像一扇邀请游客入内的窗口。线形结构被连续的安装在天花板上，而LED灯被掩藏在光滑的玻璃后面。这一设计要达到均匀的照明效果，因此，在选择LED灯具时，确保其光线的统一和对暖白光的要求。与线性光相呼应，用聚光灯和透明玻璃圆柱为大厅设计了一个高品质的照明方案。为了从很高的天花板上获得有方向性的光源，使用的紧凑型荧光灯具配有窄光束反射器，被玻璃圆柱部分包起来。配合这一基本照明，背面补光照亮了凹槽和特色部分，这些灯安放在主屏风墙、衣帽间和设备间。边缘安装的LED照亮了玻璃平面系统，补充酒吧和餐厅区域的光线，形成空间的亮点。

具有弧形的天花板的音乐厅，其建筑结构的重要特点是它波浪般起伏的墙板。通过强调墙壁图案上的个别部分，给各个曲线造型赋予了立体感。为此，突出部位上选用了嵌入式线形灯具。除了LED，我们还尝试了传统的线形日光灯。最后发现，结合玻璃板的二相色性，传统线形日光灯的效果是最佳的。

大厅所需的背景灯是藏在天花板上的高性能卤素射灯产生的，它们在4个区域内汇聚成组。窄光束和向着各个方向排列的反射器将光在大厅内均匀的分散开。在舞台区，最前面一排的聚光灯照亮了平台区域的后墙。

出于设计的考虑，节日歌剧厅和音乐厅形成鲜明的对比。强烈的色彩配合明快的节日灯光占据了主导地位。虽然理论上是为了调整大厅的光线，还是采用了玻璃圆柱形灯具主题。这一设计中的主要特点是，天花板上装有椭圆形的枝形吊灯，组合形式类似星星的样子。作为内部视觉印象的重要决定因素，垂直表面的照明设计同样是整个剧院照明设计中的基本设计特色之一。

多功能厅采用了包含16处单独的可挑选灯组。每一组有4盏灯。其中包括两盏HIT金属卤化物灯，每盏70W，可进行逐渐调节，提供高水平背景照明，或者使用可独立控制的窄光束卤素聚光灯或窄角卤素聚光灯，通过不同的光源和照射角度来照亮独立的区域并可调节亮度。

楼梯井和人员流通区域的照明主要由带透明环的天花板嵌入式灯具以及独立悬挂的透明柱型灯构成。

卫生设施方案的制定融合了屋顶轮廓照明和筒灯。隐蔽的轮廓灯发出柔和的光，给游客的脸部和身体带来明亮的光彩。洗手间隔间的墙壁用白色不透明玻璃做成。每一间都采用了中央放置的聚光灯以产生柔和的照明效果，同时营造一种宜人的氛围。

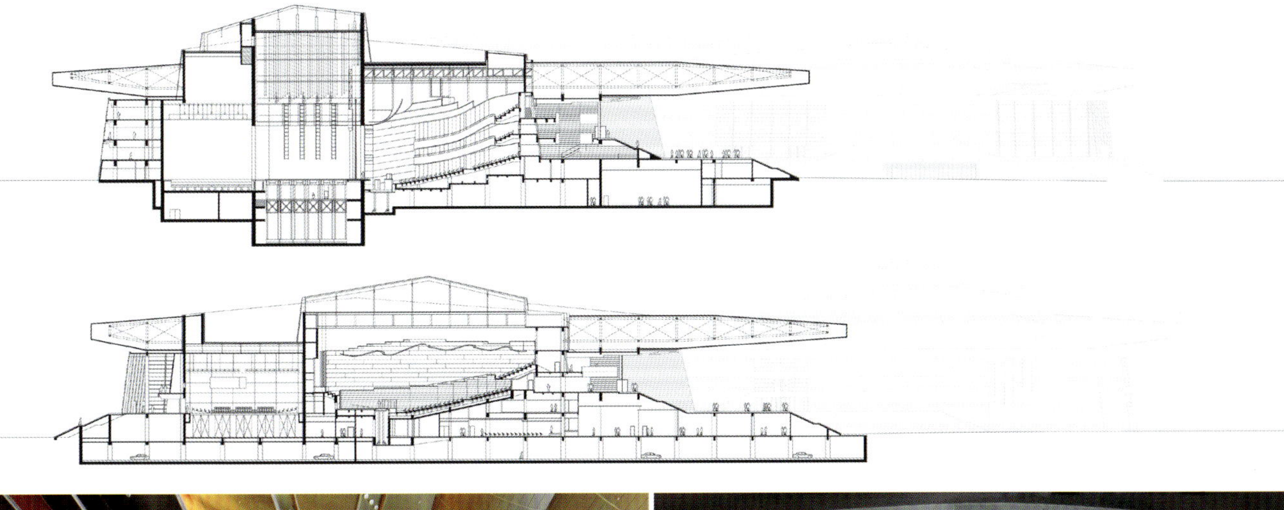

中国广州

广州歌剧院

GUANGZHOU OPERA HOUSE, GUANGZHOU/CHINA

业主：广州市政府
建筑设计：Zaha Hadid Architects
本地建筑：广州珠江外资建筑设计院
照明设计：北京光景照明设计有限公司
建筑面积：7万m²
摄影：张广源（图2、3、6、8）

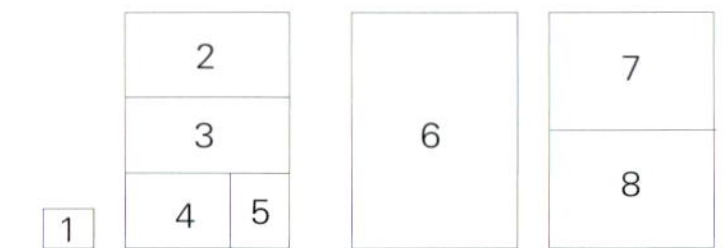

1 室外照明概念示意
2 从珠江边看广州歌剧院
3 5m平台下半室外广场
4 照明实验
5 大石头大堂
6,7 观众厅
8 排练厅

广州歌剧院座落在广州珠江的下游，与广东省博物馆、广州市第二少年宫、广州图书馆共同形成广州市新中轴线上的“四大公建”。建筑设计方案由英国扎哈·哈迪德建筑师事务所完成，方案创意为被珠江水冲刷的两块“圆润双砾”。广州歌剧院以歌剧表演为主，同时兼有芭蕾舞表演、大型交响乐、综合文艺演出、实验性话剧等功能，是一座个性鲜明，功能齐全的艺术殿堂。

扎哈的建筑具有极强的个人风格，广州歌剧院也不例外。整个建筑完全由各种不同的曲面组成，几乎找不到一面直立的墙，建筑造型及内部空间极其复杂。对于照明设计来说，将创新的方案与建筑风格紧密地融合在一起，是我们的首要任务。

室外照明以极其简洁的手法渲染了建筑的“圆润”形象。在室外平台及地面，利用平台边缘的栏板和草坡边缘的挡墙设置间接照明灯带，创造光的“水纹”，这些蜿蜒流畅的间接照明光带通过建筑的出入口一直延伸到室内。作为建筑主体的两块“石头”，则从根部施以淡淡的、均匀的投光照明，仿佛被水面的反光映照。室内被照亮的实体曲面从幕墙透出，和被刻意照亮的三角形幕墙钢梁一起，使幕墙部分变得晶莹剔透。

大石头大堂是歌剧院内三个最复杂的空间之一。大石头大堂的平面形状和剖面形状都略呈月牙形。内侧墙面悬挑出两层连廊，其曲线形态构成了空间内重要的视觉元素。曲面的内外墙面在上部均向后（建筑中心方向）倾斜，并最终与屋面交汇成一条曲线，形成一个弯曲的楔形空间。对于这样一个空间，任何看得见的灯具都可能为这个空间的形象减分。因此大堂的照明完全用间接照明解决。我们用三部分间接照明构成了大堂主要的照明方案，即：利用内外墙上部交汇处的楔形空间设置投光灯具向上照射外墙面上部（实际上是屋顶）；在两层连廊的底部随连廊底曲线走向设置间接照明灯槽；幕墙三角形钢结构照明。大面积的间接照明很好地表达了屋顶的曲面形态，而连廊的间接照明灯槽所形成的光带随着建筑本身的轮廓曲线伸展，一气呵成，使整个空间顿生灵动之气。幕墙三角形钢结构照明同时又是室外照明的一部分，起到了内外兼顾的作用。

观众厅是另一个十分复杂、也是整个建筑最重要的室内空间。在观众厅里，除了地面以外，其他部分就是一个完整的绵延起伏的复杂曲面。为了呈现这一完美的曲面，并同时满足功能要求，照明方案创造性地用点来表现面。在顶部的曲面上密集分布了数千个小孔，孔内安装单颗LED光源的灯具，使光线从孔内射出照向地面。从视觉上看，密集的发光小孔随曲面起伏而起伏，形成了发光的曲面。

广州歌剧院包含众多的室内空间，限于篇幅，这里仅选择两个空间作简要介绍。事实上，每一个空间的建筑设计都堪称一流，照明设计也同样可圈可点。

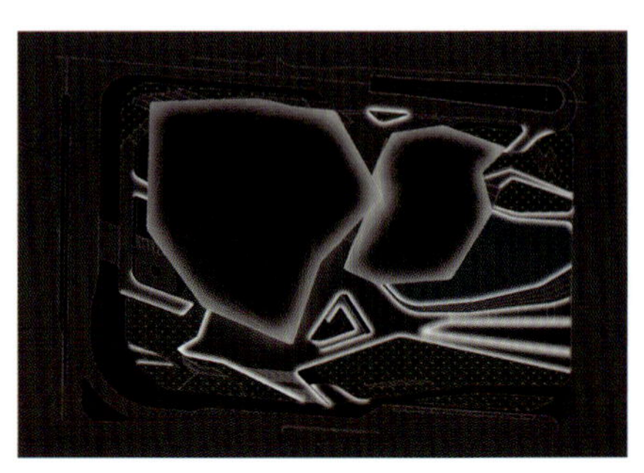

中国重庆

重庆大剧院

CHONGQING GRAND THEATRE, CHONGQING/CHINA

业主：重庆市江北嘴中央商务区开发投资有限公司
建筑设计：gmp
中方合作设计单位：华东建筑设计研究院有限公司
照明设计：agLicht
摄影：Hans Georg Esch

重庆大剧院仿佛一艘玻璃巨轮，又像是一块巨大的岩石，其令人印象深刻的城市天际线，加之雕塑般的建筑形态，构成了城市的新地标，一个国际化的文化交流中心。重庆大剧院总建筑面积约 10 万 m^2，地上共 7 层、地下 2 层，内设有不同的功能区域，如大剧场和中剧场、入口和前厅、排练厅、VIP 休息室、展览区、办公室、会议空间等。

面积约 $32000m^2$ 的建筑外立面装了两层玻璃，内层为白色，外层为淡绿色，并留有一定的缝隙。建筑师希望建筑于白天极具视觉效果的同时，在傍晚和夜晚也呈现出不逊色于白天的景色及标志性，但全透明的玻璃立面如果不做任何处理，到了晚上室内杂乱的光便会透出来，且随着夜幕降临内部越来越明显。照明设计师为了隐藏室内的光线，让建筑在晚上呈现出发光水晶般的效果，在它间隔排列的玻璃砖条的内部，整合进了超过 11000m 的白光 LED 灯具。用背光照明强调出建筑外观戏剧性的效果，使建筑看似通亮诱人的水晶，并成为对岸眺望台受人欢迎的景观。

大剧场和中剧场采用了完全不同的设计概念。大剧场能容纳将近 2000 人，传统的马蹄形，分上下两层。这里的照明概念通过一个主要的照明元素来表现——中央的大型枝型吊灯，许多长度不一的圆柱形玻璃材质的照明器沿弧线排列在天花板系统中，演出一旦开始，所有的水晶吊灯便会缩进天花板中，这样就不会对舞台照明造成干扰，墙面上互相交叠的木质覆层通过间接光进行强调，舞台所需的必要光照都被整合进了顶上的声学帆中。中剧场可以迎接 900 名观众，其室内设计诉说的是另一种语言——现代、金属感、冷静。照明设计需要与之进行配合，光束强调出墙面上的金属板，在曲面金属天花板系统之间整合进射灯，为这个空间创造出密集和闪耀的光感，舞台的必需光照再次整合进了顶上的声学帆中。两个剧场中的照明系统都分别可以控制和调光，设置了多种照明场景。

建筑体本身的照明才是平台广场上的主角。照明设计师提出在此应尽可能放弃垂直元素的应用，以避免其与建筑本身灯光效果的冲突和对广场其他功能的不利影响。因此，只安装了与地面齐平的独立光点，以在平台广场上划分出和建筑呼应的节奏。

照明设计赋予了大剧院一个坐落在瑰丽的地平线前方的一个全发光的形象，一幅几乎是戏剧化的图画——剧院建筑像一艘帆船驶入一片光海。

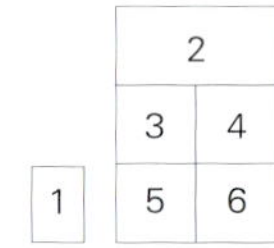

1 剧场墙面上互相交叠的木质覆层通过间接光进行强调
2 重庆大剧院本身的照明是平台广场上的主角，平台广场的照明设计被谨慎地简化了
3 夜晚，用白色LED背光照明，做出所谓的“水晶”效果
4 剧院前厅
5 大剧场
6 中剧场

德国卡塞尔

卡塞尔新美术馆

THE NEW GALLERY KASSEL, KASSEL/GERMANY

建设设计：Hessisches Baumanagement
建筑：Staab Architekten GmbH，www.staab-architekten.com
照明设计：Licht Kunst Licht AG，www.lichtkunstlicht.com
Licht Kunst Licht团队主管：Nils von Leesen
Licht Kunst Licht团队成员：Edwin Smida，Des. Thomas Möritz，Andreas Schulz
摄影：Werner Huthmacher

这座两层楼的新古典主义建筑，在两个拐角的展览馆之间有一个朝东南方向突出的纵向中心结构。突出结构之间的延伸部分是一楼的休息大厅和二楼的凉廊。保存事宜使得日光成为博物馆环境中的一个挑战。在卡塞尔新美术馆画廊中采用的日光方案成功地在开发利用自然光对艺术和空间的感知优势的同时，又确保了展览品不受有害光谱成分的损害。

对二楼的五个天窗房间的明亮天花板设计的一个先决条件就是不要通过控制自然光来实现一个完全无变化的、死板的照度水平，而是要营造可感知的动态性。眩光遮蔽罩、遮光窗帘以及漫射层的巧妙选择与组合，能够使美术馆的参观者通过天窗层朦胧地意识到天空以及飘过的白云。

荧光灯带安装在面朝房间的漫射层上面，凭借高效率的反射器的力量来创造出一个均匀的空间照明。一个整合进中央楼宇服务控制框架内的灯光控制系统能够永久性地根据日光数量来调节人工照明并将光通量设置为需要的水平。为了重点突出场景内的单个展品，可调节投射灯的嵌入式电气轨道已经整合进明亮的天花板中。一楼的中心展览区域里是完全没有自然光的。该空间的一个独特特征就是具有历史意义的拱顶天花。轨道安装的投射灯以规则的间距进行排列，为扶持圆拱之间的各个筒形拱顶提供了照明。它们将光线扩散地反射到空间里。

在展览了 Josef Beuys 全部艺术作品的接待室以及后面由乌尔里克 · 格罗斯（Ulrike Grossarth）为 Josef Beuys 房间而作的文献创作大厅中，都没有原始的拱顶。尽管如此，为了建立一个与 Josef Beuys 房间的连接，人们安装了长方形、带有拱形凹洞的悬吊式天花。它们由来自于透光口的间接光进行照明。除此之外，投射灯的电气轨道也可用来提供选择性的重点照明。

在西北方位上，一个由 5 个橱柜组成的空间序列与一楼的中央展览大厅侧面相接。在这些带有一个约 20m² 地板表面的空间上，一个穹顶横跨而过，穹顶上带有悬吊于拱顶石上的扁平圆形照明装置。这一定制的灯具引用了明亮天花板的设计元素。一个通过张力进行安装的漫射薄膜覆盖住了照明装置的底面，同时，顶部未加遮盖的光源照亮了天花板。在橱柜中展示的油画则由这种直接 / 间接照明所均匀照明。

新美术馆的绝大部分展览空间是通过天花嵌入的照明方案进行照明。一个天花嵌入的凹槽以与墙连续的间距排列，追踪着空间的轮廓线。几个建筑设备功能已经整合进了这个通道中。因此，它包含了送风口和用于保护艺术作品的闪光灯以及信号发生器，而且灯具也位于此处。线型洗墙灯和一个三相轨道嵌入在该通道中。当前者提供一个完全均匀的墙壁照明时，如有需要，轨道可以容纳额外的投射灯。图片和照片在地下室的展示空间展出。整合进天花板的开放的荧光灯带、嵌入式可调节射灯为这些图案和照片提供了无眩光而柔和的照明。灯具被分配在均匀布置的天花板上，天花板上装有空调和用于额外投射灯的三相轨道。

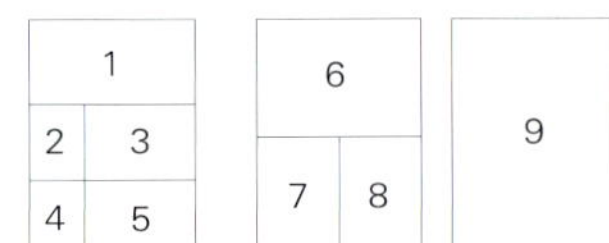

1 美术馆外观
2 入口区域
3 二楼的凉廊
4 扁平圆形照明装置
5,6,7,8 新美术馆的绝大部分展览空间是通过天花嵌入的照明方案进行照明
9 展览空间内柔和的照明空间

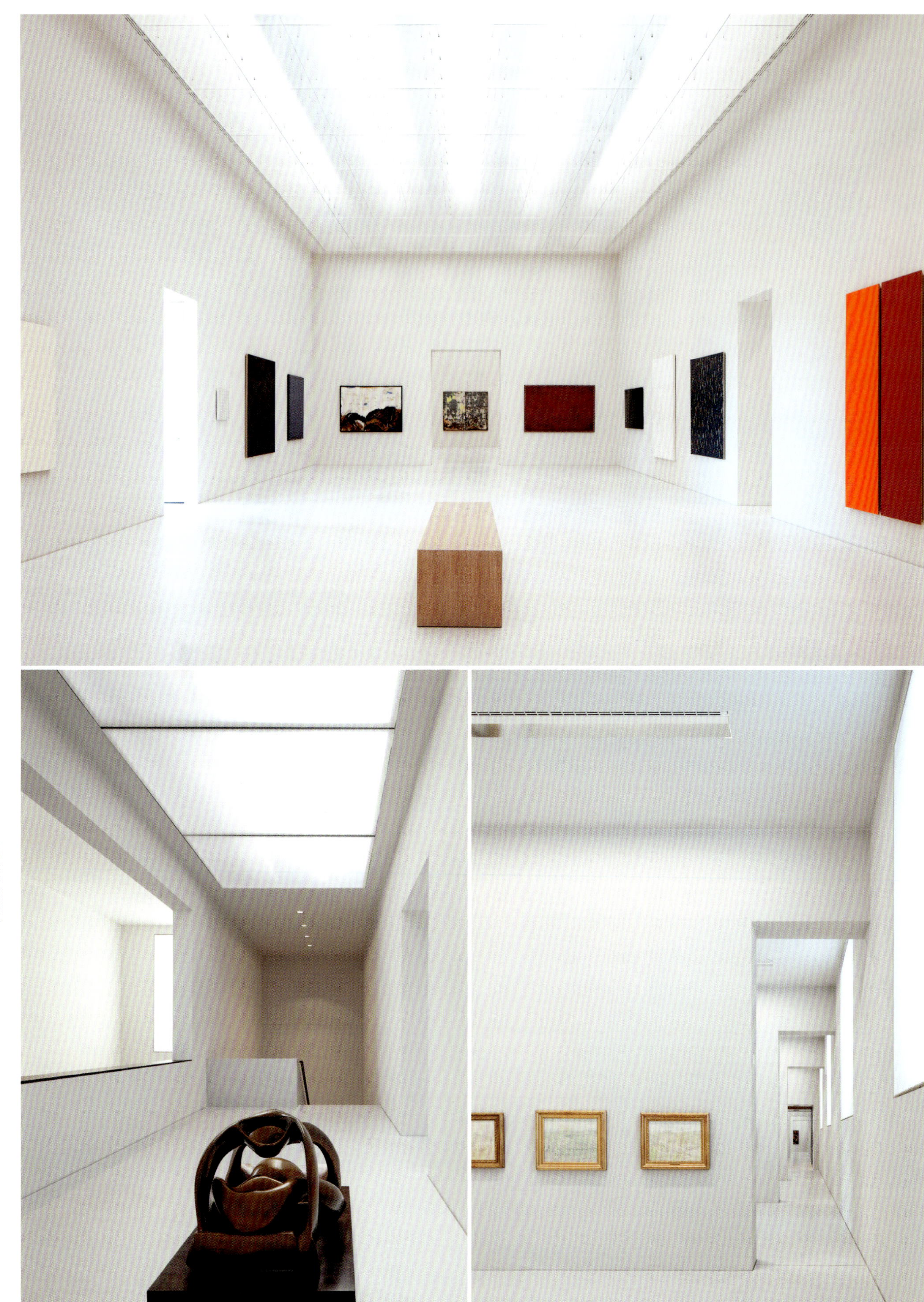

德国慕尼黑

Brandhorst 博物馆

BRANDHORST MUSEUM, MUNICH/GERMANY

建筑师： Sauerbruch Hutton
照明设计： Arup Lighting; Andrew Sedgwick, Jeff Shaw and Jorg Keune
摄影： View pictures, Hufton & Crow, Bitterbredt
产品应用：
遮阳玻璃： Okalux
半透明纤维天花材料： Barrisol
棱镜反光板： Siteco
线性荧光灯： Tecton, Zumtobel
餐厅中线性灯具： Zumtobel

Brandhorst 博物馆收藏了大量私人珍藏的 20 世纪晚期及当代艺术作品，多数是画作。由 3 个相互连接的空间构成一个简单的狭长形建筑。它的高顶结构标志着慕尼黑博物馆区的东南角，三个空间通过使用不同颜色及色调的表皮材料而加以区分。

博物馆空间高三层，通过一个巨大的楼梯连接。Brandhorst 博物馆的负责团队强调指出要将天然光作为作品展示的主要光源，目的是吸引更多观众在天然光环境中欣赏这些作品的真正美妙之处。因此，这成为了整栋新建筑的照明设计核心。

这座博物馆的天然光理念不仅应用在顶层展示室，还同样应用在了低层展示空间。"天井"的设计很好地帮助了低层空间获取更多的天然光照射。

在顶层，多层玻璃天花板对天然光的控制起到了一定作用。高性能太阳能防护玻璃板可以在保证日照充足的情况下避免紫外线的直射以及可能产生的过热情况。在晴朗的日子里，天然光的漫射还可能为空间创造不同的色彩氛围，并且将日照时间最大化。在玻璃天花板下方，电动百叶窗再次起到对天然光的控制作用，并且为调节不同光照环境提供了极大的选择。在不开放的时段，这些百叶窗可以完全关闭起来，从而保护艺术品因曝光过度而造成损伤。在顶层最大的一个展示空间中，半透明纤维材质装饰的天花板对天然光形成了进一步过滤效果。最终，这间展示室的光效是均匀而柔和的，纤维材料天花板均匀地使光线漫射开来，同时能微妙地反映出天空中云彩的移动和太阳位置的变化。

在夜间或阴天，隐藏在天花板上方夹层中的荧光灯管能够作为补充照明。天窗和荧光灯通过照明控制系统进行控制，使室内照度一直维持在相对稳定的水平。设计师通过将光线折射面板以一定角度安装在室外一侧的窗户上，从而将天顶的天然光和阳光折射进侧窗。这些反射器的材料使用的是具有棱镜效果的丙烯酸，并且通过双层玻璃进行密封从而可以抗拒任何天气因素。它们以特定的角度安装在侧窗外侧，使其对天然光的导入实现最大化。

在地面一层的空间中，天然光从侧面天窗导入进一片由半透明的薄板构成的天花板中，这些薄板能够将光线柔和地扩散开来。尽管入射的光线并不完全均匀，但这些薄板构成的天花板却起到了很好的效果，它们使展示空间如同被均匀的照亮了一样。

白天，进入 Brandhorst 博物馆的观众会被天然光营造的均匀而宁静的气氛感染，连接室外与室内空间的通道也是经过精心设计的。当夜幕渐渐来临，微妙的人工光环境依然继续保持着室内的氛围，并以同样高品质的光照赋予这些空间以生命。

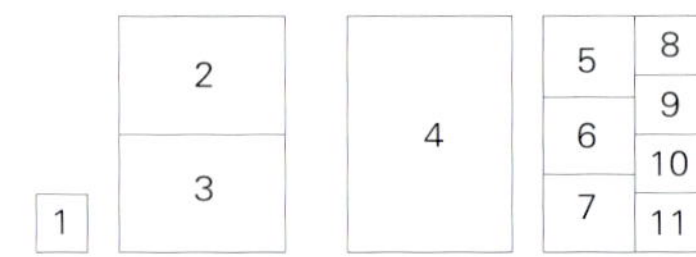

1 自然光引入示意图
2 建筑外立面
3 一个拥有简单却精致的光环境的大厅及小酒吧与地面的"天井"空间相连接。天然光从一侧的玻璃立面射入，外部安装的玻璃格栅能够防止阳光的直射，内部安装的百叶窗能够控制照度
4 "天井"空间位于地下一层，但是却拥有良好的天然光环境。天然光通过与其他空间相连的天窗照射进室内，玻璃天窗外侧装配了精心设计的格栅系统，用来阻挡阳光直射
5 安装在立面的荧光灯管
6 上层Twombly 展示厅天然光设计解决方案
7 地面展示空间天然光设计解决方案
8,9,10 地面一层的展示厅通过使用创新技术的侧天窗获得天然光照明。天花板上起到漫射功能的薄板使不对称的天然光柔和地漫射开来，提供了一个近乎均匀的光环境，如同光线均匀地来自正上方一样
11 上层展示厅的光环境来自于天然光、人工光以及多层漫射天花板系统的完美结合，通过带有自动百叶窗的天窗可以控制天然光照度水平，线性荧光灯发出的光线通过拉伸膜材料的过滤而达到均匀的光效

交通设施

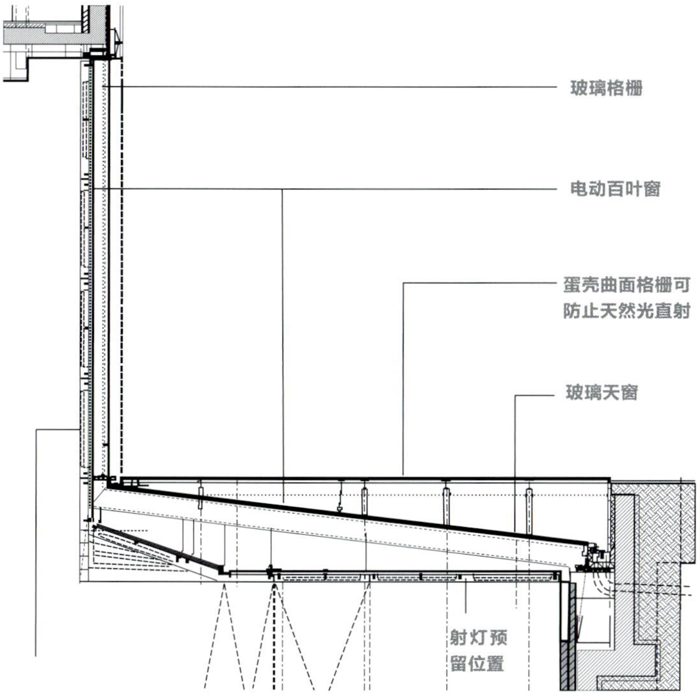

玻璃格栅

电动百叶窗

蛋壳曲面格栅可防止天然光直射

玻璃天窗

射灯预留位置

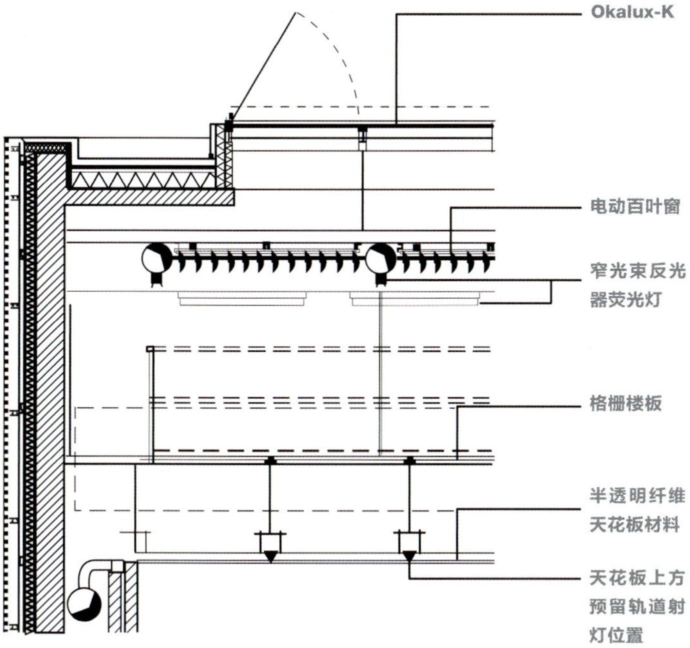

Okalux-K

电动百叶窗

窄光束反光器荧光灯

格栅楼板

半透明纤维天花板材料

天花板上方预留轨道射灯位置

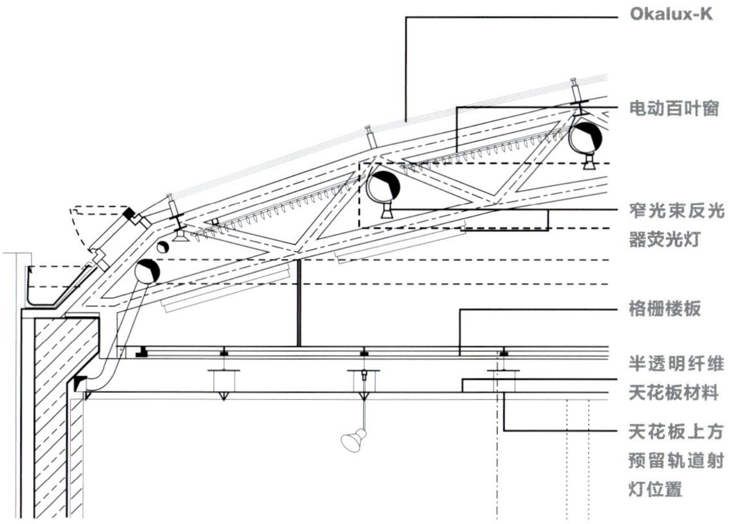

Okalux-K

电动百叶窗

窄光束反光器荧光灯

格栅楼板

半透明纤维天花板材料

天花板上方预留轨道射灯位置

日本千叶

Hoki 博物馆

THE HOKI MUSEUM, CHIBA/JAPAN

业主： Masao Hoki
建筑设计： Nikken Sekkei; Tomohiko Yamanashi, Taro Nakamoto, Takashi Suzuki, Masanori Yano
照明设计： SLDA Sawada Lighting Design & Analysis Inc.
结构工程师： Nikken Sekkei
机电工程师： Nikken Sekkei
摄影： toshio Kaneko

这座博物馆是日本唯一一座现实主义绘画博物馆，也是世界上唯一一座如此规模的博物馆。博物馆里收藏了包括野田弘治（Hiroshi Noda）、忠彦中山（Tadahiko Nakayama）、石贤一郎（Kenichiro Ishiguro）等名家在内近 40 位日本艺术家的 300 幅现实主义绘画作品，以及由森本壮亮（Sosuke Morimoto）所作的，日本国内有关现实主义绘画的最大收藏集。为了在 100m 长的透镜型场地内布置超过 500m 的画作，设计师进行了排列整齐的结构设计，带来了强烈的视觉冲击。展陈空间采用近乎连续的三层折叠长廊的形式，而最后的出口离停车坪非常近。

博物馆的顶层从建筑主体向外突出 30m，这也许是世界上同类设计中最长的。按照十足的日式传统风格，长长的悬臂伸出部分的一面墙上是一排开得很低的窗户，使得自然明亮的日光可以透射而过，照进画廊里。但是，这种日光的运用在画廊设计中却并不常见。1 号画廊的每一面墙都仅由一块完整的钢构成，使得它们看上去没有丝毫缝隙而且魅力十足。每件绘画作品都是通过特别设计的磁性装置固定在墙上，这很好地满足了业主的要求，即艺术品的背景必须十分干净，而且要有极高的灵活性，方便未来重新安排展览。

SLDA 的照明设计专业团队坚持对质量（显色性）、数量和预算等多个方面对方案进行了评估，甚至还设计了一个模型用以比较 LED 灯具和卤素灯的质量和照明效果。业主和艺术家们都参与了这个模型实验，并一起评价了最终的结果。经过仔细的分析，大家最后敲定所有的照明均采用 LED。

画廊的照明设施被安放在天花板上随机布置的小孔里，设计目的是为了营造银河一样的效果。所有包括空调在内的电器设施都安放在天花板中。照明设计师采用了直径 64mm 的孔。在天花板上开孔，看似有一种技术感觉，实际是一种设计元素。参观者对这些背光照明的开孔反应积极，即使看上去这些空间里的所有小孔被扫到一起又被混乱地扔到了天花板上。不过 Hoki 博物馆里的开孔实际不是为了聚光灯的需要，这实际上是一系列精心设计的小孔，只是碰巧满足了照明的需要。

地下室部分则是一个完全不同的楼层空间，地下室里收藏了馆内最珍贵的作品。通过将光线集中到画作上，为画廊增添了一系列明亮的表面，地面上溢出的光使得空间界限非常明显。

Hoki 博物馆将建筑、艺术品、电气照明和自然光完美地融合在一起，形成了一个独一无二的星群，各个星群以富于变化的方式在各个画廊间成功地共存。

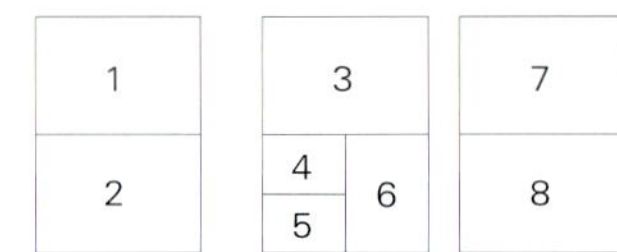

1 Hoki博物馆
2 入口区域——建筑的外形本身和其内部空间被匠心独运地设计成整个展览的一部分
3,4 地面一层的画廊通过一排位于绘画作品下的窗户而非天窗接收日光。这已经可以满足一般的间接照明需求，并且可为博物馆内曲折路径指引方向
5 位于地下一层的画廊：画廊的墙壁采用钢材料的设计，绘画作品通过磁性的固定装置挂在墙上，这样可以减小视觉上的干扰
6 灯具孔的定位草图、艺术作品的照明概念草图
7,8 博物馆的最底层有一个黑色背景的画廊用于特别的展出，里面陈列了15位艺术家为名为“我最好的作品”的展览所创作的大尺度作品

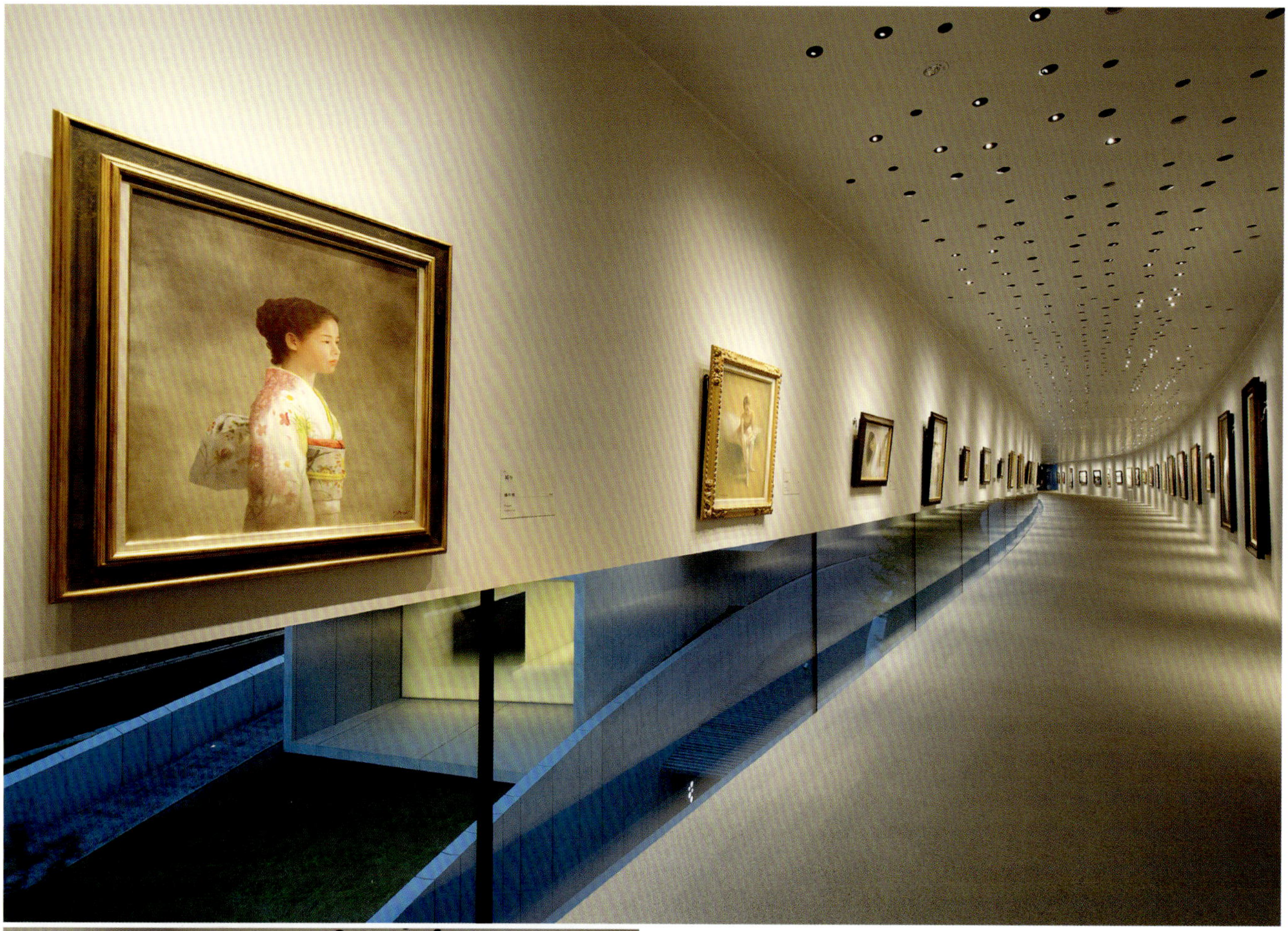

▶ファイバー照明器具の
ビーム角(1/2)を約15°程度
とした場合、画面の
上端と下端でほぼ同照度
かつ、高均斉度とする場合
右のような個数と散布
となる。(約80個/m²)

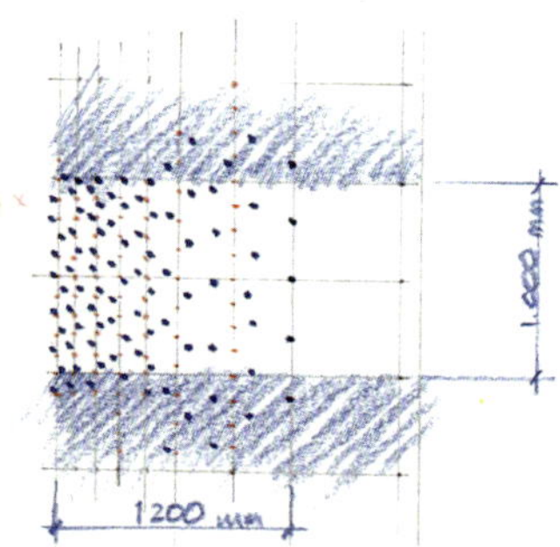

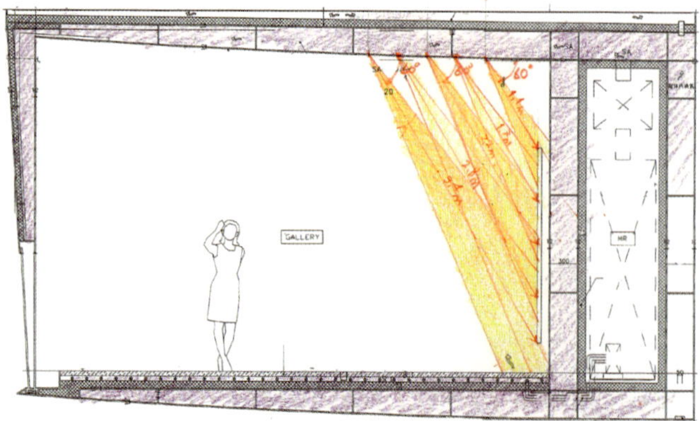

美国堪萨斯

考夫曼表演艺术中心

KAUFFMAN CENTER FOR THE PERFORMING ARTS, KANSAS CITY/USA

业主：考夫曼表演艺术中心
建筑设计：Safdie Architects, BNIM Architects
照明设计：Lam Partners
完成时间: 2011
总造价：3.04亿美元
占地面积：356,000平方英尺
摄影：Michael Spillers

考夫曼艺术表演中心无疑是堪萨斯州浓墨重彩的一笔，拥有最高水准的中心大厅和表演艺术剧院，大厅外围被玻璃覆盖。除了美丽的表演室外，还有办公室、排练室、热身房和换衣房。

建筑结构和灯光互相辉映为表演营造出一种激动人心的氛围。Lam Partners公司在当地照明设计师德里克·波特工作室的协助下设计的一种抽象派主义灯光效果，使建筑风格从灯光中展示出来。建筑的外部采用同样的灯光处理，生动地显示出建筑的形状和材料。

海兹伯格大厅拥有1600个座位，是堪萨斯州的交响乐团之家，为不同事件提供可定制的声响效果和机械升降台。天花板浮雕通过戏剧化的照明效果以及隔开的PAR38IR照明设备从墙壁中凸现出来。所有的灯架都可以放在天花板上面。

缪丽尔·考夫曼剧院是堪萨斯州芭蕾舞和堪萨斯州歌剧之家，内部光线充足。剧院的建筑采用欧式建筑风格，这一灵感也展现在照明设计上。通过使用折叠反光金属支护的纹理亚克力结构营造出一种深浅不同的闪光效果。内部的照明装置的光线全是可调节的，使得阳台闪耀得像一个巨大的枝型吊灯，壁画发光没有任何明显的光源，在网格一样的条板后面通过光照强度的改变而显现。所有的照明设备以一种不引人注目的方式满足功能需求。包厢下的小孔和天花板上PAR38IR型的筒灯有很多组以便在各处都可以调节灯光色阶。在露台的后面，凹槽深度是有限的，因此使用MR16照明装置来照亮黑暗的地方。

宾客在享受露台花园的风景时，也可以进入售票处、衣帽间、酒吧和Brandmever大厅的礼品商店，大厅梁柱上采用直接安装到管状横梁上的PAR38IR照明装置。

表演大厅外的画廊利用了MR 16IR有透镜的照明装置和针孔照明装置。精心制作的测试产生了计划中的效果——地毯反射的光线形成了彩色冲洗的效果。所有的灯光都由一个划分为39个小区域的调光系统控制。在晚上，从外墙看，玻璃似乎消失了，显示出灯火通明的大厅。

在建筑物的南面，有27根固定在混凝土里的钢绳支撑着玻璃墙。具有良好眩光控制的陶瓷金卤灯照亮了钢缆和屋檐，屋檐上的灯光照亮车道，每一个钢绳都对应着一个路边的LED灯，当陶瓷金卤灯照亮每一个大门的时候，MR 16IR平衡环能够照亮人行道，而陶瓷金卤灯能够照亮每个入口。

表演大厅弯曲分段用预防酸性侵蚀的混凝土和银色不锈钢覆盖，在北面入口处，墙上的壁龛里隐藏了照在对面墙上的散光。隐蔽的荧光灯能够提供路面到街道的其他照明。

仔细放置在草地中的陶瓷金卤聚光灯给两侧的建筑外形提供了柔和平静的照明，产生一个独特的波纹状外观。

1 考夫曼艺术表演中心拥有最高水准的中心大厅和表演艺术剧院，大厅外围被玻璃覆盖
2 在北面入口处，墙上的壁龛里隐藏了照在对面墙上的散光
3 在建筑物的南面，具有良好眩光控制的陶瓷金卤灯照亮了钢缆和屋檐
4 大厅内，地毯反射的光线形成了彩色冲洗的效果（摄影：Paul Zaferiou/Lam Partners）
5 仔细放置在草地中的陶瓷金卤聚光灯给两侧的建筑外形提供了柔和平静的照明
6 大厅梁柱上采用直接安装到管状横梁上的PAR38IR照明装置
7 天花板浮雕通过戏剧化的照明效果以及隔开的PAR38IR照明设备从墙壁中凸现出来
8 海兹伯格大厅拥有1600个座位，通过使用折叠反光金属支护的纹理亚克力结构营造出一种深浅不同的闪光效果
9 缪丽尔·考夫曼剧院内部光线充足，阳台闪耀得像一个巨大的枝型吊灯（摄影：Glenn Heinmiller/Lam Partners）

中国北京

妇女儿童博物馆

CHINESE WOMEN AND CHILDREN MUSEUM, BEIJING/CHINA

业主：中国妇女儿童联合会
建筑方案设计：中国建筑设计研究院
建筑深化方案及施工图设计：中国航空工业规划设计研究院
照明设计：北京优雅士照明设计有限公司
照明施工：北京赛恩电气安装工程有限公司
万花筒工业设计：北京理工大学

中国妇女儿童博物馆是我国第一家以妇女儿童为主题的国家级博物馆，由中国建筑设计研究院崔愷大师担纲顾问。它位于北京东长安街北侧，建筑外观呈圆润的流线形态，具有强烈的视觉冲击力，与毗邻的全国妇联机关大楼、中国妇女活动中心构成一幅凸凹有致，圆润温暖的建筑画。博物馆建筑面积约 3.5 万 m^2，实际展现面积 6000 多 m^2。地上 6 层，地下 4 层。首层为多功能厅、临展厅，二层、三层为儿童馆，四层、五层、六层为妇女馆。博物馆全方位、多角度的展示各个历史时期中国妇女儿童的生存状态、地位变化、文化习俗和社会贡献。

建筑师崔愷从博物馆的主题对象——妇女和儿童得到灵感，提出用曲线形态来表现博物馆的整体形态，在面向城市的南立面上勾勒出两条曲线：一条柔和的蜷缩起来，好似襁褓中的婴儿；另一条舒展的覆盖其上，能让人联想到母亲的呵护。后者构成了整个形态的核心，一个覆盖了整个建筑的连续柔和曲线钢筋结构构成的屋架系统。它一直延续成为西立面的建筑外围结构，直伸入西侧地面的水池中。曲面屋盖的设计，给人很强烈的视觉冲击力。屋面在南端自然延伸并稍作扭转，构成了博物馆主入口前广场的半室外的城市空间。在这里，另一条曲线则构成了整个空间的视觉中心——一个用卷曲的楼板包裹起来的巨大的“万花筒”装置，其内部正是博物馆里两层高的儿童展厅，不论是从内部展厅还是室外的主入口前广场上，观众都能从“万花筒”中不断变化和旋转的图案中寻回儿时的乐趣。

大堂照明设计中，通过对空间要素的分层次照明，达到亮度的协调，形成人们对视觉空间的良好感受；通过回路设定，满足不同自然光条件下的照明效果，室内照明设计兼顾夜景照明的需要；在照明方式的选择及灯具的选择上，以照明舒适度为导向，保证在视域内直接眩光和间接眩光最小；选择溢散光小、光效高的灯具，这样不仅减少了空间内的光线的“噪音”，从而提高了空间照明素质，同时大大节约能源。

从照明布局入手，达到见光不见灯。在万花筒的顶部，以投光灯打亮弧型建筑轮廓。为室内提供明亮视觉感受的同时，在夜色中形成了灯笼的内透效果。地埋投光灯暗藏于西侧，将西立面围合结构照亮。

为实现灯具形态与建筑形式的统一，室内局部采用弧线的杆灯提供重点部位的照明。该灯具的形式设计考虑到与建筑形态的协调，采用了圆盘灯具加弧线灯杆的组合设计。

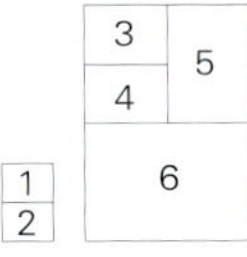

1 中国妇女儿童博物馆外观
2 色彩绚丽的“万花筒”
3 剖透视
4 入口处灯光柔和舒适
5 从高处俯视楼梯的视觉效果
6 临展厅的作品在灯光的照射下更加鲜活生动，展厅里充满艺术气息

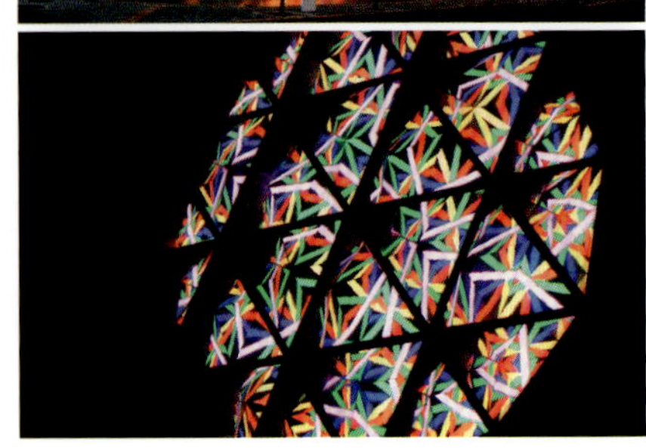

加拿大温哥华

温哥华会展中心扩建

VANCOUVER CONVENTION CENTER EXPANSION, VANCOUVER/CANADA

造价 8.04 亿美元、面积约 10.2 万 m^2 的滨海会展中心扩建项目设计了公共区域的照明，扩建后的会展中心规模超过其原来的三倍，它曾作为 2010 年第 21 届冬季奥林匹克运动会的广播及媒体中心以及奥林匹克圣火盆所在地。

约 2.2 万 m^2 “活屋顶”的折叠平面和大量的空间需求激发了设计团队的灵感，将创新的照明方案以各种规模整合到动态的形式中，以回应建筑的诉求。多样化的灯具尺寸还考虑到了用更少的元素来支持预算和灵活度的目标。为了在城市边缘创造一个强大而震撼的标志，15m 高的雕塑标志灯强化了项目的身份标识，隐藏了金卤灯，这些灯在 5 ： 1 均匀度比例下产生 10lx 的平均照度。一体化的 LED 变色灯具间距 50m，配合外加的剧场安装轨道可为特殊活动提供更多的灵活性。

当人进入现场，灯具尺寸降低为 8m 高的巨型构筑物，为从超大型城市边缘建筑到内敛的滨水区域照明提供一个无缝的过渡。这些雕塑形式具有多重功能，也定义了广场的边界。长凳、雨棚和野餐桌都整合进了这些大构筑物中。维护简便的线形荧光灯和金卤灯的结合体间隔 30m 进行布置，同样也达到了在 5 ： 1 均匀度比例下 10lx 的平均照度。没有灯光的地方，可同样重要。一条小径横穿公园的草坪斜坡，简单的台阶灯为人们的安全前行提供了最小的照度。

象征传统海上导航的灯笼被一排定制的、闪耀着欢迎气氛的宴会吊灯加以诠释，它们表现了建筑室内 /外的连通性和透明性。灯具有 1.2m 和 1.5m 高的两种尺寸，随机组合布置，再次为空间提供了不同的尺度。1.2m 高的灯具上的 4 个陶瓷金卤 PAR 灯是分开控制的，提供了从 150 至 600lx 的 4 级变换工作照明水平。所有灯具中的可调光线性荧光灯和卤钨 PAR 灯使可控的照度范围低至接近 0lx，从而提供了灵活度，可满足从工业展览到表演，到烛光晚宴等诸多功能需求。一个透明的“热烈欢迎”和室内 /室外的连通性是贯穿整个项目的线索。室内以暖色木质材料为背景，为建筑夜间的存在感设置了场景。不管是过去还是现在，木材工业是温哥华经济的主要组成部分，而木材是这栋建筑的 DNA 里非常具有表现力的一部分。为了赞美、表现这种富饶的材料，高显色性光源用于表现其自然美，而日光感应器根据可用的自然光控制灯具，以提供适量的光线。在过渡、流通空间里，双层 3000K 洗墙灯被小心布置在木格栅天花中以避免扰乱视觉的扇贝光斑，它们可以灵活调整光照水平，并重点打亮旋转的艺术和展览装置。此外，安装于幕墙框架中以及挑檐的 3000K 陶瓷金卤上照灯洗亮木质板条天花，来表现相邻的发光木墙。展馆大厅的彩色光同样提供了灵活性，从而使特定主题与主要交通入口发生联系。

为了成功面对这个挑战，设计师们完成了深入而彻底的照明计算，以测定产生自定制灯具以及洗亮屋顶挑檐的灯具的溢出光及其对暗天空的影响。这是世界上第一个获得 LEED 铂金认证的会展中心。

建筑设计： LMn Architects
主要建筑师： McM Partnership，DA Architects & Planners
照明设计： Horton Lees Brogden Lighting Design——Teal Brogden, John Dunn, Darcie o’ connor chinnis, Michael Lindsey, André Yew
景观建筑师： PWL Partnership Landscape Architects
环境顾问： eBA engineering consultants
机械工程： Stantec consulting
结构工程： Glotman Simpson consulting engineers and earth tech
草图/渲染图/细部图纸： Horton Lees Brogden Lighting Design
摄影： Bob Matheson，Nic Lehoux，Emma Peters

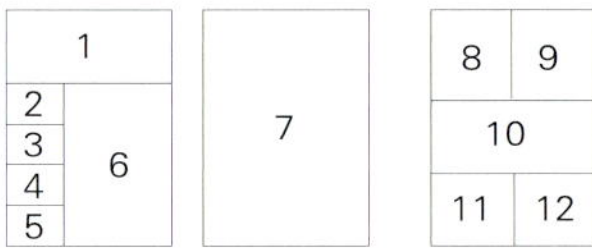

1 建筑外部立面照明
2 约2.2万m^2“活屋顶”种植了数千种植物，运用雨水灌溉系统，将环保与绿色发挥到极致
3 标志灯
4 一条小径横穿公园的草坪斜坡，简单的台阶灯为人们的安全前行提供了最小的照度
5 场所透视图
6 夜间全景图
7 木材是这栋建筑的DNA里非常具有表现力的一部分
8 1.2m定制宴会吊灯
9 1.5m定制宴会吊灯
10 3000K洗墙灯被小心布置在木格栅天花中
11 象征传统海上导航的灯笼被一排定制的、闪耀着欢迎气氛的宴会吊灯加以诠释，表现了建筑室内\外的连通性和透明性
12 过渡区透视图

VANCOUVER CONVENTION

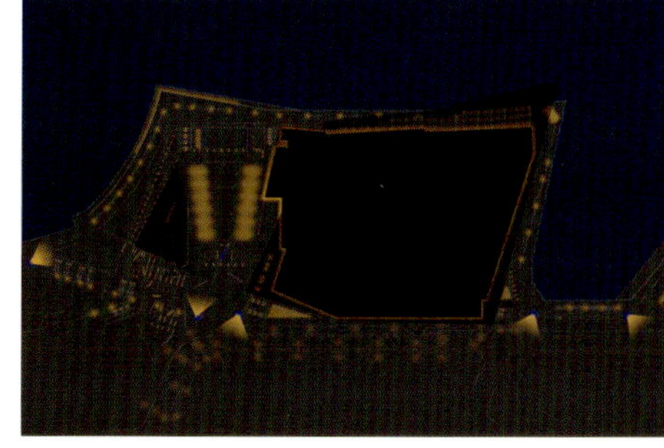

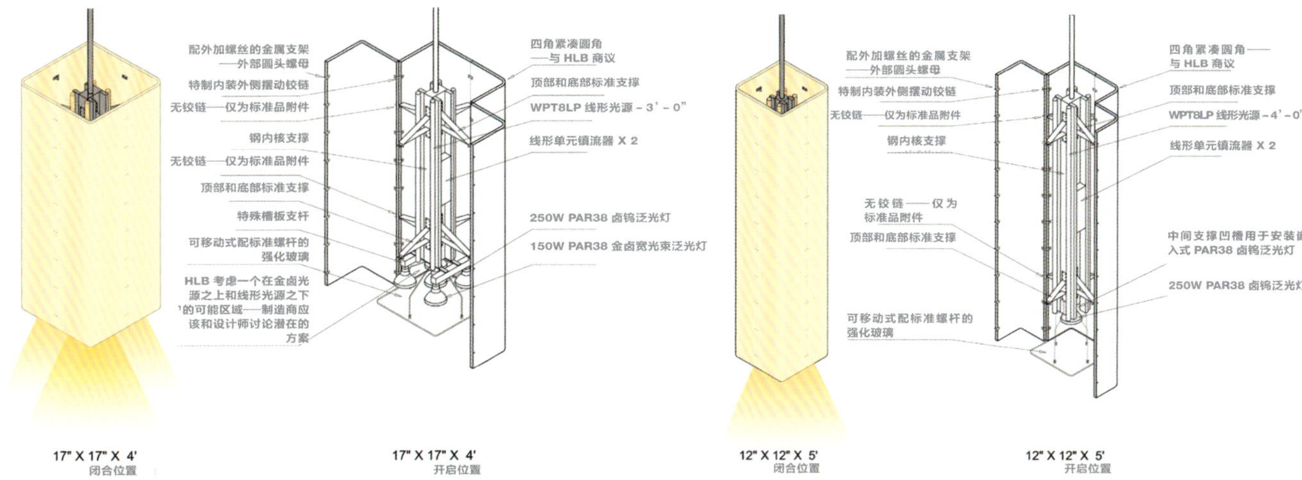
配外加螺丝的金属支架
——外部圆头螺母
特制内装外侧摆动铰链
无铰链——仅为标准品附件
钢内核支撑
无铰链——仅为标准品附件
顶部和底部标准支撑
特殊栅板支杆
可移动式配标准螺杆的
强化玻璃
HLB 考虑一个在金卤光
源之上和线形光源之下
的可能区域——制造商应
该和设计师讨论潜在的
方案
四角紧凑圆角
——与 HLB 商议
顶部和底部标准支撑
WPT8LP 线形光源 - 3' - 0"
线形单元镇流器 X 2
250W PAR38 卤钨泛光灯
150W PAR38 金卤宽光束泛光灯
17" X 17" X 4'
闭合位置
17" X 17" X 4'
开启位置
1.2m定制宴会吊灯
配外加螺丝的金属支架
——外部圆头螺母
特制内装外侧摆动铰链
无铰链——仅为标准品附件
钢内核支撑
无铰链——仅为
标准品附件
顶部和底部标准支撑
可移动式配标准螺杆的
强化玻璃
四角紧凑圆角——
与 HLB 商议
顶部和底部标准支撑
WPT8LP 线形光源 - 4' - 0"
线形单元镇流器 X 2
中间支撑凹槽用于安装嵌
入式 PAR38 卤钨泛光灯
250W PAR38 卤钨泛光灯
12" X 12" X 5'
闭合位置
12" X 12" X 5'
开启位置
1.5m定制宴会吊灯

过渡区
过渡区
MS 办公室
走廊
零售
走廊
电力 / 通讯
女更衣室

中国北京

新中国国际展览中心

NEW CHINA INTERNATIONAL EXHIBITION CENTER, BEIJING/CHINA

总建筑面积：66万m²
建筑设计：tvsdesign
照明工程：北京新时空照明技术有限公司 P358
摄影：Paul Dingman

1 新中国国际展览中心建筑外观照明
2,3 庭院景观照明
4 室内照明

新中国国际展览中心被北京市政府列入2008奥运相关工程项目，是北京市规模最大、功能最为完善的展览中心，其功能达到国际展业展馆建设一流水平，也是中国顶级专业化展馆之一。项目位于北京市顺义空港工业开发区西侧，总规划用地155.5公顷，地上总建筑面积66万m^2。

随着夜幕降临，光照逐渐变暗，内部照明的灯光透过窗体弥漫而出，彰显着庄严而雅致的建筑外观，营造出迎客的温馨气氛，使整个建筑显得光彩夺目。理性的设计与施工，确保照明品质与节约的有机结合。

展厅单体使用面积达1.25万m^2，其中展厅的天花高达20m。展厅采用自然光与人工光有机结合，并巧妙的运用内透光手法，不仅给人以宽敞明亮的感觉，还充分体现了当今节能高效的绿色照明理念。其中包含的金卤灯、高压钠灯和节能灯三种光源，可在不同的时段提供不同的照明，实现分时控制的节能理念。

“对于像新国展这种带有大面积玻璃的建筑，我们是这样处理的：首先，点亮室内空间，由此产生的内透光 会使玻璃带有柔和的亮光，并勾勒出立面的轮廓。其次，如果有必要，立面外部加上一些柔和的泛光，来平衡并打亮立面的不透光部分中的暗区。”—— Jay Thompson，tvsdesign

新中国国际展览中心的夜景照明是仅次于鸟巢和水立方的奥运重点照明工程，建筑设计由来自美国的 tvsdesign 来完成。全国一流的照明企业均参与了该项目的竞争。新国展项目的中标对新时空来讲是一件具有标志性意义的大事，它证明了公司在经过快速发展后已跻身于一流照明企业的行列。项目的顺利实施也说明新时空的综合实力已获得了巨大提升，有能力完成超大规模、高标准要求、工期紧张的重点照明项目。

中国无锡

惠山古镇

HUISHAN ANCIENT TOWN, WUXI/CHINA

业主：无锡市惠山古镇历史文化街区保护性修复工程领导小组

照明设计：浙江城建园林设计院光环境所 P382

设计团队：沈葳、余小燕、王英、张洁、黄云峰、毛聪毅、吴成明

摄影：安洋

无锡惠山古镇位于著名的惠山名胜区东侧，其范围为西起惠山天下第二泉；东至京杭大运河、黄埠墩；南抵锡山龙光塔北侧；北到通惠西路，占地面积约 $1m^2$ 公里。这里集聚了丰富的物质和非物质文化遗产，是吴文化的集中展示区，积淀了无锡深厚的历史人文资源。

经过认真研究，以“少就是多”为用光原则，根据建筑及节点的特性确定照明等级。结合载体性质和特征，注入光的写意手法，形成光与环境的有机融合。

古镇内的建筑围绕上下河塘、横街、直街这三条轴线而展开，从规划的角度出发，我们将这些建筑大致分成四类，它们的灯光依照一定的规律，井然有序的分布着。祠堂的灯光以肃静、雅致为基调，其他则灯光温馨、自然，通过建筑檐口的线形光和店招来提高环境亮度，既节能又统一。第一类为文物建筑，涵盖区域内的各个大小祠堂。对文物建筑的灯光设计我们结合了中国古代儒家精神，以和谐、谦和、中正的“中庸观”来面对。第二类是历史建筑，包括如留耕草堂、紫阳书院、惠山园、祠堂博物馆等这类需要保护的建筑。这类建筑的光意在营造历史感。用小型 LED 射灯对顶部的螭吻重点照明，形成明与暗的对比。第三类是一般建筑，泛指普通民宅和商铺类建筑。一般建筑的灯光以简单和自然的方式来处理，温馨、自然。第四类是新建建筑，包括溪山第一楼、横街入口大门、戏台等。这类建筑的亮度应该是最高的。通过 LED 瓦筒灯对屋顶进行照明，线条灯对斗拱进行刻画，整体采用了暖黄光，使建筑呈现出一幅精神抖擞的状态。

过高的亮度带来的只是空间表达的苍白单调以及能源的巨大浪费。在无锡惠山古街的照明设计中，我们尽量让其暗下来、静下来……

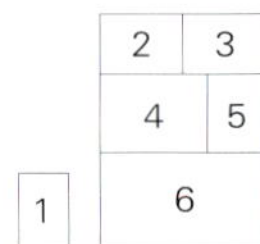

1　祠堂入口

2　五里坊

3　人杰地灵坊

4　入口广场-照壁

5　定制灯笼

6　沿街商铺

人傑地靈

日本爱知

GC 口腔科学博物馆

GC PROSTHO MUSEUM, AICHI PREFECTURE/JAPAN

业主： GC Corporation
设计： Kengo Kuma & associates
建筑结构设计： Jun sato structural Design
工程： Matsui Construction
照明设计： Daiko electrics
摄影： Daici ano

GC 公司成立于 1926 年，当时刚从东京帝国大学（现在著名的东京大学）毕业并获得应用化学学位的三个年轻人，在东京池袋成立了一个小型的研究公司。公司专营牙科产品，而今成为了全球供应商。

日本爱知县的 GC 口腔科学博物馆讲述了牙科医学的变迁。建筑设计师从古老的日本游戏木玩搭建中得到了灵感，这种游戏要徒手把木棍安装起来而不用钉子和五金配件（鲁班锁）。新的博物馆大楼高 9m，每根木棍的规格是 60×60mm。设计团队的目的是提醒人们记得那个没有机器制造的建筑物年代。“展览大厅基本上是一个三维网格状结构，通过把玻璃板安装在木框中，我们制作了一种模式，它看起来像一个透明的木头格子窗在内侧与外侧之间不停地流动”，建筑师隈研吾解释道。

白天，游客会像喜欢展览品一样，着迷于穿过木材照射到室内的阳光。夜晚来临时，大厦开始从内部发光，就如同展品依然醒着，试图在黑暗中吸引人们的注意。多亏了这开放式的木质建筑，光线填满了从地板到水泥灌注的、刨花板的、坚硬的天花板之间的空间。向牙医致敬——没有他们这里将没有理由建造如此独特的建筑。

1 建筑外观
2 建筑细节

中国天津

天津市文化中心

TIANJIN CULTURE CENTER, TIANJIN/CHINA

项目地点： 天津市河西区
设计时间： 2011年9月
照明设计： 华怡建源照明设计咨询有限公司 P387

天津市文化中心项目包括天津大剧院、天津美术馆、天津图书馆、天津博物馆、天津青少年活动中心、天津银河购物中心等，共有来自 12 个国家、40 余家设计单位参与文化中心各个阶段的设计方案竞赛，提交了 200 余个方案，最终确定由中、德、日、美 4 国 12 家设计单位开展实施设计。

天津大剧院由德国 GMP 建筑师事务所与现代设计集团华东建筑设计研究院联合设计。华怡建源照明设计咨询有限公司为其提供专业的照明配套及深化设计，充分了解设计方的设计意图，清晰体现设计方的设计思想，用明亮华丽的灯光点亮天津大剧院，与对面的天津大礼堂遥相呼应。

天津美术馆由美国著名 KSP（尤根·恩格尔建筑师事务所）与天津市建筑设计院联合设计。华怡建源照明设计咨询有限公司为其提供专业的照明配套深化设计，与设计方充分沟通，从细节上达到设计要求，光线柔和，表现精准，特别是天津美术馆侧面采用横向灯光格栅，见光不见灯，对灯具做到隐蔽。同时，通过专业的分析比对，用性价比高的国产灯具代替高价的进口灯具，为业主大大降低成本，备受业主信赖与称赞。

1 | 2

1 天津大剧院
2 天津图书馆

中国北京

1949^2

1949^2, BEIJING/CHINA

业主：北京富华集团
建筑师室内设计师：Noel Bernardo ,Philip Po
照明设计：关永权，朱海燕
照明工程造价：100万人民币
摄影：朱海燕

本案坐落于北京东城区东南部红星胡同，全场占地面积3653.66m²。明代称“吴良大人胡同”，清代因胡同内有座无量庵，遂改名“无量大人胡同”。1965年整顿地名时更名为红星胡同。

步入建筑主入口，过厅走廊两侧的玻璃隔墙，采用1949数字的艺术变形，由密到疏，错落有致，玻璃与镜面交相呼应，设计师用单颗1W LED线性投光灯，由底部安装，跟随文字的疏散渐退出渐变的光影，同时将木饰面天花板照亮。走廊作为迎接客人的必经之路，内透光墙体只提供光影随行，所有视觉焦点最终凝聚到入口金漆祥云自动感应门。自动门添加感应装置，伴随贵宾入场自动开启，呈现在面前的又是一处别样风景。三面金漆祥云环绕的过厅给客人以短暂的停留，两侧自动门分别连接四九汇（私人会所）和全鸭季两个就餐空间。金漆祥云墙面选择埋地上照灯的照明方式，在照亮墙体的同时提供对木梁屋顶的照明。庭院的灯光着重表现四合院垂花门头。9W窄光束LED埋地灯，提供对建筑红漆立柱的照明，同时刻画了雕梁画柱的细节，和院落中被3W LED投光灯照亮的侃侃而谈的智者雕塑艺术品相呼应。

室内深色木梁悬挑的屋脊，弱弱的LED灯带只对它进行轮廓的表达，在挑梁位置增加明装的射灯，补充深色木饰面屋顶的局部投光，让屋顶呈现不同的明暗对比，有光有影，增加屋梁的空间感。

餐台上方用由宫廷灯演化出的红色灯笼装点，但对于桌面菜品的照明还是考虑了在红灯笼下增设低压石英灯，以其高显色性向客人呈现最美妙的盛宴。

四九汇的光环境与全鸭季有所不同，灯光在这里表达的更多是影，木格屏风在光影下很好的承载了设计师想要表达的以暗部衬托亮部的设计手法。

步入走廊，黑色木饰面门框处的上照灯并非刻意强调门框的存在，而是在不经意间对灰色层板砖墙做了很好的材质和光影的表达，没有刻意对全部灰砖墙面做灯光的渲染刻画，只是轻描淡写的一抹光晕，足以让这份“暗”引人入“香”。

包房里选用水晶吊灯作为桌面主吊灯，虽然是水晶灯元素，形态上还是简洁大方，与木梁结合，照明控制系统的运用把水晶灯调暗，并不作为桌面的菜品照明，而是在木梁上补充窄光束低压石英灯，单独补充桌面照明。由著名摄影师黄国基先生一手打造的“竹林”作品取景于日本京都，作为四九汇的点睛之笔，它以特有的窗景设计被完美的运用到包厢的室内设计中。点光源设计在“竹林”背后，由下往上，忽明忽暗，与疏密相间的竹林交错，为食客打造一份优雅私密就餐环境。

整个餐厅灯光设计打破传统照明设计手法，大量运用了LED新型灯具。采用了埋地上照灯和间接光照明的设计手法，在金宝街如此奢侈繁华的街区，打造一处静谧祥和的暗香。

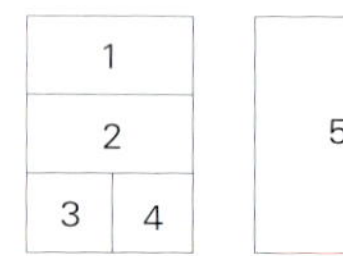

1 镜面磨砂和透明玻璃交错安装，背后用单颗1W LED线性上照灯，预设调光系统
2 单颗3W 埋地LED上照灯，距墙150mm，对金漆祥云墙面做明暗相间照明
3 庭院夜景照明，LED埋地灯表现四合院雕龙画柱建筑细节
4 四九汇走廊
5 全鸭季餐饮空间，低压石英灯和红灯笼的巧妙结合，提供餐台照明
6 暗藏线性LED灯带提供对漆画的整体照明，顶部补充低压灯对画面重点位置着重表现，让装饰艺术作品更加生动
7 屋梁线性灯营造空间感。定制手绘的鸭头瓷砖，首首相连，相映成趣
8 四九汇门厅，木屏风表达光影层次，以暗部衬托亮部
9 四九汇包房，竹林发光墙面做餐台背景
10 景泰蓝装饰品，选鸭为宴，以鸭衬景
11 入口玻璃墙灯具安装节点，包间竹林墙灯具安装节点

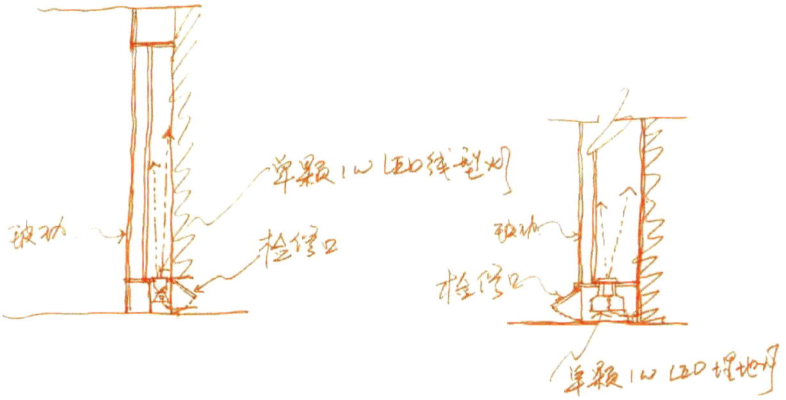

单颗1W LED线型灯
玻璃
检修口

玻璃
检修口
单颗1W LED埋地灯

美国纽约

飓风俱乐部

THE HURRICANE CLUB,NEW YORK/USA

照明设计：Focus Lighting Inc.
首席设计师：Paul Gregory
设计师：Michael Cummings,Juan Pablo Lira,Hilary Manners,Stephanie Daigle
项目经理：Dan Nichols
竣工日期：2010年9月
摄影：Michael Weber Photography

Focus Lighting 为飓风俱乐部设计了照明。10000 平方英尺的空间为顾客们在穿过不同的私人用餐区域时提供了 6 种独特的体验。被照亮的空间将顾客们从纽约繁忙的街头带入一个优雅的波利尼西亚风格的晚餐俱乐部。

飓风俱乐部的外观通过由织物窗帘遮蔽的白色磨砂玻璃门和窗户激起了路人的好奇心。“它全部都被盖住了，所以你看不到里面，也根本不能预见什么。当你进入大堂，会看到一个由骨头制成的枝形吊灯，而在你走进之前，你会有一丝预感将要看到什么。”与 Focus 的主设计师麦克 · 卡明 (Michael cummings) 共同设计的胡安 · 帕布鲁 · 里拉 (Juan Pablo Lira) 说道。入口前厅的白色墙壁和柔和的灯光净化了纽约喧闹的视觉调色板，让顾客体验大型木材质和黄铜材质的门之外的感受。

六种顾客体验的第一种——“飓风屋”，它使参观者沉浸在一种受殖民地始祖启发的概念中。一个带有层状金链的水晶枝形吊灯装饰了位于中心的酒吧，添加了一种闪亮的优雅触感。为了设计出飓风的效果，大量的枝形吊灯“围绕着房间，营造出了动态的戏剧化效果”，Focus Lighting 首席设计师以及创始人格雷戈里 · 保罗 (Paul Gregory) 说道。风暴之眼由核心的水晶枝形吊灯代表，而周围的链条层则代表着与自然现象有关的运动和旋转。房间里星罗棋布地散布着的小水晶挂件继续演绎着这个主题。

周围的酒廊提供一种更加温馨的氛围，每个酒廊都会在中心主题上添加一个独特的旋转。这个咸水湖休息室呈现出了一个更安静的环境，通过有趣的比例和出人意料的用贝壳装饰的枝形吊灯来实现吸引人的感觉。以一个大型的人造壁炉为特色，上面镶有白色的珊瑚壁炉架和两个玻璃铸件吊件，吊件上有装饰性的灯丝外露的白炽灯和一个高 10 英尺的三层藤壶枝形吊灯。低压氙气灯带突出了位于房间两端的两面镜子。环境光来自于玻璃枝形吊灯，同时 75W MR16 带框架的投影灯用带有图案的灯光增加了气氛。

隔壁“洞穴屋”内同样可以找到带框架的投影灯。藤条屏幕将这两间房间与主餐厅隔开，为顾客们提供了更多一点的隔离空间。为了增加私密感，“这里的藤条屏幕上有投影，你只能从洞穴里面看到外面。”“它们是为了唤起你周围植物的影子，它就像透过棕榈树的阳光”，里拉说。

“火山房间”提供了主要区域外的第三种独立体验。从主要餐厅的中性色调及三个半私人房间离开后，“火山房”用美妙的红色吸引了参观者。在楼下，继续以“朗姆酒和阳光”吸引人，可以让顾客的鞋更闪亮，也可以从定制的喷泉中提取朗姆酒。“Bora Bora 黑白房间”让顾客可以在一个更柔和的私人餐厅内举办宴会，餐厅具有较深的饰面和更多的装饰环境照明。再往前，卫生间用兽骨复制品镶在墙上制造出浮雕图案。Focus Lighting 使用 50W MR16 重点照明了这些具有异国风情的浮雕。

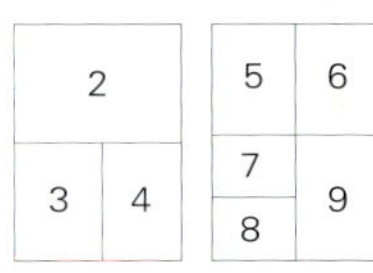

1 位于酒吧中心的一个带有层状金链的特色水晶枝形吊灯
2 房间里星罗棋布地小水晶挂件继续演绎着飓风的主题
3,4 休息室呈现出了一个更安静的环境，用贝壳装饰的枝形吊灯来实现吸引人的感觉
5,6 “洞穴屋”的光唤醒植物的生命力，营造了一种舒适充满生命力的空间
7 “火山房”用美妙的红色吸引了参观者
8,9 卫生间用兽骨复制品镶在墙上制造出浮雕图案

中国沈阳

清水湾 CLUB

CLEARWATER BAY CLUB, SHENYANG/CHINA

业主：沈阳名都嘉年华休闲商务酒店
室内设计：沈阳大展装饰设计顾问有限公司
灯光设计：大观国际设计咨询有限公司（北京公司）
完工时间：2010年

清水湾 CLUB 是兼具 SPA 和餐饮功能的酒店式休闲会所。室内设计希望在现代空间与自然体验建立某种巧妙地联接。因此灯光需要在如此错综复杂的冲突碰撞中，寻求并表达一种独特并和谐的氛围。

设计师为了让各个镜头和镜头的组接构成的空间，形成一部生动而和谐的光影蒙太奇。最终的灯光设计执导过程颇具挑战。设计师把所有原本普通的，价值感不强的自然的材质作为主角，仔细雕琢与刻画，甚至打造成前卫艺术品，而让那些闪亮的、时髦的现代材质低调沉淀下来。试图让各种材质可以有机的，连贯的剪辑在一起，通过对比、衬托与自然而然的联想，让空间形成一种奇异而特殊的交错的美感。

建筑立面传统的中式窗格不再低调含蓄，大面积的背光处理，呈现出恢弘的气势。入口空间用简洁清晰的对称形式的灯光布局，空间的大理石墙面和柱子的处理中规中矩，而在对局部细节如木格栅、竹子、叠石等自然元素的处理中寻求变化用新的逻辑表现，从而得以强化。木格栅的流畅韵律用组合排列的下照筒灯形成的新的节奏打破，改变了原本对称的灯光布局，也让入口两边不同材质的立面墙体，因此而形成特殊的和谐与对比。竹子和叠石的处理，也在摒弃东方审美情趣的传统做法，自上而下的用光方式，让原本自然的材质，也遵循现代的形式美学。

三层的大堂挑空区，立面透明玻璃层架上摆着红色的罐子，体量与颜色上的对比，视觉上形成不稳定感，灯光选择处理玻璃，而不是罐子，来强化这种落差。而彩色变化的喷泉，更为空间抹上一层神秘莫测的色彩，给人以一种光怪陆离的视觉体验。

走廊处的石头装饰，用干净凌厉的极窄的下照光来处理，让原本自然不规则的原石造型，不再具有自然野趣，而是在强烈的明暗对比下，更具雕塑感与装置感。

全日餐厅柜子上的陶罐，不是均匀完整的面光，而是如舞台般的追光，让一排排陶罐都生动起来，同样的罐子因此有了不同的表情，让人可以分得出主角与配角。餐台顶部强烈光影效果下的深色马赛克饰面与台面下含蓄的饱含沧桑追溯感的大块毛石遥相呼应，台面上金属光泽餐架与明亮陶瓷的杯盘交相辉映，营造出一种生动而又深沉的质感。

日式餐厅柜架上整齐排列的藤篓米缸，下面是内藏 LED 的整片发光面，寻常百姓家的普通物件在光的铺陈下都漂浮了起来；光令平凡的物件，呈现出了某种不平凡的视觉印象。

清水湾 CLUB 的空间装饰丰富而独特。现代与传统的不同装饰语言融合渗透，杂糅了中西方不同文化下的概念与体验，展现了空间独特的光影质感。

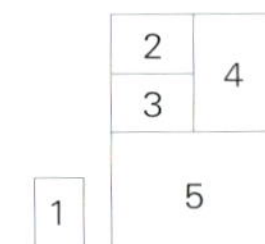

1 入口处
2 走廊
3,4 日式餐厅
5 全日餐厅

中国郑州

瓦库 5 号

WAKU NO. 5, ZHENGZHOU/CHINA

室内设计： 余平
照明设计： 英国大可莱伊照明设计事务所
产品应用： WAC lighting
完工日期： 2011年10月
摄影： 冯新力

先说“瓦库”。为什么一个喝茶的地方不叫“茶库”。瓦库的创意设计是余平先生将最原始的建筑材料“瓦”作为整个空间，甚至建筑立面的装饰材料，在其中融合了各种瓦片、陶地砖、旧实木、麦草白水泥，各有各的“脾气”，各有各的韵味。此项目的照明概念定位于“让瓦在自然光下呼吸”。瓦库茶艺会所的工作范围为一层至三层会所室内空间、建筑立面、周边景观、四层景观平台。室内外所有的装饰材料都是瓦片，各色瓦片对光的要求十分挑剔。

进入中庭，直径为 5.5m 的圆柱形瓦谷是三层公共空间的亮点。瓦谷，遵循力学定理由上千片瓦片叠落形成，光从瓦谷中心透出来，似三层空间的照明都由瓦谷提供。想要瓦谷均匀的发亮并且透光，需要均匀的宽光洗亮，照明顾问在本没有安装位置的瓦谷天花中，设计了悬挂圆形支架，并确定了光的位置及任务区域，经过试验，选择了 50W 的洗墙灯。

与瓦谷连接的是中心的服务吧台，为了与整体的室内空间相协调，将它设计成为沿街铺面的样子。为了不让这个“铺面”太刻意，设计师提高了铺面内部灯具的色温，让铺面内麦秆白水泥墙显得格外的白，在铺面顶部的挑窗处只用了一盏 25W 聚光灯就完成了这个区域的照明。

瓦库以瓦谷为中心，分为：东库，西库，前库，后库。分别设有包房，这就是这个空间中的“屋”。设计师严格控制了室内灯具的数量，每个室内空间少于四盏灯具布置并且加入了调光系统，满足客人的各种会友，洽商的需求。每个“屋”门口的踏步是石磨——最原始的装饰，“屋”的外墙同样是由青瓦饰面的，并在明显的墙面上用瓦片做了门牌，用简单的一束光照亮瓦片的“门牌”，辅以墙边踢脚处的氙气灯带做了连续的照亮，用线性光贯穿了这个空间。

三层与二层、一层连接的楼梯空间，设计师希望统一为入口处戏剧化光的需求。所以，特别为这个质朴而特殊的空间“定制”了 0%～100%的调光效果，让它古老而又神秘，每个空间都尊重自然为生活之本这一表达。

瓦库户外的主入口垂直方向的砖墙由红色瓦片悬挂在墙面形成，照明顾问最终为了突出红瓦在夜晚的效果，而选择了 150W 钠灯提升主入口的效果。建筑主立柱的照明由窄角度投光灯提供。建筑顶部四层露台由于在夏秋时间会对外开放，春冬季节顶部的照明需要呼应整体建筑照明。在栏杆底部安装了 IP66 的 T5 荧光灯，洗亮了环形的露台，栏杆四周的绿植对光源形成了有效的遮挡，不但不会影响到开放时节客人对平台的使用，也强调了建筑的整体统一性。四层的露台也由此，从原来无人问津的区域，变成夏日中最难预定的区域。整体建筑没有强烈的明暗对比，夜晚空间使人感觉舒适，安全。

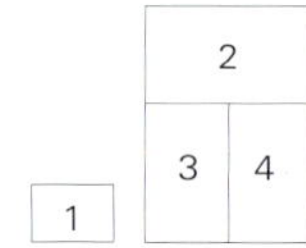

1 整个会所中唯一用光色彩的包房
2 三层各种光之间相对独立又相互融合
3 连接各层的楼梯空间，可实现0%-100%调光，调节各种场景的变化
4 紧邻窗边的瓦片，光模拟出日出和日落的金色

美国纽约

丽都酒店和度假村的枝形吊灯

THE CHANDELIER AT THE COSMOPOLITAN HOTEL AND RESORT, NEW YORK/USA

建筑：Rockwell Group, Friedmutter Group
照明设计：Focus Lighting Inc.
首席设计师：Paul Gregory
设计师：Christine Hope, Michael Cummings
项目经理：Dan Nichols
面积：12,200平方英尺
摄影：Michael Cummings，Robert Polidori

Rockwell Group 和 Focus Lighting 在丽都酒店和度假村的枝形吊灯酒吧项目上合作，Focus Lighting 的设计力求让游客完全沉浸在巨大的枝形吊灯之中。

独特的中庭空间，覆盖着超过 700 万颗多面体晶体，创建一个艺术性场景，给人一种脱俗感。Focus Lighting 利用多种不同的照明位置突显出每一个精美状态的闪耀光芒，旨在唤起一种巨大型水晶吊灯的感觉。它高 44 英尺，直径约 75 英尺，独特之处在于它由 2 层大堂或俱乐部周边包围，并包含看起来像是徘徊在空灵的空间的 5 个独立的酒吧和休息室。这是一个互动式的吊灯，顾客可以在通过空间移动时，从众多不同有利角度得到体验。

俱乐部的入口最显眼处为顾客提供了一个闪闪发光的指示灯，环环相扣的水晶环为天花板创建了一个闪闪发光的起伏景观，变色的 LED 灯向上照射，以精妙的光线水池填满了铂金拱形。

为了充分塑造这个复杂的形式，每一层材料被单独装饰，达到丰富而迷人的累积效应。巨大的水晶下摆由层层闪耀的白光掠过。酒吧和休息室由调暗的卤素灯照射，创造出一种温暖而引人心动的室内，最后玻璃与水晶的内核使空间固定，并提供了从每一个视角都可以看到的闪耀的视觉焦点。

每一个水晶的闪烁点被设计成可以放大的闪光点。每个褶皱均由来自 3 或 4 个不同位置的多个 MR16 卤素灯点亮。除瞄准的水晶灯重点灯光之外，还有一层高天花之上的装饰性吊件。表面镀铬激光切割的金属吊件是为该项目定制的，人们从下往上看到其闪闪发光时，可以在天花上创造出片片纹理阴影。

延伸的白色弦串层在流动的水晶之内，在为灯光和投影创造理想的画布时，也为其有机形状构成了添加的结构。为了最大限度地发挥这一潜力，设计师以变色 LED 重点光掠过弦串排列在漂浮的夹层地板的边缘，让它们沐浴在跳跃的灯光中。卤素水晶灯特意远离它们，以免削弱设计想要达到灯光的色彩亮度。每个 LED 灯沿着弦串的内层和外层被单独处理，使颜色可以随意混合，创造一个不断变化的内部空间感觉。视频投影仪和移动的灯具隐藏在枝形吊灯的里层和外层，在弦串上创造出一种动态蒙太奇和纹理效果，增加了独特和戏剧化的动态三维光色环境。

漂浮并敞开在吊灯下的各种各样的酒吧和休息室可以为来宾提供许多不同的社交机会。一串线性的 LED 灯连续不断地从背面照射楼梯脚板处的透镜，描绘出休息室的轮廓，并反射出顶部吊灯的形状。在夹层，一个私密的空间由枝形吊灯的中心塑造出来。两个不同的休息室被嵌入在水晶顶棚之下，该水晶顶棚一直延伸到走廊，倾泻而下，形成吊灯的样式。这为来宾和闪闪发光的水晶灯之间的互动提供了最好的机会，创造一个无法抵抗的环境。

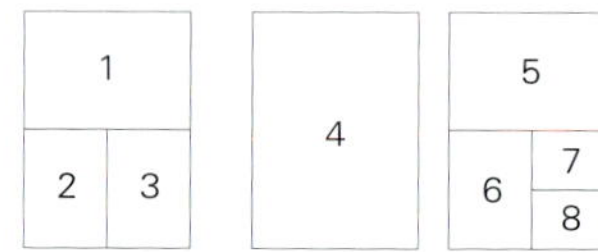

1,2,3 这是一个互动式的吊灯，顾客可以在通过空间移动时，从众多不同有利角度体验

4 设计师以变色LED重点展现吊灯的美，让它在跳跃的灯光中不断变换舞姿

5 由吊灯包围后分割形成的酒吧

6 由吊灯包围后分割形成的休息室

7 吊灯底部

8 视频投影仪和移动的灯具隐藏在吊灯的里层和外层，增加了动态三维光色环境

中国金华

爵士·主题餐厅

JUSE·TOPIC RESTAURANT, JINHUA/CHINA

空间性质：全日主题餐厅
空间面积：1500m²
室内设计：海天设计
主设计师：姚康荣　张涛
摄影：姚康荣

位于永康江边的爵士·主题餐厅原建筑为五层民居。不规则的建筑柱网给本设计带来功能布局以及空间设计的挑战。通过本案实际操作加强了公共商业空间消防通道及交通组织梳理，提升了对非公共建筑空间整改为商业空间的认识。同时运用低成本的材料，降低了工程造价，对塑造性价比高的商业空间作了一次有益探索。

本案通过材料色彩在室内空间分布的分析，得出了一个结论，塑造轻松、优雅，现代但又不失典雅、温馨的餐饮空间，可以通过材料色彩构成加以实现。用流动、现代、简洁，以面、体块构成的空间加上风格符号的运用，来达到新东方主义空间风格的定位。设计师选用白、黄两色，组成空间色彩印象。由此选用了黄色的竹板及米白色木纹砖来对应色彩，让空间更加纯粹、单一。用高光的钛金板作为收边材料，既增加了餐厅时尚的调子，也满足了空间的纯粹感。选用亚光皮革及亚麻布作为墙的饰面材料，增加了空间的温馨感和舒适感。

为了体现新东方主义风格的餐厅空间，选用明式方盒子的灯具，竖向的竹板线条，与现代块面的隔体、桌台相呼应，同时满足色彩分析及空间定位的要求。尤其在灯具选用上，设计师亲手做了灯具的产皮设计、定制。让灯具造型与空间体块相结合，更加突出了现代东方情调氛围。然而在家具选用上则用混搭手法，将灰黑调子简欧舒适的桌凳作为空间点缀，使中西文化背景的家具和谐相处，即空间具有极强的现代感，而精神界面却是东方的，提升了就餐环境的文化品位。

本案是以全日主题餐厅设计为背景。营业时间为中午到午夜。业态由咖啡厅、茶吧、红酒吧、休闲吧、自助餐区、风味餐厅组成。由此带来的功能分区设计丰富而又多彩：一层为入口门厅、展示区、等候区及咖啡、茶点区、过厅等，同时设有休闲酒吧区；二层为开放式大餐厅，设有红酒区、自助餐区以及风味餐厅。为达到良好的后场供应链，设计师加大了厨房面积，增加了夹层、货梯、餐梯和客梯。为了更好地服务各个就餐区，每 20 个餐位设置了餐具、卫生工具壁柜，方便服务管理，减少服务人员的活动半径，提高了服务工作的效率。

1	2	3
	4	5

1　主入口
2,3　用餐区
4　吧台
5　洗手间

仁恒置地广场

YANLORD LANDMARK, SICHUAN/CHINA

业主：仁恒置地成都有限公司
建筑师：美国NBBJ
商业室内设计师：中国香港CL3
照明设计：全景照明设计PANORAMA
照明工程：四川普瑞照明工程有限公司
摄影：胡正东

仁恒置地广场是成都的地标建筑，建筑立意取材于成都周边的山峰、页岩、瀑布、流水，由双塔和裙楼组成，功能分别为办公楼、酒店式公寓、高档商场。照明设计范围包括室外泛光、庭院和室内商场公共区、塔楼公共区、标准层等主要空间。照明方案设计中，首要考虑的是美学，灯光生于建筑，超越建筑。

主要照明节点是：建筑本身是富有层次和变化的，外立面的材质和谐地变化着，照明设计极力要做到的就是在夜间加深建筑的这些印象；我们需要系统化的照明设计，灯光从室内向室外延伸，之后它们缠绕在建筑之上；冷暖色温是灯光的阴阳，它们的和谐配搭是灯光从阳光中提炼出的照明之美。在这一案例中，色温的变化能营造出更为深刻的夜间形象，让夜更安静和长久；楼体照明设计主要通过对塔楼阳台、银色玻璃翼、裙楼表皮以及凸起四个主要节点的照明，勾勒出建筑丰满的夜间形象，阳台部分的暖光到玻璃翼、裙楼的冷光对比强烈、过渡自然，制造出梦幻般的视觉效果，在近人尺度上，主要通过裙楼墙面布光，投光灯，裙楼下部灯箱，入口内透光、入口外下照筒灯，照树灯和树上悬挂照明，地面水蓝色线形埋地灯，形成入口和广场的光空间，从行人的角度来看，均匀的基础照明和有节奏的重点照明相映成趣。

玻璃翼灯光所要达到的效果是：冷色温的连续腔体内透灯光；灯光在腔体内是均匀的，但在轴向可以有小的亮度变化；整体亮度是适宜的，由于体量较大，每个单元的亮度可以较低。

照明设计师在每个单元增加了穿孔板，其作用是增加反射面，提高灯光效率；作为操作平台，安装和维护灯具；灯光的相当部分穿透板体，向上延伸以保持其连续性。为保证白天效果，穿孔板的材质应与钢结构一致，穿孔板的穿孔比例和投光灯具的安装数量，功率，投光方向是实现效果的要点。

入口的灯光方式，总体上是一致的，需要把握的，仅仅是色温和照度的细致的变化，让不同入口过渡不同的室内外空间，人们能体会不一样的氛围：这些细腻的感觉对外部空间，尤其对表达建筑的内涵是非常重要的，它们和对应的室内大堂以及附近立面灯光一起影响着人们对建筑品质的评价。

仁恒的室内使用功能较多，既有商场，也有酒店、办公和展览空间，照明设计对不同的使用空间进行区别处理。

商场室内标准公共走道如图，通行方向的线形连续灯槽(安装无暗光 T5)可以指示方向，界定边界，同时为空间提供立面布光；横向的嵌入式灯槽安装下照筒灯和 T5 管，亮槽本身形成好的天花构图，亦提供均匀照明，表达空间。

在重点区域如主入口和主力店铺走道，连续灯箱提供高亮度照明，吸引人流，这里的灯光与电梯厅照明形成节奏，电梯门套内有 LED 光源，它可以随电梯运行状态变化色温。

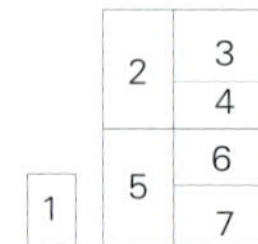

1 天色刚暗下来时，从建筑的东北方向观景平台看到的建筑全貌
2 地面连接蓝色埋地线条灯，树木照明，裙楼投光灯杆和下照灯，确保广场灯光明亮而有节奏
3 节点示意图
4 公寓入口
5 裙楼背面入口灯光
6 办公大堂
7 商场室内

MONETA
Dior
Dior
检修爬梯
70w 金卤投光灯
金属穿孔板
TOD'S

中国香港

L'etage 酒吧

L'ETAGE BAR, HONG KONG/CHINA

照明设计： Sirius Lighting Office Inc.
室内设计： Pure Creative International.
摄影： Sirius Lighting Office Inc.

L'etage 位于豪士丹顿街 33 号香港中环苏豪区的心脏，其内部灯光缓慢的运动，轻便，舒适又不失活泼的气氛让人印象深刻。

L'etage 利用 2 层中庭的高度，将无数美丽的古董细丝吊坠悬吊起来，形成一种极为浪漫而富有情调的空间。从外面街道向内部看，可以实现很好的可视性，使酒吧内部看起来十分温馨，让人有一种想走近的冲动。当你走进入口，独特而又个性的吊坠会吸引你，越向前走，吊坠的高度越低，离你的距离越来越近。色温与光的强度看似随机，却给人一种放松的感觉，好像它们正在呼吸。但酒吧的整体亮度将不随着呼吸运动而改变，所有电路的调光水平是和控制保持一致的。虽然这种缓慢的闪烁效果不容易引人注目，一些客人发现与他们聊天的调酒师背后的墙的亮度变化，或有些人他们正享受自己的鸡尾酒，一直看着一个吊坠，也可能会注意到这些微妙的变化。当他们注意到，舒服的时刻是这种微妙的灯光效果所提供的，新的乐趣时间将重新开始，于是开始探讨有趣的照明。

雪茄吧最引人注目的就是被光打亮的布满周围闪亮的雪茄盒，似乎沙发都在享受着雪茄的排列方式。照明很好的装扮了雪茄，似乎给它们精心化了一次盛妆。当你坐在沙发上，点起雪茄，轻轻地吐出烟圈时，这种优雅而安静的气氛空间绝对可以让你放松解压，小小的享受一把。

L'etage 的多个标志被投影在空气中。这也是一个小小的乐趣，每个人都可以挑战发挥至少一次。这些照明标志，如果没有烟雾封锁，会被投影到雪茄盒中心以上的墙壁上。同样也可以慢慢地闪烁，扮演了空间的重要角色，提供一种生活感。

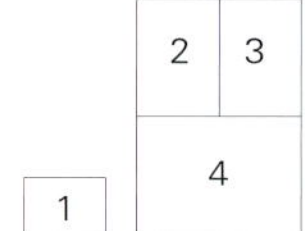

1　从外面街道向内部看，酒吧内部看起来十分温馨
2　特色吊灯
3　色温与光的强度看似随机，却给人一种放松的感觉，好像它们正在呼吸
4　雪茄吧

中国北京

如意会所

RUYI CLUB, BEIJING/CHINA

地点：鸟巢西侧盘古大观七星摩根广场
面积：500m²
设计公司：睿智匯设计公司
设计：王俊钦，彭晴
参与设计：赵文静，曹永辉
设计方向：运用金属、镜面、皮革等极具现代感的材质去表现高调奢华特有的元素

如意会所地处北京鸟巢西侧盘古大观七星摩根广场内，面积为500m²，市场定位是服务于高端群体，以会所形式为设计主轴，内部空间以中心大厅连接三大专属贵宾室，贵宾室彼此独立而至，彰显私人气质。“如意”为此案设计的主精神。“祥云、灵芝、如意”，旋绕盘曲、似是而非的花叶枝蔓确得祥云之神气。走廊过道，拉丝玫瑰金不锈钢的建筑造型门楣、细腻牛皮式曲面、金箔式穹顶、雅士白石材地面，无一不默默地彰显出入此间的客人非富即贵。进入大厅，天穹之处以LED光纤灯营造出行云流水之效果，并以“如意”祥云流水之线条勾勒出低调奢华，墙面以金属扣用意象雕花呈现于牛皮墙面，更增添空间之稳重。大厅处的等候区，有水晶吊灯、红酒幕墙、价值连城的古董、墙面壁炉、欧式顶级家私，步入其间，仿佛穿越时光的隧道，进入了欧洲的贵族沙龙。

三大贵宾室以不同设计风格呈现给享用者，有别于一般的会所设计。设计之初就从使用者角度策划空间功能，以更精致且完善的服务切合实际需求，不同包厢个性鲜明，私密性极好，是名流贵宾的社交聚会之处。

中式贵宾室为本案中心，此空间以中式设计为主，空间分为会客区及用餐区。空间开放式，整体设计并非以传统中式表现，而以简约并稳重的方式展现。室内吊顶用银箔面叠加并旋转，配合华丽的水晶吊灯，把空间装饰的流光溢彩。墙面以黑檀木与茶镜虚实表现稳重质感并以画龙点睛之形式，将中式百宝阁以金属材质的反差点缀其间。为增加中式底蕴及视觉冲击，采用后现代主义手法，将简约式奢华的欧式家具及水晶灯与现代手法的中式家具相互结合，围合出一个气派的空间。大量皮革、绸缎、马鞍缝法的皮毛、印花织物的运用，让人一进入仿佛跌进奢华的海洋。这里家具的奢华可以被称为“头发丝上的奢华”，每个细节展现的是那么尽善尽美。

法式贵宾室以法式巴洛克宫廷奢华风格为主，用优雅的奢华呈现。整体空间分为会客区及用餐区。会客区顶部以欧洲文艺复兴时期教堂天顶画为元素，用金箔并雕以立体刻花表现宫廷的奢华；用餐区之半圆融空间，墙面以简洁欧式雕花装饰显得富丽而高贵，欧式穹顶金箔展现主题，充满了高贵的气质。

意式贵宾室的空间设计主要以意式奢华和浪漫之设计思考为主轴。此贵宾室分为雪茄会客区和用餐厅。吊顶以极度奢华的线条雕花及金银箔搭配，交叉点缀着墙面的整体式皮革。搭配墙面、线条线板刻花，金镜现代手法，将繁复之设计简洁化。家具以最精致的设计语言简化线条，其典雅的造型和雍容大度的气质，成为意大利风格最好的注解。低位的烛台，天顶上的镜面把空间装点得奢华而梦幻。

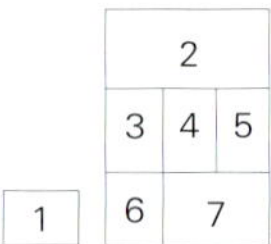

1 法式巴洛克包厢会客区
2 大厅
3 意式包厢用餐区
4 法式巴洛克包厢用餐区
5 中式包厢用餐区
6 中式包厢会客区
7 意式包厢雪茄会客区

韩国天安

Galleria 商业中心

THE GALLERIA CENTERCITY, CHEONAN/KOREA

业主：Hanwha Galleria Co. Ltd.
建筑：UNStudio
执行建筑师 / 现场管理 / 景观建筑：Gansam Architects & Partners
立面顾问：KBM Co. Ltd.
照明设计：ag Licht
DMX 程序：Lightlife
结构工程：Kopeg Engineering
电气工程：Sahmwon MEC
产品应用：Zumtobel
竣工时间：2010 年 12 月
摄影： Kim Yong-kwan, Christian Richters

业主和运营方阪和（Hanwa）委托由建筑师本 · 凡 · 贝克尔带领的荷兰 UNStudio 负责为韩国天安市设计一个全新定制构建的项目。该项目是基于“动态流量”的概念。22,000 颗可编程的 LED 灯具分布于 12,600m² 的立面上，通过程序设计出一个动态的照明方案，将立面转变成围合商场的发光幕墙，使之成为城市地标。

这个项目可能听上去不是那么壮观，媒体立面很难成为头条新闻，但这个立面令人惊异的一个特点是，即使在白天，它也极具吸引力，且无需消耗任何电力。在这种情况下，媒体立面的魅力已被其概念的技术性、新颖性和独特性所取代，这个媒体立面无疑是一个里程碑，它利用日光和电光源全面实现建筑立面室内外的整体形式设计。专门开发的高功率 LED 灯具集成到立面的外观结构内，流动的彩色光序列时快时缓，在天安大街上行走的游客会感到惊奇，会驻足一探究竟。可以说，它是一个真正的三维作品。经专门设计，由电脑生成的动画被整合进照明设计，代表了与商场活动相关的主题，如时尚、活动、艺术和公共生活等。

UNStudio 的建筑师、ag Licht 和 Lightlife 共同开发了由计算机控制的动画内容。独立的 LED 射灯由 DMX 控制，在建筑外皮结构上绘制动画，呈现最佳的细节。所有 LED 投射灯相互辉映，在建筑立面上产生栩栩如生的动态图像和信息。图像或色彩的单个序列之间的无缝转接，让神奇的一刻出现。尽管这些序列都设计的与建筑协调一致，但没有两张图像是相似的。白天，立方体状的大楼是一座模糊并有反射性的建筑体，带有一种神秘主义的感觉；夜晚，它又闪烁着轻柔的光芒，变成一座变幻莫测的城市灯塔。

走进商场，游客会沉浸在一个新世界里，长柱上是圆形平台的世界，由曲线、螺旋形组成一个看似复杂的世界，将顾客吸引进来。平台上方天花板上的灯带突出各层的曲线。中央挑空区在一横截面上简单而平直，而在另一横截面上却参差倾斜，如同一条空间式的瀑布，相对窄的中央挑空区从头至底将建筑空间切开，如同溪流一般，各个小空间从其中宣泄而出。四条堆叠的编程集群都连通到中央挑空区，每条都包含三个楼层以及公共平台。这种组合从一层中庭向上顺畅地引导人流，达到屋顶平台。

设计师对室内三个半公共空间——贵宾室，艺术中心和顾客服务区做了更多的细节设计。基于钻石主题的垂直分区使得空间可以根据不同需求进行改造。分区采用半透明的膜或不透明的固体形式。这些面提供不同的室内景观，为贵宾区提供私密性，或作为纯装饰品、书架，或展示品牌 logo 的空间。在地下，一个美食街和特产超市是建筑物内另一个耀眼的目的地。一些特殊区域位于建筑的较上层，接近屋顶平台，成为室内公共区的延伸部分。这个室内概念同样也是基于创造一种视觉幻象的理念。

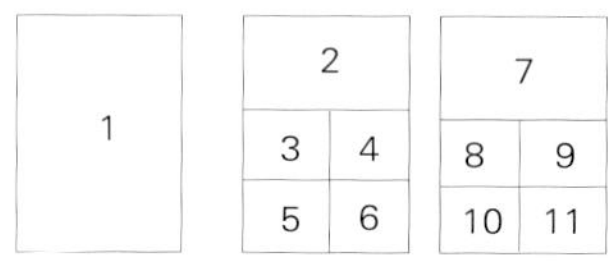

1 建筑室内复杂的空间和线性的灯光效果给人迷幻感
2,3,4 外立面的概念是建立在莫尔效应和电脑控制的动画之间的互动作用上，让人在视觉上产生无限的幻想
5,6 这些序列都设计的与建筑协调一致，但没有两张图像是相似的
7 俯瞰效果
8,9 天花板上的照明起到了重要的作用。它产生了一种吊灯的效果，就像宫殿里的巨型吊灯。光环吸引目光朝向上方，强调出环境的高度、亮度和空间尺度
10 位于地下的超市
11 立面分析图

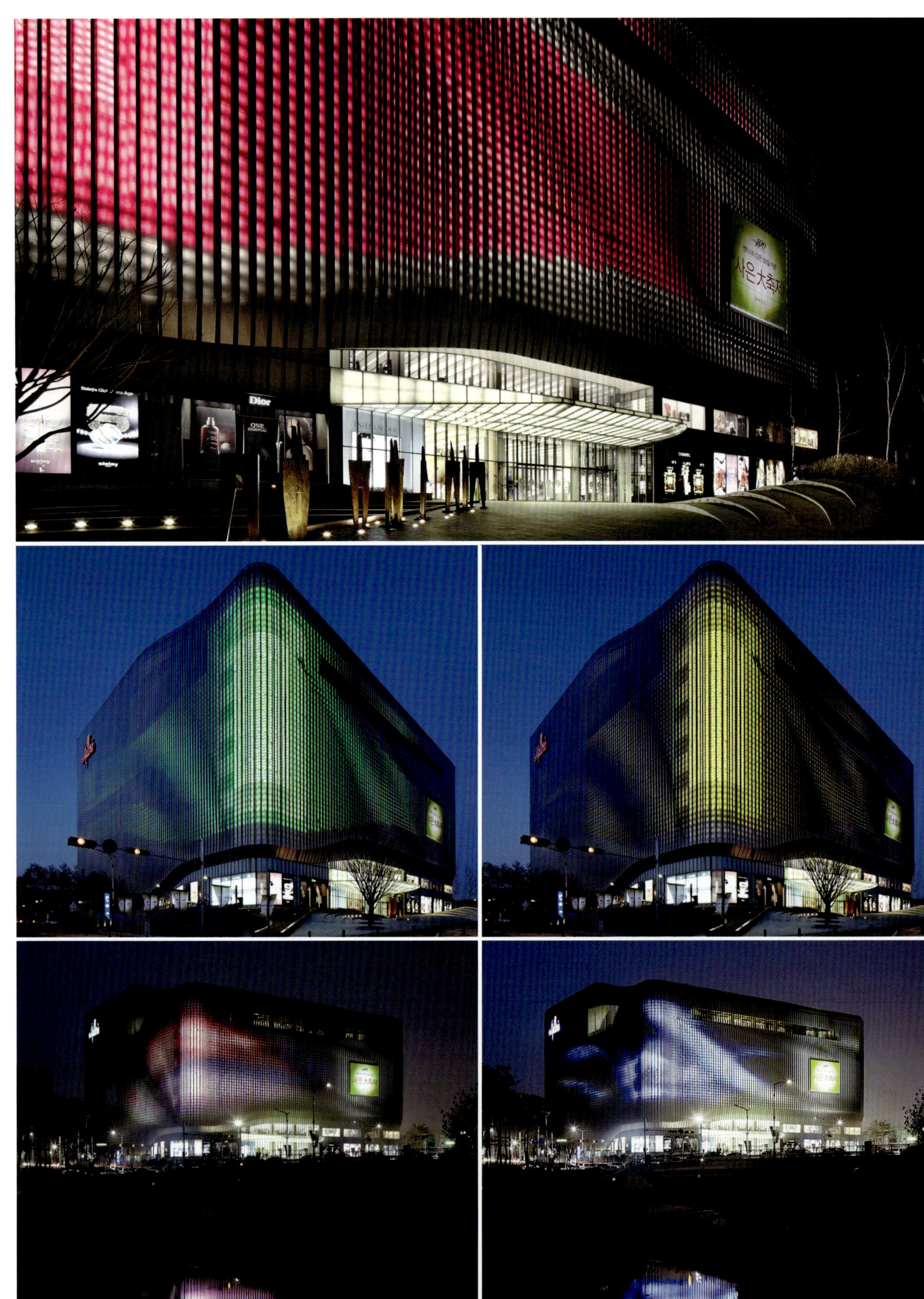
Dior
사은大축제

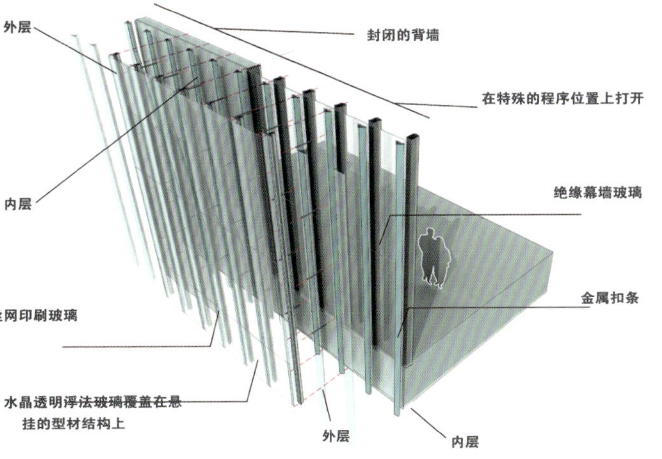

外层
封闭的背墙
在特殊的程序位置上打开
内层
绝缘幕墙玻璃
金属扣条
丝网印刷玻璃
水晶透明浮法玻璃覆盖在悬挂的型材结构上
外层
内层

希腊雅典

安慰剂药房

A PLACEBO PHARMACY, ATHENS/GREECE

建筑设计：KLab Architecture/ Konstantinos Labrinopoulos
摄影 _Panos Kokkinias

在雅典时髦而高档的郊区吉利法达，安慰剂药房在相当沉闷的现代雅典城市景观中脱颖而出。这座600m²的高端药店由雅典KLab Architecture（建筑动力艺术）于2010年完成，项目看起来似乎拥有一切：概念、空间、专注的设计以及很可能合理可靠的预算。

药店位于Vouliagmenis大道，它是一条服务于城市基础建设的重要干道，连接城市中心以及雅典东南部郊区。现存的八角形功能结构以前曾有一个汽车展厅，考虑到持续的运动和速度的要素，建筑师们将其改造成一个令人兴奋的圆柱形，试图把空间的属性转化成具体的建筑表达，因而开启了Vouliagmenis大道和建筑的设计两者之间的对话。这主要是通过多层立面系统来实现：汽车展厅中最初的有角的立面被一层平滑弯曲的白色穿孔钢构件所覆盖。竹面板为立面的上层区域提供了另外一层的覆盖层。

建筑最具创新的特色之一是在曲面钢板上使用布莱叶盲文。自从2006年起，一项欧洲法令使布莱叶盲文强制出现在所有药品的包装上以确保盲人和视力受损的人们也能充分地获取信息。KLab选择使用布莱叶盲文系统作为建筑设计整体性的一部分，以此暗示该系统在药品包装上的使用。

雅典的冬天平均每天只有4个小时的阳光，到了夏天则逐渐上升到令人吃惊的12个小时。特别是在春天和夏天季节里，对于建筑师、城市居民甚至是来访的游客来说，阳光更多则是需要应对的挑战。通过照明效果，建筑拥有了一张白天和一张黑夜的面孔。在白天，太阳光穿透布莱叶盲文立面的穿孔面板以及悬挂的竹竿，在室内的表面创造了阳光的图案，与一天的节律相一致，反映出太阳的运动，把室内和室外连接起来产生一个动态的环境，同时也作为一个过滤器提供对强烈的太阳光的防护，使室内不会变得过热；在夜晚，灯光通过穿孔的白色布莱叶盲文立面溢出进入公共场所，在适当的距离观看时，来自商店橱窗的灯光和来自悬挂的竹条之间空隙的灯光一起创造了一个超大的灯笼的整体印象。

药店覆盖了两层楼：一楼为零售空间，而上面的夹层作为附加的办公空间以及一间为到访医护专家准备的临时手术室；二楼可通过一个圆形坡道进入，展示镜子围绕中央圆形的正面环形排布。

室内总体照明通过使用LED技术实现，允许对颜色和强度进行控制。周边区域使用荧光灯技术进行照明。低矮的天花、白色地板、白色墙壁和白色背光面板形成高反射率和高亮度水平，通过创造戏剧性而又风格简约的空间来促进明亮的光环境。二楼办公室和外科手术间的绿色玻璃幕墙与二楼阳台前的一系列背光竹叶形成了对不同的白色环境的视觉突破，并且巧妙地暗示了绿色十字，这个在世界上很多国家的药店里出现的国际符号。

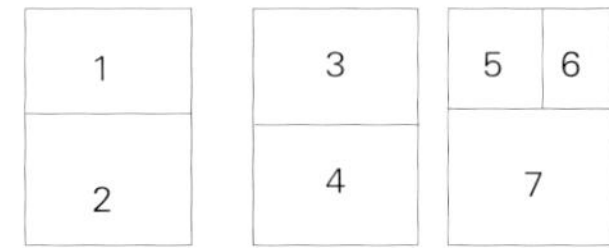

1 使用布莱叶盲文室内空间效果
2 圆柱形的覆盖镀层为建筑的核心提供了对日光辐射的防护。夜间，立面从内部被照亮，由此来强调突出金属板上的布莱叶盲文图案样式
3,4 陈列空间效果展示
5 平面图
6 表皮细节分析图
7 白天，太阳光穿透布莱叶盲文立面的穿孔区域以及延伸的竹竿制成的悬挂立面，在室内的表面形成图案，产生了独特的动态照明效

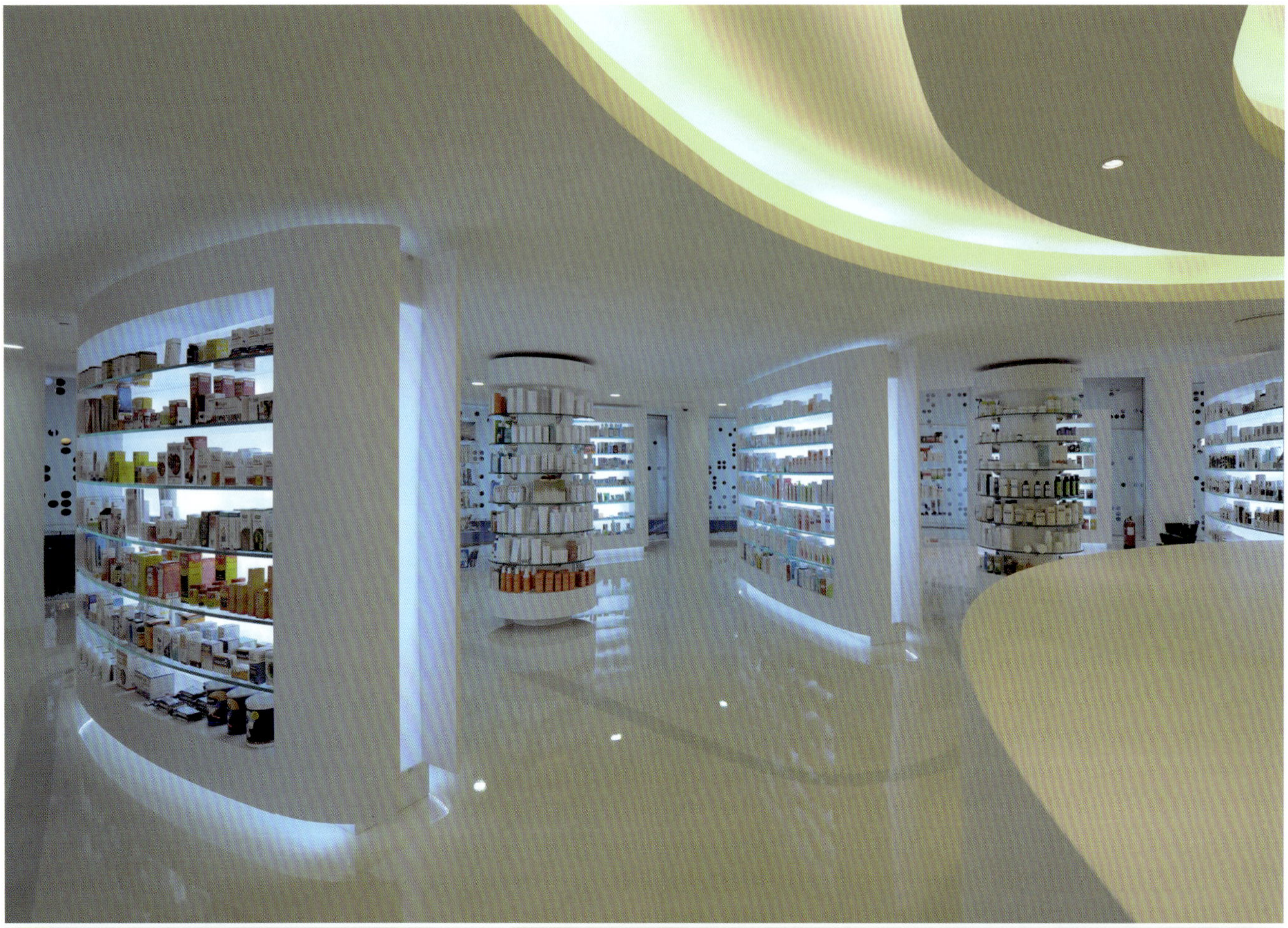

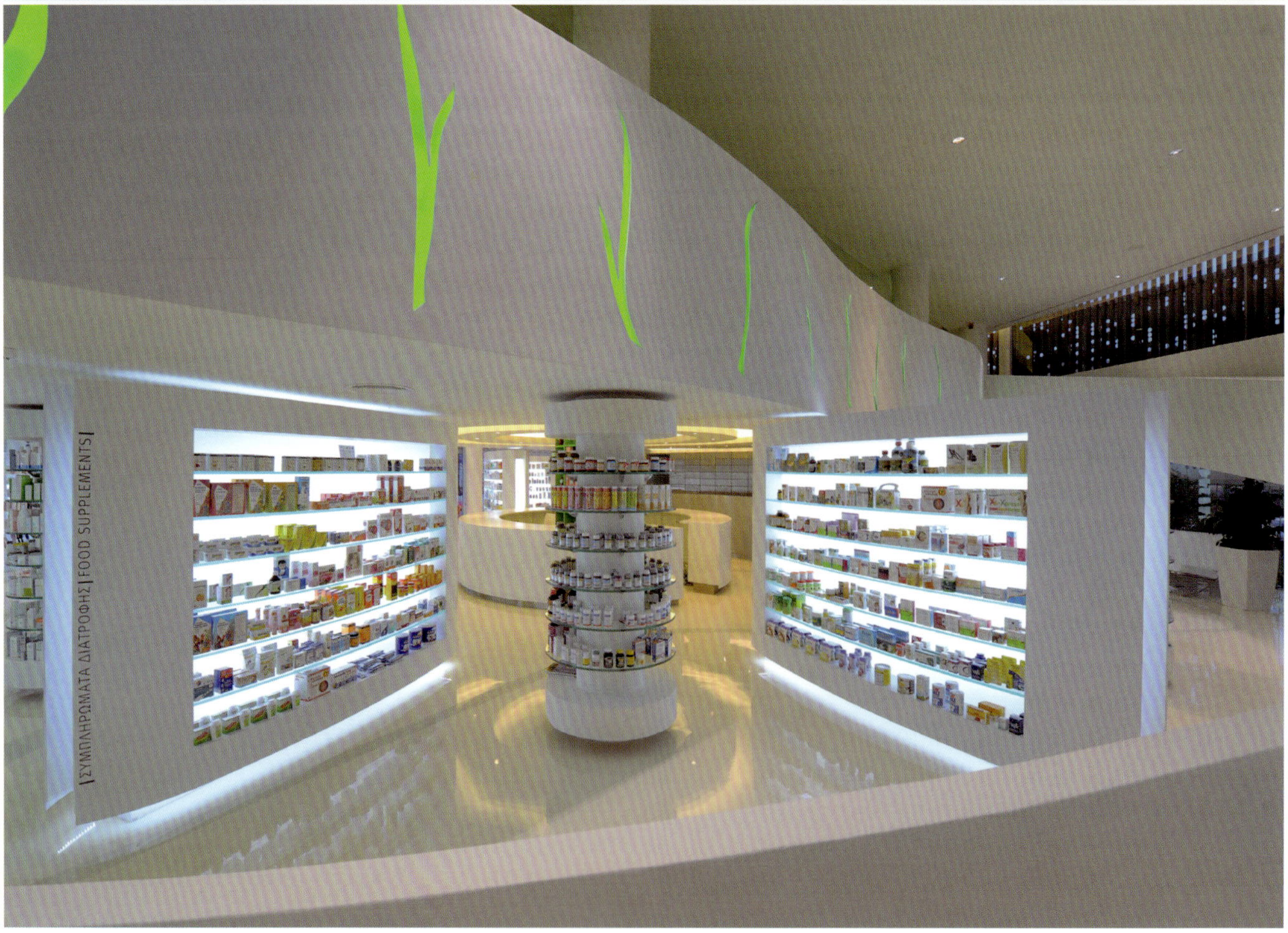
ΣΥΜΠΛΗΡΩΜΑΤΑ ΔΙΑΤΡΟΦΗΣ | FOOD SUPPLEMENTS

交通设施

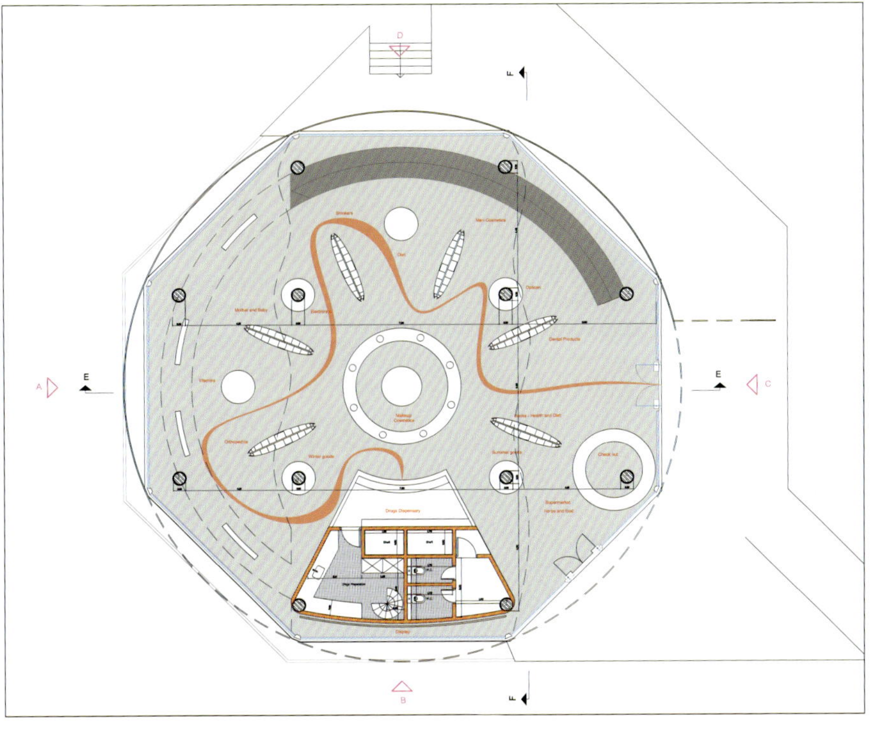

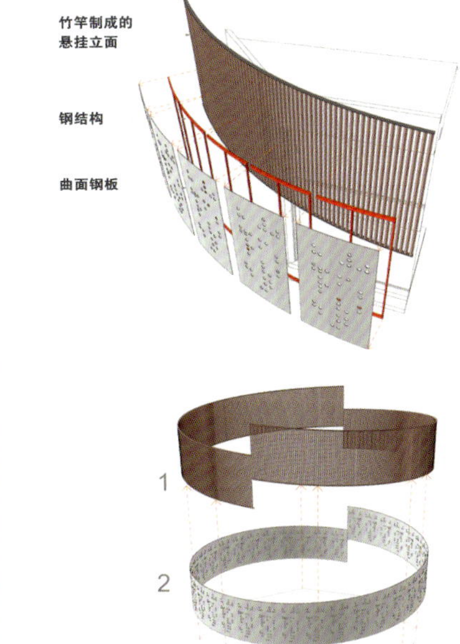

竹竿制成的悬挂立面
钢结构
曲面钢板
1
2
3

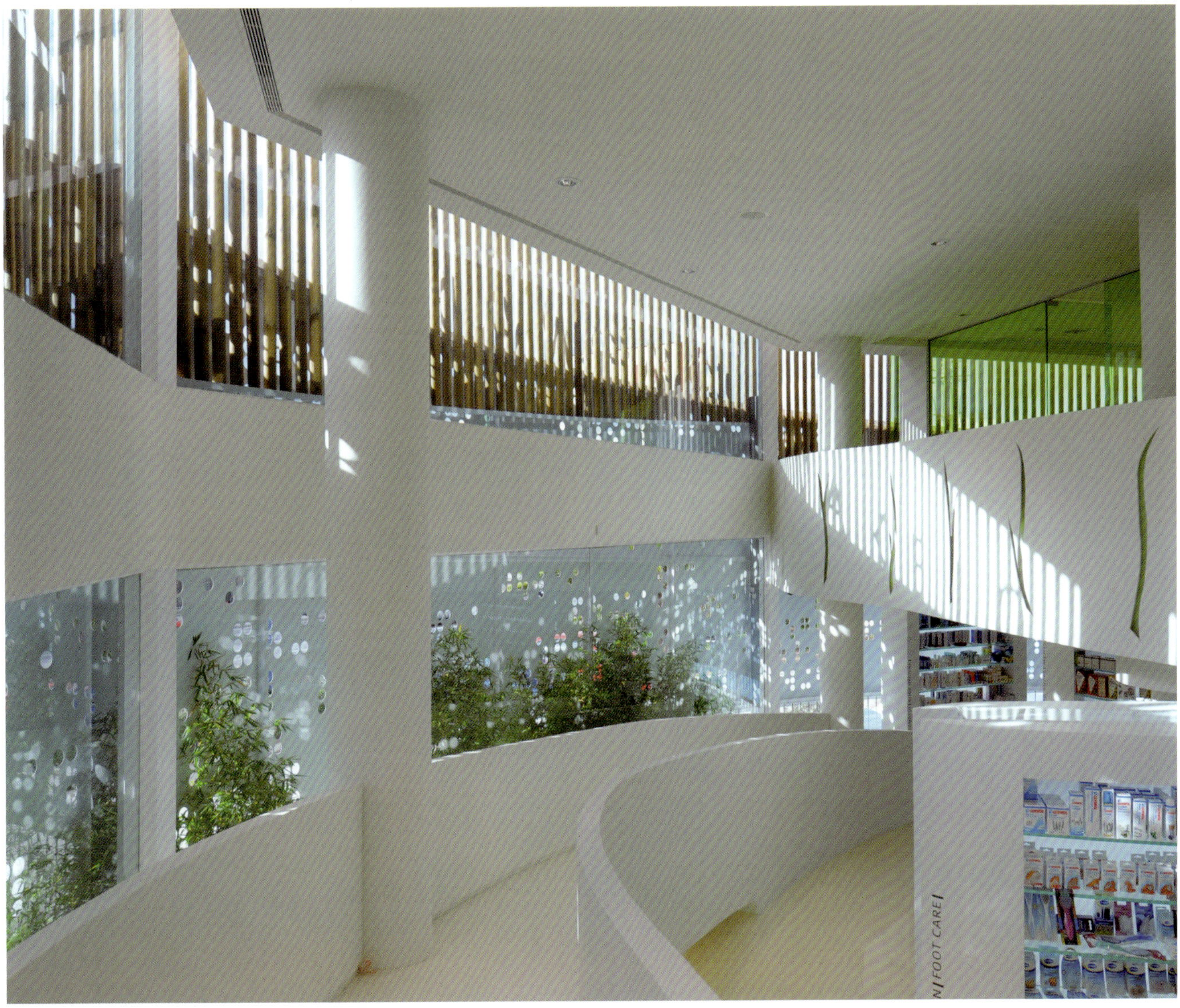

意大利佛罗伦萨

Luisa via Roma 精品时装店

THE LUISA VIA ROMA BOUTIQUE, FLORENCE/ITALY

业主：Andrea Panconesi
建筑师：Claudio Nardi, Annalisa Tronci, Andrea Borghi, Federico Mei
照明设计：Maurizio Morelli, ZR, Florence / I and Aldabra
产品应用：
周边区域：Matrix Tekno, Aldabra
镜子和更衣室：Idabra
楼梯：Vossloh-Schwabe
控制：DMX
摄影：Pietro Savorelli

1984 年，当意大利建筑师克劳迪奥 · 纳迪（Claudio Nardi）设计位于意大利佛罗伦萨 Luisa via Roma 精品店的时候，他一定对这个结果非常满意。20 年后，他得面对更新这个时装精品店内部装修的挑战。他需要新想法，应用最新照明技术的创新方式，以及新颜色和新材料，以创造可以引起 21 世纪消费者的好感并激发他们的购物欲的氛围。

新设计的入口采用两个巨大的拱形玻璃的形式，弃用了商店门窗的传统形式。走进去，人们会感觉到走进了一个盒子——至少第一印象便是如此。室内空间简单明了，工业化的混凝土地板、玻璃或者瓷漆或可丽耐墙板。在各种复杂的时尚物品中，随处可见极简与时髦的设计风格并置。

低调的线型 LED 灯具嵌在白色石膏天花板里或者藏在玻璃排架里，发出冷技术光，给整个空间带来一种几乎超现实的、超凡脱俗的气氛。1W LED 的色温可以控制调节，以适应环境用途的改变。

一层是女装部，二层是男装部，而地下室是年轻时尚展区、街头服饰和运动衣。高科技多功能区运用了大量实心玻璃承重结构。其中一个很好的例子是一层主空间的天花板是一个 13×4.5m 的大型玻璃平台，它由 8 根 5cm 厚的叠层玻璃梁支撑。这一新加入的设计使得人们既可以通过升降梯到达男装部，也可以走楼梯。第二层包括了私人购物室，以及为主顾和特殊活动准备的咖啡吧。

两个楼梯分别位于商场的前后方，通往不同的楼层。用在混凝土台阶上的背光照明赋予它一种在空中飘浮的感觉。楼梯都隐藏在厚厚的玻璃墙后面，使空间看起来光线充足，通风良好。

翻新后高度灵活的商店空间确实是业主的一个明智之举。也许有人说，这个时代商店什么样子已经无关紧要了，因为因特网一代大部分时间都生活在虚拟世界里，同样也在网上购物。所以 Luisa via Roma 实体店特意营造出一种高科技感，引人注意。冷白色的 LED 灯光强调出科技感。业主特别强调色温应该控制在 4000K，因为这时候的颜色最清晰。在建筑师克劳迪奥 · 纳迪的巧妙设计中，早晨清澈的光线和 LED 发出的漫射光给整个空间一种“终年清晨”的感觉。

克劳迪奥 · 纳迪的作品通常表现“变化”这一主题，如过去和现在、革新和历史、形式和功能以及产品和沟通之间的关系。他形容这个项目为“一个无装饰但是又精妙复杂的空间，无装饰的巴洛克式装修风格，与季节之光和人的感官之间的互动。”只要人们还热衷于“商场购物”，购物的空间就仍有待根据他们的体验需求而进行设计。这家商店的成功是将网络世界搬进了现实。

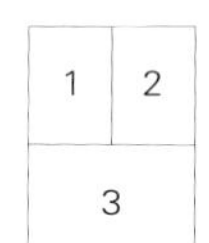

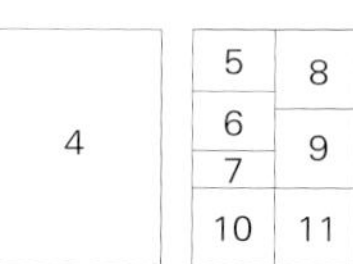

1 混凝土作为主要材料赋予这座三层店铺新空间一种纪念碑式的效果。玻璃和灯光使极简风格的氛围柔和下来，极具人性化
2 进入宽敞的零售区的入口。极简设计使背景非常时尚
3 玻璃平台构成了一层主空间的天花板
4 设计感的灯光和阴影为购物体验增加了情趣
5 一层平面
6 二层平面
8 低调的 LED 灯具统一在排架内部，可以控制以适应不同的环境
9 室内楼梯
7,10,11 剖面

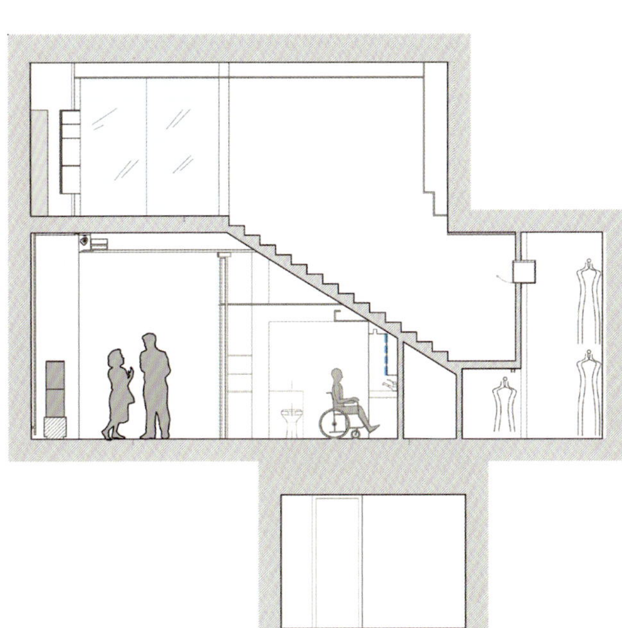

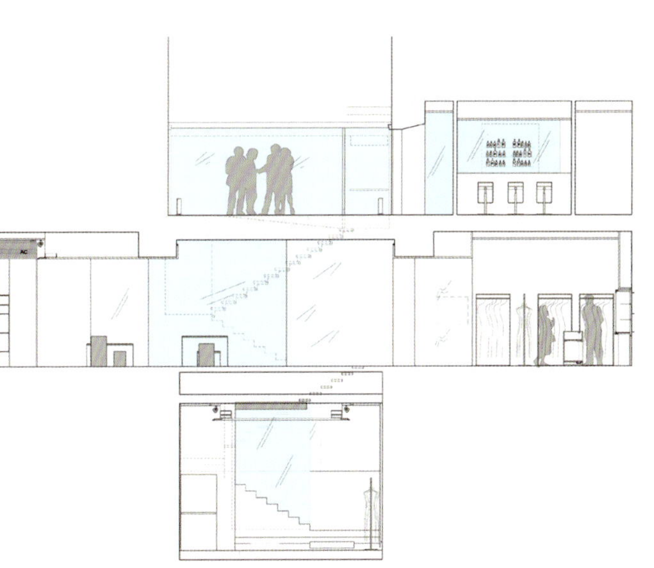

奥地利林茨

OMG 鞋店

OMG MODERN SHOE SHOP, LINZ/AUSTRIA

建筑设计： Design und Bauabteilung Leder & Schuh AG, Mag. Hans Michael Heger
照明设计： Vedder.lichtmanagement, Munich / D
产品应用： XAL、Erco
摄影： Werner Krug

气氛和商品陈列确实决定了能否击中顾客的要害，并让他们心甘情愿的付钱（或刷卡）购买醉心的商品。顾客们天生是不同的。奥地利林茨 OMG 鞋店背后的理念是基于将一切压缩至必需的，当它涉及一家专做鞋子的设计时，实际上就已打破了所有的惯例和传统布局。店铺的设计是为了吸引痴迷鞋子的年轻女性。它无意和对面的精品专卖店竞争，而是集中在顾客可负担得起的商品上，其陈列方式永远都在变化，重复着像纽约、东京和上海这些时尚都市里所能看到的流行趋势。

OMG 的设计理念，说明一贯应用在高档珠宝和其他奢侈品领域的重点照明方式，同样也可应用于以花钱有限的年轻女士为目标的零售店。

林茨的鞋店是一个令人兴奋的空间，戏剧性是通过一系列的对比达到的。黑色的架子和其他深色陈设在视觉上拉长了主要空间的结构。与此相对的是，同时也是一个大胆的时尚元素，我们发现了一面明亮、粉红色的墙，它为相对的其他空间的严谨线条提供了平衡。黑色给空间带来严肃和高品质的感觉。墙上有用粉笔画的白线条画，这些俏皮元素的加入给空间带来一种优美感，并让整个环境显得不那么严肃而持重。

很显然该理念从一开始就强调空间设计、产品陈列和照明设计之间的关联性。现代元素与店铺的古典设计和谐统一。尽管该商店起初是以高品质的设计环境出现，但很快清楚的是这是一个在其他地方也可复制的理念。安装相对简单，所以成本也低。此外，重点照明本身的意思就是除非绝对需要否则绝不多用一盏射灯。这不仅仅在于经济节约，精心安置的一片光和戏剧性的风格让陈列的商品更有型和引人注目，恰当地将焦点聚集在商品上从而吸引顾客的目光。另外，每双鞋子都有自己单独的壁橱和台座，可以说每双都是这场秀的明星。通过有目的的应用不同照明技术，包括小瓦数的高压放电灯，最先进的、显色性极好的 LED 灯具，照明设计师们成功地创造出一个令人兴奋的、充满活力的零售空间，这里可以满足人们对“购物体验”的一切期望。因目的在于花钱有限的年轻女性，所以这些鞋子原本就可以像其他大众化产品一样展示陈列，而在这些领域重点照明从未投入使用。如果我们熟悉了鞋零售店的这种方案，那么无疑此空间的设计和布局已开创了一套全新的标准。

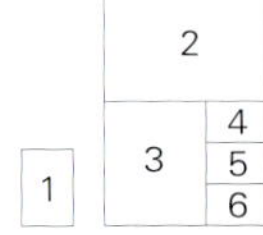

1 有照明布局的地板平面图
2 右边是“芭比”粉红，左边是严格布置的排架。入口处有两个高强度的下照灯帮助指引方向
3 这个区域接收到柔和的漫射光照明，从而创造一种放松而无压力的气氛。水晶吊灯提供普通照明，同时也在紫色的货架上产生闪烁的效果
4 水泥台座由 4.4W 的 LED 吊灯聚焦照明，较远一层的光产生了夹层效应
5 冷白光LED将明亮的白色光线投射到鞋子上，与黑色背景形成对比
6 沿后墙放置了排架和玻璃展示柜，鞋用背景光照明以增强对比度。被柔和打亮的表面与聚焦光结合起来

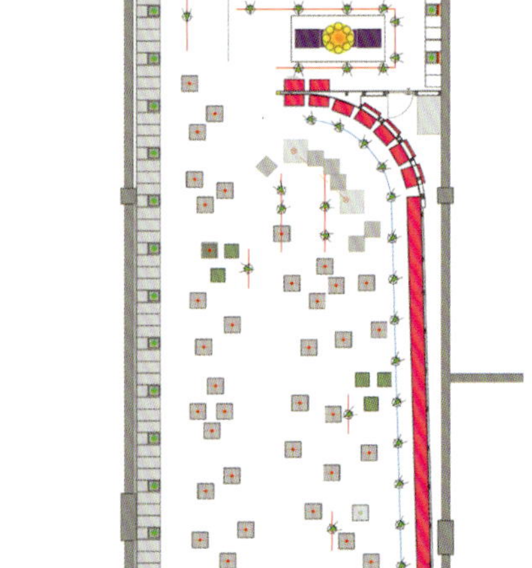

日本东京

资生堂银座店

SHISEIDO THE GINZA, TOKYO/JAPAN

业主：资生堂
室内设计：Klein Dytham architecture
照明设计：ICE 都市环境照明研究所 武石正宣
摄影：Nacása & Partners Inc

位于银座 7−chome 的资生堂银座，于 2011 年 5 月开业，这也是资生堂创立的地方。为了庆祝其在 2012 年的公司成立 140 周年纪念日，资生堂用旗舰店的形态体现了“资生堂银座未来计划”的理念。其中的三层每层都有一个主题，来访者可以尽情享受资生堂为他们的美丽而准备的功能元素。照明规划的主题是“照明让女人们看起来更漂亮”。

一层的主题是“美人 Marche”（Beauty Marche）。虽然先前的化妆品楼层为每个品牌设立独立的空间，此层是根据类别来展示产品的。在这个开放的玻璃板楼层空间里，中心舞台周围都是可移动的店铺装置。这是一个“未完工”的空间，为可能在此举行的活动或展示留了足够的自由变化空间。对于照明方案，设计师考虑了光线应该如何应对外界光线在一天内的变化，以及如何让产品和来访者看起来更漂亮。为了达到这些目标，最终决定混合使用白色 LED 光和白炽灯色的 LED 光。根据一天内外界光线的变化，店内照明的强度和色温也会变化。日落后，光为整个空间创造了舒适的氛围，让顾客们慢慢挑选商品。

二层的主题是“药学”（Pharmacy）。这里有“美丽皮肤咨询室”（ Beautiful Skin Lounge）：在这里顾客可以了解详细信息，并且可以进一步咨询他们在一层看到的满意的商品；还有“梳妆台”（Dressing Table），这是私人的化妆间。也可以在“美容升级吧”（Beauty Boost Bar）享受专业彩妆服务，在“资生堂摄影工作室”（SHISEIDO Photo Studio）照相。二层充满了资生堂收购和研发的知识技术，所以二层的照明规划比一层更加关注怎样漂亮地展示给人们。除了下照灯，还安装了前照灯，以避免阴影暗化人的脸。在特有的梳妆台空间里，定制的吊灯和台灯与单个的小房间相匹配，进一步激发了顾客令人振奋的感觉。通过使用 LED 灯且稍微结合荧光灯的因素，成功创造了一个友好、舒适的空间。

三层的主题是“神圣”。这一层空间组成主体是一个回廊，其中中间是一个庭院，四周被通道所环绕。名为“Clé de Peau Beauté”的沙龙空间是资生堂奢侈品牌的专用空间，里面有一个私人房间，顾客不仅可以在此得到辅导服务，还可以享受全身治疗。在此层，为了确保奢华空间里合适优雅的闪烁和高品质的宁静，设计师选用开角型 12V 50W 的卤素灯为顾客和产品提供照明。

似乎漂浮在一个海军色的空间（指庭院）里的吊灯，是这个空间的标志。10,000 颗施华洛世奇水晶发出的光辉，被桌子表面的镜子材质所反射，传递了整个场景的感觉：即资生堂银座是美丽圣殿的象征。与此店铺“实验并接受新的挑战”经营活动相一致，照明同样也接受了实现“使女人更漂亮的照明”这个理念的挑战。

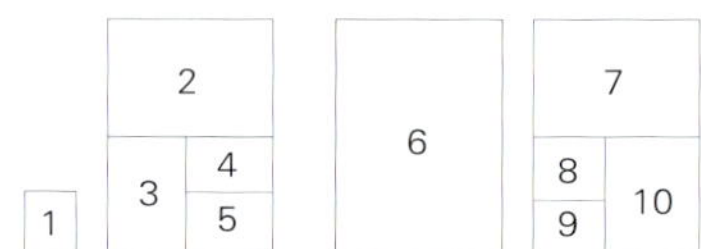

1 资生堂银座外部景观
2 一层白天时间的场景
3 一层晚上时间的场景
4 二层美丽皮肤咨询室
5 二层美容升级吧
6 三层 Clé de Peau Beauté
7 私人房间
8 三层通道
9 三层个人美容集会
10 电梯内

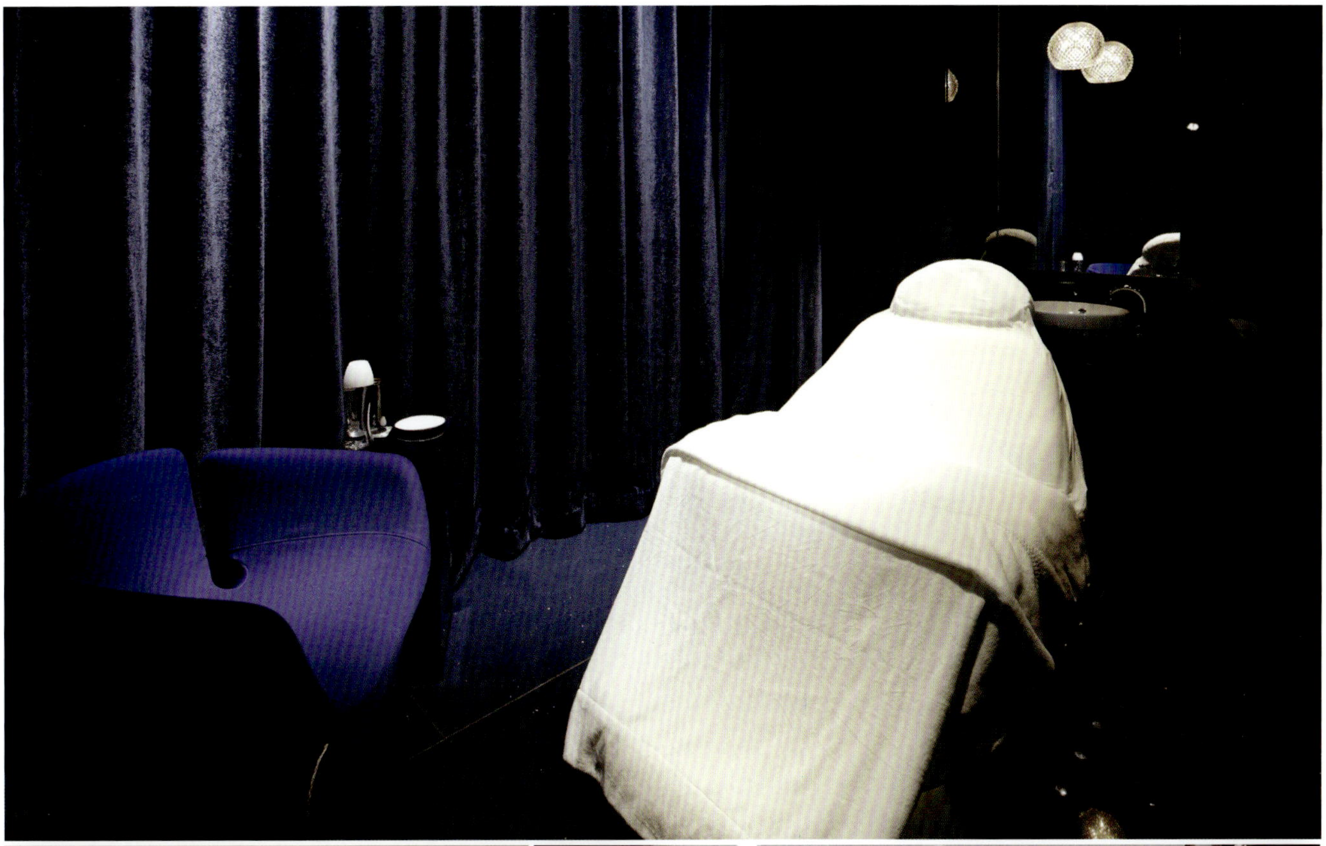

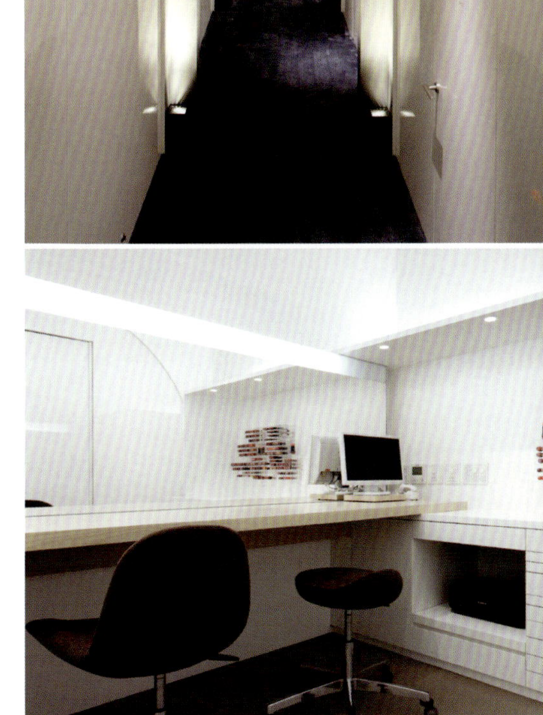

日本大阪

优衣库心斋桥店

UNIQLO SHINSAIBASHI, OSAKA/JAPAN

建筑设计：藤本壮介建筑设计事务所
照明设计：Sirius Lighting Office Inc.
摄影：Sirius Lighting Office Inc.
完工日期：2010 年

优衣库心斋桥店位于主干道后面的一条街区，周围都是耀眼的商业照明灯光，例如霓虹指示灯和 LED 显示屏。建筑立面由 140 单元的聚氟乙烯（ETFE）薄膜覆盖，使得建筑物看起来像穿了一件羽绒服。设计师建议使用优雅而温馨的灯光来展现每块聚氟乙烯（ETFE）薄膜的曲线，从而将优衣库从周围环境中区分开来。通常来说，它会发出优衣库的主题颜色光白光，而且每隔 20 分钟，优衣库就会基于所呈现的各种不同的概念来变化照明灯光效果，以其生动鲜明的色彩和平滑的运动来抓人眼球。快节奏的变化代表了精力充沛的大阪精神，而各种不同的灯光程序则代表了优衣库的潜能。与其周围的建筑相比，尽管这座建筑并不是很大，但是它却凭借其丰富而美丽的照明灯光变成了心斋桥新的标志。

64 个 RGB（红绿蓝）LED 模组在每层薄膜之后保持适当距离，并呈圆形排列，同时为了以我们想要的方式对每块薄膜着色而进行独立编址。通过大量 CG 模拟和样板分析得到了解决三大主要问题的方法：照亮整个表面来显示聚氟乙烯（ETFE）薄膜的膨胀感，使其能够展现设计的多样性，以及确保以最少量灯光得到足够的光照强度。

从优衣库的标志开始，暖色调就逐渐并彻底地延展开。尽管每个方块单元都是分开的，但是通过对 LED 的巧妙布置，照明灯光得以实现穿过边界时的连续性。漫射到之后的方块单元的程序，以及交替区分每个方块单元的程序，看上去体现了互相之间的独特性。每隔 20 分钟，在心斋桥店的人们就会遇到立面场景从纯洁的白色突然变成各种不同的优衣库程序。有趣而吸引人的照明灯光将城市变得如同一件环境艺术品一样美丽。热情友好的照明灯光与周围环境粗糙而令人不适的灯光形成对比，结果帮助提升了优衣库的存在感及其品牌形象。

在建筑内部，有五层销售区域，包括地下室。在主销售区域中，包括家具在内的所有表面，均为不锈钢镜面化处理，从而使用反射效应将房间的空间范围最大化。为了能够在镜子中清晰地展现多彩的物品，天花嵌入式的无边框筒灯和洗墙灯也是表面镜面化处理，其光照强度则尽可能地调低。而购物所需的照度水平仍然得以向每件物品均匀提供，甚至是空中的服装模特。顾客们无法识别灯光从何而来，因此得以经历在未来主义现实与非现实的奇境中进行购物的体现。

每一层楼中都充满着通过位于中庭顶部天窗透射进入的自然光。为了使中庭在整个白天和黑夜都看起来像一个充满光线的天井，位于顶层的大型聚光灯向一楼投射明亮的灯光。表面铬镀的聚光灯则消失于空间内。除了为了照度水平计算的目的，几种使用了 CG 模拟的研究确保在镜子中产生的复杂反射不会带来任何未预料到的刺目眩光。

1 “优衣库”内部场景
2 建筑立面由 140 单元的聚氟乙烯（ETFE）薄膜覆盖，使得建筑物看起来像穿了一件羽绒服
3,4 64 个 RGB（红绿蓝）LED 模组在每层薄膜之后保持适当距离，并呈圆形排列
5,6 每一层楼中都充满着通过位于中庭顶部天窗透射进入的自然光
7,8,9 为了能够在镜子中清晰地展现多彩的物品，天花嵌入式的无边框筒灯和洗墙灯也是表面镜面化处理，其光照强度尽可能调低

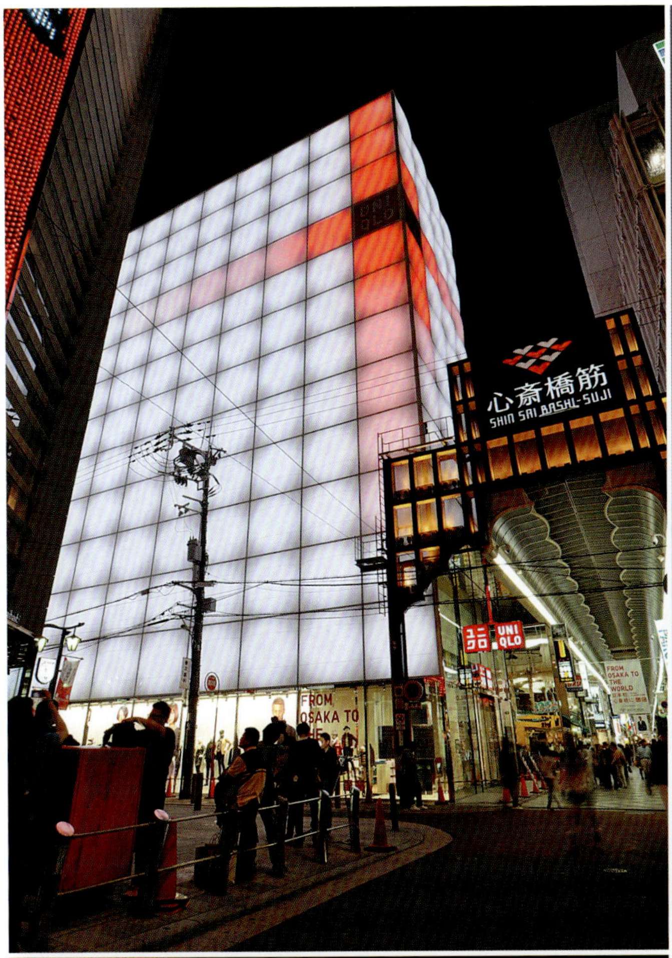
心斎橋筋
SHIN SAI BASHI-SUJI
UNI
QLO
FROM
OSAKA TO

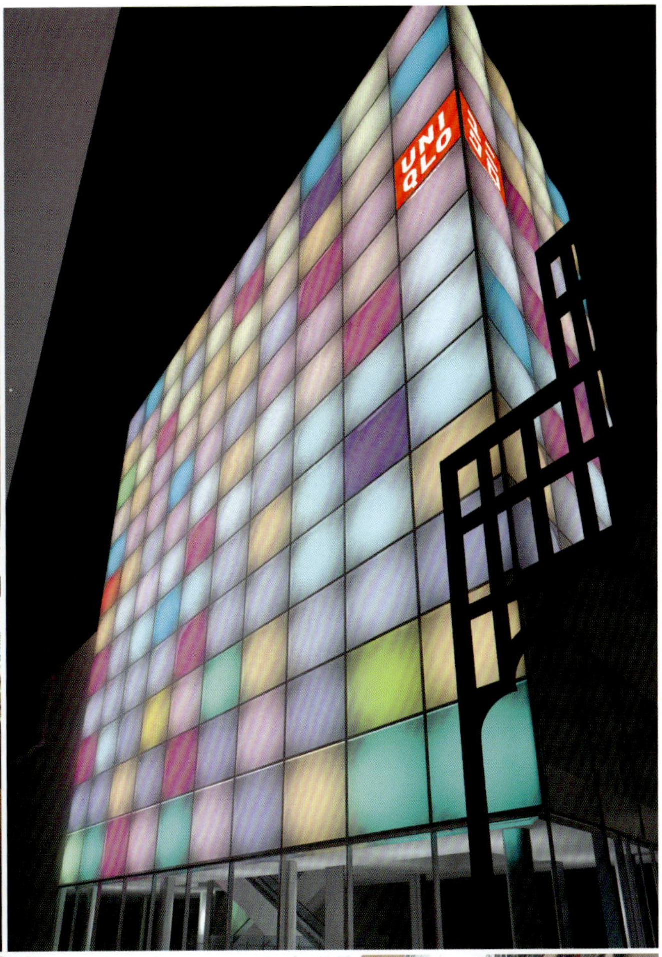
UNI
QLO

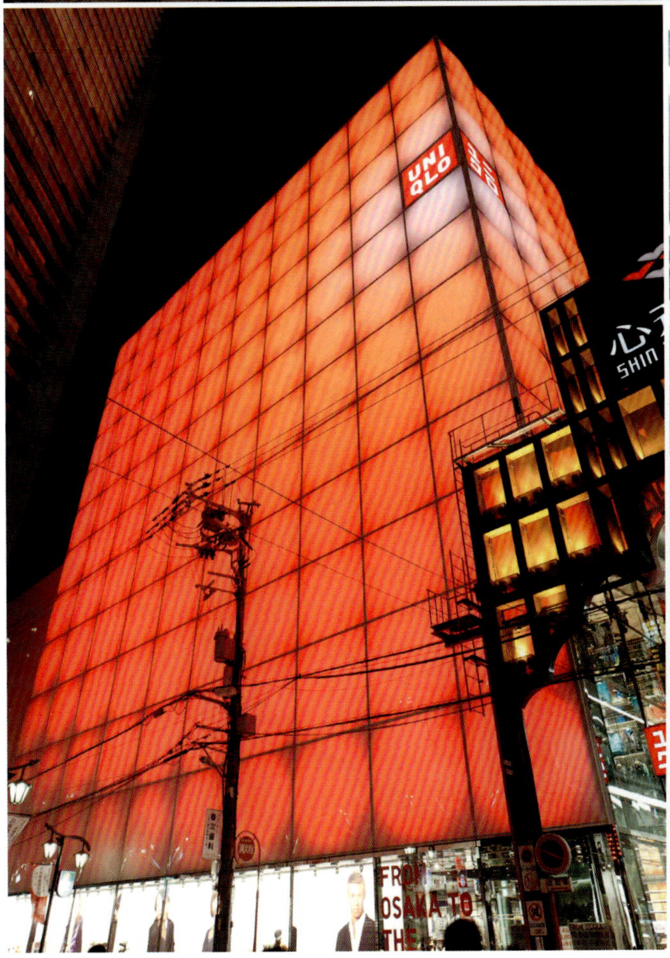
UNI
QLO
FROM
OSAKA TO
THE

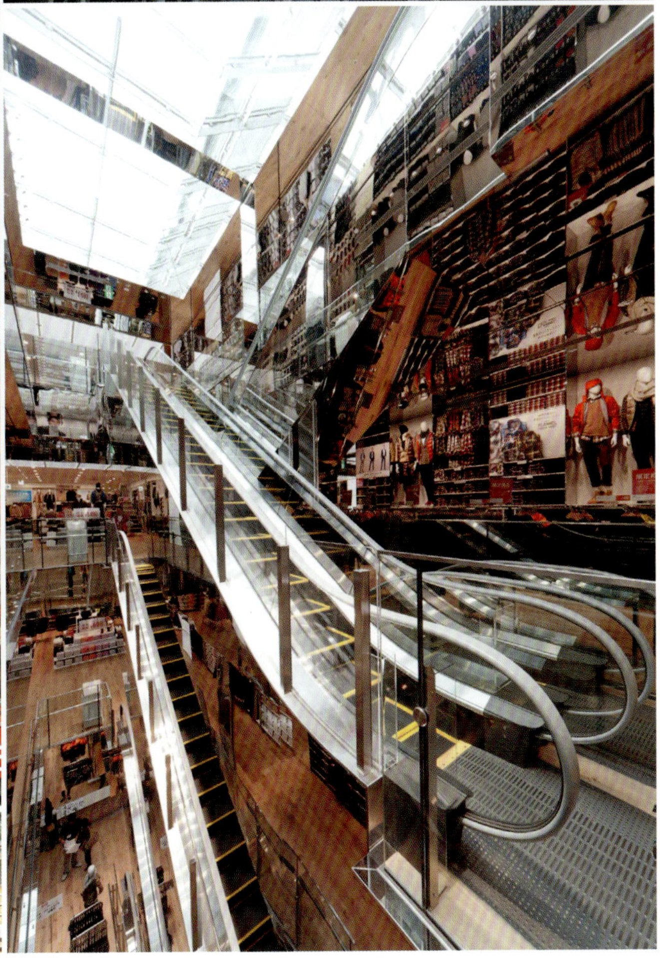

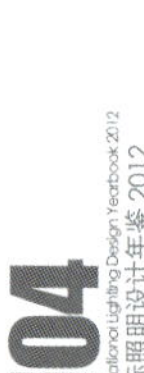

中国深圳

Vi City购物中心

THE VI CITY, SHENZHEN/CHINA

业主：百仕达地产
室内设计：ARQUITECTONICA
室内深化设计：毕路德国际
灯光设计：大观国际设计咨询有限公司

喜荟城为百仕达乐湖的商业部分，占据了1～3层，面积6万m^2，定位为社区型的购物中心，涵盖观光、购物、商务、休闲和娱乐等高端消费内容。空间里陈列着从世界各地搜罗出的表达生活之美的商品以及服务，空间中的每个设计细节都体现并表达着设计人对于空间的美学品位。

从清晰明确的空间布局，到简洁流畅的装饰线条，无一不体现着充满活力的现代气息。而灯光设计用线性元素的优美笔触，达到了以少胜多、以简胜繁的效果。既满足了空间环境最基本的需求，也完成了设计人之于空间的感性诉求。

这里的less is more，不是简单的极简主义，而是喧嚣都市中特立独行的品位表达。

在商业空间的设计应用中，线条是设计师用以空间区隔以及装饰造型的重要手段，而线条因其长短、粗细、曲直、方向等诸多因素，可以具有非凡的表现力。因此，灯光借用了装饰线条的语素，让线条呈现出丰富的性格表情，赋予空间更多灵动生命。

相对于直线的简洁秩序，弧线柔软而多变，充满更多弹性和可塑性。因此为满足通道空间的光照均匀与舒适，天花上用弧线勾出灯带的位置，每只灯带都经过精心设计与安置，弧的方向、弯度、密度都随功能需求变化。最终天花呈现的灯带效果或急或缓，或疏或密，像鱼儿游弋般摇摆，悠然而又自得其乐……优雅飘逸的线条，行云流水间，用绵延的长弧将独立店面与共享通道巧妙分隔，用交错融接的短弧将功能下照筒灯统统收纳，令天花干净整洁，一气呵成。

设计是以线为中心进行描画，但也不拘泥于线的简单表达。扶梯的转角区和中厅挑空区，用点的跳跃连接形成了虚的线条与圆弧，是线的间歇，虚实线条的巧妙融合，形成自然的联结与呼应。而中庭顶部用线的首尾相合，将弧线闭合，形成的满的圆盘造型，是线条的休止符，里面透露出的彩色光，是空间中的调色盘，透出缤纷的情绪变化。

整个空间使用了形态各异的弧线，用线条自然的起承转合，将功能照明隐藏在不同笔意、笔趣的线性痕迹中，完整体现空间充满韵律的流动感。灯具的布置严格而又自然，灯具本身也成为空间装饰的一部分，灯光设计与室内设计完整统一的营造出了简洁生动的空间氛围，让顾客不受干扰的体味空间意向，并从视觉感受中，自然的引发舒适美好的情感遐想。

这里不再只是商品的陈列所，更是一个提供丰富精神体验的综合空间：

是现代人明快的生活节奏；

是都市人回归自然的生活向往；

更多的，是人们梦想中肆意挥洒的超然的生活姿态。

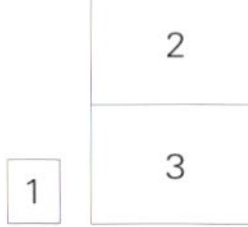

1 中庭
2 购物中心入口
3 购物中心3层局部照明

中国台北

京站时尚广场 Q-square

Q-SQUARE, TAIPEI/CHINA

业主：日胜生集团·京站实业股份有限公司
建筑设计：李祖原联合建筑师事务所
室内设计：十月设计
灯光设计：月河灯光设计有限公司
完工日期：2009.10
产品应用：MR16 50W 轨道灯，AR111 50W 轨道灯，复金属 35 W 、70 W 轨道灯，LED，冷极管，崁灯，HPL575W 影像投射灯 +GOBO
灯具供货商：泰山电器有限公司，ETC
摄影：郑锦铭

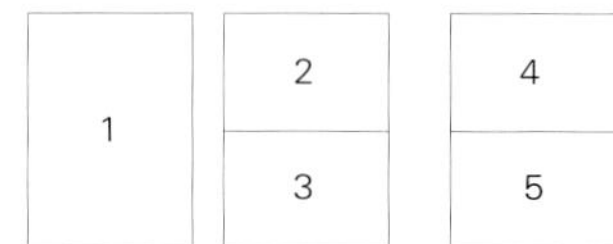

1 中庭
2 转运站到商场的出入口
3 个性商品区
4 开放式餐饮区
5 B2F 轻食用餐区

京站 Q-square 位于五铁共构的枢纽，虽是百货业，但兼具了人群穿越及转运暂留的特殊性。设计师以灯光的手法加强原有室内设计的整体概念，系统地强调各楼面产品特色及相同的公共空间，并突显出该百货业的个性风格。

转运站到 Mall 的出入口，是众多出入口的其中之一，一个从交通转运到商场的串联。此区域的 LED 线型光源，再加上压克力的材质，不仅提供主要照明，更成为天花的一部分。为避免太均值的光影，在压克力光板间距中，加强一些 MR16 50W 下照灯，让空间更有层次，使视觉主题提升至整体空间，又不会抢了两侧卖店的风采。

1F 化妆品区，灯光延续室内设计的“丛林”主题，塑造光影自枝叶间倾泻而出的效果。中央专柜区以复金属 150W 广角轨道灯提供照度约 900 ~ 1000lx 的基本照度，而走道区则以 PAR20 复金属 35W 窄角轨道灯，塑造出约 700lx 的空间层次感，平顶天花柜位区的下照灯，于设计初期即与空调出风格栅进行整合，让整体视觉系统简洁且大方，灯内部亦部份挑选 AR111 50W 窄角光源，从而调和整体色温及提供更丰富的灯光层次。

在个性商品区楼层，最基本的轨道系统隐藏在造型天花之间，完全不凸显灯具形式，只突显商品，或柜位的 LOGO。LED 线型灯藏于造型板的细部，芥末黄的彩带贯穿全区，不只是天花的造型，部分区域转成垂直向变成分区墙面，白色的折板搭配二种灯光系统，阳角处间接光洗亮折板、阴角处下照灯槽，让灯光效果与造型板整合进室内设计，让天、地、墙融合为一体，视为商品的展演舞台。

B3F 是一个开放式的餐饮区，在全栋的消费空间，仅有此区卤素灯为主，复金属光源为辅，色温比其他的楼层温暖。重食区，灯光以 2 组为一单元的 50W MR16 小灯嵌在有天花板的位置，顺着天花弧线及桌面的位置放置，将光线集中投射在用餐的桌面。甜食区，灯具利用轨道的灵活性，将 50W MR16 的光源和复金属 35W 的光源于中介空间交错及转换，光的感觉因空间属性不同而转换。

B2F 轻食用餐区，是 B3F 美食区的延伸。设定灯光层级属于较低亮度的空间，店面以棚架下的摊位构成，日光灯及 50W MR16 的卤素灯藏在金属构架中，上照棚架天花及同时提供台面亮度，让店面及食品成为唯一的主题。此外，影像投射灯的图腾投影在地面，与该区室内设计的元素结合，灯光在用餐时发挥趣味性，却又不影响整体室内的设计效果。

以黑色及金色马赛克拼贴的中岛区及特殊造型的座位区，因其材质的特性，不以全区照亮的方式，只于转角处以 50W/SP MR16 特别强调，让圆弧的量体更为凸显。

中国台北

采采食茶文化店

CHA CHA TEA SHOP, TAIPEI/CHINA

业主：Wang Chen Tsai-Hsia founder of the Shiatzy Chen fashion house
建筑师：Layan Design Group -Johannes Hartfuss, Maria Garcia
照明设计：The Flaming Beacon-Andrew Jaques, Nathan Thompson, Gelsie Cerqueira
产品应用：
装饰型灯具：定制灯具，Flaming Beacon；
接待台上方的吊灯，Niche Modern
摄影：Andrew Jaques

位于台北时尚区的新概念茶店采采食茶文化店，颂扬了在中国饮茶文化丰富历史上的方方面面。为了这次新的投资，业主——一位知名时装设计师，选择了她所聘请过的为她成功推出时装精品店的同一个设计团队。现在 240m² 的旗舰店场地是既有的空间，包括很矮的天花板，自然光线有限，混凝土梁的底面距离地板仅 2m。为了处理空间的限制，建筑师巧妙地粘附了一个狭窄的调色板以减少视觉混乱。底色是白色的，这为那些目标在于创造一种视觉趣味和调制空间的照明设计师带来了一些挑战。通过在各种细木工艺品元素中小心地整合光源，这个目标才得以实现。

产品展示的方式共有三种，每种方式的照明略有不同以反映产品各自的用途。46 个放“预包装茶”的竖式隔间的照明，由三个低输出、宽光束的 LED 灯条完成，这些 LED 灯条被内置在单个隔开的架子上。闻罐由一个短 LED 灯条从上部照明，而架子后面的一部上照灯可以将人们的眼光向上吸引，以创造一种垂直感。预包装用的盒子堆从前部照明。前台后面的水平排架，其中含有手工制作的品茶的木盒，是由一个 1W 窄光束的 LED 点光源单独照明。水平排架的组件——其中含有紫砂茶壶和配件，是用宽光束的 LED 灯条从前部和后部柔和地打亮。这些 LED 灯条也是内置在排架内，但从两个方向塑造物体。窄光束的 AR111 灯将华丽、独立的古董突出出来。

一排琥珀色的玻璃吊灯——其中包括接待台上方装饰用的白炽灯，和一些蜡烛一起，与隐匿在细木制品中的灯光形成了有趣的对比。茶叶的包装、各种现代的茶壶和很多其他配件都是由业主设计的，而这些在商店的整体组成中扮演着重要角色，成为另一层意义上的室内修饰，或层次。鉴于业主、建筑师和照明设计师之间的密切关系，茶叶包装的最后设计方案包含了整个设计团队的付出。这家商店还可以作为俯瞰一个小小庭院的餐厅或休息室。这里内部的调色板变得更加温暖，再加上覆盖在休息室四周的原木，这使它同时成为充满各种有关茶叶的书的图书馆。这个区域通过四个定制的落地灯照明。餐厅的焦点是一堵被压缩茶砖覆盖的墙，由窄光束的 MR16 射灯洗亮。尽管可调暖色白 LED 光和全光谱光源有着质的差别，但从白天到夜里，商店的整体气氛是温暖而热情的。额定的使用电能是 18W/m²。

这个高档茶室和茶吧已经吸引了一些具有设计意识的、时髦的台湾人。不论茶文化如何，各地的茶爱好者——不管他们是细细品尝的人，或只是歇脚喝杯茶的人，都将相信照明设计在创造备受期待的、高品质的氛围方面大有帮助。

1,2,3 这些吊灯充当了一个装饰元素。架子上的 LED 照明方式主要是要给垂直表面带来一些感染力
4 在低天花板空间，需要把灯光巧妙地整合起来
5 窄光束的 AR111 灯将华丽独立的古董突出来
6 休息室同时兼任充满各种有关茶叶的书的图书馆通过四个定制的落地灯照明
7 架子顶部的闻罐由短 LED 灯条（上照）照明。放预包装茶的隔间，由三个低输出、宽光束的 LED 灯条照明

克罗地亚萨格勒布

Novamed 联合诊所

THE NOVAMED POLYCLINIC, ZAGREB/CROATIA

业主：Novamed 联合诊所
建筑设计：Ante Niksa Bilic, Vanja Biscanic, Suncica Mastelic-Ivic
照明设计：Skira Ltd.——Dean Skira, Maja Lipovcic
室内设计：Ante Niksa Bilic, Vanja Biscanic, Suncica Mastelic-Ivic
产品应用：Artemide, Filix, Flos, Foscarini, Ideallux, iGuzzini, Leucos, Oty light,Viabizzuno
摄影：Vjekoslav Skledar

Novamed 联合诊所完工于 2010 年，位于萨格勒布的郊区。为门诊病人设立的私人医疗中心具有不同的医疗部门和服务：内科，妇科，儿科，牙科，放射科，药房和一个美容保健中心。

诊所里，通常是纯白色的墙壁，也许还会有一点其他颜色，但往往也是一些灰绿色的不明阴影。通常会让病人感到压抑。来自克罗地亚的照明设计师迪恩·斯凯拉（Dean Skira）和米佳·利波维克（Maja Lipovcic）创造了一个不会让病人感到压抑和有拘谨感的诊所——Novamed 联合诊所。他们的设计是一种雕塑般的照明方案，而不是通常以每平米的光通量来计算这种方式，他们的设计灵感来自于诊所里的生活和活动的全部内容：人体。

Novamed 联合诊所包括三层楼。一层包括接待区，儿科部，内科部，一个美容保健中心，一个药房和一个自助餐馆；二层有口腔科和妇科；三层是办公室，一个用于培训课程的小礼堂和病人用的套房。

为了强调接待处和咨询室之间的信息交流，设计师用照亮的天花板来划分接待区域空间并产生了神经细胞的印象。诊所不同部门之间的流通路线犹如生物体的血管或者循环系统。在此项目中，天花板是最重要的元素，因为设计师意识到当我们坐在牙医的椅子上，或者躺下来准备接受医生的检查时，我们的眼睛都是正对着天花板的。盯着天花板，思绪开始在脑海中蔓延。在这个特殊的医疗环境中，联合诊所承袭了“照顾”的角色。这个独特的照明方案帮助克服了在一个无菌、无情感的空间里容易产生的不安感，让我们暂时忘记自己的焦虑。

在入口和接待区域，一个有机形状的通道蜿蜒地穿过石膏板天花板，注入到自助餐厅上方的半圆釉表面。线形 RGB LED 照明设备隐藏在通道里，象征神经细胞的下照灯被嵌进较高层天花板上。此方案确保了无眩光和舒适的视觉感受。两位照明设计师面对的挑战是，系统地阐述这个想法，发展出一种理念，并且最终能予以实现。神经细胞、突触和轴突（人体里传导神经冲动离开神经元细胞体的长的突起）需要被充足、灵敏地照亮，以凸显他们的轮廓并使旁观者理解背后的象征意义。为了达到有机形被柔和照亮的效果，使用线形设备需要深入思考：“因为天花板上布满房屋设备设施，所以有必要为这条连续的长曲线找到确切的位置。被照亮的曲线需要展示出连续性的概念并表达出与细胞之间的联系，”迪恩·斯凯拉解释道。为了减少可见的元素数量，采用了一个将光源隐蔽的解决方案，把各种不同的光源合并进一个空间里。多亏为暖通准备的吊顶空间高度足够，才有可能安装一个需要嵌入深度达 350mm 的发光圆顶。圆顶灯具上的电路设备适用于荧光灯和 RGB LED 技术，而且可以提供量度可控的发光颜色和色温都不同的漫射光和柔光。效果既惊人又迷人，并且保证了医院里人们的愉快心情。

1

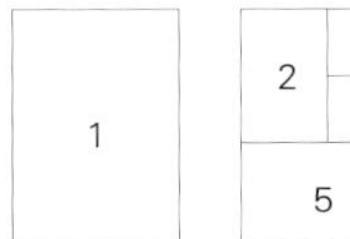

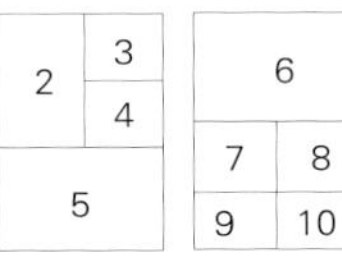

1 萨格勒布联合诊所的照明设计在一个规范的医院环境里不会看到。而这正是设计师的意图
2 照明装置在一层空间中蜿蜒如河流。照亮的天花板设计，是为了便于让人们认清从各个服务台到咨询室的路
3,4 个体细节
5 联合诊所剖面图
6 整体效果展示
7,8 照明装置是基于神经元的有机形式。为了强调细胞的形状以及连接细胞的突触和轴突，设计师们选择了线形照明设备
9,10 在治疗过程中，病人的眼睛通常直视天花板。所以为天花板设计的照明方案中包括隐藏的 RGB LED 条以及一个无眩光的下照灯组件，以保证视觉舒适

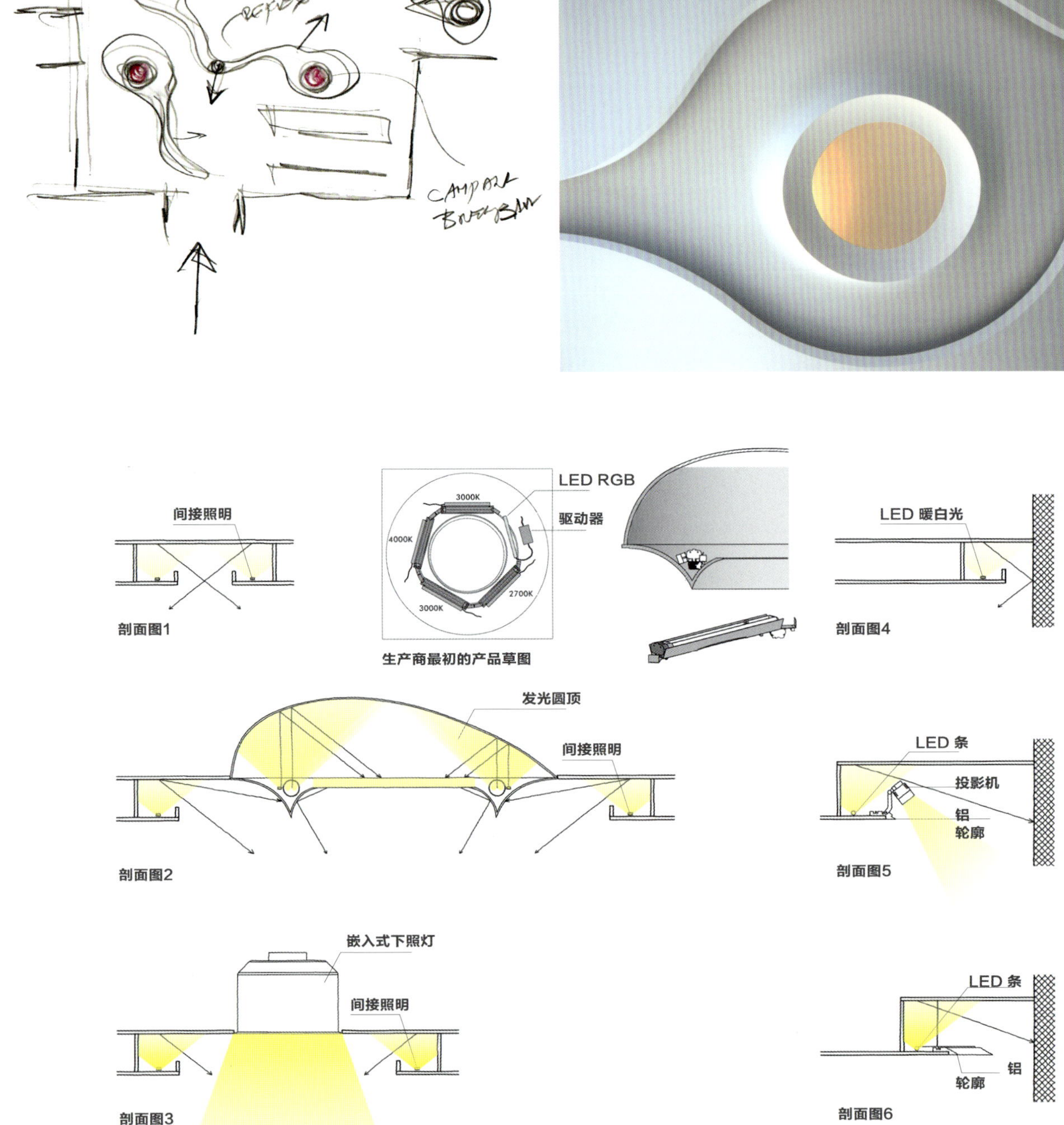
间接照明
剖面图1
LED RGB
驱动器
3000K
4000K
2700K
3000K
生产商最初的产品草图
LED 暖白光
剖面图4
发光圆顶
间接照明
剖面图2
LED 条
投影机
铝
轮廓
剖面图5
嵌入式下照灯
间接照明
剖面图3
LED 条
铝
轮廓
剖面图6

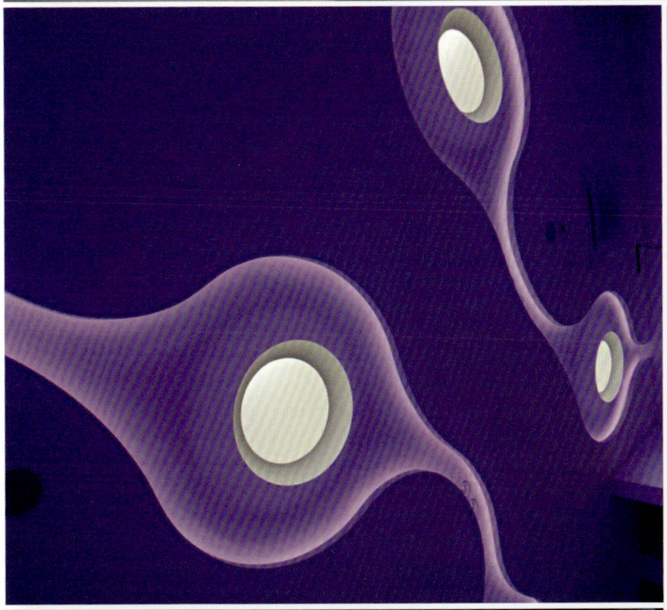

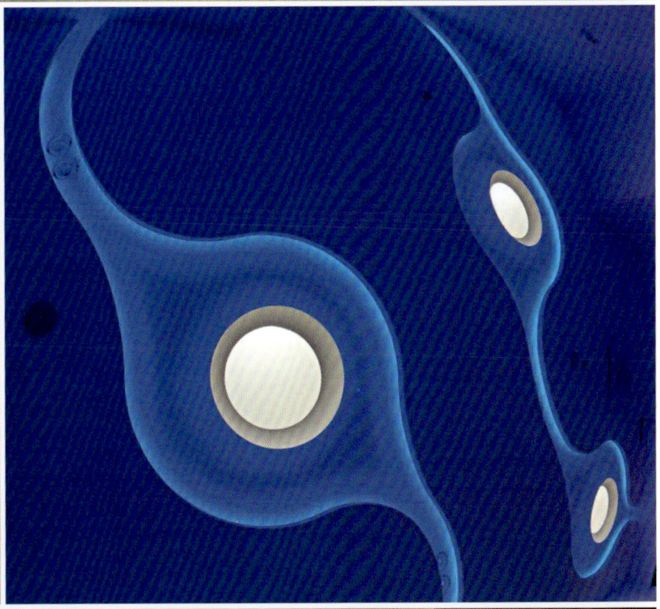

韩国首尔

星光城

STAR CITY, SEOUL/KOREA

业主： Konkuk AMC
建筑设计： Jerde Partnership (Kumho E & C, Posco E & C, Korea)
照明设计： EonSLD Co . Ltd，与 Uchihara Lighting Design Group Inc.（长廊）
音响设计： Sound Design Japan INC.
投影： Ushio Lighting
产品应用：
High End systems、Ushio/J、Sejeon/Korea、SDJ/Japan、Meyer + Sohn、Simes、Martin、Martin The Classic 500、Arcluce、Philips、Hess、Vas/China、C & C Lightway/Korea、PLT, Korea、iGuzzini
图片提供： Sun Namgoong

星光城项目位于广津区，是一个融居住与商务功能为一体的多功能巨型建筑，由两座高大的公寓和一座规模相对较小的商业建筑组成。项目占地面积 85761m^2，建筑占地面积为 32449m^2。

以温照明设计公司和日本 Uchihara 照明设计团队的设计师通过景观照明和室内照明设计使建筑结构呈现诗意的感觉。基本的概念是："光与自然同呼吸，光与人类同呼吸"。当参观者靠近购物中心的立面时，一面平淡而安静的石材外墙在夜间被转换成了一幕动感的灯光秀，使参观者和居民感到强烈震撼。为实现这样的效果，需建造 4 个灯塔，每一座灯塔安装 2 只 1200W 的带透镜的金卤灯和 1 只 1800W 的彩色金卤泛光灯。由嵌入式安装的 70W 金卤灯提供照明以达到基础照明的基本需求，光源色温为 3000K。在包括了百货商店的建筑物的上半部分安装 36W 的 LED 光带，既强调建筑的正面，同时与相邻的两座公寓建筑形成统一的感觉。

在百货商场的天井中，一个 32 x 35m 的巨型玻璃锥体占据了整个空间。这个具有象征意义的结构被将近 700 个 36W 的彩色 LED 灯所覆盖。在玻璃墙后面，这个巨大的锥体通过彩色灯光的变化，使主体建筑呈现出深度立体感。

在商场的立面上，简单的泛光灯具创造出迷人的光影效果。70W 的金卤灯照射前面的树木，在商场的巨型立面上形成戏剧性的投影。同时，在树的后面南北入口之间形成的巨大的光带，清楚地模拟出建筑上部立面的形状。白天时，因为其他部分采用了光带，这些发光体几乎与建筑混为一体。然而，到了傍晚时分，它们开始显现，安静地向周边释放出柔和的光线。这种简单的手法意在强调建筑综合体的入口，创造出现代但又安详的城市氛围。

傍晚，当你进入购物中心与商场之间连接一层和二层的长廊时，安装在地面上的 LED 一闪一闪。随着主题的变化，安装在地面上的 3000 多只 LED 与墙壁上的场景形成同步变化，改变颜色和场景。通道的墙壁，像一个巨大的幕布，灯光可以在上面随意挥洒。投射在这面巨大的墙壁上的画面以自然现象为主，与外立面形成紧密的呼应。为了实现这种效果，需要在对面的墙壁上安装 16 只带有可移动投影的 3000W 的金卤灯，70 只 750W 的蓝色和白色的卤素灯，同时，在场景变换的时候提供基础照明。灯具中装配有镜头跟踪参观者的动作，从而与建筑形成互动。由日本的音响设计师设计的音响效果对整个不同寻常的经历给以配合。

当参观者靠近通往二层的自动扶梯时，他会发现扶手的栏杆被柔和的线性 LED 照亮，而扶手结构左侧的楼梯由彩色 LED 照亮。

当参观者到达二层，他会发现 11 只 2000W 的探照灯投射出的光束从上面倾泻下来，目的在于创造出在闭合的空间中日光渗透到树林间的效果。

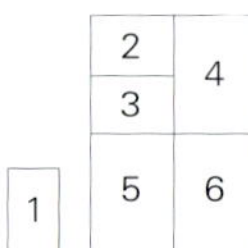

1　星光城外立面夜景
2　立面由简单的图形元素和灯光的简单组合呈现出一幅宁静的画面。背光和前面的灯光创造出空间的深度感
3　树上的上照灯在巨型的立面上投射出戏剧性的剪影，使建筑散发出诱人的气息
4　在商场的天井中，巨大的玻璃锥体散发出柔和的彩色的光
5　商场内部照明
6　到达商场 2 层，明亮的灯光从上面倾泻下来

中国北京

前门大街东片区 B6、B8

EAST AREA B6, B8, QIANMEN STREET, BEIJING/CHINA

项目开发：SOHO中国有限公司
建筑设计：北京张永和非常建筑设计事务所有限责任公司
照明设计：清华大学建筑学院（张昕、兰恬、赵秀芳）
照明工程：北京维特佳照明工程有限公司
产品应用：VAS
摄影：徐冰
注：何哲（建筑设计）、刘鲁滨（建筑设计）、江波（照明工程）参与了部分照明设计工作

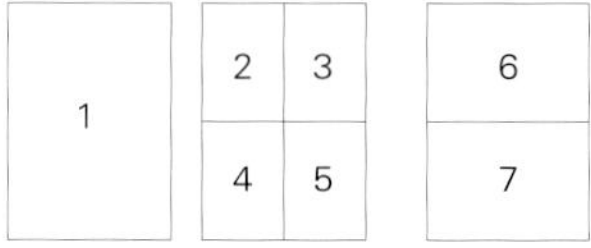

1 屋顶平台的空中廊道
2 鲜鱼口街沿街立面
3 内院一层
4 内院二层
5 胡同立面
6 内院俯视
7 屋顶平台的空中廊道

B6、B8 地块隶属于前门大街东片区保护与整治工程，位于前门大街的东侧后街，分别位于鲜鱼口街北、南两侧。“胡同＋四合院”是北京旧城的基本城市空间关系，建筑单体围合形成内院空间（私密），四合院组合形成街坊地块，地块边界形成胡同空间（公共）。总平面设计延续了“胡同＋四合院”的空间结构关系以及该地段的传统空间尺度，并将四合院公共化，形成新型的商业外部空间，即“新商业四合院”，既满足商业的公共性，又有内向庭院的空间质量。

各个四合院相互串联，形成“走街串院”的商业流线，既保持北京传统特色，又创造了新的商业空间体验。“街”和“院”的双重流线，同时形成了内、外双重商业界面，大大地增加了商业接触面，增加了内部店铺的商业价值。建筑围绕院子布局，B6 为两个连通的院子，B8 有 4 组院子，其中一组为原拆重建的老建筑围合而成。屋顶形成活动平台并与周边两层的店铺相互连通。楼梯布置在院子的临胡同／小街的入口通道一侧，方便人流上下。部分院子有下沉庭院，地下空间通过下沉庭院连成整体。

建筑立面照明以 4000K 地埋窄角投光为主，原状复建单体的立面则采用 3000K 强调其重要性。选择性地照亮错位墙面以强调院落入口。沿鲜鱼口街的南北两侧主立面照明提供了传统和现代两种模式：在传统模式中，仅开启由 4000K 窄角投光灯提供的壁柱照明，对应店面潜在的传统饮食业态；在现代模式中，仅开启由 3000K 线型投光灯提供的二层凹入空间照明，一层的 4000K 光色为院落入口，相对抽象的照明方式对应店面潜在的现代时尚业态。

内部庭院由实墙面较高位置处安装的投光灯提供照明，有选择性的照亮地面与植物景观。庭院外廊的吊顶格栅内藏下射灯具与栏杆 LED 一体化灯具均为本案定作，与建筑构件结合，实现白天的隐藏。庭院边缘及垂直交通均由栏杆 LED 一体化灯具提供照明，其光色暖于外廊吊顶的下射照明，通过光色对比凸显了交通空间的趣味性。庭院内部空间采取招租的方式引入众多商家，因其经营内容不同而照明各异，由栏杆 LED 一体化灯具提供的交通空间照明将成为内院空间的线索，将不同店面空间联系成为一个有机的整体。屋顶平台照明仅由栏杆 LED 一体化灯具提供，上部建筑立面保持黑暗，遵守合院建筑内向空间的“天人合一”的中国传统建筑哲学。

老北京小吃

老北京小吃

英国伦敦

One New Change 商场

ONE NEW CHANGE, LONDON/UK

业主：Land Securities
建筑设计：Atelier Jean Nouvel
执行建筑师：Sidell Gibson
照明设计：Speirs+Major——Mark Major, Philip Rose, Claudia Clements, Andrew Howis, Karolina Zielinska, Rose Richardson
电气工程师：Hoare Lea
主要供应商：DAL, ACDC, BEGA, Encapsulite, ERCO, INSTA, LEC Lyon, Mike Stoane
竣工日期：2010 年 10 月
摄影：James Newton

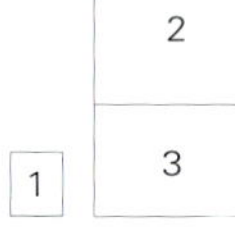

1 扶梯入口处
2 商场外部照明
3 圣保罗大教堂

One New Change 商场是一个商业和零售业的混合体，它由前卫建筑师让·努维尔(Jean Nouvel)设计完成。紧邻于背后的圣保罗大教堂东侧，占地一个街区。这是让·努维尔在英国第一个永久建筑作品。通过此设计能形成戏剧化的视野，并给圣保罗大教堂框景，它提供了戏剧性效果。

Speirs+Major 被委托对零售环境进行照明设计，包括整体建筑的屋顶露台、公共领域和外观。他们与让·努维尔和执行建筑师舍戴儿·吉布森(Sidell Gibson)紧密合作。使得建筑形式在照明的衬托下更加迷人，并为商场提供了必要的功能性照明，使这里的零售业成为焦点，再上一个台阶。那么，他们是如何针对商场的建筑特点和内部空间进行照明设计的呢？所有的设计都要基于三个重大挑战之上，即如何使用材料、饰面的调色板中的黑暗与阳刚以确保商场在营业期间保持一个愉悦心情的氛围；如何保证它入夜后能保持仪态的敏感度；如何调和建筑师和伦敦市周围的公共区域对照明的不同需求。

零售环境所需提供的照明，能够提供各种零售场所的场景感以及上下关系。一个中立的计划形成了设计的基础，突出天花板，中庭，风景电梯的特色和自动扶梯添加视觉乐趣，并为游客创造一个愉快的经历。入口处照明水平的增强，为客户提供具有热情气氛的入口，鼓励游客进入该中心。

地面和一楼拱廊商场在外围采用直接照明的方案：线性荧光灯和陶瓷金属卤化物光源隐藏在穿孔吊顶的背后。陶瓷金属卤化物灯提供所需的照度；线性荧光灯提供可调的光效，使照明可以在黑暗之后自动切换。为了增添气氛和定义空间，一个隐蔽的线性拱腹细节，用暖白 LED 灯为中央石膏天花板投光，创造一个柔和的光芒。同时进行了广泛的测试，利用倾斜的光束角使表面的反射到达最小化。

在建筑体的中心，是一个巨大的有着黑色拱腹和镜像饰面的列柱的中庭。这里的照明，限制在外圈对地板进行向下投光。自动扶梯空隙被隐蔽的线性 LED 照亮，洗亮了一半的楼梯平台。屋顶露台被认为是建筑的第五立面，线性荧光灯和 LED 光源已处于较低亮度水平，并集成或隐藏在架构上，以实现一个优雅平静的空间。

Speirs+Major 与业主紧密合作，开发租户及零售照明的指导方针，提供了一个完美的照明方案。同时，本案照明不过于花哨，适当和低调，这是为了减轻著名邻居——圣保罗大教堂和圣保罗大教堂学校的顾虑。

中国济南

恒隆广场

PARC 66, JINAN/CHINA

建筑设计：巴马丹拿国际公司
照明设计：DUO Lighting Design + associates
产品应用：WAC Lighting（华格照明） P352
Slana 系列，Plana 系列，InvisiLED 系列
摄影：周利

济南首个高端商业地产项目——恒隆广场，建筑面积 28 万 m^2，总投资 4.1 亿美元，荟萃了顶级品牌、豪华影院、星级酒店以及商务办公等众多高端商业，聚集了国内外 300 多家时尚品牌店铺，使其成为华北地区顶级的商业项目。

济南恒隆广场，由巴马丹拿国际公司主持整体设计，香港的 DUO 照明设计事务所主持照明设计，是解构主义的最新力作。恒隆广场的照明设计从建筑本身、消费体验、商业模式三个方面综合考虑，凸显建筑特色、区分功能区域、引导消费。

建筑方面，通过“线”的大量运用，反衬出室内空间解构元素的充斥，为商场带来强烈的现代设计感。大堂天顶使用点状筒灯排布，构成线段，在凹槽内嵌淡黄色直线型 LED 灯带，与黑色线糅捏，形成三色系交错叠影的现代风格；在电梯、电梯与楼层衔接处、楼层立面外围等底部线条，大面积采用了 WAC Lighting（华格照明）的直线型 LED 灯带，建筑硬朗与轩昂锋芒，不露自显，巨大的光影建筑骨架精准地阐释了建筑师的艺术构想。

消费体验方面，济南恒隆使用了国际领先的照明产品，从多方面为顾客打造一个舒适健康的光环境。商场大范围采用 WAC Lighting 嵌入式筒灯，全方位无极变转角度，做到精准投射；深度防眩光角设计，出光均匀，为消费者提供柔和舒适的购物环境；并运用了低散热超薄型 LED 灯带，嵌于天花凹槽，长弧线反射剔透天花，打出质感柔美干净的光环境，且通过流线型映射到地面的光圈，对消费者的购买和行走动线起到暗示引导的效果。

就商业模式而言，照明设计师运用色系区隔空间，公共空间内大范围地运用了 WAC Lighting 的 35W 小功率筒灯与节能 LED 灯带。与店铺内装饰性彩灯形成鲜明的空间区分。在衔接光效的处理上，公共空间与各店铺门店的照明统一采用高端的国际灯具品牌，投射出优质柔和的光，使整个光环境做到协调、统一、舒适的效果。不仅如此，而且通过设置不同时段的场景模式，实现低碳低耗的理念。

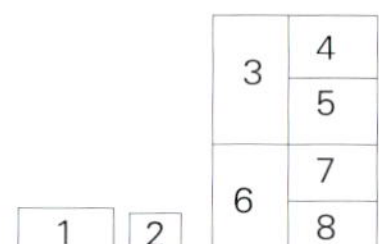

1 恒隆广场夜景
2 恒隆广场外景
3 公共走廊
4 恒隆广场室内公共空间
5 恒隆广场电梯候客区
6 室内公共空间俯瞰
7 广场中庭
8 商业店铺与公共空间

TASAKI

DAZZLE

中国唐山

唐山万达广场

WANDA PLAZA, TANGSHAN/CHINA

竣工日期：2011 年 12 月
建设投资方：万达集团
照明设计：深圳市标美照明设计工程有限公司
（主创人员：丘蔚、高嵩、张超贤、陈惠娠、何强、郭少尧、张仿、高朋）
照明工程：深圳市标美照明设计工程有限公司 P378
项目负责人：李光
摄影：周利

冀东大地上的唐山万达广场让整个凤凰城引以为傲，总建筑面积超过100 万 m^2 的超大型城市综合体项目于 2011 年 12 月正式亮相于唐山市中心抗震纪念广场东侧。唐山万达广场是万达集团投资兴建的第三代城市综合体（HOPSCA），由商业综合体、写字楼、五星级酒店、公寓、商业步行街、高层住宅群、商务酒店等功能组成。

该项目以纪念广场和主干道新华路为动线景观主轴，从城市尺度上重点营造综合体塔楼建筑和商业广场缤纷繁华的氛围，建立灯光的主视面和夜景天际线。通过商业空间衔接城市空间，形成城市中心的灯光夜景层次。按照项目中的商业、写字楼、酒店、住宅等功能分类，区别对待、优化分配不同位置的照明工程造价。

对于沿新华路展开长达 400 多米的临街立面，用慢动态照明方案统一刻画塔楼窗间幕墙，表现建筑的形态特征，从城市尺度上突出万达广场的地标特色。裙楼用媒体幕墙概念与建筑细部结构结合，打破大商业围合实体墙面的呆板，吸引人流在街道空间自主流动，从容了解和掌握万达广场经营业态所散发出的商业信息，达到共创经营氛围的效果。

4 个步行街主出入口，从幕墙内侧，依方块渐变布置发光像素单元，程序设计光色变幻，契合装饰肌理，形成独特识别性，帮助人们强化对商业综合体出入部位的特征识别，构成唐山万达广场特有的标识性，让丰富多彩的商业业态在外部表现上得以延续，客观上吸引客流在空间方向上无意识的自然转换。

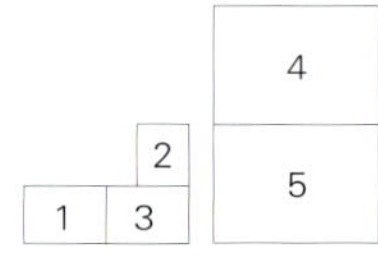

1 大商业步行街入口
2 唐山万达洲际酒店
3 综合体大商业裙楼及裙楼主立面
4 唐山万达广场主视面透视效果
5 唐山万达广场室外商业步行街

德国杜塞尔多夫

天空大楼

SKY OFFICE, DÜSSELDORF/GERMANY

业主：ORCO erste Projektentwicklungsgesellschaft GmbH
建筑设计：Ingenhoven Architects
项目管理：Drees & Sommer
照明设计：Kardorff Ingenieure Lichtplanung
可视化控制：Kardorff Ingenieure Lichtplanung
立面施工：Rupert App GmbH & Co
屋顶LED灯带：Insta Elektro GmbH
摄影：ORCO

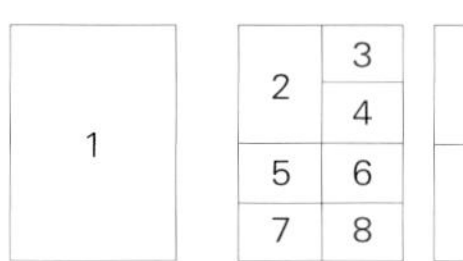

1 天空大楼外观
2 主入口区设计得非常开放
3,4 办公空间
5,6,7,8 天空大楼照明示意图
9,10 人工光与自然光在这里融合得恰到好处

天空大楼高89m，是杜塞尔多夫新的地标建筑。大楼由擅长玻璃立面大楼的Ingenhoven建筑师事务所设计，拥有通透的外观、雕塑般的结构，和屋顶简洁的线条。开放和透明是贯穿整个大楼设计的理念之一。人工光和自然光在这里融合得恰到好处。尽可能提高大楼的整体效率、节省能源是此次设计的首要目标。照明设计由范卡尔道夫·英杰尼尔（von Kardorff Ingenieure）担当。

就办公空间本身而言，照明设计师专门设计了一种不寻常的荧光灯装置，通过使用以直射光为主的方式达到低能耗，针对立面照明特别添加了一支8W光源，此外，非常易于安装的特性也使得不需要在建筑结构上额外费工夫。更为独特的一点是，灯具是一种长度超过3m的悬臂式造型，与每层楼的结构空间都能吻合，并且可以连接到供电系统。灯具通过一根连接在前端位置的钢缆固定悬挂在天花板上，并且可以根据情况进行调整。其他的所有设计和实施都是采用类似的简单方式，让业主拥有充分的自由度和灵活性。

一层和顶层空间由于其空间特殊性而将灯具直接安装在天花板结构上，朴素但又令人眼前一亮，这些高质量照明装置同时起到了空间引导的作用。

不同办公室环境的照明状况会因为天然光照射程度的不同而有很大变化。范卡尔道夫·英杰尼尔因此研究了20多种天然光效果，配合不同的格栅装置和遮阳系统。他也测试了不同的产品，目的是给业主提供正确的选择。格栅系统对阳光起到过滤以及遮阳的功能，设计师在所有立面上都进行了测试。

范卡尔道夫·英杰尼尔推荐使用手动控制器控制百叶窗的开与关。格栅的叶片能够实现有角度的开合是非常重要的。为了避免遮阳系统全部合上，设计师建议将建筑立面设计成单元结构，因此每层楼，甚至每个更小的单元空间能够单独控制遮阳系统。此外，针对阴天及没有阳光直射的天气情况，大楼另有一套遮阳系统。三套遮阳系统经过测试都拥有很好的透光效果（大约在7%～14%）。

总体来说，每个公司的员工可以自行调节遮阳系统。在一些特殊情况下，格栅百叶窗及遮阳系统能够同时应用，以将天然光降至更低。全大楼只应用了两种光源：高能效荧光灯和金卤灯。办公空间的照明能耗大约在12W/m^{2}以下。

低能耗的解决方案使该地标建筑又拥有了一项值得称道的特色。在夜晚，通过上述提到的定制办公照明装置，整个大楼的内透光效果十分宜人。立面照明所用灯具上额外添置的8W光源通过定时控制器启动，并且通过缓慢的方式逐渐启动，使在大楼中工作的人们几乎无法察觉到这种变化。一排白色LED灯带装饰了屋顶的边缘，突出了屋顶的蝶翼造型。

德国埃森

蒂森克虏伯集团新总部

THE NEW HEADQUARTERS OF THYSSENKRUPP GROUP, ESSEN/GERMANY

业主：蒂森克虏伯集团
建筑设计：JSWD Architekten，www.jswd-architekten.de；Chaix & Morel et associés，www.chaixetmorel.com
照明设计：Licht Kunst Licht AG；www.lichtkunstlicht.com
照明设计项目和团队管理：Alexander Rotsch
照明设计项目团队：Gloria Amling, Luc Bernard, Roman Jakobiak, Karl Maria Reger, Mieke van der Velden
摄影：Lukas Roth, Alexander Rotsch

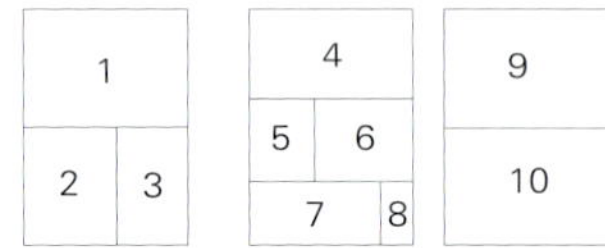

1 室内照明构成了大楼透明度极高的外观。楼梯井的扶柄在所有楼层都清晰可见。沿着水边有几乎1公里长的LED灯带
2 中庭贯穿总部大楼的1~11层。300m长的线性LED被整合到天桥的扶手上
3 通过28×26m的全景式窗户看到场地公园的壮观景色
4 活动建筑满足会议和项目任务的需求，穿孔钢质外墙可以让人看到餐馆（第一层）和监理会室（顶层）以及会议空间（第二层）
5 总部大楼的天篷下面安装了高功率的LED链，隐藏在不规则的窄槽中
6 空间内有充足的天然光
7 大楼和地下停车场之间的通道充满着背光打亮的玻璃幕墙透出的光
8 所有的照明设备都完全整合进建筑结构中
9 掠角光照明的钛金属色墙的覆层成为一层员工食堂和自助餐厅的背景。定制的钢质和玻璃材料吊灯悬挂在桌子正上方
10 娱乐场餐厅定制的圆形吊灯为餐桌提供直接照明，为天花板提供间接照明，与沿着整个房间边缘的发光凹槽相辅相成

2006年，蒂森克虏伯集团决定在克虏伯地带的中心区建立一个新总部。建筑包括主楼Q1，活动场所Q2，行政大楼Q5和Q7，以及一个停车场坐落在一个中心线形水域周围。

蒂森克虏伯总部区域的中轴标志是一条总长度为235m的水域。水域的两侧是主要的进出道路，水域上还有横穿的小路。在外部照明设计上，精心选择的灯具有效避免了光幕反射和散射光点，照明设备牢固地安装在柱子上，而且沿着两条主要道路的光强分布是特别设置的，小路通过护柱从较低高度照明。水面和滨岸区域的过渡标志是LED条，沿着水池的轮廓分布，总长度约1000m。所以，在夜间也可以展示水池的几何结构。

在水池的末端，坐落着蒂森克虏伯集团50m高的新总部大楼Q1。在第三层，安装了嵌在地板内的室内上照灯。安装在一层建筑凹缝悬臂上的筒灯向地板发出定向光。地板上的反射光照亮天花板的底部，让建筑看起来像是失重一样漂浮着。精选的室内表面被重点打亮，而且向观察者从视觉上传达了建筑结构。办公区域地板上的直接—间接照明灯具，不仅为工作环境提供了良好的视觉条件，而且照亮了天花板。

Q1建筑的北面和南面上的宽26m、高28m的玻璃表面将整个建筑结构向周围的景观开放，并且为中庭和邻近的房间提供了天然光。LED线条与人行天桥的栏杆整合在一起。水平方向的光与垂直方向上具有同样照度的电梯入口处的重点照明产生了迷人的视觉呼应。

活动场所Q2里，会议空间横跨整个二层，包括一些小型会议室，一个最多可容纳1000人的大型会议活动厅。第三层包括来宾娱乐场和监理会室。一层是员工食堂和自助餐厅。在食堂的照明方案中，高强度的掠角光精心打在房间后墙的钛金属色的覆层上，桌子上方每个配有磨砂玻璃灯罩的圆柱形定制灯具，对餐厅进行了空间分隔。

来宾娱乐场，一个大型悬挂环形吊灯安装在与窗的正前方成直角式排列的桌子上方，吊灯上装有一个直接照明和一个间接照明的组件。胸高的隔断墙和悬挂在天花板上的丝织金属窗帘每次将两台桌子分为一组，从而提高了纵向空间的结构感。

在监理会室，使用了一个创新性的、特别为此项目设计的发光LED天花板。除了一个漫射的空间组件，它还包括一个可以向会议桌上打出直接、强烈光线的光学系统。

有效利用能源是总部所有照明方案的特点。大规模的使用现代LED技术，使用天然光传感器和车辆占用轨道检测器控制照明，并使用自然光，这些都大量节约了能源。运行办公大楼的主要能源消耗将比法律规定量削减20%～30%。

Q1

韩国首尔

斯特大厦

STATE TOWER, SEOUL/KOREA

业主：Byukjin Construction & Development
建筑设计：Sang Yong
照明设计：EON SLD. Co. Ltd
摄影：Nam gung sun

位于首尔市中区会贤洞的斯特大厦，建筑体分为地上 24 层，地下 6 层，归纳为会贤第 2–1 区域城市环境维护工程项目之一。周边的地理属性为（退溪路，小公路）交通网分布密集的主要枢纽地区，具有良好的观望视点。因此，照明设计的演示效果不尽形成了独具特色的城市夜间景观，还给市民提供了更丰富多彩的视觉愉悦享受。

景观照明设计概念“城市的窗”，以传统窗户作为中心思想，通过光的表现和城市风景投影的写照展现出韩国的传统美。

考虑周边浓厚的历史性和传统性建筑的和谐性，与其让照明盲目的更亮更耀眼，相比还不如树立光的层次与有序的照明规划。再者，华丽的色调与快节奏的照明表现方式应摒弃，强调光的色温差异表现出空间的容积感。光的阴影塑造出建筑轮廓，通过照明手法展现出其个性与独特性以成为夜间中心照明手法的方向。

斯特大厦通过单色三位立体影像手法及光与阴影之间的共存方式，捕捉到亚洲传统水墨画的精髓，无一色彩的演艺也能够突出建筑自身的形态轮廓。

其侧面应用 LED 照明调光系统，有效控制能源的损失，因而大幅度减少了电量的使用。还可通过调光系统将光强分为 100%，70%，50% 三个等级的亮度，自夜幕降临的 6 点至 11 点的时间段，建筑照明也随深夜的宁静开始渐渐熄灭。

同时建筑立面的媒体艺术设计，考虑到与周边环境的协调，原则性制定，扬弃艳丽色调的混淆，提倡精彩丰富的主题演示，让更多市民了解到媒体艺术的精髓。

1,2 斯特大厦通过单色三位立体影像手法及光与阴影之间的共存方式突出建筑自身的形态轮廓
3 自助餐厅
4 托儿所
5 餐厅
6 媒体休息室
7 健身中心

Happy Tree
Happy Tree

中国哈尔滨

哈西新区发展大厦

HAXI NEW DISTRICT OFFICE BUILDING, HAERBIN/CHINA

业主：哈尔滨哈西老工业区改造建设投资有限公司
建筑设计：ZNA建筑师事务所
照明设计：英国莱亭迪赛灯光设计合作者事务所
建筑面积：23,109 m²
图片提供：ZNA建筑师事务所

哈西区新区改造办公室位于哈西新区中心地段，哈西大街和西湖路转角处建造政府办公楼项目。地段用地面积约18,100m²，项目建筑面积约23,109m²。建筑使用者包括哈西区新区办公室，土地分局，规划分局，城市投资公司等部门。新建筑将成为哈西新区第一座重要的标志性现代主义建筑。

整个建筑设计由ZNA建筑师事务所负责，把如何创造增进人们交往的公共空间放在第一位，巨大的弧线为一楼的展厅空间和室外广场之间建立了最长的交互界面，使市民在室外长廊就可以欣赏到室内展览空间陈列的模型和展板。而在弧线幕墙后随空间分布的开敞空间也为建筑的使用者提供了更舒适放松的工作环境。

在这个简洁的建筑背后，空间的多样性却极大地冲击着人们的视觉。建筑的实际中心位于室外的公共广场，向弧形幕墙后放眼望去，每个角度都具有不同的空间深度，如同在舞台上深度不同的台口，时刻上演着日常生活中的一幕幕。

来自英国莱亭迪赛灯光设计合作者事务所的灯光设计师在设计这样一个现代建筑，一个用石头和玻璃构造的体块时，希望灯光可以使建筑结构清晰、层次明确。通过柱廊及挑檐的灯光造成一种视觉上的冲击力，使建筑更具分量并展现一种开放包容的精神。设计之初，设计师同业主就灯光的构想进行了沟通，同时也了解业主的一些建议，比如：LOGO的安放位置，希望用灯光表现的一些建筑部位等。同时，负责该项目的美国建筑师对光有着准确的理解，通过和建筑师的沟通，可以准确把握建筑理念，从而提出合理的灯光解决方案。

对于一个属于政府的公共建筑，如何营造适宜的光氛围？设计师认为灯光不要太过严肃和呆板，因此照明处理上强调连续密集的表现方式，让灯光看上去更具韵律和节奏，也会让人感觉亲切。光的颜色选择一种中性略偏暖的白色，也消除了一种政府建筑特有的距离感。

该项目的柱廊和挑檐是建筑最具形式感的部位，也是引申意义表达上的重点，灯光设计将予以重点强调。建筑的所有立面均呈现出一种统一的完整性，构成方式也很有意思，以连续的石材、铝板或玻璃叶片组合而成。因此设计师在设计时希望用灯光去表现这些面，会出来一些节奏感。

在合适的位置以合适的方式运用了合适的灯具，得到合适的结果，“合适”似乎是这个项目最大的特点，包括照明控制的处理也是合适的，简单实用的时钟控制方式，区别出黄昏、夜晚、深夜三个场景，从而很好地满足建筑照明运行的需求。

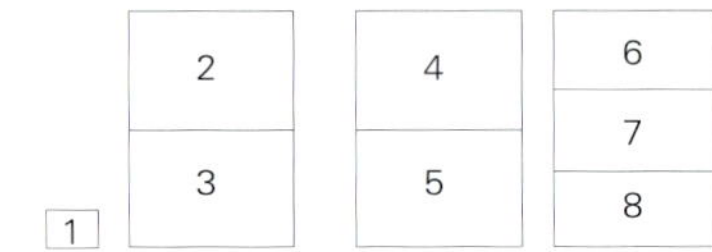

1,2 大厦局部照明
3 哈西新区发展大厦夜景外观
4,5,6 大厦室内照明效果
7,8 连续密集的方式，让灯光看上去有一些韵律和节奏，也会让人感觉亲切

巴西圣保罗

桑坦德银行总部

SANTANDER BANK HEADQUARTERS, SAO PAULO/BRAZIL

业主： 桑坦德银行
建筑设计： Edo Rocha Espaços Corporativos
照明设计： Plínio Godoy and Mariana E S Rocha, Godoy Luminotecnia
天然光／遮阳设计 ： Dr. Helmut Köster
全景图片： Edo Rocha Espaços Corporativos
光源： 欧司朗，飞利浦
驱动： 欧司朗
灯具： Lumini，飞利浦
礼堂内投光灯： ETC
软件： DALI
天然光照明系统： Retrosolar
摄影： Rubens Campo
绘图： Daniel Sarti

桑坦德银行总部有 28 层，可容纳 8000 名员工。法比奥·巴博萨（Fábio Barbosa），桑坦德集团的巴西总裁，定义了建筑设计所代表的特征：透明、员工融合和舒适性。相同的准则也适用于 Godoy Luminotecnia 公司的皮里尼奥·高多耶（Plínio Godoy）所进行的照明设计。高能效扮演着同样关键的角色。

靠近大堂楼梯附近，一个公共艺术展示空间记录了该银行对艺术活动的赞助。装有 3000K 28W 的 T5 荧光灯的矩形灯具安装在围绕着房间周围的石膏天花板上；方形的灯具，配备半透明压克力漫散射和发光二极管（3000K），提供了一般的照明；光束角为 40° 和 10° 的轨道式可调 LED（2700K）射灯突出了作品。

一层是 U 形的。这一层包括为不同的文化活动和培训活动所营造的环境。在主入口以钢索悬挂的楼梯形成了一个醒目的雕塑般的核心，映衬着镶有桑坦德集团红色标志的白色大理石墙面。一些光束角为 10° 的 3000K 17W 的金卤射灯照射着这一标志，令其突显出来。3 套 3000K 35W 光束角为 10° 的金卤灯具安装在楼梯上方，突出了钢索闪光的质感。当上照式光束角为 40° 的投光灯在垂直方向照射时，9.5m 高的天花板，显得更加鲜活。在这个空间里，天花板嵌入安装的 70W，光束角为 40° 的金卤灯提供了环境光，并且保持着低照度水平。

照明设计概念包括人工光和天然光。由赫尔穆特 · 科斯特（Helmut Kster）开发的遮阳系统，覆盖了整个建筑的 9000m² 的面积，使用了一个所谓的带有太阳能辐射反射菲涅尔光学效果的向后反射系统。太阳光被反射回来，但仍有足够的透明度，让日光照射进来并且可以看见外面的景色。天窗的角度可以根据一年中的时间进行变化，最大达到 10°，反射高度最多可以达到 5m。

银行员工的工作区上方的网格状天花板上安装着由 4 个 14W T5 荧光灯构成的方形灯具。工作楼层被分为两大区域：外围区域包括各种特殊布局以及围绕中心电梯井区域。由于在外围区域有无数不同的配置，因此安装了 DALI（数字可寻址照明接口）系统以控制在此区域的照明。每层窗户附近的区域也安装了 14W 的 T5 荧光灯构成的方形灯具。

每张办公桌上都有 3 盏 50W 的照射角度为 24° 的卤素射灯。对于行政区域的整体照明，使用的是方形嵌入式天花灯具配合不锈钢交叉挡板，并配备了 3000K 42W 的紧凑型荧光灯。走道由两个 2m 长的配备 3000K T5 荧光灯和高透光聚碳酸酯磨砂灯罩的灯具照亮。在新的桑坦德银行总部内，有 4 个餐厅，而每个楼层都有一个快速小吃休息室。为每个餐厅所提供的照明设计，面对不同的客户对象，均不相同，强调了每个空间的特性。

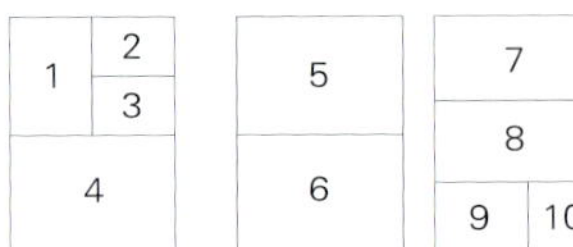

1 桑坦德银行总部
2 桑坦德银行总部宽敞的大堂是介于优雅和自然淳朴之间的一个地方
3 该夹层的基础照明是通过嵌入安装在天花板上和行进区域的26 W紧凑型荧光灯实现的。配备3000K 28W T5荧光灯和半透明的漫散射的灯具安装在天花板瓷砖之间
4 桑坦德大厦大厅天花板上的巨大圆形定制灯具盘旋着，周边的照明使我们感觉吊顶仿佛悬浮在大厅内
5 在高级经理会议室中，通过在墙面外观设计中的窄小玻璃阳台上放置的盆栽部分阻隔太阳光。内部双层窗户的玻璃上配备了向后反射系统，将日光反射到空间深处
6 高品质的餐厅也受益于日光和玻璃幕后面的盆栽，向后反射玻璃也应用于这些空间
7,8 大型开放式的办公室中，根据高效能原则选择了标准照明系统。高品质的照明和设计优先服务于管理人员办公室所处的区域。无论日光照明的办公室比电力照明的工作效果好多少，问题是某些雇员选择的工作时间——管理人员往往下班之后还在工作
9,10 Schréder's Thylia灯具是专门用于路面的，其设计仿佛一棵树的树冠。配备有150W的金卤灯，这些灯具将被安装在围绕在建筑周围的混凝土路上

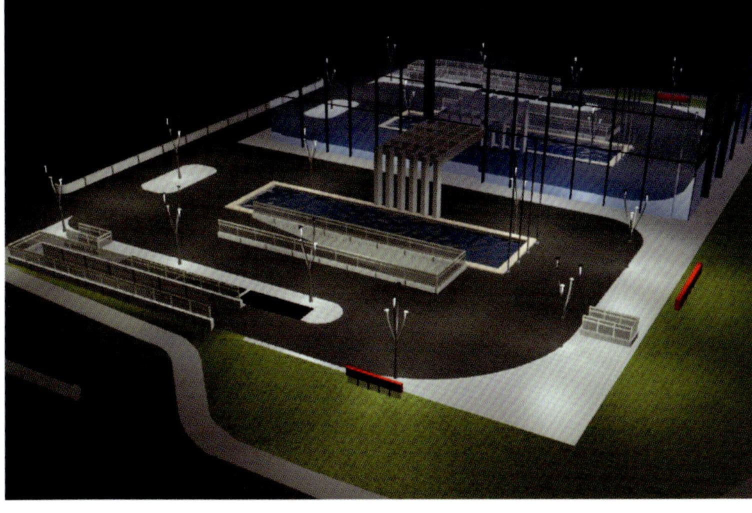

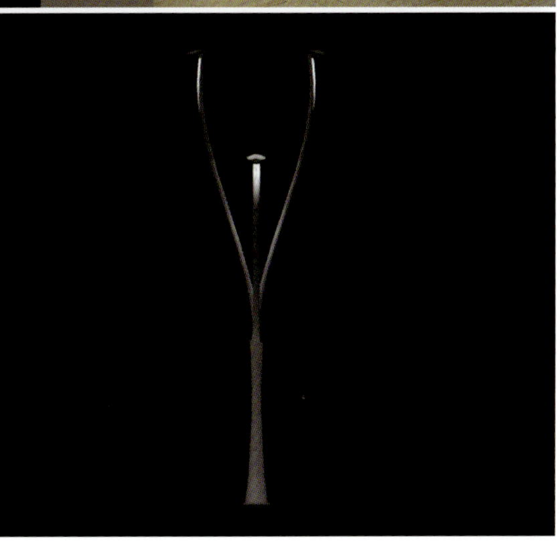

俄罗斯莫斯科

寄生办公室

PARASITE OFFICE, MOSCOW/RUSSIA

建筑设计： za bor architects ——Arseniy Borisenko and Peter Zaytsev
建筑面积： 230m²
3D和摄影： Peter Zaytsev

ARCH Moscow 建筑双年展 2011 年 5 月底在俄罗斯首都如期举行。2011 年，za bor architects 提出了关于有效利用居住区实现经济型办公空间的全新概念。za bor architects 的寄生办公室被 ARCH Moscow 的评委们授予二等奖（一等奖空缺）。

莫斯科是欧洲最大的城市之一，随着经济的快速发展，一些设计工作室，现代艺术画廊以及其他与艺术相关的机构所需要的创意性工作空间的短缺日益明显，所以寄生办公室的概念格外引人注目。

现有的多层建筑是大多数莫斯科地区的显著特点，这些建筑有着封闭型墙面以及之间宽阔的过道。zabor architects 的方案是利用建筑物之间的空间打造独特的经济型办公室，同时完全不影响出入庭院。

za bor architects 自己的工作室首先将这个概念转为了现实，工作室计划建在 Kozhukhovskaya 第五大街的两座房子之间。该方案创建了三层的空间，由模块化地板嵌板隔开，屋顶区域是可进入的。夹在两座房子封闭外墙之间的独立结构单位，是塑造建筑的骨架。由轻质耐用的蜂窝聚碳酸酯材料制成的多边形主立面塑造了动态空间；朝向内院的立面则是平坦的全玻璃。

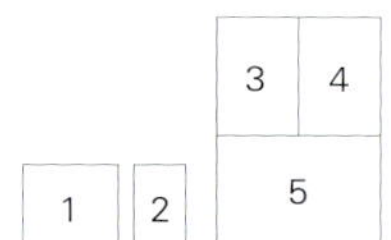

1,2 主立面
3 主立面夜景
4 断面图
5 室内

САЛОН СВЯЗИ
АПТЕКА

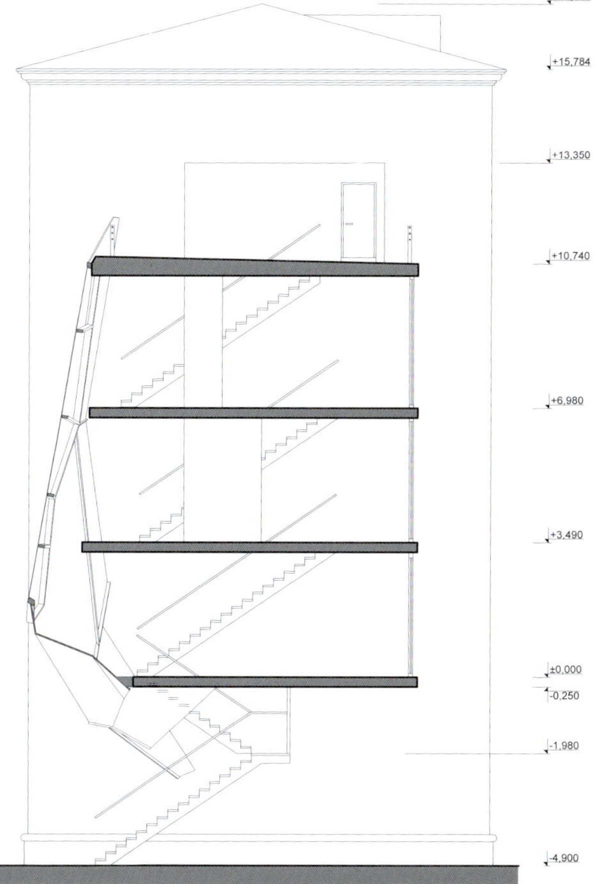
+17,480
+15,784
+13,350
+10,740
+6,980
+3,490
±0,000
-0,250
-1,980
-4,900

英国伦敦

麦格理集团总部

MACQUARIE GROUP HEADQUARTERS, LONDON/UK

业主： 麦格理集团
建筑设计： Clive Wilkinson Architects
执行建筑师： Pringle Brandon
照明设计： Speirs + Major——Mark Major, Philip Rose, Lee Sweetman, Tom Richardson
电气工程师： Waterman Group
管理承包商： Overbury
电气承包商： Bancroft
主要供应商： Lucent, Mike Stoane lighting, DAL, Selux, Fagerhult, Baulmann Leuchten, ACDC Lighting, iGuzzini
完工日期： 2011年4月
摄影： Thomas Richardson

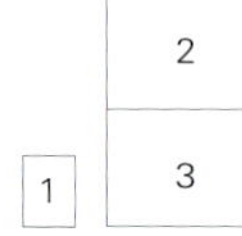

1 楼梯踏板采用独立的红色LED发出红光，创造出一种完全饱和的红色光辉，非常惊艳
2 俯瞰楼梯照明
3 休闲区

Clive Wilkinson Architects 设计的麦格理银行总部于 2011 年竣工，这幢建筑体现了此银行灵活和连通性的理念，并在伦敦银行业对隐私和威望的要求之间取得了平衡。 Speirs + Major 设计的内部空间照明明确强化了这些理念，使用照明强化了各个空间强有力的身份，使各个空间区别开来且又相互连通。

建筑内部中庭有一部令人印象深刻的级联楼梯，贯穿 6 楼楼层，周围被占据空白位置的休息空间和私人会议室所围绕。中庭日光缺乏是业主的一个主要问题，这样使得照明设计在任何时候都扮演了重要角色。

在为主要楼梯大胆选择红色时，设计团队计划将其作为标志性的焦点。为了进一步加强这种效果，Speirs + Major 提议每个楼梯踏板采用独立的红色 LED 以发出洗墙红光，创造出一种完全饱和的光辉。它成为设计概念的中心，在视觉和物理表现上表现了连通性。当你进入第一层的接待区，桌子是被强烈突出的，且光源焦点在麦格理商标上。嵌入地板的上照灯洗亮后墙，并且强调了拱腹，柔和的突出了错层。

一旦走进中庭，最初的焦点是令人惊叹的楼梯。如果向上看你会马上注意到其他细节，例如有图案的玻璃会议室，它占据空白区域，并定义了此空间。这些“盒子”的外沿有嵌入地板的 LED 照明灯，将光投射到拱腹上，确保它们无论是否处于使用状态，都始终清晰可见。此外，所有会议室和小隔间办公室至少有一个垂直照亮的表面，提供照明焦点和帮助展示尺寸。大型开放式空间的周边有凸显其边缘的洗墙灯。在第 10 和 11 层，横穿中庭的桥梁使用柔和的 LED 上照灯，作为通道标记。中庭使用单色色变效果，在一天内的不同时间使用蓝色、冷白色和暖白色照明。

在大型的开放式办公室、交易场所和会议室需要采用最小的方式，选择平冷静面板灯具满足普通照明需求。在交易场所使用的是这些灯具的悬吊式直接／间接版本，且被整合进冷光束气候管理系统。 隐蔽于槽内的照明灯具提供了大部分特色照明和洗墙照明，确保被照亮的表面而非光源本身成为焦点。

在更多的社交区，例如咖啡厅、更大的休息区和休闲区，采用各种类型的吊灯，提供视觉线索，告诉人们是此空间放松和交流的场所。同时，吊灯也在更为正式的私人餐室里使用，打造了一种庄重的感觉，与冷阴极凹槽照明灯和嵌壁式 LED 洗墙灯相结合，形成一面艺术墙。在定义空间时，选择光线的色温也是很重要的，办公区域和交易场所使用冷光 4000K 的色温，社交区和上网区使用暖光 3000K 的色温。

设计中最重要的一点是需要考虑环保性。最小限度的耗能对获得客户想要的能源效率是至关重要的。因此，严格评估有效的技术，高效荧光灯、金属陶瓷卤素灯和 LED 的使用满足了所需的能源和质量标准。

中国台湾

中华航空公司台湾桃园总部

CHINA AIRLINES HEADQUARTERS COMPLEX, TAIWAN/CHINA

业主：中华航空
项目地点：台湾桃园县大园乡航站南路一号
项目功能：办公室、酒店
完工时间：2010
照明设计：十聿照明设计
项目面积：基地47000 m²，室内10900 m²
主设计师：赖雨农
设计师：林世秉，洪伟祥，徐福君
摄影：郑锦铭

此项目邻近台湾桃园国际机场，由中华航空独资兴建，包括中华航空公司的三幢办公楼，以及 Novotel 饭店（台湾唯一五星级过境旅馆）。 整幢大楼的设计灵感来源于飞机的造型。建筑的天际线模拟飞机将要起飞的姿态，基于此，灯光设计的目标在于展示出飞机在天空自由翱翔的感觉。

因为地处机场这样特殊的位置，灯光设计在这个项目中面临的挑战是整体亮度的考虑。为了实现这一目标，十聿的设计师没有使用投射灯强调建筑物，而是选择了 LED 灯条来作天际线的勾勒。

此外，设计师还巧妙地运用内透光的手法，以室内照明透过玻璃幕墙增加亮度，并且利用灯箱和星形灯具以及 LED 灯带来强调、勾勒出建筑外观。整体的灯光设计考虑，旨在减轻视觉上建筑物外观的厚重感，表现出飞机在天空中轻盈飞翔的感觉。

整体建筑外观材料以玻璃帷幕、铝板及石材为主；灯光设计运用灯光的色温变化来呈现灯光的优雅层次变化，色温上以暖色调为主，让整体园区带有科技感的建筑，在夜间呈现出轻盈而温暖的表情；避免大量的投光照明，反而以线性的灯光、灯箱来勾勒建筑轮廓，呈现建筑的轻盈感。

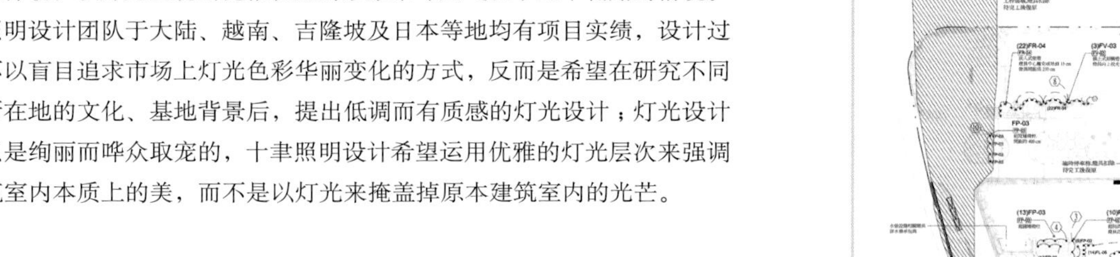

在中华航空台湾桃园总部园区这个项目，位于机场这样特殊的地理位置中，十聿照明设计团队期望在这样与国际接轨的地理环境中呈现地标性的建筑灯光样貌，以灯光呈现出优雅轻盈的形象来呼应飞机于空中翱翔的情境。十聿照明设计团队于大陆、越南、吉隆坡及日本等地均有项目实绩，设计过程中不以盲目追求市场上灯光色彩华丽变化的方式，反而是希望在研究不同项目所在地的文化、基地背景后，提出低调而有质感的灯光设计；灯光设计不该只是绚丽而哗众取宠的，十聿照明设计希望运用优雅的灯光层次来强调出建筑室内本质上的美，而不是以灯光来掩盖掉原本建筑室内的光芒。

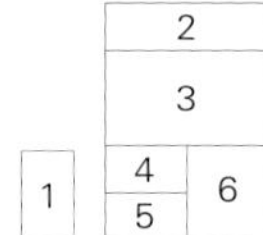

1 全区一层照明总平面图
2 透视图
3,4 用灯箱和星形灯具以及 LED 灯带来强调、勾勒出建筑外观
5,6 外观材料以玻璃帷幕、铝板及石材为主，灯光设计运用灯光的色温变化来呈现灯光的优雅层次变化

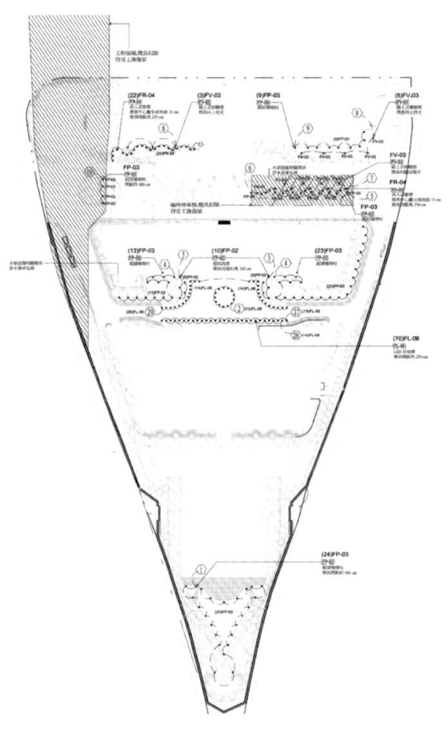

中華航空公司

NOVOTEL

英国伦敦

St Botolph 大厦

ST BOTOLPH BUILDING, LONDON/UK

业主： Minerva plc

建筑设计： Grimshaw

照明设计： Speirs + Major—Andrew Howis, Mark Major, Chih-Chieh Hwang, Benz Roos, Major Scheme Associates

电气工程： Roger Preston and Partners

主要承包商： Skanska

电气承包商： Skanska Rashleigh Weatherfoil

主要供应商： ACDC Lighting, Erco, Zumtobel

竣工日期： 2011年6月30日

摄影： James Newton

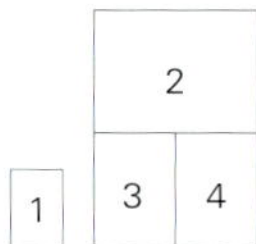

1,2 接待区

3,4 电梯处

Speirs + Major 精确的设计将灯光与建筑物完美融合，为St Botolphs 大厦增添了最大程度上的视觉冲击，同时在节能环保的意识框架内，增强了用户的体验。Minerva plc 委托 Grimshaw 设计的这栋建筑包括超过 14 层的出租空间，总共有 560,000 平方英尺。建筑设计的目的是要创造一栋具有重要建筑价值的标志性建筑，一个具有高度适应性的空间。因此，空间内每处设计都是为了让职工快速和高效地在室内移动，从两个大的入口进入，经由宽敞的、隔开的接待区，在这里，人们可以乘坐高科技的双电梯系统，该电梯有 8 个传动轴和 2 个独立的电梯间，能够带您进入巨大的升降机大堂和天桥结构上。

起初，Speirs + Major 只是被委托为室内公共区域设计照明，后来又担当了为业主监督项目的角色。Speirs + Major 的设计理念是强化从入口到各个独立办公区域的行程，重点强调空间和结构的戏剧性和动态特性。

从旋转门进入，来访者被吸引到被聚光灯照亮的接待处，然后立刻进入宽阔的接待区。在这个大的空间内，包括一倍、两倍和三倍高的区域，设计理念是用光“覆盖”垂直表面，给人以强烈的视觉冲击，增强人们的空间感。通过为接待区外部创造一个明亮的周边，为更底层空间创造一种更明亮的周边，这些表面将具有视觉引导的功能，指引人们进入低层的电梯载客区。在与建筑师的密切合作下，Speirs + Major 开发了一个散热片墙壁雨幕系统，此系统与照明完全整合到一起，使用一块有特定结构的面板，确保灯光能够以想要的方式洗亮表面。所有墙壁和栏杆系统使用 2500 个定制的 LED 灯具以及 8km 长的压成品。尽最大努力整合技术并达到绝对的视觉统一，所以，根本不可能看出照明的末端和建筑的始端。在其他地方，使用暖白色下照灯与接待室的冷白色照明灯形成对比。电梯大堂和电梯桥照明比较弱，确保与升降机槽的其他空间相符，然而，无论办公室人员使用照明的情况如何，中庭屋顶结构的照明都是充足的，确保此空间看起来一直是明亮而通风的。在中庭，设计者说服建筑师在中心添加釉面地板，防止大型结构产生过于雄伟的感觉。该区域使用自定制综合配置系统，照明充足，形成了一个闪闪发光、栩栩如生的结构物，成为了建筑的心脏。

在考虑建筑的夜间身份，在视觉冲击力的最大化和业主的环保责任之间需要取得平衡。使用内部照明表达外部结构，以及增加一些小型焦点区，这种设计将能耗降到最低。在一层，圆柱和柱廊都是采用后背打光来定义入口的。建筑顶部一系列的百叶片被柔和地从后部照亮，包裹着建筑。四个中央釉面核心带包括疏散楼梯和消防电梯，创造了顶部和底部的联系。当天然光不足时，人工照明能够为路面提供必需的亮度等级，但是当空间无人时，亮度会下降大约 10%。当任何人进入该空间时，各层的占用传感器会快速运行该层照明，将亮度逐步调节到最佳程度。当一个人进出楼梯间时，照明好像如影随形，从外部看好像一出有趣的人体动画。

丹麦哥本哈根

德勤大楼

THE DELOITTE BUILDING, COPENHAGEN/DENMARK

史蒂芬·斯科特（Steven Scott）为哥本哈根德勤大楼创作的光艺术装置从德勤大楼中央的天井遍及整个7层楼，其中融合了时间的元素，而变色LED更是蒙德里安的抽象艺术中从未实践过的。

建筑的入口一直延伸至大楼外围边界，并且使每个办公区域都位于建筑的最外围结构，拥有充足的阳光照射，全景视角，并且能够开窗通风。立面采用双层玻璃结构，利于空气流通，以及为安装遮阳装置提供空间。办公区域以及中央天井组成一个巨大的空间，以保证通透性和信息的高度共享。大楼里还有健身房、壁球场、休闲吧等娱乐空间，以及位于阁楼层的圆形露台。地下拥有带自动停车升降系统的双层停车场。

天井作为建筑内部的核心空间主要功能是保证充足的阳光照射，以及调节光照效果。由765个方块组成的格栅结构对阳光直射起到过滤作用，避免空间过亮。同时，安装在北向格栅内侧表面的反光镜能够将天空中光照与云彩的变化投射到大楼内。其他三个朝向的表面则是亚光白色。

中央天井的大型楼梯是空间中一个别致的装饰元素，同时也是办公大楼的主动脉。整个大楼的设计理念是让人们尽可能多的沟通、协作。艺术家史蒂芬·斯科特通过他的光艺术作品强化了这一概念。

德勤大楼的主楼梯是一件光与色彩的艺术品。每层楼梯的下方及连廊相互交错，形成一种完美的视觉图像。另一方面，这也是一场平面与线条的游戏，与之形成对比，界限和色彩的过渡十分自然。

色彩的变化贯通整个楼梯，并且反复重复，以7这个数字为规则。7种色彩分别是紫色、紫蓝、蓝色、绿色、黄色、黄褐色，以及红色，并且有77个单元。白色作为主要颜色与其他颜色同时出现。每一种颜色以7个单元台阶为一组滚动向上变化着。每个单元持续20秒的时间，因此一种颜色从第一个单元到达第77个单元的过程则是20秒的77倍，即25分钟左右。但是，要整个楼梯全部变成彩色的则需要3小时20分钟的时间，而当7种颜色全部轮换一遍，则需要28小时。从技术的角度，这种模块程序基于一种加法混色现象。因为光由红、绿、蓝三基色组成，并且当均匀叠加时便成为白色。斯科特利用了这种现象，将红、绿、蓝三种光源利用电脑进行控制，谱出一套光的"序曲"，并且将每个光模块的色彩变化规律和节奏编入程序。此外，"序曲"中的每个音符与节拍都非常和谐，将建筑上色彩的编排变成了色彩的乐曲。

来自Pragmasoft公司的莫腾·卡尔斯（Morten Krath）与艺术家共同创作了控制系统。斯科特首先挑选出那些他认为一年四季都适用的颜色。同时考虑到了透过大面积天窗及玻璃立面照射进来的阳光。

业主：德勤集团
建筑师：3XNielsen Kim Herforth Nielsen, Bo Boje Larsen, Kim Christiansen, Torben Ostergaard (主创建筑师)
景观建筑师：Jeppe Aagaard Andersen
照明艺术：Steven Scott
装置：Scenetek, Soren Jensen, Martin Siddleman
工程：Leif Hansen Radgivende Ingeniorer FRI
承包商：KPC-BYG A/S
技术细节：
LEDs：Vossloh-Schwabe LEDLine COB RGB WU-M-305-RGB
主要波长：红625nm，绿535nm，蓝475nm
总光输出：67860lm
30cm LED光带装置数量：1050
理论总电量：8352W
DMX与PWM转换器：77 pcs., Scenetek Smoothie
DMX程序装置：e:cue MediaEngine
漫射器：Newmat New Light T0B2
摄影：Adam Mark

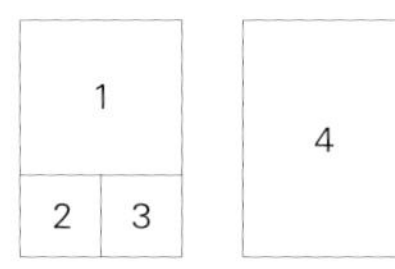

1 楼梯和连接廊如同光雕塑一般曲折盘旋向上至天窗
2 员工休息空间巨大的落地窗使得日照充足，并且能够在此欣赏哥本哈根城市风景
3 天然光充满了整个天井，保证四周的办公空间拥有高质量照明环境和舒适度。圆形筒灯几乎不会被注意到，而是变成一种视觉元素很好的融入空间。无序的布局方式增添了天花板的趣味性
4 通过电脑程序控制的装置能与天然光进行很好的互动，并对其进行补充。整个过程以白光为起点，每个单元台阶的同种光色效果持续20秒并逐渐转变，从第一单元一直蔓延至第77单元

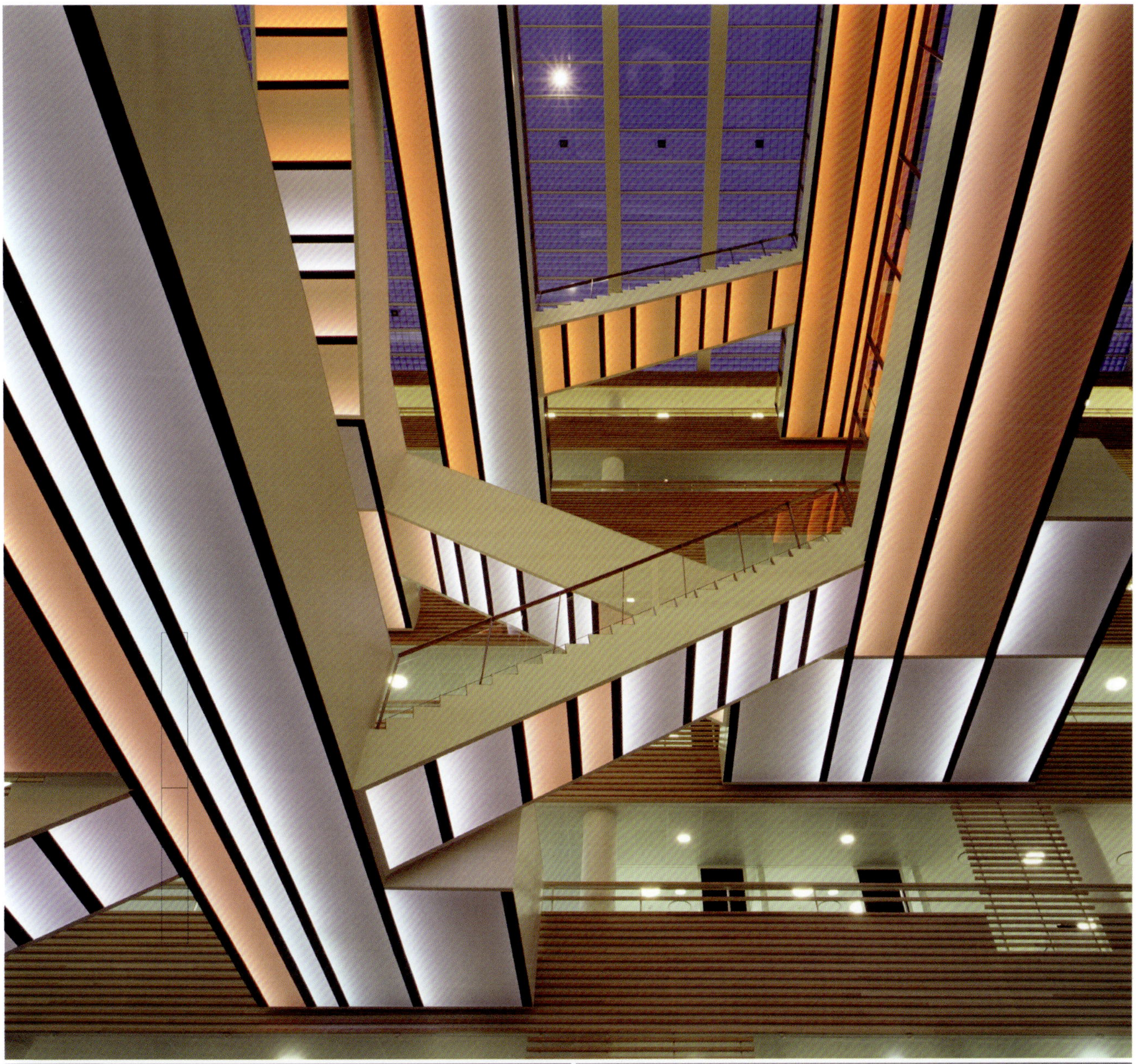

中国内蒙古

内蒙古银行

THE BANK OF INNER MONGOLIA BUILDING, INNER MONGOLIA/CHINA

媒体立面设计：北京零态空间科技有限公司
工程设计施工：北京卓利照明工程有限责任公司
灯具设计制造：深圳市安华隆科技有限公司
零态空间：www.zs3dshow.com
安华隆：www.ledahl.cn

内蒙古银行是一个处于发展上升期的省级银行。业主为了充分彰显进取、创新的现代金融企业形象，委托我们对其办公大楼进行媒体立面设计。设计灵感来自于业主的 VI 设计，设计方案确定为只有红、白两种颜色表现的动画。由于这是一组新建的建筑，媒体立面与夜景照明的设计同时进行，我们甚至与照明设计师和灯具厂一起讨论方案，这为我们的工作提供了极大的空间。结合建筑师在立面上设计的凹槽，向灯具厂商定制了一种专用的线型灯具镶嵌在立面上，构成了可以完美表现这组建筑的发光灯带。同时，只选用由红、白两种颜色组成的数码灯管，简单而且纯净的颜色刚好把这一组建筑从五颜六色的大城市背景中剥离出来，在喧嚣凌乱中凸显高贵。

动画设计部分，为了表现业主的行业特点，制作了中国古代钱币形状的图案；为了表现业主的民族文化和地域文化，制作了建筑变形为当地民居蒙古包的动画；为了表现业主不断发展的理念，制作了模仿火箭升入空中的动画。为了在中国农历新年时烘托出节日气氛，制作了一段 3D 动画，当象征着吉祥幸福的鲤鱼跳跃着从建筑的几个立面穿梭时，业主为这神奇的视觉效果而感慨。

媒体立面应当是对建筑立面进行的媒体化设计，体现这一设计的介质不仅仅是 LED 灯具和屏幕，还应当包括传统灯具、投影、装置等。实现这一设计的方式也不应当仅仅是简单地播放视频和动画，多种介质、多个建筑、建筑内外部的联合控制、综合表现，受众与建筑实时互动等，都是需要采用的方式。简单来说，凡是依附在建筑立面上，或从属于建筑群的一部分，能够向外界表达特定含义的光、影像、装置等，都是媒体立面的范畴。

对建筑立面进行的媒体化设计，是否可以让建筑物不再单纯表达建筑师的思想，而通过媒体立面设计师的语言向民众传达业主的思维和理念，则是一直在思考和探索的重要问题。

建筑立面本身具有表情达意的功能是毋庸置疑的，但是媒体立面作为建筑表皮的附着品，可以让建筑变得更加灵活生动，使得公众更容易被吸引，更容易接受业主或相关传播方所要传达的理念和精神。因此，媒体立面具有明显的公众艺术属性。

我们是媒体立面的倡导者，我们正在朝着这个方向努力工作着。

1
2

1 蒙古包造型
2 3D锦鲤造型

日本大阪

圣瑞吉斯酒店

ST. REGIS HOTEL, OSAKA/JAPAN

业主：Sekisui House Ltd.
建筑设计：Nikken Sekkei Ltd., TAISEI CORPORATION
景观建筑：Nikken Sekkei Ltd.
照明设计：Lighting Planners Associates Inc.
—Kaoru Mende, Kentaro Tanaka, Misa Fujii
完工时间：2010/10/01
能耗：20W/m²
摄影：Lighting Planners Associates Inc., Toshio Kaneko

大阪圣瑞吉斯酒店的建筑和室内设计理念来自于安土桃山时期（早于江户时代）美丽的花朵理念。禅宗的思想形式，“Wabi Sabi”或日本式的宁静美，与丝丝光线结合起来完成了设计理念。更贴切的来说，照明设计是基于以下关键词，“平静＋阴影＋好客”。光线的量是适度的，每个空间被柔和的光线所包围，安排好的照明创造出舒适的光和影。调光系统也会检测白天日光的变化，并且相应进行调节，展现一个生态环保的环境。

在主要入口，放置着带有水晶色花朵的盆栽树欢迎着客人。日本式的美丽元素被整合进银箔色的镶嵌层、拱形天花板和周围网格中。同时使用了蓝色 LED，蓝色是代表四个季节的传统日本颜色。

12 层接待厅是一个远眺屋顶花园的两层高空间，其中屋顶花园也包括在总的照明规划内。使用调光系统可以调节室内照度水平，将窗户反射降到最低，并且帮助将室内／外的照明环境统一起来。

12 层休息室的照明设计通过使用调光系统自动调节照度水平，使休息室和屋顶花园统一起来。无眩光的灯具有助于将视线自然的吸引到此空间里使用的高品质家具和材料上。隐藏起来的聚光灯将屋顶花园的白色鹅卵石照成蓝色。在花园中央，一个石灯笼发出明亮的光线，模拟的月光重点照亮了石龙。

12 层酒吧内，间接照明帮助完成了由嵌入天花板和暗绿色墙壁内的金叶创造的浓郁气氛。 最小限度使用无眩光重点照明和环境照明之间的微妙平衡是一个令人吃惊的成果。

法式餐厅墙壁托架灯的大红色灯罩，柔和照亮的陶瓷壁龛以及浮雕的细节，都将此餐厅的室内突出出来。餐厅照明能够根据自然光的变化使用调光系统自动改变。从黄昏到夜晚，照明会逐步改变。意大利餐厅内有落地窗，白天根据日光强度使用调光系统控制枝形吊灯的亮度、凹圆暗槽灯的亮度和餐桌上的照度水平，宾客入座之后根据视觉要求改变场景。客房里奢华的家具、纤维织物和艺术品都是为宾客的放松而准备，照明设计谨慎的突出了这些华丽的物品。

14 层的 Spa 空间照明强度非常柔和，亮度水平都设置在视觉水平以下，以便提供放松的氛围。从接待处到治疗室的简短路程上有非常戏剧性的照明效果。

1 楼入口处区域意在展示照明设计中必要的平衡，以及水晶盆栽树的照明方法和艺术墙，用这些欢迎着客人。

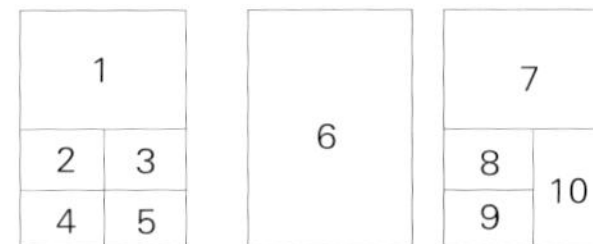

1 在主要入口，放置着带有水晶色花朵的盆栽树欢迎着客人，使用了蓝色LED
2 12层接待厅使用调光系统可以调节室内照度水平，将窗户反射降到最低
3 2层休息室通过使用调光系统自动调节照度水平
4 隐藏起来的聚光灯将屋顶花园的白色鹅卵石照成蓝色
5 2层酒吧内，间接照明帮助完成了由嵌入天花板和暗绿色墙壁内的金叶创造的浓郁气氛
6 法式餐厅效果
7 意大利餐厅效果
8 客房里奢华的家具呈现效果
9 14层的Spa的照明强度非常柔和
10 1楼入口处区域水晶盆栽树的照明方法和艺术墙（计算机模拟图）

中国台湾

淡水渔人码头福容饭店暨艺术广场

FULLON HOTEL AND ART SQUARE IN DANSHUI FISHERS' WHARF,TAIWAN/CHINA

业主：丽宝建设
建筑设计：昌禾国际工程顾问股份有限公司
照明设计：原硕照明设计顾问有限公司
照明设计师：陈宇晃，黄暖晰
摄影：郑锦铭

本案三栋建筑包括了占最大面积邮轮造型的旅馆、较小栋的艺术广场（商店）以及一个高100公尺，可360°旋转的景观塔。本案灯光设计范围则包括了主要建筑：福容爱之船（观光旅馆）；次要建筑：渔人码头艺术广场（购物商场）的外观照明。主建筑的外观设计采邮轮的造型概念，呼应码头、海洋的地缘关系，在色彩上也充分反应了自然环境，立面上大面积采白色调，屋顶造型则选用了如海水般的颜色。不管由任何角度欣赏，整个建筑群既能融入当地的大环境，也做到了树立视觉地标之目的。

白天，建筑群和周遭环境在日光下呈现轻松休闲的度假氛围，晚上，山与海都隐默在夜色中，建筑就成了视觉主角，光则化身夜里的精灵，轻盈且优雅的在建筑上漫舞。既然建筑原本就是一艘壮观的大船，那么灯光就是要将这船的轮廓同样描绘到夜间，让人们看到她就能产生出无限多的联想与期待。照明的手法主要运用了间接发光与表面发光两种，对于大面积的照明应用，例如斜屋顶与尖塔造型的表现，设计师选择以间接的方式，让光反射在材料上，表现出材质本身的立体感、阴影与建筑物的形状；而对于小面积的照明应用，例如描绘出邮轮造型的屋顶山型线条、以及每个小甲板上的阳台灯具，则是以小面积表面发光的方式，达到画龙点睛的效果。灯光为了加强邮轮的热闹感，还设计了悬吊式的全彩灯具系统，彷佛是连接陆地与船上的彩带（参考设计模拟图）；此系统亦是以点状表面发光灯具，借色彩缤纷的光点塑造欢乐热闹的感受。

在光色的运用上，设计师选择以多数的暖白光衬托少数的全彩光，以维持建筑与基地环境的合谐以及达到依据节庆、时段变化的目的，毕竟彩色光给人的感觉是比较人工的，而这里虽然是商业空间却还是处于一个比较天然的环境里，同时也不想让过多的彩色光抢去建筑物本身的风采。本案只在主栋建筑，即旅馆栋局部做了全彩的灯光运用，且为小面积的柱列投光与前面提到的彩带点灯，其余均为暖白光设计。

对于较低的商场栋（艺术广场）基本上和旅馆栋是运用相同的照明处里手法，但这里没有使用彩色光，全部的照明系统都是暖白色温，设计师希望这两栋建筑既能有主从的区别，个别欣赏时又都有各自的韵味。

为了减低灯光对环境造成的负担甚至光害，本案尽可能减少了大面积投光的照明手法，而对于部分仍须以投光来达到照明效果的建筑立面，设计师从灯具的选择上做到精准的控光要求，采用非对称的投光灯，并依照欲投光的范围选择有适当配光曲线的灯具应用，将光控制在被照面上。当人们在夜间欣赏这两座建筑的时候，并不会感到刺眼或是过于明亮，相反会感到非常舒适。

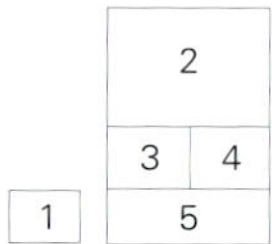

1 旅馆栋局部
2 由淡水河北望旅馆栋正面全景，右侧为情人塔
3 由旅馆栋可透过联通平台通向商场栋（艺术广场）
4 二楼连通平台
5 旅馆栋设计模拟图

中国礁溪

长荣凤凰酒店

EVERGREEN RESORT HOTEL, JIAOXI/CHINA

建筑单位：林荣发建筑师事务所
景观单位：日商日亚高野景观规划股份有限公司
室内单位：理奥设计工程有限公司、富瀚工程设计有限公司
照明设计：袁宗南照明设计事务所
设计师：袁宗南、罗伊真

长荣凤凰酒店位于礁溪市区，基地面积达 7,777m²，外观建筑以质朴为基调，运用矩阵式的遮阳板，构成单个简洁方盒体，再以外凸的垂直玻璃帷幕，减轻建筑视觉量体，夜间的间接光晕让整体犹如灯笼般效果，透亮的空间增添建筑物立面呈现丰富层次感。

在景观设计中已有明确的季节主题，因此照明设计不宜彰显过多表情，仅仅配合景观主题烘托自然原貌，延续亚热带植栽群落与优雅水岸造景的酒店特色，除了成为室内设计之辅助角色，也与自然天光相呼应。特别在半户外的泳池区，为避免眩光在泳池上方以半间接光源造型定制灯具作为空间内的主要照明，另在躺椅 SPA 区补充重点性照明，其余光源仅作安全性灯光导引，让旅客在如同自然光延续的半室内空间享受舒适环境。

酒店室内照明设计中，一楼拥有视野宽广的落地玻璃，无障碍的视觉穿透性，基座以框架构的造型灯具搭配立面简洁利落语汇，除增添基座夜行安全外，也借助室外的景观延伸室内空间，让里外融为一体。在一楼挑高大厅，先以间接光勾勒出挑高天花板空间层次及补足白天基础的照度后，再以挑高天花板上设置窄角投光灯直接光束下投，以窄角聚光打在大厅地面上，创造出的光圈仿佛不经意流窜进来的自然天光。在端景的立面主墙上，线型 LED 勾勒出空间不规则的立体层次。另外，抛物曲线条手法在大厅天花板及地板中上下呼应，让近于长矩形的空间延伸视觉效果，而灯光反射的光影形成无数交织，凸显出商店区悬空的展示柜的独特性。

餐厅区是另一端视觉的焦点，主题以投射灯显亮麻雀吊饰，让金属麻雀隐约闪烁在餐厅空间，此区灯光控制以低照度为主，配合选择餐桌面及端景强调重点区域的灯光角度。照明层次创造了明显风格，也让造型装饰物栩栩如生。除此之外，最聚焦目光的则是吧台背墙，以一整面压克力片帘，透过灯光的诠释下，让不同的场景变化都具备生命力。

婚宴中心搭配出红白色系及 S 形曲面造型家具，多彩的光纤色光缓变，平日色彩由黄至洋红色系再变红，节日时段光源则随婚宴新人衣裳的主题色系，呼应传递融合整体氛围幸福感。灯光气氛的调控是空间的重点，利用灯控调光的方式达到使用喜好的需求，配合场景的灯光秀气氛专属的使用空间，呈现出亦静亦动的弹性空间。

外观的表现手法以 LED 1W*6pcs（单盏耗电量不超过 8W）展现建筑框架语汇，以正向立面而言，共 124 盏 LED 灯具，整体瓦数不超过 1000W。夜间，游客活动最集中的时段为七点到九点之间，将最具特色表达建筑重点灯光集中在这一时段点亮。随着考虑环境居民夜间作息的习惯，可以将灯光减少到 40% 或 50%。

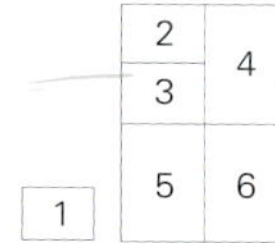

1 外观近八成以上使用LED节能光源，透过LED投射强调出立面框格语汇层次感，形成矩阵框架，将灯具藏于立面格子梁带上方投射，同时保持立面整体的一致感
2 在端景的立面主墙上，线型LED勾勒出空间不规则的立体层次
3 灯光反射的光影形成无数交织，凸显出商店区悬空的展示柜的独特性
4,5 灯光控制以低照度为主，强调重点区域的灯光角度，也让造型装饰物栩栩如生
6 在全彩LED灯光控制下，反射出特殊光眩效果的层次律动

中国深圳

丽思·卡尔顿酒店二期

SECOND PHASE OF RITZ-CARLTON, SHENZHEN/CHINA

业主：星河控股集团有限公司
室内设计：姜峰室内设计有限公司
主设计师：姜峰

丽思·卡尔顿酒店是万豪酒店集团中定位最高端的白金五星级品牌。2009 年开业以来，深圳丽思·卡尔顿以她低调奢华的设计风格，绅士淑女般的优雅服务吸引着众多人的目光，其中宴会厅和中餐厅的订座率更是一直居高不下。因此投资方决定将原本留做商业用途的建筑北侧空间扩建成酒店的特色豪华包房及宴会厅。

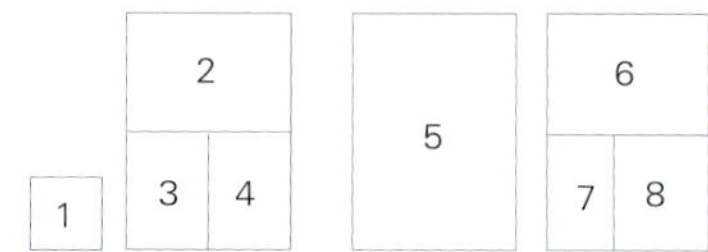

1 书房
2 普通包房
3 宴会厅
4 KTV
5 包房卫生间
6 包房走道
7 豪华包房休息区
8 豪华包房

和一期项目不同，业主方要求二期项目需要在不影响正常营业的情况下进行，要保持酒店风格的整体性的同时降低装饰造价。二期项目北面临近办公区域，南面连接已经营业的酒店中餐包房，中心部位拥有全天窗玻璃顶棚的优越条件。在功能规划过程中，设计师将拥有自然采光的中心部位作为宴会空间，北侧端头位置规划为豪华中餐包房，两侧则作为普通中餐包房区域。这样的格局既保证了豪华中餐包房的人流私密性，也保证了每个包房拥有临街风景的有利条件，还能充分利用自然光线达到节能低碳的效果。考虑到设计的连贯性，设计师在整体色彩和材料配搭上延续了一期的总体色调，将龙、云、灯笼、菊花、荷花、竹子等一些传统中式元素进行了抽象处理后运用到了项目中。考虑到业主对能耗的顾虑，除显色性要求较高的餐桌中心以外，其余全部使用 LED 光源。

普通中餐包房的设计保持了一期项目的设计手法，仅对部分设计进行了优化。在豪华中餐包房的设计中，由于使用人员层次更高端，更个性化。因此，针对他们的使用习惯为中餐包房增设了 KTV 包房，棋牌室和户外休息区域以及书房等功能区域，这些功能为提升包房的尊贵品质提供了必要的条件。在用餐包房区域，弧形银箔吊顶造型和大面积的灯笼形玻璃球形吊灯结合，着重营造空间的尺度感和增加豪华程度。为了迎合深圳海滨城市的特色，设计师选用了鱼作为原始素材，将其与中式元素龙结合起来，这就是豪华包房主背景墙龙形艺术品的来源。书房区域选用雏菊作为水晶吊灯的灵感来源，为空间增加了清新高雅的艺术氛围。在 KTV 包间，采用了大体量的水晶吊灯，突出一种震撼的效果。

在宴会厅的设计中，考虑到建筑结构拥有全天窗玻璃顶棚的优越条件，设计师将自然光线引入宴会厅内部，为宴会厅赋予自然亲切的格调。在吊顶设计中我们采用格子形式将开孔天窗、透光云石吊顶和镜面不锈钢吊顶进行错落排放，三者之间的比例控制在 10 ：5 ：3 的关系。6 组装饰水晶吊灯均布在格子天花中增加了空间的奢华感受。白天，一定尺寸的天窗保证了充足的光照来源，空间感觉舒适自然，有效节能，可开合的遮阳挡板灵活控制光强和有效反射太阳热量，最大程度利用太阳光。夜幕降临时，通过变换天花外圈两层筒灯，中间阵列吸壁灯，天花发光吊顶以及天花装饰花灯和墙面装饰灯带的不同组合形式来满足多样化空间氛围渲染。

中国台湾

垦丁 H 会馆

H HALL, TAIWAN/CHINA

投资兴建：华友联建设有限公司
基地面积：9.9公顷
空间性质：海滨观景旅店
建筑设计：张博闵设计工程有限公司
空间设计：张博闵设计工程有限公司
雅堂室内装修设计有限公司
照明设计：日光照明设计顾问有限公司

垦丁 H 会馆披着晚霞的彩衣，整栋建筑的阳台散发出淡淡粉彩的光线，缓缓地由蓝到紫，隐隐的与天空的绚烂彩霞相互辉映着，仿佛在喊着春天的气息，即将被盛夏所吞噬。夏季的海风轻轻的鼓动着海洋，浪花拍打着青翠岩壁，似乎在吟唱着亘古不变的千年之歌。迎着风，仿佛自己置身于世外桃源一般。

建筑的前身为停滞营业的旧农会大楼，地处绝佳的地理环境优势，前临大面海景，后拥山坡，经过大幅度的整修与拉皮后，让建筑有了新的生命。随着四季的光影变化，建筑产生了丰富的表情，在此也运用不同的照明手法来演绎这场大地精彩的杰作，而灯光的意涵汲取云、海、风的自然元素，从白天至黑夜，都给予建筑不同的表情转换，也体现了大自然时间的幻化。

汲取当地天然的地理景观幻化为夜晚的灯光动画，以云、海、风的自然元素作为 LED 灯光动画的概念设计，将这些大自然的美景一幕幕的利用“光影”来呈现，多变的云朵、火红的夕阳、蔚蓝的大海，每一个不同时段的灯光场景，不时轮番上阵的在建筑上展演，夜晚形成了一幅巨大的画布，如同大自然的艺术家恣意的在此尽情挥洒画笔。甚至在特殊节庆利用不同的节庆场景来增添环境的氛围，让建筑呈现出丰富的表情与调性。

位于旅店最前端的 360° 观景塔，也是距离海洋最近的观景位置，空中走廊的照明在此产生了连接，灯光的设计概念也由后方的建筑延伸到前端，让建筑整体达到一致性，观景塔丰富的色彩变化如同对应夕阳西下的余辉，分秒间都产生了细微的光影层次，在夜晚仿佛璀璨宝石般的闪烁，成为深蓝海洋中的视觉引导。

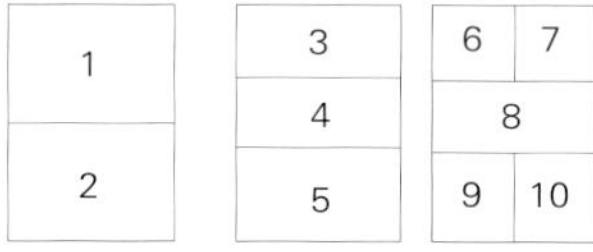

1 景观阳台透着淡淡粉彩的紫衣，隐隐的与天空绚烂彩霞相互辉映着，承载着意犹未尽的美梦

2 建筑散发出由蓝到紫的粉彩光线，仿佛在呐喊着春天的气息，即将被盛夏所吞噬

3,4 夜空不再寂静，不时轮番上演如同大自然的艺术家，恣意尽情挥洒的光影幻化

5 搭配DMX的控制系统，让多变的云彩、火红的夕阳、蔚蓝的大海等丰富的建筑表情更加细致流畅并与大自然融为一体

6 考虑整体建筑外观完整性及避免干扰室内房客视觉远眺性及住宿质量，灯槽的尺寸位置及灯具的光源、角度与照度设定，皆希望营造细腻舒适悠闲自得的度假氛围

7 防止Sky Lounge靠窗用餐宾客造成眩光，特别依LED光源特性及灯槽尺寸订制防眩格栅

8 薄暮余晖，南国璀璨闪烁的宝石，揭开夜晚变化万千的华丽光影序幕

9 藉由光的记忆，城市的风貌，让视觉与心灵产生丰富与新奇的冲击

10 迎着风，海风轻轻的鼓动着海洋，那一夜，南国的美，将永远萦绕在每个人的心中

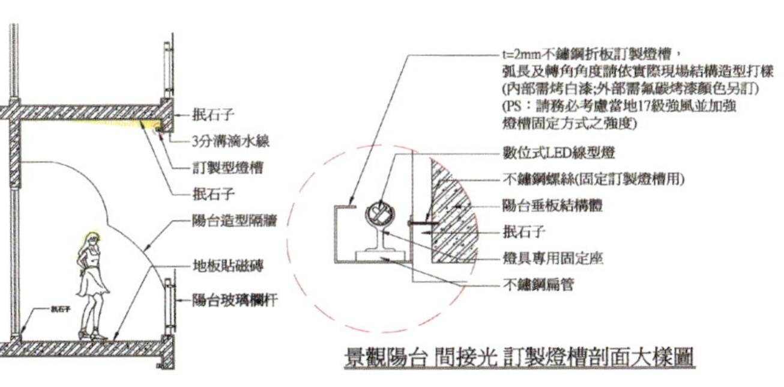

景觀陽台 間接光 訂製燈槽剖面大樣圖

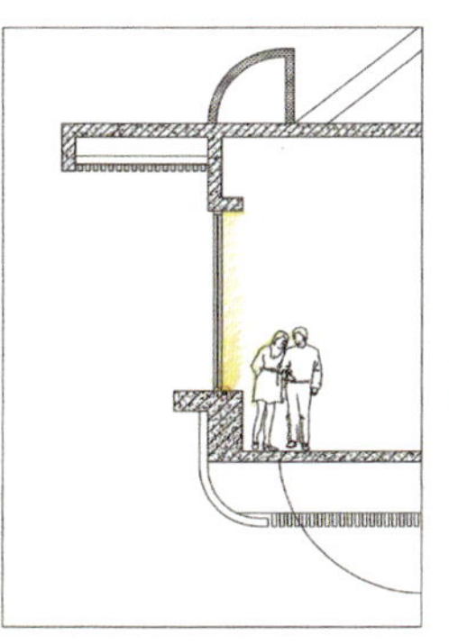

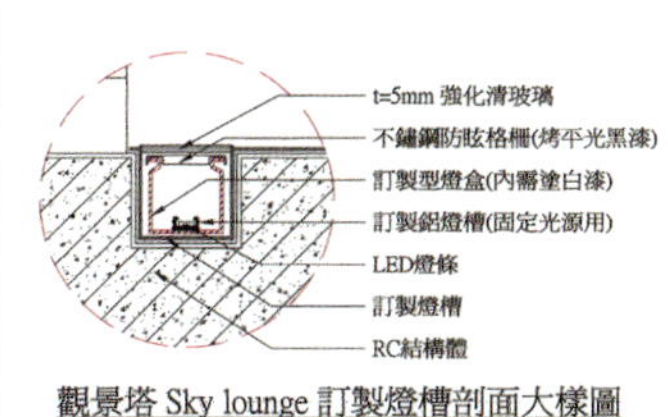

觀景塔 Sky lounge 訂製燈槽剖面大樣圖

中国台北

一品苑

YI PIN YUAN, TAIPEI/CHINA

业主：元大建设
建筑设计：三门联合建筑师事务所
立面设计：P&t Group 巴马丹拿集团建筑师事务所
照明设计：原硕照明设计顾问有限公司
设计师：陈宇晃，黄暖晰

1	2
1	3
4	5

1 一品苑外观夜景
2 光影强调出顶部“天圆地方”的建筑语汇
3 壁灯的上下照明提供了建筑基座背景照明
4 家族化灯具设计
5 建筑基座灯光氛围

一品苑以住宅形式坐落于行政核心，显出其在本质上的独特。从 2D 的平面区域来说，她是特别的，从 3D 的视觉高度上来看，她也突出于周围的低矮建筑群。由于基地四面皆具有相当的可视性，因此要完整地把整栋建筑当作一个“体”来思考，而不只是“面”的表现。在光与影的表现上，利用“剪影”效果，来凸显建筑本身的语汇与特色；例如立面挑高柱列以及屋冠象征“天圆地方”的造型，都是用剪影效果、借由“暗”表现出“明”。

屋冠的照明手法主要采用了间接照明以及泛光照明，间接照明强调出建筑的天际线轮廓，泛光照明则表现金属格网的虚实美感。在间接照明的部分采用了冷阴极管作为主要光源，这些用来作为间接照明的灯具也都巧妙地隐藏于建筑细部的订制灯槽中，不管白天夜晚，建筑外观都不会受到灯具的干扰。用作泛光照明的投光灯则是采用了 150W 非对称的复金属光源灯具，让光有效地落于照明标的物上，而非散溢至夜空。

基座层利用了家族化的定制灯具来营造光的秩序感与街道环境气氛，主要包括围墙上的柱头灯以及建筑壁面上的上下照壁灯，这些灯具在外形设计上是依据整体建筑语汇而产生的，使人透过它们可以清楚地意识到整个案子的主题性，仿佛这些定制灯具都是缩小了的建筑，本身就是件艺术品，也仿佛它们跟建筑本来就是一体的，而不是“只是一个灯具”而已。

一般建筑照明设计可能仅止于对于外观灯光的着墨，本案则将触角延伸到车道灯光规划，车道从室外到室内是以一个种满爬藤的绿廊花架为串连，因此在照明设计上除了采用往地面投射的连续性间接灯光作为动线指引，也用上照灯光加强绿色廊道的夜间意象。

本案整体亮度配比，从屋冠、立面到基地层，基本上是采取强－中－强的连续感，就好像一首歌要有快慢的节奏变化、才能突显主从的分别，弱衬托出强、慢衬托出快。由于屋冠是城市天际线的主要贡献者，具有从远处就可被视的条件，因此给予较强的亮度等级，而基座层是与“人”产生接触最直接的场所，基座照明的细节与质感会直接导致人们对于建筑品质的感受，而所谓的“强”则表现在其丰富的层次性上，包括立面与水平面的光，还有其环绕基地的完整性上。至于占最大面积的建筑立面，则以中等强度将屋冠与基座做顺畅的连接，使观赏者在夜间有如欣赏一件艺术品般，能完整地看到建筑的各个面向，以及与地面、天空的关系。

一品苑从建筑到灯光，都是在看似简单的架构下，用细节处理去表现质感与深度。舍弃华丽复杂的灯光效果，回归光的本质，自然而然地吸引人们的目光，成为夜间优雅的地标。

韩国首尔

Galleria foret 高层住宅

GALLERIA FORET, SEOUL/KOREA

业主：Hanwha E&C
建筑设计：HAEAHN Architecture
照明设计：EON SLD. Co. Ltd
摄影：Nam gung sun

Galleria foret 是首尔市汉江振兴项目规划，U－Turn 项目规划，东部振兴规划景观核心轴，并考虑到新都市综合构成规划，位于高品质居住园区地域。并且链接绿地轴、纵横流淌水边轴的中心位置，固有“首尔的绿化带”之称。

对 Galleria foret 的夜间现状调查显示，周边并没有较高的建筑群体，而低层建筑群的室内光、保安灯及道路边温和的光线所冥蒙。为了周边的光能相互协调，制定了无光耀刺眼的感觉规划，并强调突出重要地标性地段。而夜间景观照明主题为城市中心的宁静自然丛林之光——绿色灯光区域。楼顶琉璃中心垂直的演出部分设置 LED 条（L ： 320），其他整体采用白色的点照明方式。让光的亮度，室内光相互统一协调，使之没有较大的差别化。对调光演出方式和波纹式编入程序中。屋顶侧面与直升飞机场下部使用上照泛光灯照明，若隐若现烘托出建筑的外观模样。中层部分透过室内随意表现出的光点展现自然生动的样子，而背面部分建筑结构凹槽部分使用上照灯进行照明。

景观采用的概念是“象征现代的庭院”。包括树叶造型的大型中庭，利用水空间的特色透明荷塘，还有直线型的空间构成。照明设计采用的概念是“与周边融合的熹微之路”（形容“微小的光”），着重于演绎幽静的光晕，展现趣味性的规律性照明，以及防止炫目的微小照明。在景观中最着重设计的就是与首尔林相邻，有树叶造型天棚的中庭。在从地下 2 层贯穿到地上 5 层的天棚上，设置了轨道灯，透光体现了树叶的造型。两个建筑物间的过渡带下方设置了 LED 三角装置，用来展现夜空中星光的效果。在景观的基础上，点状照明的设置添加了光晕效果，并且起到了引导路线的作用，水木投射灯通过上照光来勾勒植物的形态。

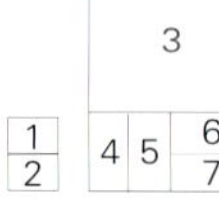

1 一层大堂
2 四层豪华休息区
3 外观夜景
4 一层电梯大厅
5 一层大堂
6 地下一层桑拿浴室
7 地下一层游泳池

中国高雄

京城凯悦

KING'S TOWN HYATT, GAOXIONG/CHINA

投资兴建：京城集团
位置：台湾高雄市民生路与市中路口(爱河畔)
空间属性：山、海、河、港 景观豪宅
建筑设计：香港 P&T GROUP
景观设计：衡美设计
灯光设计：日光照明设计顾问有限公司
灯光工程：日銧企业有限公司
产品应用：HELVAR调光装置、SIMES、PRISMA、MEYER、VAS、定制型壁灯

建筑位于爱河畔，地处核心绝佳位置，本案利用光影，来呈现建筑与山、海、河、港的温柔对话，建筑与光的尺度完美的与街道及其爱河畔邻栋建筑相互结合，形成“双塔”的态势，为城市美学再创高峰，形成都市地标。

此案建筑面向城市的生命之水“爱河”，为高雄市的运河出海口，视野广阔并刚好在交通重要的枢纽上。

建筑外观利用DALI的灯光控制系统来掌控冷阴极管的时段变化，运用冷阴极管显色性高达90，让光感更自然，平常只开15%亮度来降低用电，让调光器以淡入淡出的时间作为节能的考虑让建筑空间、时间感的律动、人与自然地产生共鸣。在楼层外观的拱窗凹陷处，使用垂直的光束CDM-70W投射灯为地标建筑照明的设计手法，色温为暖色光3000K，配合整体住宅外观的完整性。户外订制壁灯，壁灯考虑不仅是上下投光，中间以漫光的方式，下照以视觉切角40度为基础设计防眩格栅。

34F的SKY LOUNGE是银河开端延伸到35F顶楼的星空步道，镜面水池里在夜间反射着景观里被光描绘出的一切，形成一个“虚”与“实”交错的神秘空间。适量的眩光像甜点的糖霜，令人回味无穷，而在我们的大自然环境中，本来就有很多的逆光，常常会令你有惊喜的感动，适度的眩光不是坏事，它可以是增减空间的个性，相对空间也会变得很有凝聚力。

建筑夹层提出光之树的概念，晚上为建筑低尺度提供了另一次视觉的感动，采用了VAS LFG904-T5-28W3000K的漫射效果透过HELVAR的灯控系统，在不同的时段传达出不一样的视觉印象。采用低耗能的光环境设计原则，在回廊天花板所使用的下射灯都以CDM-PAR30-35W-10度为方向，一方面也可以增加空间动线的节奏感。

亮与暗，永远是一种对比的关系，如果没有暗，亮就失去了意义，有了影子，光才完整，阴影也是为凸显光的存在。

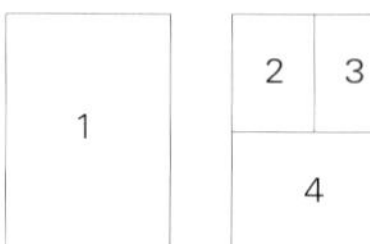

1 外观
2 建筑背向
3 户外定制壁灯
4 用光斑阴影凸现光的存在
5 “虚”与“实”交错的神秘空间
6 清晰分明的光层次
7 骑楼景观照明规划
8 适当的眩光像甜点的糖霜，令人回味无穷
9 圆拱说明

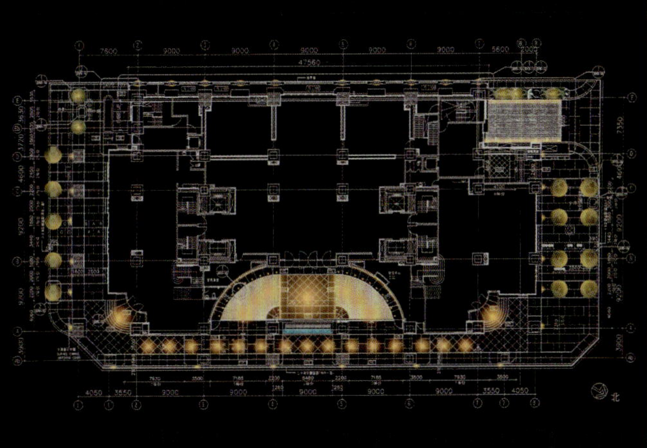

德国贝吉施格拉德巴赫

Knodel 住宅

THE KNODEL RESIDENCE, BERGISCHGLADBACH/GERMANY

业主： Reinhold Knodel
建筑师： helga Falkenberg
室内建筑和照明设计： a.s.h.
产品应用：
灯槽照明： agabekov
下照灯： Kreon
上照灯： Kreon
嵌入式壁灯： Kreon
浴室内的独立灯具： Viabizzuno

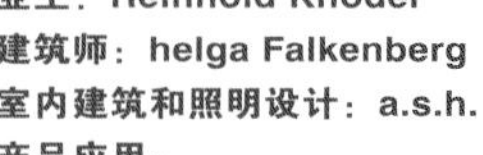

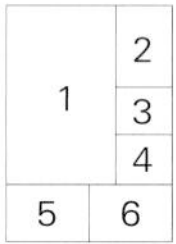

1 壁龛内雕塑呈现背光效果。背光效果本质上是通过日光发生，这增加了戏剧性
2 一系列漫射埋地灯为入口处的导向墙提供柔和的灯光。这排灯强调出门前的小径
3 除了浴缸和洗脸盆上部以外，浴室天花避免使用灯具。独立的光纤灯具具有装饰和功能作用；烛光则是照明概念的一部分
4 壁龛的柔和光创造出舒适的气氛
5 大堂，灯槽照明定义了建筑，并引导宾客，而低压下照灯强调装饰物
6 白天，起居室变得开放而具有空间性

Knodel 住宅是位于德国贝吉施格拉德巴赫的一个私人别墅，它让我们看到在没有传统热辐射的光源条件下，如何设计照明，营造差异性的空间体验和舒适环境。它没有简单用 LED 或紧凑型荧光灯替换白炽灯，而是应用了低压卤素灯和总线系统。

在走进建筑时，你会清楚看到建筑和照明很好地协同工作。极简主义建筑清晰的形式语言需要非常仔细地布光，以得到合适的效果。这点在入口区就已经明显体现，引导墙对着前门的左侧，由一排埋地灯打亮。门廊内的照明由地面转换到天花，通过不均匀嵌入墙壁的壁灯来实现。进入宅内，游客会发现自己身处于一个延伸的门厅内。不同的照明部件和材料在空间内划分区域，同时方便定位。

通过低水平照明的楼梯，靠近更为私人的楼上部分。非对称的嵌入式壁灯在每两级台阶的中心布置，把阶面照亮。嵌入深度很浅，光直接单独向下投射。尽管是低照度，光线轻轻擦过台阶，仍然令其易于识别。楼梯顶部向阅读室敞开，它首先吸引到宾客的注意力，而不是让他们注意卧室。阅读室是运用光和不同材料来对空间分区的一个极好案例。暖色樱桃木阅读室墙面形成一个合适的角度，内置于承重墙前的空间。一堵墙包含搁架，另一堵的滑门将宾客引入门厅。天花的灯槽强调内在元素和墙面的距离。相当矛盾的是，壁炉相对于书柜形成更进一步的层次。

日光通过房间的高窗从四周倾泻入客户的卧室。入夜后空间的特点也完全改变：位于床头的灯具提供亲密的灯光，将床渲染成一片柔光笼罩的宁和岛屿。安装在墙壁附近的地板上的上照灯照亮倾斜的背部墙面。窗帘可以按需在床和墙上方拉动。当窗帘固定悬挂在墙前时，被光柔和照亮，形成安静的氛围。

浅色地板和深色墙、淋浴间的瓷砖形成对比。浴室和洗脸盆上安装的灯具提供环境光，洗脸盆使用白色陶瓷表面，成为光的反射装置。室内除了光纤以外没有其他电光源。卧室的烛光和客房浴室地面的灯笼都是照明设计概念中的一部分。这里的洗脸盆都被用作为光的反射器，顶部天花装有下照灯对其进行直射。

本项目基本上采用了两种照明方式：建筑照明，在形式上小心谨慎，强调清晰的线条和形式，提供所需的气氛；装饰照明元素，类似室内家具一类的灯具，或是装饰性灯具。这个项目未采用紧凑型荧光灯。更多技术性和装饰性灯具所用的金色反射器也同样如此。因此，我们不仅看到逐步淘汰白炽灯对光源的影响，同样会影响到灯具和材料表面。这种智慧的组合使得无需良好的传统白炽灯，也能营造舒适的环境。但应注意所有的灯具都是可调的，照明方案应具备良好质量的照明控制系统。

万象城销售接待处

SALES RECEPTION OF MIXC, NANNING/CHINA

室内设计：深圳市朗联设计顾问有限公司
照明设计：北京八番竹照明设计有限公司
照明设计师：柏万军，周莉莉

1 大堂中央的吊灯
2 模型区
3 ViP洽谈室
4 深度洽谈室
5 相对开放的公寓模型展示区

作为南宁高品质的标志性商业建筑群的核心，万象城的目标客户也非常明确——高端消费人群。设计师希望万象城商业销售接待中心的设计能够潜移默化地拉近与这个主要消费群体的心理距离，增强认同感。于是，在与甲方多次深入探讨后，设计师意图将万象城商业销售接待中心打造为一个具有五星级酒店空间与服务品质的场所，使得这里不仅仅在此时作为展示万象城风采的销售中心，在日后也会成为万象城写字楼的主入口。

将商业销售接待中心打造为五星级酒店的空间品质，又不失作为销售中心的基本功能，是一个很大的挑战。最终设计师采用了整体控制、细节深入的原则，借鉴五星级酒店大堂惯用的尺度、材料、灯光的排布方式，在灯光设计中采用低照度设计加重点照明配合的形式；试图用光来赋予空间情感与色彩，勾勒出空间的层次，使得光成为传达建筑空间与顾客之间感情交流的重要因素。万象城商业销售中心面积1100m^2，仅有一层，但是高度占据了两层高的空间。经过与甲方共同调查研究，空间划分为入口大堂、模型展示区、VIP洽谈室、深度洽谈室、会议室、视听室这些主要功能空间以及会议室、财务室、盥洗室等辅助功能空间。

销售中心有两面墙是完整的玻璃幕墙，设计师将光线条件输入专业软件进行计算，发现这里的自然照明大大超出所需要的照度。因此，采用了遮光帘，控制自然光的进入。其次，有西面和南面两个主入口，设计师将西南门作为视觉轴线，布置主要光源，小型光源辅助照明，削弱了高层高与大面积带来的空旷感，空间轴线清晰，层次分明，灯光效果改变了空间的尺度与氛围。大堂中央的吊灯雕塑无疑是视觉的焦点，增加了与其风格相呼应的地面装置，将吊灯的承重结构隐藏在天花板吊顶之内，使它既有实用的照明功能，又成为了一座美丽的光的雕塑。环绕周围的小型辅助光源，与吊灯灿烂的光线一起，将大堂点缀地温馨而璀璨。大堂内如此丰富的光源需要严格而精确的照度层次控制。墙面，天花与地板的材质都会影响最终的照明效果。照明设计师与室内设计师密切合作，深入研究后决定主要采用哑光材料，并引入了智能灯光控制系统，经过细致的研究之后确定了每一个光源的照度、角度、色温，将参数输入控制系统中，完成对灯光控制的设定。深度洽谈室对隐私性的要求远高于其他空间，并且在这里洽谈生意的客户都已有了强烈的购买意向。设计师希望能够为这个空间带来温馨、亲切、坦诚的氛围，于是，设置了两盏落地灯，柔和的光芒带来了家一般的安全感；顶部的吊灯做了些许改造，将原本设计中舒展的造型收敛起来，使得光线更均匀、更柔和；与此相配合，深度洽谈室的围合部分我们选择了琥珀色的玻璃与深木色调的隔栅，为光线带来了更柔和的金色光芒，温馨之余更有一丝低调的奢华，恰恰配合了万象城的气质。

中国重庆

重庆希尔顿逸林酒店

DOUBLETREE BY HILTON, CHONGQING/CHINA

项目名称：重庆希尔顿逸林酒店
室内设计：香港·陈俊豪
业主单位：重庆协信集团
照明设计：DPL (Digital Power Lighting) P374

在西部重镇重庆最繁华的商业步行街之一——江北北城天街的中心位置，重庆希尔顿逸林酒店巍然矗立，虽然夜色笼罩之下的重庆夜景璀璨夺目，但是希尔顿逸林那温暖的“大树映月”标志，却依然醒目。

DPL 作为专业的酒店照明设计公司，有幸参与了重庆希尔顿逸林酒店的照明设计工作，DPL 在照明设计过程中，深入理解、融合室内设计理念，通过 MR16、QT12、LED 甚至在宴会厅的 PAR 光源等各种现代电光源技术的配合使用，主要选择了 2700K ～ 3000K 色温的暖光源，在调光设备等配合之下，通过光环境着力表达希尔顿逸林为当今商务旅人及度假游客提供真正的舒适享受的主旨，尽力将光环境与现代时尚风格与敬业周到的服务和放松惬意的酒店环境融为一体。

进入酒店，入口和服务台均有中央美院大师制作的独一无二的艺术气息浓厚的壁画，在入口处的宽幅壁画被一束 60° 宽角度的灯光照射其上，通过不同场景的调光配合，清晰亦或朦胧，让顾客在不同时段有不一样的艺术体验。

整个酒店大堂虽然限于建筑空间尺度，但是在天花直径不超过 10cm 的筒灯和 3000K 的 LED 地埋灯的配合之下，再以 2700K 色温的灯带勾勒层次感，仍然具备五星级酒店需要的不同场景的照度需求，营造了时而热烈，时而温馨的入住体验。

在商务客户所钟情的大堂吧，有阅读区、服务台、会谈区、酒吧，DPL 在灯光设计之初就着眼于不同功能分区对照度、对光环境的不同需求，配合室内装饰设计，辅以调光设备进行严格的回路控制，用光控严格的窄角度灯具为不同功能区提供了不同的照度需求。集功能性、局部视觉私密性、情调于一隅。

宴会厅是五星级酒店的一个重点，希尔顿逸林酒店的宴会厅前厅衔接室内外，我们通过艺术灯具从室外暗环境逐渐过渡到温馨的前厅室内，灯光既不突兀，也不妨碍聚会客人休息等候，在明亮洗墙灯的指引下让客人进入宴会厅。DPL 公司根据多年照明设计经验，为宴会厅设计了欢迎、中餐、西餐、表演、退场等多种照明模式，兼具分隔为三个小宴会厅的功能性照明。

全日餐厅外部的走道，均匀的木格栅墙面在天花灯槽的均匀刷洗下格外具有美感，中间大间距筒灯对地面照明做必要的补充，舒适、温馨又不失风格。进入全日餐厅内部，天花灯槽在 5m 多高天花上提供舒适的光线。灯槽之间，我们携同装饰设计增加了筒灯，为下层工作面提供更高一级的照度，使全日餐厅也能兼具聚会需求，周边装饰点缀也不乏重点照明凸显装饰亮点，立面灯槽的存在也勾勒了空间的视觉层次。

用恰到好处的灯光表现室内设计最精妙的所在，在重庆希尔顿逸林酒店的室内照明设计过程中，DPL 始终和室内设计师、业主保持了良好的沟通，满足了对光环境的需求，在项目中我们再一次体会到沟通协作的重要。

1	2	3
4	5	6
7 8	9	10

1　入口：静谧的酒店标志，简洁不失旅途之中温馨、安宁

2　大堂：空间尺度有限，天花上精确布置了少量筒灯提供环境照度，总台是视觉的重点

3　大堂吧：浓缩了多重商务需求，做到了光线的绝对可控

4,5　大堂休息区：有别于大堂等室内空间的亮度，没有了强烈的光感，剩下的，只是云朵装饰灯温馨、舒适的旅途小憩、愉悦安静中的等待

6　游泳池：在高低错落的空间，选择不同功率、类型光源，使工作面的光感自然过渡

7,8　宴会厅：照明除了满足多功能、多场景的照度需求，同时还引入了高科技设备照明控制

9,10　全日餐厅：2700K的天花灯槽和立面灯带勾勒了装饰线条，凸出了层次感。高显色性、高亮度暖色光源为为备餐区提供了足够的照度

DOUBLETREE
BY HILTON

中国上海

英国馆

UK PAVILION, SHANGHAI/CHINA

主要业主：Foreign & Commonwealth Office
建筑设计：Heatherwick Studio
项目经理：Mace Group
结构工程：Adams Kara Taylor
环境工程：Atelier Ten
消防工程：Safe Consulting
执行建筑师：同济大学建筑设计研究院
通道展陈设计：Troika
摄影：Daniele Mattioli
资料提供：Heatherwick Studio

1		
2	3	4
5		

1 夜间，触须内置的LED光源令整个建筑焕发光彩
2 "蒲公英"入口
3 无声却充满力量的室内空间
4 总平面图
5 剖面图

上海世博会英国馆由Thomas Heatherwick领衔的Heatherwick Studio设计完成，他们的方案体现出英国外交和联邦事务部要求传达的3个意图：首先，展馆建筑是展示内容的直接体现；其次，具有强烈的开放的公共空间感；再次，场馆必须是上百个展示场馆中独一无二的。事实证明，英国馆的确是最受公众瞩目的场馆之一，人们给它起了一个可爱的昵称——蒲公英。

Heatherwick Studio的方案体现了自然和城市的关系。伦敦是世界上最绿色的城市，是英国最早在城市花园方面深入实践的城市，拥有世界级的植物研究机构——伦敦基尤皇家植物花园。基尤千年种子银行成为Heatherwick的灵感来源。种子拥有着无限可能，蕴含着无限变化，也代表着希望和创意，通过各种各样的种子，英国馆体现的不仅是现在，更是拥抱未来的理念，设计过程包括两个内外相连的元素——一个建筑感的符号化种子圣殿，一个面积达6000m^{2}的层次丰富的景观空间。在流通区域的3个富有创造性的环境装置分别是"绿色城市""开放城市""宜居城市"，由伦敦的设计工作室Troika设计制作。

英国馆实际上是一个没有屋顶的开放式公园，展区核心"种子殿堂"生长了6万根向各个方向伸展的、可随风摇曳的触须，触须的末端是植物的种子。217,300颗种子来自基尤皇家千年种子银行项目的合作伙伴——昆明植物研究所。"种子殿堂"的建筑结构是钢木结构，20mm见方，7.5m长的6万条压克力杆覆盖了建筑结构，1m厚的木质隔板在"种子"的中心围合成参观空间，木板上的钻孔需要高度的几何精确性，以确保用于插入压克力杆的铝框架的精确排布。依靠3D电脑建模技术并导入数控机床来实现这一结构。

在上海世博会众多技术导向、被大屏幕和声光电影像主宰的展馆中间，英国馆的设计显得独树一帜。而其照明也是如此，在或色彩斑斓、或抢眼的"亮点"中间，它素净、内敛，微微地闪着光亮。这只"蒲公英"的每根触须的顶端都装有一个细小的LED光源。白天，触须会像光纤那样传导光线来提供内部照明，营造出现代感和震撼力兼具的空间；夜间，触须内置的光源可照亮整个建筑，使其焕发光彩。这些触须能够感知和回应室外的光照条件，因此在室内虽然看不到，但却可以通过变化的光亮度感受种子殿堂上空的云朵漂移。设计师希望创造出一个令人敬仰的氛围——无声却充满力量的室内空间带给人们反省和深思的片刻，思索如何利用自然来迎接城市面临的挑战。

上海世博会闭幕后，就像"蒲公英"的种子会被风吹散一样，蕴藏着无限生命的"种子殿堂"的6万根触须会散播到中国和英国的上百所学校，成为英国馆在2010上海世博会中留下的特殊遗产。

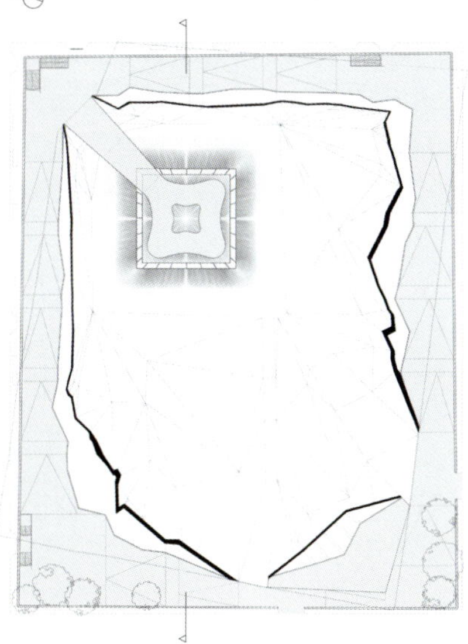

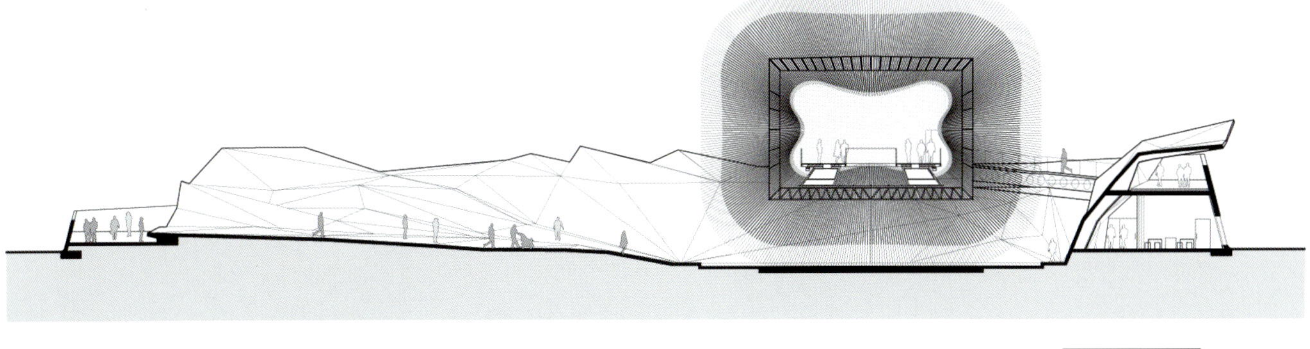
0 1 2 5 10m

瑞士阿劳

阿劳火车站地下通道的互动照明艺术

INTERACTIVE LIGHTING ART IN THE SUBWAY OF AARAU RAILWAY STATION, AARAU/SWITZERLAND

业主: Municipal Building Authorities
整体规划: Suisseplan Ingenieure AG
建筑设计: Vehovar & Jaustlin Architektur AG
照明设计: Atelier Derrer GmbH
透视图: Rolf Derrer；Mateja Vehovar；Stefan Jauslin
感应系统程序: Institute of Neuroinformatics UNI–ETH
视觉程序: Meso Digital Interiors GmbH
视觉: Eduardo Santana
摄影: Stefan Jauslin

2011 年 3 月 18 日，瑞士阿劳火车站地下人行通道正式开启。其照明设计理念来自瑞士苏黎世的照明设计师罗尔夫 · 德尔（Rolf Derrer）和建筑师马泰亚 · 韦霍瓦尔（Mateja Vehovar）、斯蒂芬 · 乔思林（Stefan Jauslin），他们将地下人行通道变成了一个有趣的动态灯光空间。考虑到它的首要功能是连接城镇里两个部分，阿劳火车站的地下人行通道被认为是车站全局革新的重要元素。目前，53m 长的“爱因斯坦通道”安装了 21 盏从天花板到地板高度的 LED 面板，镶嵌在毛玻璃箱后面。动态照明设计的目的是为了创造一个愉悦的空间，通过画面、颜色、图案和运动来唤起人们的情感。

除了中央服务器上存储的 180 个基本场景之外，设计理念中还考虑了空间、时间和运动，正如它的名字所描述的那样。

由 10 个传感器组成的网络除了可以感受到路人的数量之外，还可以识别他们的运动方向和速度，从而触发不同的场景。这样一来，过往的行人在走过时便直接影响了地下道的景观。

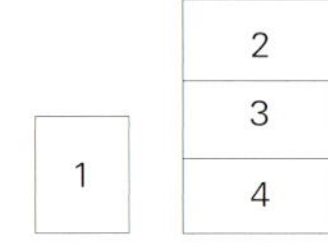

1,2,3 动态照明设计通过画面、颜色、图案和运动来创造一个愉悦的空间

4 根据人的数量、运动方向和速度可以触发不同的场景

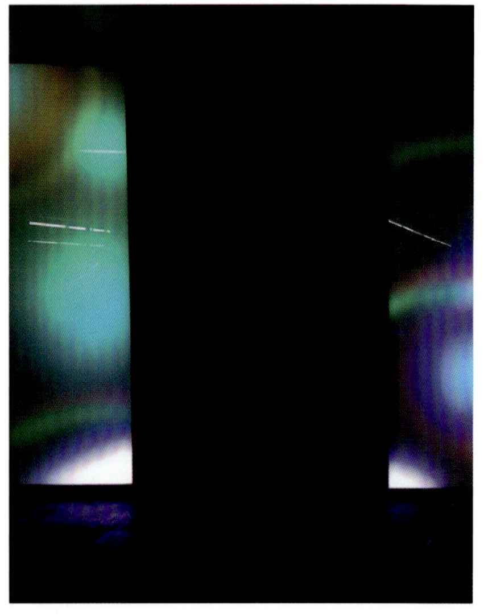

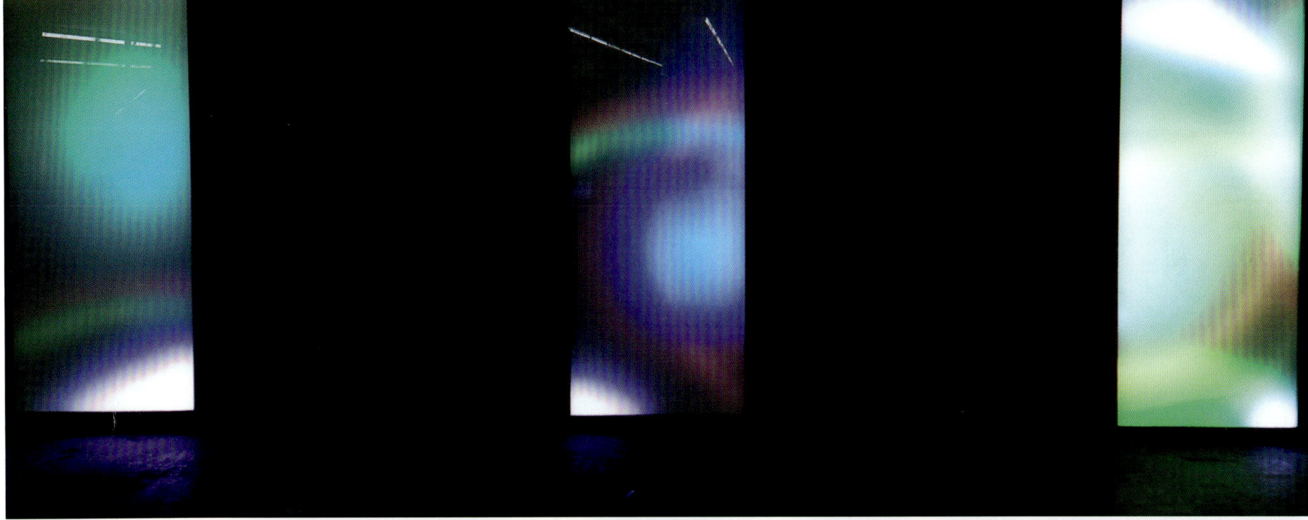

美国迈阿密

“发射”装置

REFLECTION INSTALLATION,MIAMI/USA

装置艺术家：Ivan Toth Depena
照明设计：Focus Lighting inc.
Brett Andersen and dan henry

“反射”是一个安装在迈阿密市Stephen P. Clark政府中心大厅的永久性照明装置。受到迈阿密达德郡的公共空间艺术管理组织的委托，Focus Lighting与艺术家Ivan Toth Depena联手开发出这个艺术空间。由于政府大楼位于地铁系统的重要一站，Depena 试图将日常流通的概念通过传感器和灯管融入它的作品当中。团队定做了5个4m高的LED灯箱，宽1.8到0.73m，安装在整个大厅里。Focus Lighting为这个项目开发出一种摄像追踪软件，这种软件通过数据收集可以播放路过的人抽象的倒影。

当没有运动可以捕捉时，灯箱还可以重播之前录下的和行人互动的动画。对迈阿密城市的介绍部分则建造了一个帮助可视化照明原型互动的样品。另外，设计师必须解决从灯箱设计建造到安装和控制等所有的过程。

这个装置不仅让观光者参与互动，更让社会意识到“小组互动和高科技的娱乐性”。颜色根据时间改变。“像素”取决于游览者与灯箱的距离。游客的“倒影”的相撞和比例都很准确，这样他们就可以很容易地识别出自己的身形。

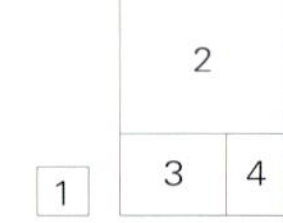

1 空间示意图
2,3,4 颜色根据时间改变，“像素”取决于游览者与灯箱的距离

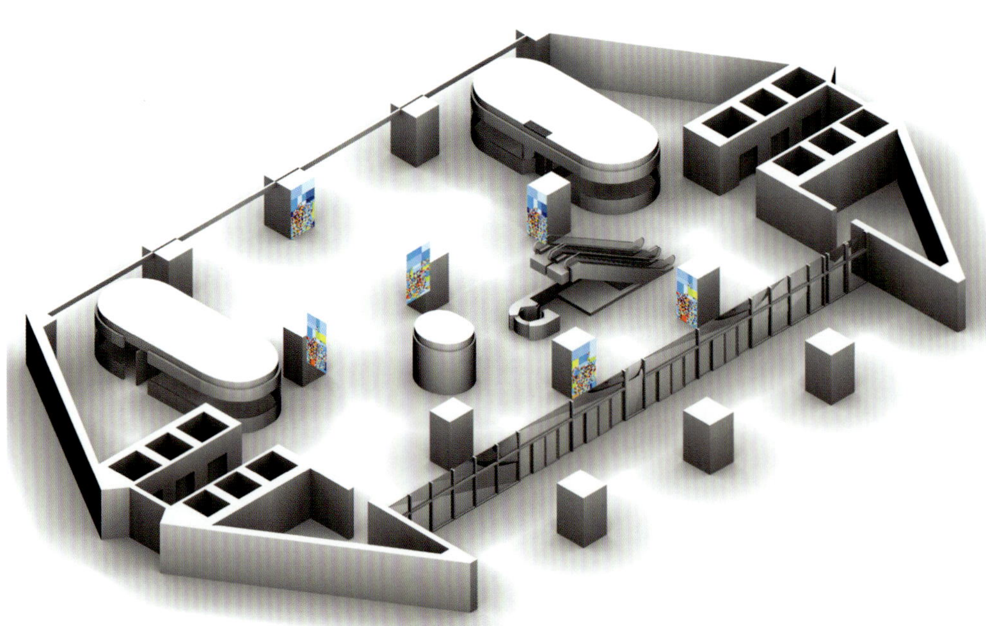

中国北京

鄱阳之舟

THE BOAT OF POYANG LAKE, BEIJING/CHINA

展览时间：2011年9月22日～9月28日
地点：北京地坛公园
艺术家：张亚婷
概念实现：中央美术学院建筑学院光环境研究所，央美光成（北京）建筑设计有限公司
摄影：高寒

光是一个自然现象。灯光设计师用人工手段去控制它，无论是通过灯具还是光效，其实是为它做了一个屋子，为了更好的利用它，带来更好的视觉效果。光把无形的东西变成有形的，光本身又像空气，风和水一样，没有具体的形式，可大也可小。从某种程度上讲，我们的工作就是在模拟自然光，如果把我们的设计无限放大，也成就为日光的形式。

作品以水为题，关注环保。2011 年鄱阳湖的水位达到历史新低，一时成为媒体关注焦点，看到渔民的船停在干涸的湖底的画面，很让人震撼。关注生态问题，刻不容缓，因此把它寄托在作品中。作品的一个部分是一条来自鄱阳湖的船，里面注入水，放了鱼，用灯光把鱼的动态映照出来，当自然界的平衡被破坏，人类所面临的将永远是自然的惩罚。无水之舟是否成舟？另外一部分采用 365 个玻璃海浮子做成一个倒扣的船型，用灯光作成彩色泡泡感觉的装置，象征海洋的未来，借此发问，湖的生态已经被破坏，那么大海又能多么持久呢？

每个观众对作品的理解各有千秋。我更乐意听观众对我的作品的想法。在创作过程中，可以随意发挥做一个作品，感觉非常愉快。

1	2

1 鄱阳湖的船里面注入水，放了鱼，用灯光把鱼的动态映照出来
2 365个玻璃海浮子做成一个倒扣的船型，象征海洋的未来

中国北京

树的“心跳”

TREE'S "HEARTBEAT", BEIJING/CHINA

展览时间：2011年9月22日～9月28日
地点：北京地坛公园
艺术家：徐冰
概念实现：深圳市安华隆科技有限公司，北京卓利照明工程有限公司
摄影：高寒

不管是天坛、地坛、故宫还有古树，他们都是存在在现在的、文化的、传统的、无声的符号。他们的存在被我们左右，又不能发出自己的声音，他们就变成了弱势群体。我希望我的作品赋予这些无声的文化发声的机会，让我们可以与他交流，感受他的声音。

从最早学习素描开始，就已经与光产生联系，其实人眼所见的事物都是在光的塑造下成形，让人可以感知。光有时具有精神层面的品质，可以带给人心灵的触动。

我的作品名字叫树的“心跳”，当走在地坛的人们首先能听见“砰”“砰”的心跳声，同时看见远处古树下有白色的方盒子随着心跳声，里面的光也在跳动，就如同人的心脏。当人越来越靠近树的时候，这种心跳声变得急促，同时白色的盒子变成红色，灯光的变化也加快。我希望每个站在我作品前面的人都有他自己的感受，可能有人认为他是在和一个几百年的古树在交流，也可能有人认为是树看见他后喜欢他而心跳，我自己更愿意理解为树其实是很害怕人靠近他，因为他不知道你会对他做什么？或者哪天因为某些人的决定，他们就消失了。

1,2　当人靠近树的时候，白色的盒子变成红色，灯光的变化也加快

中国北京

记忆花朵

MEMORABLE FLOWERS, BEIJING/CHINA

展览时间：2011年9月22日～9月28日
地点：北京地坛公园
艺术家：赖军
概念实现：乐雷光电技术（上海）有限公司
浙江龙游展宇有机玻璃有限公司
北京佳光电子

面对今天的数字传媒和信息时代，光盘作为一个时代的媒体存储即将面临终结。设计者利用光盘本身极好的冲击韧性，将其热压变形，力求形体精美。同时，原来平整的反光面也将解构成各个反光面。其后，在反射面中心空洞处，装上LED光源和亚克力支撑杆件，构成“发光的花朵”。选择一块空旷的场地，利用人们搜集的大量废旧光盘，种上成千上万的“记忆花朵。”

我希望探讨光能给我们的生活带来什么。作品是从很小的切入点进入的，即人们很熟悉的数字光盘。光盘是记忆的载体，但在科技飞速发展的今天即将被淘汰，成为人类记忆存在的一种历史方式。我们把这些光盘加工成花朵的形态，每只花朵都由一个光源点亮，以一定规模呈现出来，在地坛的草坪上形成很有震撼力的图案。光盘通过激光记录信息，本身就与光有关系，又与灯光节的主题呼应。从设计角度来讲，把一个生活中面临淘汰的物件转变成一种能够给我们带来愉悦和美感的东西，很有意思。在公园里展出时，我们追求规模和数量的视觉呈现；我们也同时希望强调其中个体的意义，展览之后，它们都可以被带回家使用，既有装饰性也有功能性，能够贴近人的生活。因此作品不仅仅是一种公共的作品呈现。

我们会从周围的同事和朋友开始征集旧光盘，其实细看之下每张光盘都有自己的特质，比如可以看到主人在上面记录数据的多少。灯光节时观众可以远观，欣赏其视觉效果，也可以走近，看到每个个体的区别——灯光远观与近看的效果不尽相同。如果把光盘带走，好像带走了某个陌生人的记忆。

作为建筑师，我很注重人对空间的体验，这与本次设计的思路是一脉相承的。我们做的建筑又以生态建筑为主，使用建筑材料时注重其环保特性，亦与本次的出发点相同。

1,2 利用大量废旧光盘制作而成的成千上万枝“记忆花朵”的夜景视觉效果
3 走近细看，每张光盘都有自己的特质

中国北京

茧

COCOON, BEIJING/CHINA

展览时间：2011年9月22日 ~ 9月28日
地点：北京地坛公园
艺术家：何崴
概念实现：深圳市安华隆科技有限公司，北京卓利照明工程有限公司
摄影：何崴

茧，是一种混沌的状态。它介于虫与蝶之间，生与死之间；它既是空间，又是时间，它是“涅槃”的过程，是道路。

茧，是一种不确定。茧中是什么？又会发生什么？在茧存在的时候，这些都是未知；而当未知变成答案时，茧也会随之消失……

对于人类，“未知”的诱惑往往大于“答案”，茧正是这种“未知”的符号。在本作品中，我将建构一颗巨大的黑色的茧，悬挂在树干上。其内将用红光 LED 创造一种“未知物”。

我希望通过这个人造的茧来反映一种当代的“未知性”和“不确定性”。同时，这个黑色的茧也是对人们常识的挑战，它给人以危险的感觉，我希望借此来提醒人们当下环境问题给人类本身带来的危机。

对于茧我一直很感兴趣，甚至是迷恋。它散发着一种神秘感。我希望创造一个非自然尺度的大家伙。当然我觉得，如果是单纯的放大尺度只是一种形态和尺度的表现，并不是我想表达的东西。我希望表达的是这种混沌的状态，充满未知和不确定。而这恰恰触动了人内心的恐惧，因为未知是最可怕的。当然，不同的观众面对同一件作品时会有不同的解读，这种不同性来源于不同的知性和感性。我认为好的创造是用作品相对准确传达作者思考的同时，又为观众留出自行延展的空间。

作为建筑性的、有形可见的部分是这个作品的基本载体；而灯光的介入传达了一种生命的隐喻，两者都是一个作品密不可分的组成部分。傍晚时，灯光呼吸的效果使“茧”变得生动，更具有戏剧性的张力。

1 夜晚，红光LED照亮黑色的茧的内部
2 白天，黑色的茧给人以危险的感觉，提醒人们当下环境问题给人类本身带来的危机
3 作品传达作者思考的同时，又为观众留出自行延展的空间

中国北京

序列R & 水中鱼

SEQUENCE R & SHARK IN THE WATER, BEIJING/CHINA

展览时间：2011年9月22日～9月28日
地点：北京地坛公园
艺术家：花泽炜，朱冰
概念实现：乐雷光电技术（上海）有限公司
浙江龙游展宇有机玻璃有限公司
北京佳光电子

序列R：

越来越多的LED灯具及由此组成的显示屏出现在我们的生活视野中，但仍价格昂贵，令人却步。我们希望用司空见惯的简易材料与先进科技灯饰嫁接的想法，把矿水瓶有序地排列在大型环抱墙中，单色LED巧妙地装置在瓶盖内，通过程序操控，不炫彩、无显摆、有动感、有变化，朴实无华却有新意，给人以强烈的视觉冲击和心灵震撼。

整个单色瓶组成的LED显示屏旁，再设一个单体铁架，游客可将用毕或拣拾的空瓶置换一份纪念品，而这些空瓶将拧上已装置LED的瓶盖，成为显示屏的一份子。

水中鱼：

由20块高玻璃按序排成方阵，每块玻璃内隐藏LED特殊芯片光点。白天阳光下与普通玻璃无异，夜幕降临，玻璃上出现光点，从正面看，20块玻璃上的LED组成的一条鲨鱼正向你游来。而光点之外反射到其余玻璃介质的光点，则像海中水汽、水泡，围绕鲨鱼，烘托着细长的鱼儿在水中凝固。

1,2 序列R，瓶盖内的单色LED装置在夜晚给人以强烈的视觉冲击和心灵震撼
3 水中鱼，在晚上，20块玻璃上的LED组成了一条鲨鱼

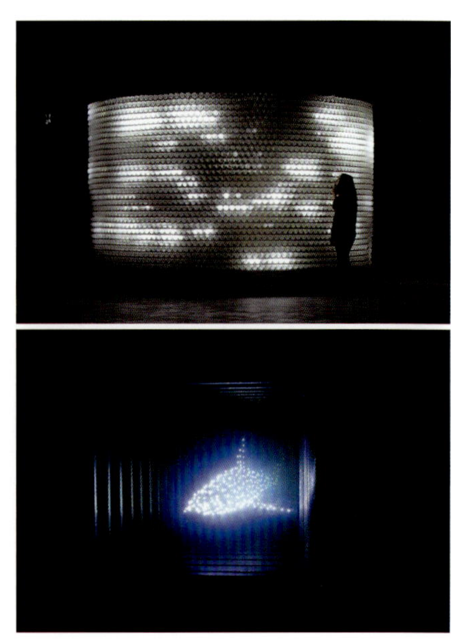

中国北京

悬浮

TENSEGRITY, BEIJING/CHINA

展览时间：2011年9月22日～9月28日
地点：北京地坛公园
艺术家：王振飞，王鹿鸣
概念实现：飞利浦（中国）投资有限公司
摄影：高寒

光对建筑很重要，建筑本身需要日光或灯光来塑造，因此建筑师对光比较关注。尤其会关注以特殊方式出现的光，比如在办公室附近，半空中钢索悬起了一盏灯向空中连廊打过去。这个光出现的位置，以及其出现的特殊结构方式令人感兴趣。

在本次的作品里，光作为表达媒介出现，它表达的是想法，信息或观念，不是它本身照明的属性。光除了照明作用以外可以表达一些其他的信息和观念。作品采用 Tensegrity 这个结构，它通过“拉”“压”杆件之间的特定组合方式可以形成压杆不互相接触的稳定结构，仅通过拉索连接。选择这个结构形式是因为压杆比较实在，而拉杆可以很细，在夜晚几乎不可见，好像凭空有一组物体悬空。人们常见的灯要么支撑，要么悬挂，不可能悬浮在半空中。我们创造了 Tensegrity 的“灯笼”群组，使得几十个灯笼飘在空中。灯笼以不确定的方式闪烁，与观者产生互动。

作品更深远的灵感来自簋街餐厅家家门口挂的灯笼群，它的形成过程很有趣：一开始有一个元素（餐厅门前挂灯笼），遵循一些规则（以某种规模某种形式挂灯笼），逐渐形成一个程序（所有餐厅门前都如此挂上灯笼），这与我研究的参数化设计有紧密联系。

作为建筑师不是每个项目都能保证完全按自己的设想实施，这个作品可以说是非常自我的。我们一直在做方法论，我们坚持一种设计方法，虽然每次设计出来的作品不一样，它们在方法上连贯的。我们的作品包含了建筑以外的知识——结构师，灯光师，程序员，缺一不可，这些知识通过建筑师的方法论综合起来，才得此作品。

1,2 在夜晚，悬浮的“灯笼”群组飘在空中
3 灯笼以不确定的方式闪烁，与观者产生互动

意大利米兰

互动式照明装置

INTERACTIVE LIGHTING INSTALLATION, MILAN/ITALY

摄影：Martina Bernardi

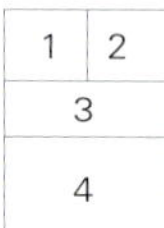

1　“亮出你的光芒”
2　“成为天使”
3,4　“开关”

从2010年12月4日到2011年1月10日，米兰的居民，或者来此地的游人便可以见证由米兰设计学校的学生们以及专业设计师所设计出的灯光艺术作品。米兰市议会组织了一场竞赛，获奖的项目可以成为冬季灯光节的一部分。组织者希望灯光节能够成为一年一度的赛事。

卢卡·凯利塔（Luca Carretta）、玛丽·克里斯蒂娜·赛琳娜（Maria Cristina Cerina）以及迪米特拉·派福利多（Dimitra Pavlidou）设计的“亮出你的光芒”，亚历山德拉·里达（Alessandra Reda）、维罗妮卡·佩里茨（Veronica Perez）和苏西安娜·丘（Susiana Tjiu）设计的“成为天使”，以及埃卡特丽娜·范修拖（Ekaterina Vasilnko）、埃尼斯拖·塞佩里·加西亚（Ernesto Sempere Garcia）和阿尔梵罗·尹思维·卡斯特罗（Alvaro Insua Castro）设计的“开关”都是由来自米兰设计工业学院的室内装修系学生完成的。

“亮出你的光芒”采用了跷跷板的形式，在跷跷板两头装上了灯。这是一个互动型装置：每次跷跷板接触到地面的一端会激活开关使跷跷板的另一头亮起来。设计者希望这个设计能够吸引路人停下脚步参与其中，在玩的过程中体会到个人行为是能够影响到别人的。

“成为天使”由四组秋千组成，秋千的绳索被设计成翅膀的样子。同样，这个装置也希望人们能够乐在其中，回到童年，成为天使，把压力都抛在脑后。翅膀的型号并不相同：标准大小是为儿童设计的，大号的是给成年人设计，一只的送给单身，一对的则适用于情侣。

“开关”将其注意力放在了米兰最古老的运河桥上。同样运用了互动装置。通过一个滑动开关，路人可以自由选择桥身的颜色和洒落在河面上的灯光的颜色。

瑞典乌普萨拉

V.I.P. 装置

V.I.P. INSTALLATION, UPSALA/SWEDEN

照明艺术概念：Aleksandra Stratimirovic
摄影：Daniel Daggfeldt
www.strati.se/WorkDetails.aspx?id=29

天还未亮，生活在北欧的儿童就要去上学，而下午回家后还要在黑暗中呆更久。乌普萨拉市为 Heidenstamskola 小学操场安装了对青少年来说既有亲和力，又富有视觉冲击力的照明设备。

这套设备的概念被命名为 V.I.P.，包含了一个涂在地上的白色圆圈，人行道正穿过它，人们也可以从上面通过。灯具安装在三个白色的灯柱上，集中投射于圆圈的中心。当黑暗来临，这个圆圈就有了生命。远看过去像一个灯火通明的舞台，等待明星走上去。而一旦有人走进灯光里，这个圆就变成了一系列迷人的、色彩斑斓的投影。这个创意来源于加色混合：即将红绿蓝多种颜色混合后就得到了白色。当光线折射时，互补色的阴影便得以呈现。

艺术家亚历山大·斯特拉提米洛维奇（Aleksandra Stratimirovic）说："V.I.P. 使人觉得像明星一样——越多人在舞台上，越多的颜色和分层的阴影便显现出来。这便是此照明装置的动态所在——跟随积极参与的人而变化。雪、雨、雾和纷飞的树叶在光下都能产生美丽的效果。"

冬日里，这套装置的效果可以由雪来表现。春天，积雪融化时，会在沥青的地面上画一个白色的大圈。

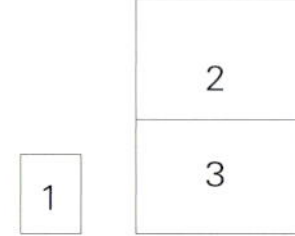

1　灯具发出的光集中投射于圆圈的中心
2,3　一旦有人走进灯光里，圈就变成了一系列迷人的、色彩斑斓的投影

中国北京

地坛西门

WEST GATE OF TEMPLE OF EARTH, BEIJING/CHINA

展览时间：2010年8月16日～8月22日
地点：北京地坛公园
艺术家：马晓威
技术实现：德莎（北京）照明电器有限公司
摄影：马晓威

很多人将建筑体误认为建筑，其实建筑体只是建筑的一部分，就像人体是人的一部分一样：人更重要的还包括情感和精神。当下中国人的生活节奏非常快，以至于我们的身体到达一个地方，灵魂都跟不上，我们常常处在一个身体和灵魂分离的状态；这些被生活匆忙追逐的人的生命过程被简化成一根模糊的线条，随时间而失去，就像从来没有存在过一样；生命的意义不在其形式，更多的在于它的精神和存留的记忆。

本作品采用了EL发光科技，创造了一个位于地坛西门上空的建筑轮廓，她会忽明忽灭，随风摆动，像西门的灵魂，提醒我们，身体与灵魂同步。设计师试图通过该作品对“地坛是什么”在“灵”的层面上展开探索。在一定程度上，《地坛西门》也试图还原地坛“本来是什么”的身份。

1 采用EL发光科技，创造了一个位于地坛西门上空的建筑轮廓

中国北京

光对话

DIALOGUE WITH THE LIGHT, BEIJING/CHINA

展览时间：2010年8月16日～8月22日
地点：北京地坛公园
艺术家：许东亮
技术实现：广东诺博尔电子科技有限公司
摄影：曹有涛

地坛营建之初的目的在于实现“与地对话”的功能。这种对话方式是古老的，自我约定的，心灵感应式的，信息不可见。今天，我们已惯于以强者的姿态和自然，甚至是太空进行对话，而且这样的对话是精准的信息传递，有时候甚至是强迫性的。在该作品中，作者尝试用受控的线条投光灯在地面上空，以某种形态的布置，在地上瞬间闪电般地写下光的烙印，再次尝试与地对话的可能性，以此回味昨今人与自然的关联行为的意义。

作品地点选在地坛西门一段宫墙外的小树林中，作者搭建了一个长约150m，蜿蜒曲折的线性LED光装置。夜晚，投射到地面及宫墙上的白色光影，宛如一道杀伤力极强的闪电，仿佛要将所经之处的一切都劈裂开来。作者希望借此寓意现今人与自然的“对话”的力度早已不容小觑，足以伤筋动骨。通过声音控制，这组灯光作品可以任意变换点亮方式，既能逐渐亮起，也可以突然亮起，而后者更符合“闪电”气质。作者希望用一种直观的视觉方式，呈现眼下已然越发变本加厉的“对话”形式。

1

1 投射到地面及宫墙上的白色光影，宛如一道杀伤力极强的闪电，仿佛要将所经之处的一切都劈裂开来

中国北京

栖居

PERCHING, BEIJING/CHINA

展览时间：2010年8月16日～8月22日
地点：北京地坛公园
艺术家：仲松
技术实现：北京新时空照明工程有限公司
摄影：何崴

作品试图通过光的语言，表达人与自然和谐共生的美好愿望。作者在树与树的枝干空隙间，填充了几百只PVC材质的扁圆形“光囊”。太阳落山后，光囊轻柔地散发出黄色暖光，仿佛一枚枚等待被大自然孵化的雏卵，孕育着无穷的希望。

作者希望借此来叙述一个似乎是关于萤火虫的故事：萤火虫一直都不曾在北京消失，过往的那些夜晚中，或者由于灯太亮，或者由于自己根本不曾留意，才会无数次与这些小生命擦肩而过，却毫无知觉。这就是生活，你以为失落了某样东西，但其实是因为受到干扰而变得狭隘。只要守护住最纯粹的知觉，终有一天，你会和梦想不期而遇。

1

1　光囊轻柔地散发出黄色暖光，仿佛一枚枚等待被大自然孵化的雏卵，孕育着无穷的希望

中国北京

生命如歌

LIFE IS CANTABILE, BEIJING/CHINA

展览时间：2010年8月16日～8月22日
地点：北京地坛公园
艺术家：汪建平
技术实现：上海艾特照明设计有限公司
摄影：高寒

以此作品向逝去的史铁生致敬，反应生命存在的思考。

在草地上有闪烁的灯，象征世间的一个个生命，其中一盏为史铁生。灯光的闪烁明灭跳动象征成长的欢欣、意外的挫折、人生的痛苦、生命的脆弱而坚韧以及最后生命虽然逝去而精神却得到升华等。

1

1　在草地上有闪烁的灯，象征世间的一个个生命，其中一盏为史铁生

德国汉堡

Dockville 节的照明装置

THE LIGHTING INSTALLATION OF DOCKVILLE FESTIVAL, HAMBURG/GERMANY

照明设计/照明装置：Luzinterruptus
www.luzinterruptus.com
摄影：Gustavo Sanabria

日本地震导致的核泄漏引出了核电站的安全隐患问题。Luzinterruptus为汉堡 Dockville 节设计的放射性控制设备模仿了在持续的核事故威胁下人们的生命状态。

默默无闻的艺术组织 Luzinterruptus 用这种设备通过灯光来引起人们的注意。这个组织背后的两位艺术家来自两个不同的领域：美术和摄影。2008 年起，他们开始从事街头艺术照明。此后，他们开始在公共区域内组织艺术干预，使用光揭露社会和环境的弊病。

Luzinterruptus 的秘密军队是 100 个被照亮的放射性人形，它们以威胁自然环境的姿势前进，意图唤起人们注意到使用和滥用核能源虽然经济，但是对环境和生命都会带来不可逆转的副作用。

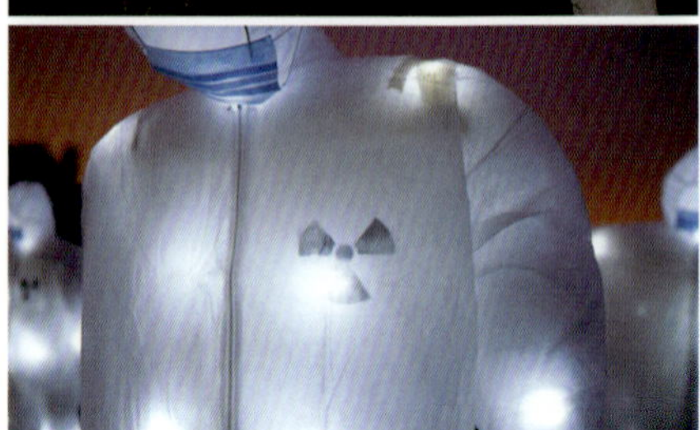

1,2,3　100个被照亮的放射性人形，它们以威胁自然环境的姿势前进

4　装置细节

中国北京

心愿

WISH, BEIJING/CHINA

展览时间：2010年8月16日～8月22日
地点：北京地坛公园
艺术家：丁平
技术实现：中山市华电科技照明有限公司
摄影：高寒

小时候，我们把心愿写在纸条上，放进瓶子里，让它顺着河飘走。眼光目送它消失到远方时，我们相信总有一天，会有人把瓶子捡到打开，会看到上面的地址，给我们写信，并且，小小的心愿会变成现实。从2009年，英国莱亭迪赛灯光设计合作者事务所（LDPi）开始资助一些山区的孩子和老师，每年到上海长颈鹿国际少儿英语学校做夏令营，希望他们能够和城市拉近距离，更希望孩子们通过一个月在国际学校的学习生活，有自信心大声去告诉每个人自己心中的愿望。这件心愿作品，它放进去了600个小孩子，其中包括来自上海长颈鹿国际少儿学校的学生和陕西省留坝县闸口石完全小学学校的学生的心愿。每个孩子的愿望都是美丽的，单纯的。希望这件作品像一个个微微发亮的灯，照亮我们成年的世界和心灵，让我们记住：自己曾经拥有过的愿望——实现的或者已经被忘记的……

1

1 作品像一个个微微发亮的灯，照亮人的内心深处

德国柏林

勃兰登堡门

THE BRANDENBURG GATE, BERLIN/GERMANY

灯光艺术和照明设计：石井幹子照明设计有限公司，Akari-Lisa Ishii I.C.O.N.
电气工程：松下

2011年9月的两个夜晚，为了纪念德日两国友好邦交150年，勃兰登堡门被灯光装饰起来。这个灯光事件的策划和实施由赫赫有名的照明设计师石井幹子和她同为照明设计师的女儿Akari-Lisa Ishii共同完成。

回顾两国的历史，没有什么比迫切渴望和平更能准确的描述这两个国家了。作为一个期待更好的未来的象征，灯光艺术家将“和平，环境和未来”这些主题建立起了视觉联系。此外，被2011年3月11日的日本大地震和海啸所触动，他们想利用灯光向在这场自然灾难中向日本伸出援助之手的国际社会表达感谢。

照明设计包括两个方面：一方面详细地介绍了日本文化，设计师用投灯将柏林“Hokusai回顾”展的图片照在勃兰登堡门上；第二部分展示了德国著名的地标，光源来自48种语言写成的“和平”二字。管弦乐与灯光秀交相呼应。由于环境和未来是这次照明展的主题，所以勃兰登堡门照明的一部分能源来自可再生能源。能源由日本松下公司研发的“生命创新容器”提供。“容器”顶部的太阳能面板有效地将太阳能转换成这次临时事件所需要的能源。光束非常狭窄的LED投光灯用来照亮勃兰登堡门上的四马双轮战车。照亮战车的投光灯同样也使用的是松下容器提供的太阳能。

1	2

1,2 展示了德国著名的地标，光源来自48种语言写成的“和平”二字

中国北京

光线的力量

THE POWER OF LIGHT, BEIJING/CHINA

展览时间：2011年9月22日～9月28日
地点：北京地坛公园
艺术家：杨海
概念实现：飞利浦（中国）投资有限公司
摄影：高寒

黑夜中的光线尽管微弱，却蓄积足够的能量，为我们透视出地坛公园下隐藏的根系结构，放射式的形态、脉冲式的能量释放、绚烂的光色演绎起自然的精彩，同时又将生活在“钢筋水泥丛林”中的人们引入重新编织的自然与人的关系“网”中。13个形式各异的聚合光感“发生器”在夜间形成一道视觉盛宴。

光点亮世界——每个人在不同时间、地点对光都会有不同的想象，我希望看到光线性的属性，譬如树下仰天看到的光“线”穿透，线有了速度。线的快慢及强弱塑造出特定的空间形式。

这些空间往往是影响人与人交往的场所。光影响了空间，空间进而影响了行为。光从某种角度上可以把看不见的东西呈现出来，并强化它们的关系。比如人与人之间的关系网络就是我们看不见的，我希望通过这个作品去探索它的形态。

我从事城市和建筑设计，因此习惯性地从城市的角度切入。近几十年来，人与人交往的空间发生了很大变化。从威尼斯到中国江南，人在老城小巷空间中的交往很简单。陌生人碰面，也可能通过几句问候而相识。今天城市的尺度被无限放大，出现很大的广场，似乎可以容纳很多人，但人对周围的人的感觉是不一样的，不一定会发生交谈。所以场所的改变会影响人与人之间看不见的网络。我希望把这个关系加以体现，其实很容易在自然界中找到这种关系的原型——根系，这也是地坛公园底下的机理，茎与茎围成盘根错节的网状空间。把这种形态放大，便可以给人提供不同类型的空间，感受新的“关系网”。

对于观众而言，空间没有什么深奥的理论，观众可以来看作品，也可以把作品当作背景，在它们周围聚集聊天，就够了。

1,2 13个形式各异的聚合光感“发生器”在夜间形成一道视觉盛宴
3 新的“关系网”给人提供不同类型的空间

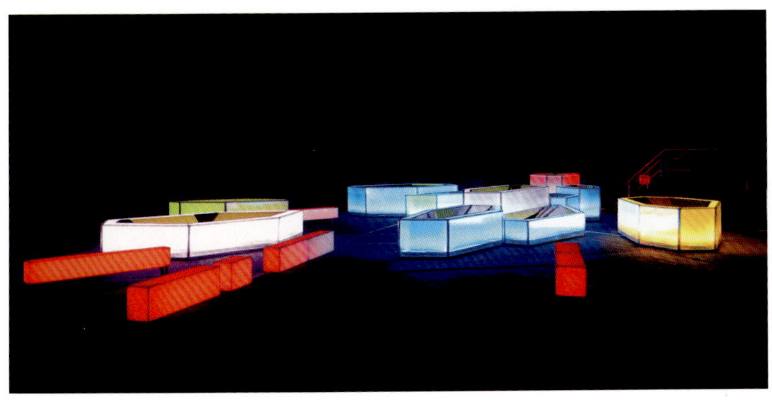

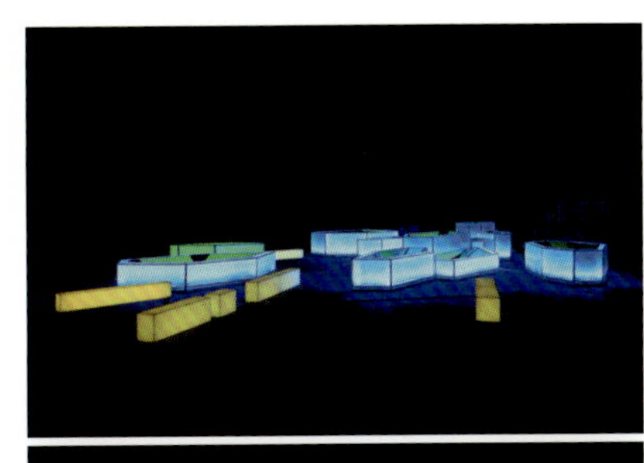

德国不莱梅

不莱梅美术馆的照明装置

LIGHTING INSTALLATION IN BREMEN GALLERY, BREMEN/GERMANY

照明装置和照片：James Turrell
照明产品应用：Zumtobel
www.kunsthalle-bremen.de

美国照明艺术家詹姆士·特里尔（James Turrell）曾经为不莱梅美术馆设计过一个照明装置。这个名为“上 — 与 — 下”的装置给游客带来了非同凡响的感受。这个装置占据了三幢大楼的三层楼，分布在三个“灯光室”中，三个房间每一间都在另外一间的正上方。这些房间通过一连串可以站人的玻璃互相连接，用变色 LED 灯具照明。

第一层放置了一块黑色的大理石，上面镶嵌了星星点点的小灯座。从一楼看，点点的光斑组成了美术馆所在的地球的另外一侧的星空，正好是新西兰稍微偏北的位置——在 1963 年 7 月 23 日那天夜晚的形象，这天是美术馆二战后重新开放的日子。而通过二楼一个椭圆形的开放空间，游客可以看到不莱梅的星空。人们仿佛置身于地球的中心，可以同时欣赏地球两边的夜空。

1,2 三个房间每一间都在另外一间的正上方。这些房间通过一连串可以站人的玻璃互相连接

3 第一层

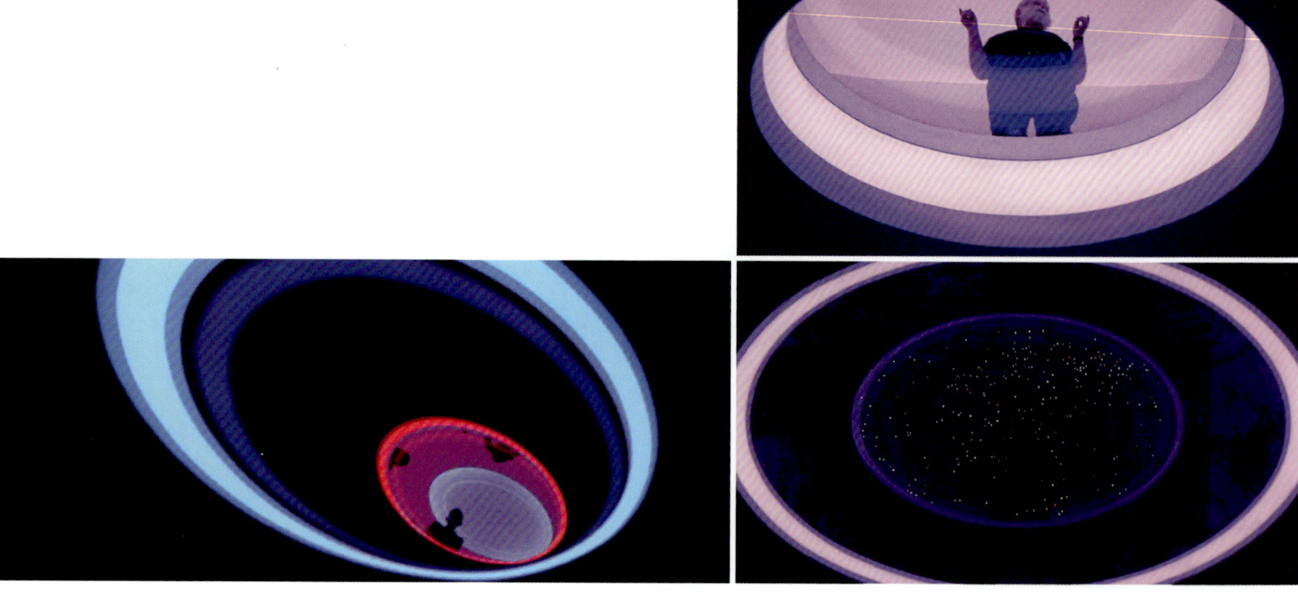

中国唐山

唐山万达广场商业媒体立面

COMMERCIAL MEDIA FACADE OF WANDA PLAZA, TANGSHAN/CHINA

媒体立面设计：北京零态空间科技有限公司
深圳市标美照明设计工程有限公司
工程设计施工：深圳市标美照明设计工程有限公司
产品供应：深圳市安华隆科技有限公司
零态空间：www.zs3dshow.com
安华隆：www.ledahl.cn

万达集团是中国最优秀的商业地产开发商，每一个万达商业联合体几乎就是所在城市的中心。这个项目的复杂性在于所采用的 LED 灯具类型有 6、7 种，仅 LED 点光源就多达 35 万点。必须将各种类型灯具的光效特点、像素密度、图形表现能力以及建筑结构特点等多种因素综合起来，才能发挥各自优势，表现出统一协调的媒体立面。

四个大尺度门头结构采用玻璃幕墙外挂渐开式马赛克图案板材，在平面中表现出立体的造型，而在玻璃幕内层均匀分布间距 80mm 的 LED 点光源 56000 点，200 行、280 列，可以较清晰地表现动态图案。商业裙楼 70m 超长的 LED 点光源屏幕，可以生动表现动感十足的运动图形。针对 4 座塔楼正面大色块、低像素的结构形式，采用稳定、轮廓清晰地图案表现。

针对这个项目的媒体立面设计，主要从建筑的物质功能性这个角度来进行创意。在门头主要表现具有地域色彩的唐山皮影、泥人、月季花等元素，展现浓厚的地方文化；在商业裙楼用立体文字和花卉生长过程等一系列生动活泼的动画来宣扬万达集团的理念、精神和蓬勃发展势头；而 4 座塔楼受像素密度的限制，则采用人像剪影、渐变色块、节日元素等简明的动画进行表现。

总之，整个创意将地域文化和企业文化相结合，将传统和时尚相结合。

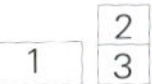

1 T 型屏动画效果
2 门头 3D 动画效果
3 门头渐开马赛克结构

美国芝加哥

科学与工业博物馆

THE MUSEUM OF SCIENCE AND INDUSTRY, CHICAGO/USA

业主：美国伊利诺斯州芝加哥科学与工业博物馆
建筑设计和展陈设计主创：Evidence Design-Jack Pascarosa，Shari Berman
照明设计：Focus Lighting Inc.-Paul Gregory, JR Krauza, Joshua Spitzig, Dan Henry, Kenny Schutz
项目赞助商；The Allstate Corporation, The Allstate Foundation, Mr. and Mrs. David W. Grainger, The Grainger Foundation, The u.s.Department of Energy
摄影：Msi、J.b.s[ector和 JR Krauza

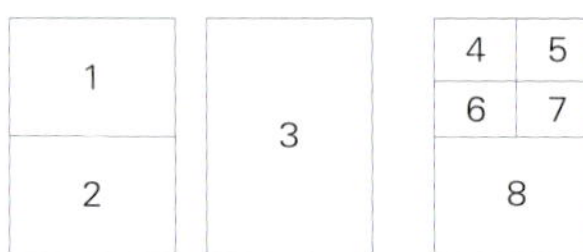

1 游客的第一印象——科学风暴入口斜坡的光投影
2 6.1m的上空悬挂着泛着波纹的蓄水池，离地面18.3m高的舞台聚光灯将光穿过蓄水池——创造出地面上的图形
3,4 “日光”展示。位于地面高度的互动元素与平面镜和棱镜相连，悬挂在吊在天花板上的一个圆形框架上
5 示意图
6,7 光发出的颜色：一个4.3m高的房间，教游客学习颜色的调和和不同波长的光如何相互作用
8 光的行为：反射和折射原理演示。德国灯光艺术家彼得·塞得利的作品

2010年3月18日，芝加哥科学与工业博物馆“科学风暴”揭幕，在新命名的Allstate Court馆举办了一场空前的、戏剧性的展出，揭示了自然界中一些最强有力并引人入胜的现象背后的特殊科学道理——龙卷风，闪电，火灾，海啸，日照，雪崩和原子运动。芝加哥科学与工业博物馆建于1933年，科学风暴的理念就是以简单的方式呈现科学知识，使科学简单易懂。这座全新建筑的展览空间近37161.2m²。超过一百名专家组成的团队——展品设计师、视听效果顾问、照明设计师、制作人等被来自Evidenc Design的展览设计师召集在一起，创造出了科学风暴展览。

Focus Lighting向设计团队提出了20种有关光的可能展览方案。其中，3种比较精确的想法脱颖而出，最终在“科学风暴”中展出。光发出的颜色：一个4.27m高的立方体房间展示了混色的效果，以及不同波长的光是如何互相作用的。波导：使用数以百计的光纤电缆证明光的全内反射原理。

与艺术家彼得·塞得利（Peter Sedgely）合作的“光的行为”展示，巧妙使用分光玻璃的鳍片证明反射光的行为。光发出的颜色在4.27m高的立方体房间外，游客看到的是有色光柔和地混合在一起。而站在室内则看到LED灯条发出的红、绿、蓝色的条纹，让光充斥了整个空间。这些LED灯管安装在磨砂的亚克力墙面上。游客可以通过移动控制台上的滑块控制LED，增加或者减少红、绿、蓝光的波长。控制台上方装有圆盘，每一个都用光谱的不同色调标示出颜色和标签。当游客改变有色光时，他们能感到圆盘的颜色产生了巨大的变化。波导Focus Lighting设计的“波导”展示了光学纤维电缆是如何工作的。由上千条尾端暴露的光缆组成的控制台通过聚光灯照亮。而这些光缆的另一端则延伸开来，与控制台后面的大屏幕相连。当游客在控制台上投射出影子时，影子的形状将被模拟且显示在大屏幕上，所有人都可以看到。

另外一个展览“日光”，进一步向游客展示了光和色的科学原理。他们将一个自动日光反射装置安放在屋顶上，它跟随太阳移动并且反射日光将它向下引入室内。在室内，人们可以用光做各种实验，如使用棱镜创造色彩绚丽的彩虹，从而再现牛顿（Isaac Newton）的棱镜实验。Focus Lighting使用强大的全光谱光源修改了聚光灯的夸张效果，在多云或者夜间就可以用它来代替日光。团队还提出了一个蓝色“包装”的想法，2415.5m²的“科学风暴”展览全部覆盖了朦胧的蓝色灯光，令人印象深刻，独立展出的实验从而得到了统一。

大型展览运用了舞台照明，当游客站在控制台前，操控一个12.2m高的蒸汽漩涡圆柱和光，他们能够体验龙卷风引起的力量。一个还原了电闪雷鸣效果的特斯拉线圈，被黄色光打亮，从而使铜线圈从暗蓝色的天花板背景中突出出来。离地面18.3m高的聚光灯将光穿过一个充满液体的大型圆盘，在地面上投射出波纹图案，让游客得以探究液体波动态。

GREEN STAIRS
BLUE STAIRS
science storms
science · storms
science storms

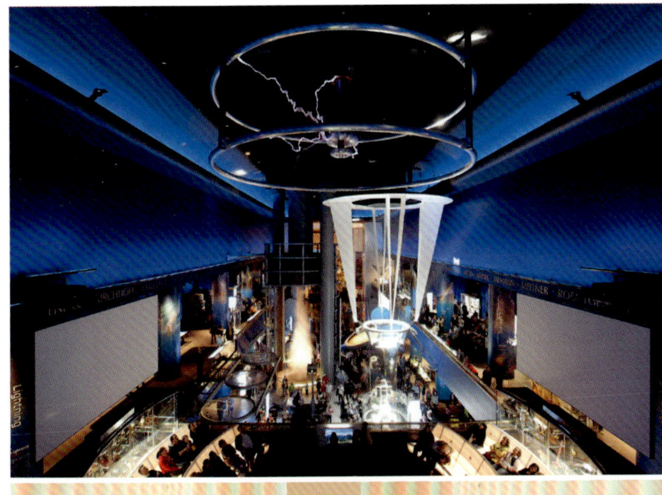

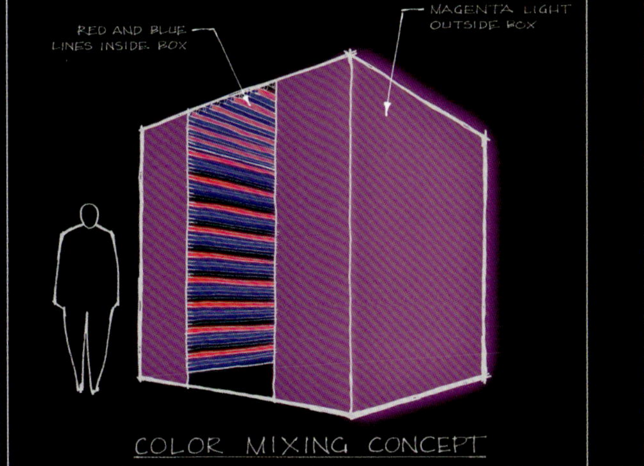

RED AND BLUE LINES INSIDE BOX
MAGENTA LIGHT OUTSIDE BOX
COLOR MIXING CONCEPT

RED
YELLOW
GREEN
VIOLET
ORANGE
WHITE
BLACK

RED
YELLOW
VIOLET
ORANGE
WHITE
BLACK

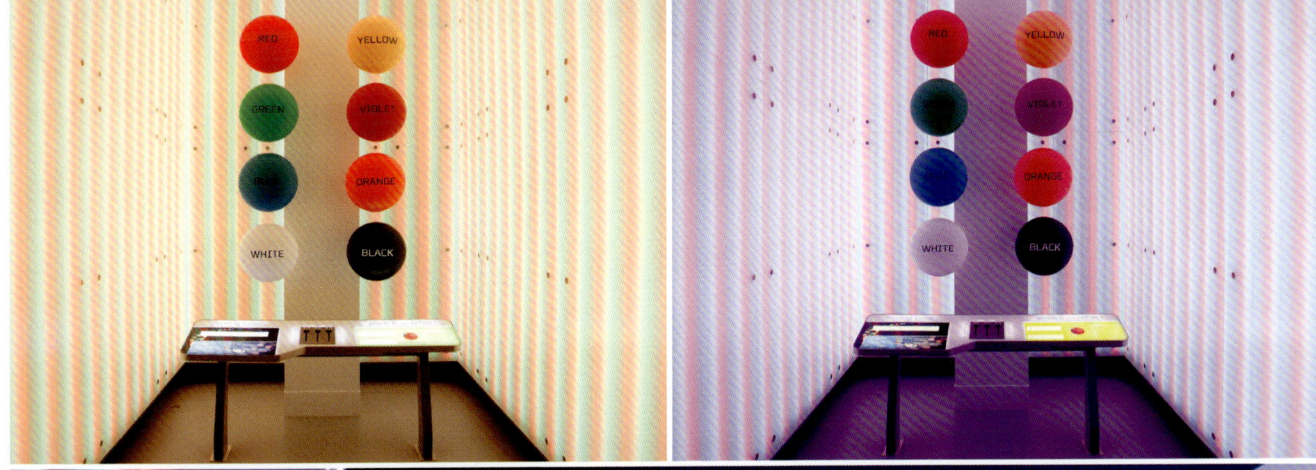

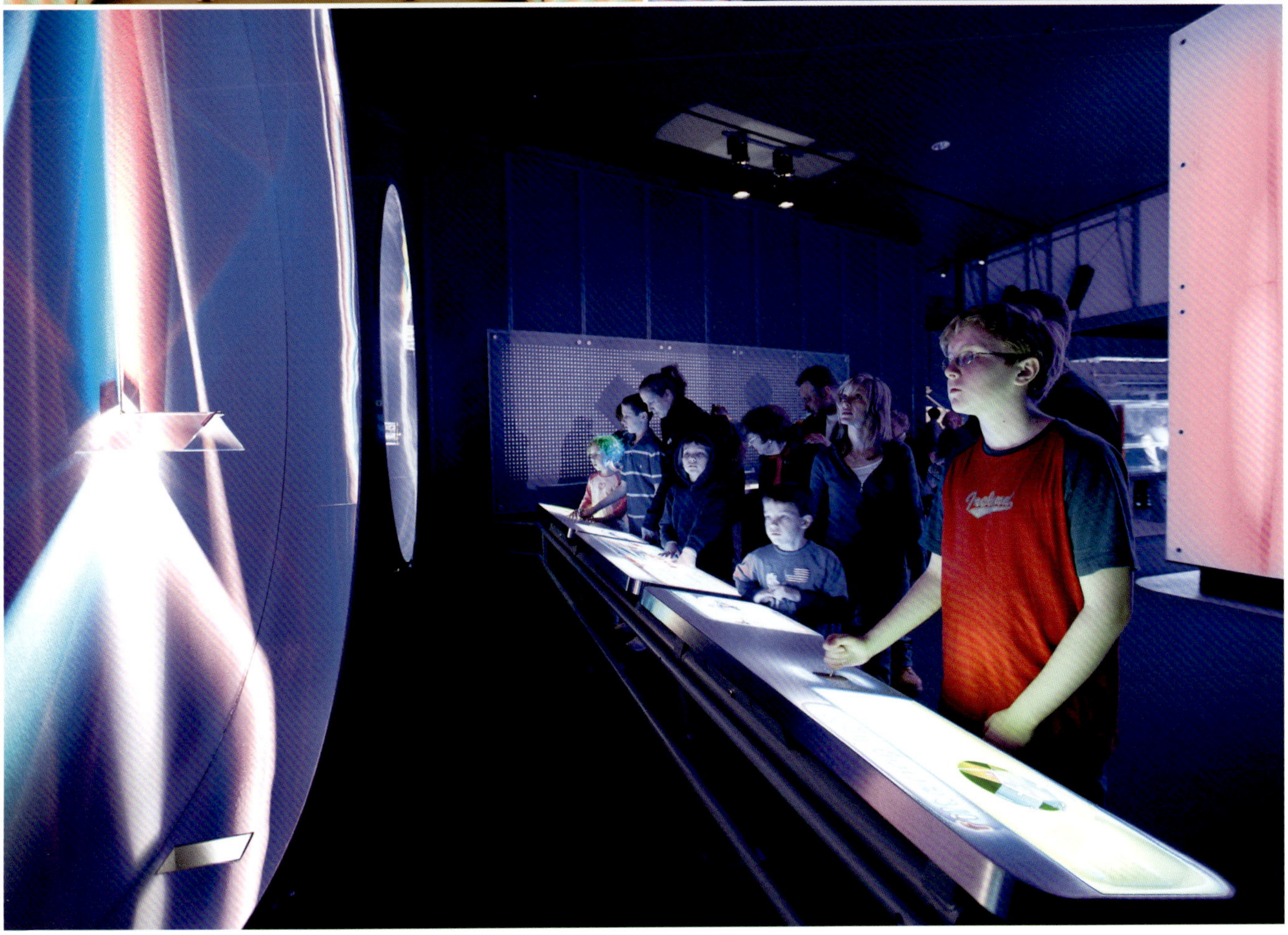

意大利罗马

洛伦佐·洛托展览

LORENZO LOTTO'S EXHIBITION, ROME/ITALY

博物馆： Scuderie del Quirinale
建筑师： Emilio Alberti, Mauro Zocchetta
照明设计： Consuline，弗朗切斯科·扬诺内，FPLDA，瑟琳娜·泰利尼，PLDA
产品应用： Targetti

2011年3月2日至6月12日，在罗马Scuderie del Quirinale的洛伦佐·洛托展览第一次通过一种全新的照明理念展现出来。不管是从技术还是内容方面来看，这种理念都注定要转变我们照亮文艺复兴时期伟大画家的作品方式。

当前对好的艺术品照明的理解是尽量做到统一和二维照明。照明设备生产商为了达到这个目标，已经完善了他们的技术。在任何知名公司的产品目录里，有关"良好和统一"的照明例子不胜枚举。这些就是生产商们推销的高品质的照明产品。Consuline开发出的新照明理念开辟了新的道路，他不仅挑战了现有的方法，而且让这些方法显得过时。直白点说，有些二维。一直到现在，观察者们才意识到，现有的"设计方法"都只是二维照明。从未有人质疑过这点，因为它似乎很接近现实：伟大的作品最终都是二维的。

这样的一个时代已经来临，即运用我们在当代获得的新知识并质疑二维照明解决方案的有效性。电影迄今为止是否都是二维的呢？我们是否在通过应用新技术（3-D）和设备（眼镜）尽力克服这点呢？他甚至评论说所有的欧洲展览的照明都应该如此。如果这位先生的愿望就是我们将来的任务，这意味着所有现在的美术馆照明系统将成为过去，每一幅图画都将需要仔细分析并单独照明。我们正在讨论的这些包含着巨大的经济内涵。即使是洛托展览也只使用了部分此系统，因为整个展览的支出已经超出预算。然而这也证明了改善照明质量可以提升展览质量，而它只不过是比传统照明更昂贵而已。正如3-D电影比2-D电影更昂贵一样……

我们生活在一个感性的世界中。这是所有照明设计的主要依据。如果来自Consuline的瑟琳娜·泰利尼（Serena Tellini）和弗朗切斯科·扬诺内（Francesco Iannone）找到一种方法，可以让我们的大脑以三维立体的方式感知文艺复兴时期的绘画，这将意味着什么？对照明行业来说，这确实像3-D电影或者3-D电视的引进一样重要。它可以让我们以艺术家自身感知他所绘画的场景的方式来与众不同地感知艺术。照明设计师将面临这样一项任务：将艺术家在画布上舞动画笔时所想象的情感和画面照亮。艺术从而获得一个新的成分——它变得更形象更生动。

罗马的洛伦佐·洛托展览照明开启了一种照明新品质。移情被认为是许多社会科学的基础，比如犯罪学，心理学，生理学，教育学，哲学，精神病学，以及管理学和市场营销学。现在又被应用到绘画照明领域……Consulines以这种方式为画作提供照明，可以让观察者换位思考，让他们觉得仿佛自己就是画家和画中的人物。

神经美学是一个新的研究领域，在这个领域里照明当前被认为意义重大。直至今天，或者说很长时间以来，我们上面所讨论的现象都曾引起了艺术家和科学家的兴趣，但都是从不同的角度分开研究的。

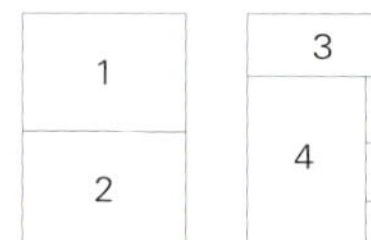

1 洛伦佐·洛托的作品不是以二维和统一的方式来照明的，从光的数量、亮度、波段等角度来说，每一种颜色都经过单独处理。这形成了对比，并完美地将颜色诠释出来。绘画中的人物和物体都拥有了三维的质感

2 对于特别订制的42W LED灯具，Targetti研究中心开发了特别的双目光学，并带有全息过滤器以抑制特定部分的光谱。3450K紫外线和无红外线的白光LED被精确控制，为艺术作品提供照明并呈现作品的颜色

3,4 绘画在光的照射下呈现出的立体感

5,6,7 手绘图

8,9,10 构建狭窄的空间以容纳和隐藏设备。其他类似圣坛状的结构也是出于同样的目的。Targetti还提供了一般照明，用间接光为穹顶提供照明

第二个颜色
成分4500K
第一个颜色
成分 3200K
基座照明
4000K

中国北京

国家博物馆《古代中国》展陈空间

AN EXHIBITION OF“ANCIENT CHINA”IN NATIONAL MUSEUM, BEIJING/CHINA

业主：中国国家博物馆
照明设计：北京远瞻照明设计有限公司
设计师：齐洪海

国家博物馆《古代中国》的展陈空间照明设计主要做了以下6方面工作：

1．确定国家博物馆展陈和空间照明设计的重要原则：(1)展品的保护。(2)背景具有可控的亮度，整体的视觉感受明朗，空间识别清晰。

2．制定符合工程建设进度要求的工作流程：(1)照明对象分类，相应的照明方式和控制方式：①建筑墙面（3.75m高，7.25m高，8.25m高，9.7m高），采用设置在天花上的轨道灯照明。已有天花上轨道的间距为3～3.5m，分析能否确保对所有建筑墙面形成均匀的洗墙照明以及对策(比如增设平行与墙面的轨道)。控制采用DAL系统。②展陈墙面。同上。③展柜内展品。照明和控制柜内解决。④裸露展品。照明采用天花上轨道灯和展位上的灯具。天花上的轨道灯采用DALI系统控制；展位上的灯具由展位上的控制系统控制。⑤展陈空间。采用设置在天花上的轨道灯照明。控制采用DALI系统。(2)照明设备归类：①DALI系统。与天花上的轨道相连。与室内工程相关。②天花上的轨道。与室内工程相关。③天花上的轨道灯。与室内工程不相关。④展柜内和展位上的灯具。与展柜和展位制作相关，与室内工程不相关。⑤展柜内和展位上的控制系统。与展柜和展位制作相关，与室内工程不相关。⑥供电系统。天花内供电和地插供电。为已有设计条件。与室内工程相关。(3)根据和其他相关工程的关联度决定选择照明设备的先后顺序：①供电系统。为已有设计条件。②天花上的轨道。建议将基础照明中的三回路轨道改为DALI轨道，可解决绝大部分的展陈照明需要。校核已有轨道对墙面、裸露展品和空间照明需求[投光方向（与展品摆放方向相关）、角度]的响应程度。增设必要的轨道。③DALI系统。包括数据线和控制器。需要明确数据线和控制器的连接方式，以明确是否需要首先估算控制点的数量（耗电量？光源类型？单位长度轨道的灯具数量／功率限制？）。④展柜内和展位上的灯具。考虑垂直面、水平面和空间照明，均匀照明和重点照明，不同方向的照明等照明方式分别确定构造方式和灯具选型，通过控制系统实现照度调节（比如0～300lx 的连续照度变化)。⑤展柜内和展位上的控制系统。⑥天花上的轨道灯。

3．和馆方合作，逐一确定展品的光敏感度等级。

4．完成具体的展陈空间照明设计，提出展柜照明的技术要求。

5．现场环境模拟实验。

6．指导安装和调试。

从最终完成的情况来看，在展品保护、背景和展品的亮度关系这两个方面取得了比较理想的结果。但由于工程进度的原因，最终未能采用DALI系统。轨道的排布是建筑师决定的，在开始照明设计工作的阶段已经在安装。未能按照照明设计师的建议增设轨道，对灯具的布置造成很大的局限。

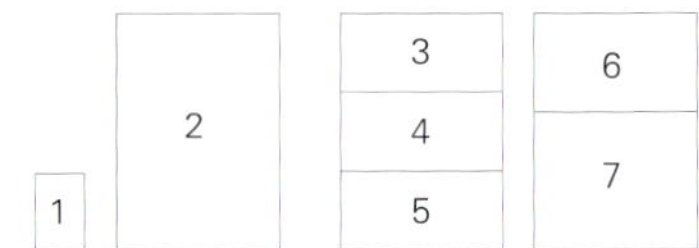

1 秦兵马俑
2 墙面的照明是构建亮度关系的重要环节
3 宋佛造像
4 唐昭陵六骏
5 清代绘画
6 核算墙面、空间、裸展和展柜照明的相互影响
7 东汉石辟邪

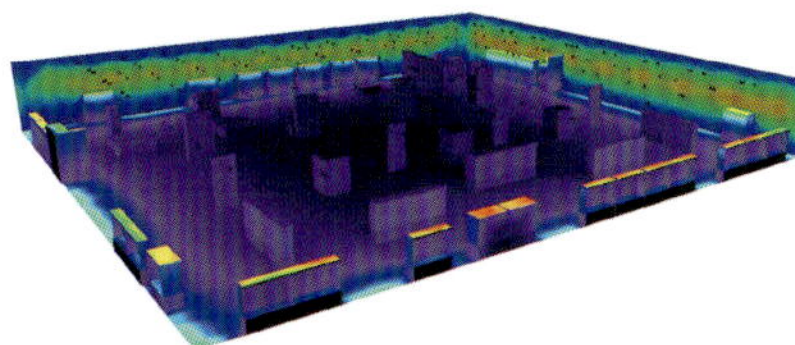

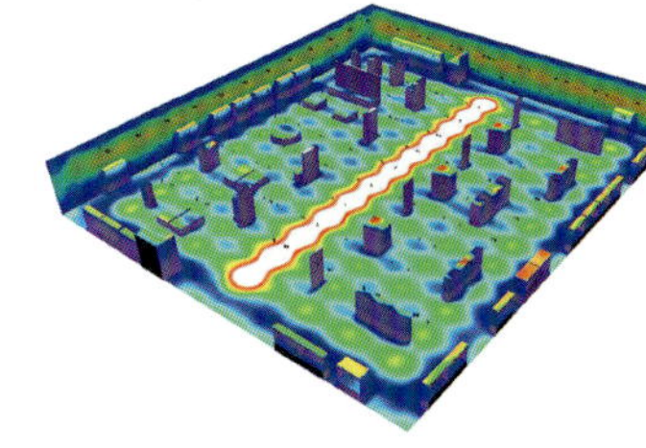

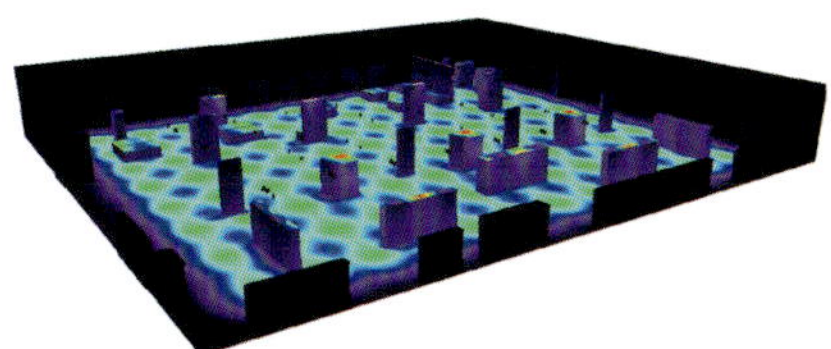

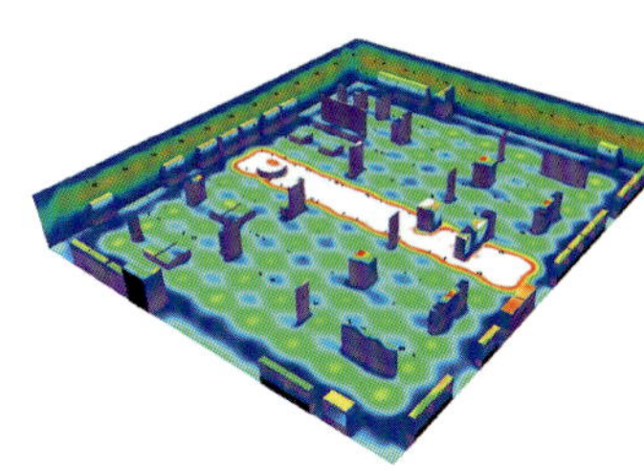

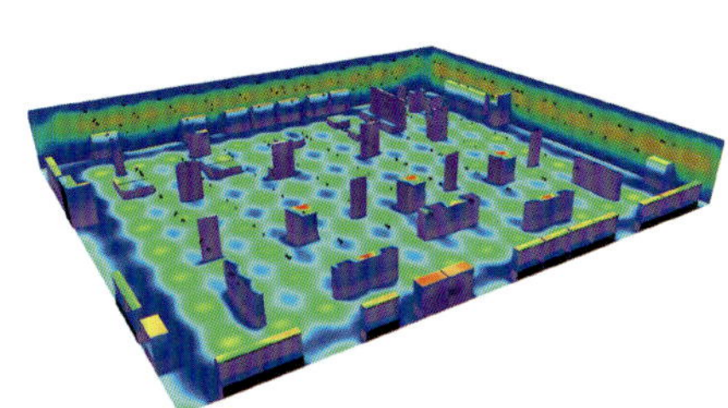

山东博物馆

SHANDONG MUSEUM, SHANDONG/CHINA

建筑及景观方案设计：清华大学建筑设计研究院
展陈设计：江苏爱涛文化艺术有限公司、北京清尚建筑装饰工程有限公司、日林建设集团有限公司、山东德泰装饰有限公司、山东福缘来装饰有限公司等。
展陈照明设计：北京北方蔡氏照明科技有限公司
展陈照明顾问：张昕

山东省博物馆新馆选址在济南市新城东部中心区域，建设用地 230 亩，主建筑面积 8.3 万 m^2，人防及地下配套工程 4.5 万 m^2，广场约 10 万 m^2。2010 年 11 月正式开馆。新馆取意天圆地方、天人合一。

山东博物馆从博物馆照明的技术层面而言并不复杂，"如何相对准确的传达海量的各类文物的视觉内涵"是关键，其中佛造像、画像石、蛋壳陶、书画、隋船的照明设计均经过草图分析、软件模拟、现场实验的复杂过程，展陈构思也经由照明设计得以充分传达。展陈照明设计范围即八馆四厅："山东发展史馆""齐鲁名人馆""民俗馆""石刻艺术馆""文物精品馆""古代交通馆""考古馆""自然馆"和"交流展览厅""学术报告厅""青少年实践活动厅""文化艺术品展示厅"。

佛造像，对于裸露在外的佛像，上、中、下保持 3 ： 2 ： 1 的照度关系，两侧补光消除脸部阴影及场景内的杂光，使光线层次分明，重点突出。释迦五印（与愿印、施无畏印、说法印、禅定印、降魔印）在亮背景板上凸现出来，上部入射光投射出富含意味的阴影，为参观者留下无尽想象。对于独立柜内的残损佛像组，由于灯具安装空间的限制，选用小型可选角度的轨道 LED 射灯，既可以灵活的安排灯位，还可有效控制光的方向和光束角。3000K 的 LED 光源略带冷峻，恰与残损佛像要传递的历史主题相吻合。

考古学意义上的"画像石"，主要指装饰在地下墓葬和地上祠堂的雕刻各种图案的石头，其图画内容用来告慰死者，警示生者，具有极强的社会教化功能，是关于"死亡"的艺术；而在展厅中的画像石成为了空间分隔与围合的界面而被赋予了建筑学意义，是关于"生命"的艺术。对于画像石的照明设计也因此具有双重属性，光影交错使得逝去的艺术在此得以重现，也表达了前人的崇敬之情。利用亮度差异对于同一展厅内的展品区别对待，围合空间的普通石刻画像石明亮强硬，严格保护的彩绘绢本画像石暗淡朦胧。

祠堂是汉代墓室壁画中的重要组成部分，反映了先民的生死观。照明设计进行了针对性的处理，整件展品处于相对温暖的环境中，同时展品内部辅以冷光，参观者亦有机会细观内壁细节。

孔子文化大展主要展出与孔子相关的文物，夫子履、楷木雕孔子像、圣迹图、各个时代的孔子画像等珍贵的展品，并以此简述孔子伟大的教育成就以及从一介布衣上升到"大成至圣文宣王"的历程。借用舞台照明的方式营造场景感和戏剧冲突，借"光的设计"拉大不同文化场景的时空尺度。

隋船是山东保存最完好，历史最悠久的一件珍贵文物，保护等级也最高，与馆方及展陈公司充分沟通之后，照明设计师用洗墙灯将整幅背景淡淡照亮，同时用 17 支 2×7° 的窄角 QT 射灯将船体外沿打亮，最终营造出船浮在码头的感觉。

	2	3
	4	5
1	6	7

1　一层平面图
2　佛手印
3　残损佛像组
4　汉画像石
5　大槽船（盛世万载）
6　佛造像
7　楷木雕孔子雕像

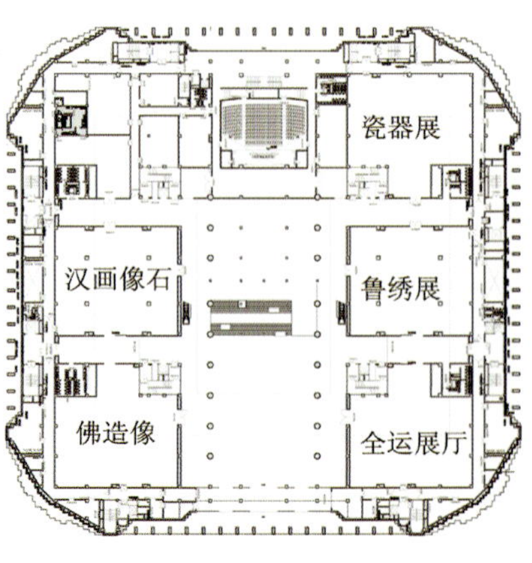

孔子文化大展
Exhibition of the Confucian Culture

德国布鲁塞尔

议会博物馆

THE PARLAMENTARIUM, BRUSSELS/GERMANY

设计概念与展示场景：ATELIER BRÜCKNER
平面: integral ruedi baur
灯光: LDE Belzner Holmes
多媒体: jangled nerves
媒体制作: Markenfilm Crossing
媒体设计: medienprojekt p2
角色游戏: Mediafarm
摄影:Rainer Rehfeld

议会博物馆位于布鲁塞尔，其展览设施的多国语言系统及布景图展陈为访客带来畅游欧盟历史的视听体验。设计倾向于使用信息图表与体验的方式阐释内容，包括表现欧盟政治的透明以及欧盟的组织运行。每一个信息点配备的23种语言方便来自欧盟各个城市的访客能够选到自己的母语。此外，展览还配备了手语导视、音频解说及专门为吸引儿童准备的信息交互按键。

访客团更可以通过个人移动导航来获取系统已存的所有多语言数据。导航基于iPod touch设备，移动单元与媒体装载的数据整合了RFID技术的导航用来实现访客与信息间的创新性互动。个人移动导航通过探测访客位置翻译目标数据，访客走到哪里就会接收到相应范围的进一步信息，同时能够激该区域内的媒体中心。

所有参观欧盟议会中心的访客都能高效地接收信息。访客沉浸于展览之中享受交互方式为其带来的包括细节在内的信息浏览体验。

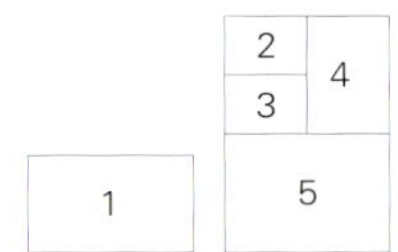

1 博物馆入口
2 开始
3 欧洲的议会
4 今天和明天
5 欧洲的日常生活

德国法兰克福

德意志电影博物馆

GERMAN FILM MUSEUM, FRANKFURT/GERMANY

业主: 德意志电影研究所 DIF / 德意志电影博物馆
场景设计: ATELIER BRÜCKNER
灯光设计: BartenbachLichtlabor
多媒体制作: jangled nerves
建筑 / 翻新改造: BlocherBlocher Partners
摄影: UweDettmar

德意志电影博物馆位于法兰克福，设计由来自斯图加特的 ATELIER BRÜCKNER 操刀，其高品质的常设展非常抢眼。展览铺开于两层共 800m^2 的空间中，紧凑的场景设计以电影的方式运作着，同时也表现了电影本身。空间的叙事性以戏剧的手法贯穿至微小细节，引领参观者进入到电影的世界中。

各层通用的深色空间如电影播放般一一呈现。这是一场由声与境精湛组合的戏剧，微妙处理的重点照明以及风格化的电影元素无一不在发声。乌韦 · R · 布鲁克纳 (Uwe R. Brückner) 与他的跨学科团队完成了此部叙事性戏剧。在他解释这一刚完成的常设展时说“我们要让展览会开口说话，会讲故事，最终打动观众，使之持久的留在参观者的记忆里，达到余音绕梁的效果。”“这种基于内容设定的设计手法会达到空间与内容融合，展览与观者沟通的效果。”

第一层的展示主题为“电影的视觉”。它向观众呈现了一幅万花筒式的空间画面，以此来表现早期的技术发现与 19 世纪的创造发明。承载电影发展变化的早期设备在历史意义上而言已经成为古董。展柜不仅是构成空间画面强有力的元素，其本身又向观众传递了重温电影跑片的感觉。

第二层展区“电影的表述”为观众提供了用现代手段制作电影的机会。其中核心部分为电影画面的设计及其情感作用。该区的意义在于加强观众对电影作为传递情感媒介这一概念的理解。设计师甚至试图怂恿观众积极加入到影视制作中去，对于电影制作的技术环节，观众可以在一个模拟电影工作室的展示空间里一探究竟。

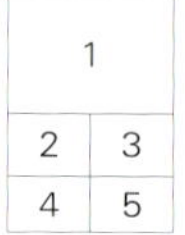

1,2　一层“电影的视觉”
3,4,5　二层“电影的表达”

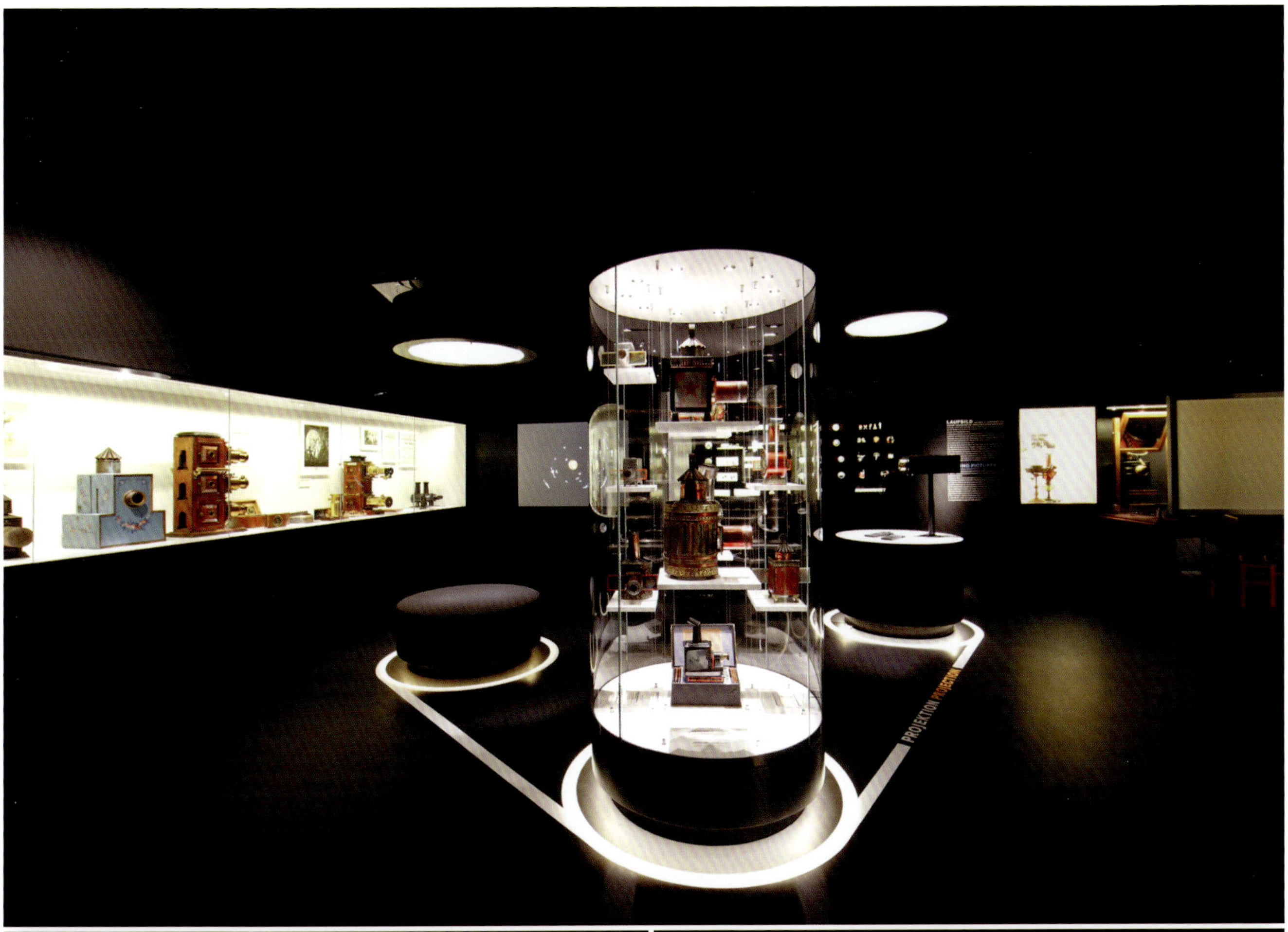
PROJEKTION PROJECTION

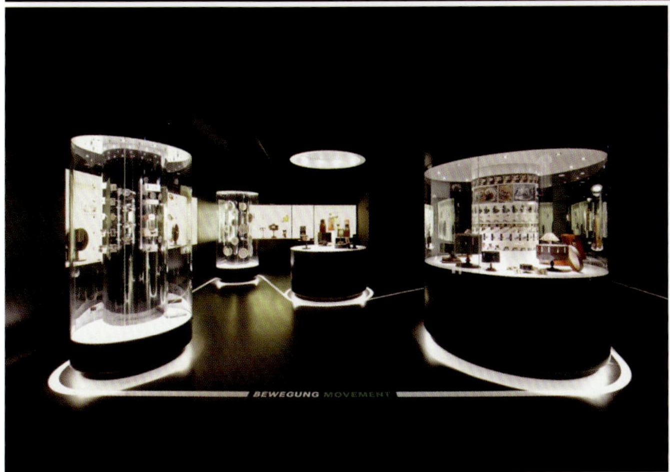

BEWEGUNG MOVEMENT

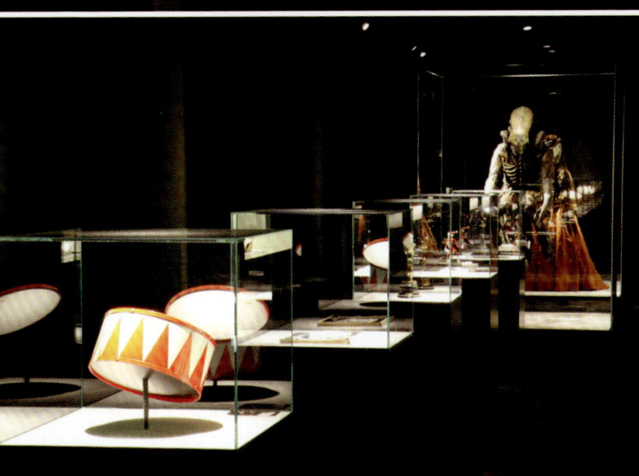

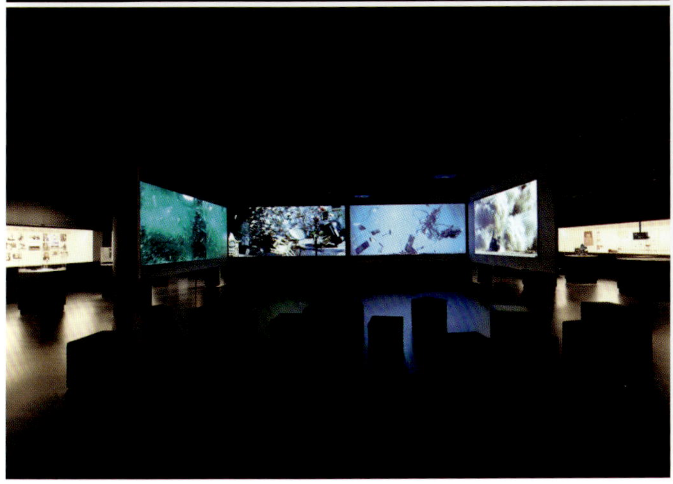

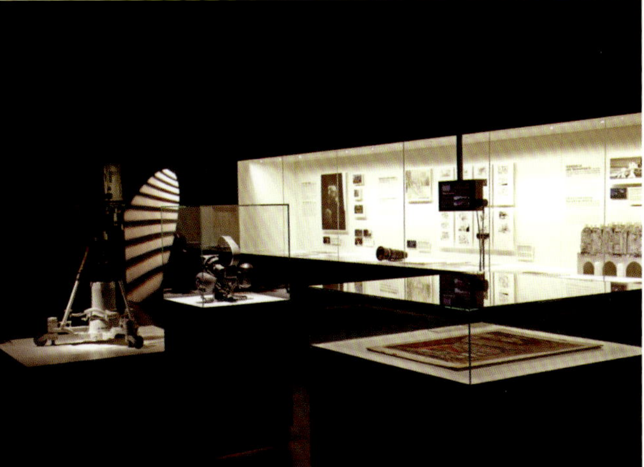

中国上海

万科馆

VANKE PAVILION, SHANGHAI/CHINA

“麦垛”是多相工作室对2010年上海世博会万科馆的昵称，由表皮为秸秆板的3个正圆台与4个倒圆台交错组成，它们围合而成的半室外空间四周通透，顶部通过透明ETFE膜连成一体。圆台内部是独立的展厅与后勤办公空间，建筑外部环绕着景观水池。

“麦垛”天然光设计的核心思路由建筑师在创作早期已经确定，即天光自治、表现光影和仰望蓝天，照明顾问的工作是为采光系统的深化提供可视化和可量化的设计数据，在生态设计顾问完成的计算机采光模拟分析基础上，采取缩尺模型实测（采光系数分布）和分析（主观评价、视频捕捉）的研究方法，辅助建筑师完成设计判断。

“麦垛”人工照明设计的核心思路由建筑师和照明顾问共同提出，在项目伊始对世博会“泛LED”和“泛灯光秀”的充分预期下，项目团队选取了“低调”的设计策略：中庭内部空间由圆筒表皮的反射光提供功能照明，实现“见光不见灯”；外部空间采取筒立面剪影、筒间内透的照明方式，昼夜图示实现了“图底互换”。在建筑师对于“可控度”和“完成度”的极致追求下，本案相对复杂的光学设计思路得以实现，成为“LED海洋”中仅存的几座“暗礁”之一。

相对单纯的7个（三正、四倒）圆筒靠在一起，形成了一个“巨型光筛”：移动的平行日光与天穹的漫射天光在经过“巨型光筛”之后，产生了一系列富于感情色彩的光线路径，这是自然界绘出的美妙光影，设计团队所竭力保护的就是这种“自然状态”；与日间之“自然”相对应的即为夜间之“人工”，设计团队所创造的复古的“反LED”的金色光泽（3000K金卤灯照射到秸秆板后的反射光）从“巨型光筛”中涌出的状态恰好与日间图示形成“图底互换”。

建筑规模：3309m²
建筑及景观方案设计：北京多相建筑设计工作室
建筑及景观建筑专业施工图设计：北京多相建筑设计工作室、北京金田建筑设计有限公司
建筑及景观设备、电气专业施工图设计：北京金田建筑设计有限公司
建筑的结构专业方案及施工图设计：清华大学建筑设计研究院
建筑生态技术咨询：林波荣、谷立静、周潇儒、彭渤（清华大学建筑学院）
建筑光学设计咨询：张昕、杨光、谢匡政、肖闻达、兰恬（清华大学建筑学院）、何佳明（iGuzzini照明有限公司，中庭公共空间照明模拟）
展览设计及展厅室内（a～f筒）设计：北京盛阳世纪文化传播有限公司、北京华毅司马展览工程有限公司、北京龙安华诚建筑设计有限公司

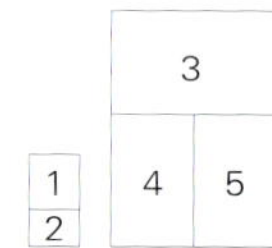

1　全阴天的光影表情
2　后勤筒的圆形天窗
3　暗藏灯槽与反射式照明
4　筒立面剪影与中庭内透光
5　入口处的反射式照明

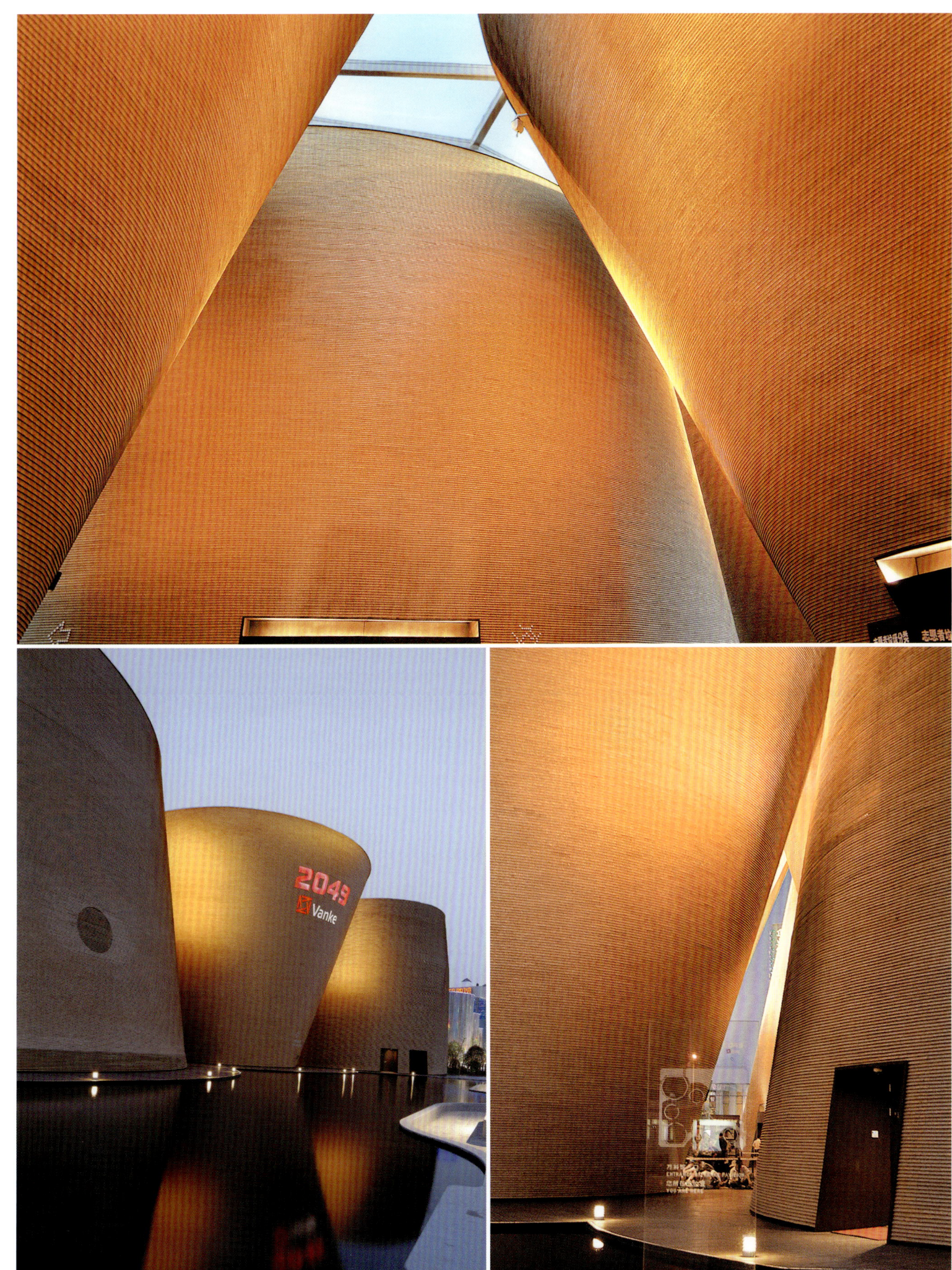
2049
Vanke

中国上海

意大利国家馆

ITALY PAVILION, SHANGHAI/CHINA

设计：Studio iodice & associati 工作室
总建筑师：giampaolo imbrighi
承建商：思维佳展览服务有限公司，上海绿地建设集团
项目管理：必维国际检验集团大中国区
灯光布景：giancarlo Basili
协作伙伴：iGuzzini illuminazione spa，iGuzzini照明（中国）有限公司

意大利馆凭借其“人之城”的设计理念成为了诸多欧洲国家馆中的佼佼者之一。意大利建筑师詹保罗·因布里吉先生（Giampaola Imbrighi）试图将水、空气、土壤、空间、光线等多种元素糅合在一起，结合精心的布展设计和灯光设计，尽可能对意大利传统城市布局形式、文化同中国文化的关联进行诠释。他希望把“人”作为城市与建筑设计的中心。

意大利馆是一个占地面积3600m²、高18m的四方形建筑，三面环水。建筑立面选择性地采用了创新的“透明混凝土”材质，配合内部膜结构，可实现日间自然光内透和夜间人工光外透的效果。

入口大厅（A区）区域两面墙壁和整个天花都是玻璃幕墙，另两个墙面分别为“人之城”多国文字主题浮雕墙面和奥林匹亚剧场主题浮雕墙面。两个主题墙面的照明由特造的可调角度射灯Cestello提供，每个灯具配4个CDM-R111 70W陶瓷金卤灯光源（10°或24°），安装于玻璃幕墙侧墙面上钢结构距地面15m高处。文字主题墙面顶部还装有一排DALI可调光的LED线形洗墙灯具Linealuce来调和上半部分的照明效果。空间整体照明由安装在玻璃幕墙天花龙骨上的特造轨道灯具配合可调光的卤素光源PAR30（10°）来提供。整个入口大厅的灯光效果醒目而协调。

中庭的“乐趣生活”展区（Joy of living，L区），除了和入口大厅相同的满天繁星效果外，需要重点表现几个主题墙面：马赛克壁画墙面、交响乐团墙面以及时装模特时尚展示墙面。对于这些主题墙面，最终采用多个特造的可调角度射灯Cestello进行照明，每个灯具配4到6个QR111 100W低压卤素光源（8°或24°），安装则巧妙地通过壁装或玻璃幕墙顶上的轨道上来实现。光线聚焦在各个墙面以及地面，突出了抽象的袖珍交响乐团以及由服装和模特构成的时尚展示，一起来展现该展区“乐趣生活”的主题。

在“意大利高科技”展厅（I-Tech，F区）中，展出了意大利工业科技与设计的杰作：Vespa摩托，菲亚特500汽车，泰诺健（Technogym）健身器材，法拉利汽车，自动化机器人等。距地面5m高处铺设了一块块拼接起来的特殊的半透明塑料材质的天花，整个天花都印上了包括意大利在内的地中海区域的巨幅地图。该展区也成为安卡洛·巴西利先生最为满意的区域之一。

意大利馆的照明管理系统也是一大亮点。意大利馆安装了一套完整的名为Master Pro的照明管理系统。该系统基于LON-DALI协议，成功对100个控制模块进行了同步控制，进而管理了整个建筑内几乎所有的灯光系统，显示了该系统强大的管理功能。灯具类型中，大多采用了可调光的光源，先进的DALI控制系统为灯具系统控制方式的高度灵活性提供了保证，甚至可以精确到对每个灯进行单独调光或开关。

1,2 意大利馆建筑概念
3 夜间室外照明效果
4 入口大厅（A区）
5 中庭的“乐趣生活”展区（Joy of living，L区）
6 光线突出了墙壁上袖珍的，由服装和模特构成的时尚展示
7 “意大利高科技”展厅（i-tech，F区）

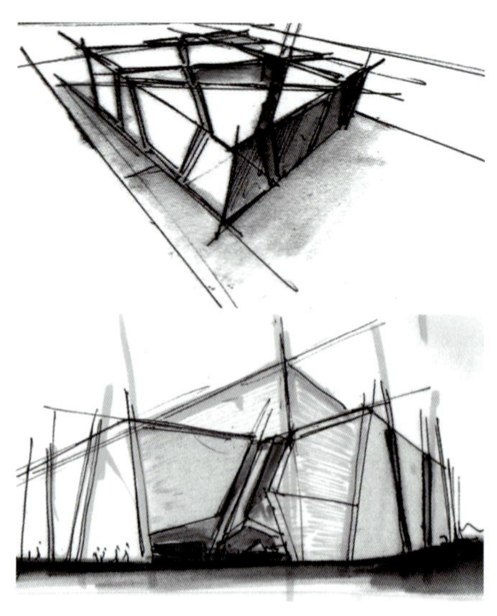

中国上海

上海企业联合馆

SHANGHAI CORPORATE PAVILION, SHANGHAI/CHINA

主设计师：Edwin Schlossberg（席洛文）
主建筑师：张永和
文化总策划：余秋雨
导演：Don Mischer
总制作人：David Goldberg，顾抒航
技术总监：周凤广
艺术总监：吕嘉
能源与环保顾问：施正荣
能源与技术顾问：张高佐
灯光设计：Robert Dickinson

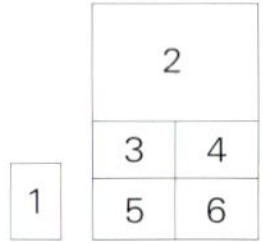

1,2 光的技术云包裹而成的“魔方”
3 电梯通道内的LED形成强烈的动势
4 室内的灯箱表达上海的城市意象
5,6 “魔方”底部的公共空间，观众从此电梯进入馆内

上海企业联合馆昵称“魔方”，是由上海市国资委下属的近40家大中型国有企业联合出资建造，一个具有智能技术、梦幻意境和互动体验的生态环保建筑。其建筑风格、环保应用、布展方式、娱乐体验和市民的参与都将魔幻地展现上海的未来。

“魔方”占地面积约4000m²，位于世博会企业馆展区。其建筑设计拥有多项科技创新，具有生态环保的设计理念。建筑屋顶上布置了2200m²的太阳能集热屏，收集太阳能生成的95℃热水，通过超低温发电新技术，输出电功率超过200kw以上。可供建筑展览和日常用电。当“魔方”白天和晚上被LED灯点亮，层层叠叠的亮点和画面闪烁出现，支持能源将来自取之不尽的无限太空。

外围立面材料采用废旧光盘回收、清洗、再造而成的聚碳酸酯透明塑料管，将各种技术设备管线容纳其中，共同构成建筑虚幻隐约的外立面。当世博会结束后，这些塑料管也很容易进入到再生循环体系之中，节省社会整体能耗。

“魔方”场地范围内的雨水将得到回收，经过沉淀、过滤和储存等技术处理之后，可作场馆内的日常用水之用，更可作“喷雾”之用。喷雾不仅能够降低局部环境温度、净化空气，带来舒适的空间小气候；更能令“魔方”的整体外观呈现出飘逸的特点。

谈到建筑的设计理念，项目建筑师臧峰说道：“这是一个用科技技术包围起来的建筑。形成一个三维的空间技术云，包裹住实体的使用空间。”光作为这个建筑的最突出表达方式，与建筑本身的设计理念相一致，建筑师始终在思考的是：光是否可以成为这个技术云，成为一种媒介，传达空间的信息——内部的使用信息与外部的空间形体信息。为此，设计师专门设计了灯具的安装系统，一个不锈钢的空间格网，用以支持这个三维的显示系统。同时，为了达到完美的光效，项目集合了照明设计师，光导工程设计师，制作方，媒体内容制作方等众多角色。并且在方案确定之后，进行了一系列重大的实验，不断测试调整实体安装，灯具线路，灯点效果，外观，播放动作，整体效果等部分。由于整个系统都是特殊定制的，需要考虑到光线的方向，建筑师要求的是360°发光；线路要求是没有明线；安装节点也是透明的等，因此所有的产品均需特别定制。

新加坡肯特岗

新加坡国立大学教育资源中心

EDUCATION RESOURCE CENTER OF NATIONAL UNIVERSITY OF SINGAPORE, KENT RIDGE/SIGAPORE

业主： 新加坡国立大学
建筑： W Architects Pte Ltd
景观建筑： Sitetectonix Pte Ltd
照明设计： Lighting Planners Associates Inc.——Kaoru Mende, Gaurav Jain, Phraporn Kasemtavornsilpa
完工时间： 2011/05/01
项目面积： 12042.16m²
能耗： 10.09w/m²
摄影： Lighting Planners Associates Inc. ,Yusuke Hattori, Gaurav Jain

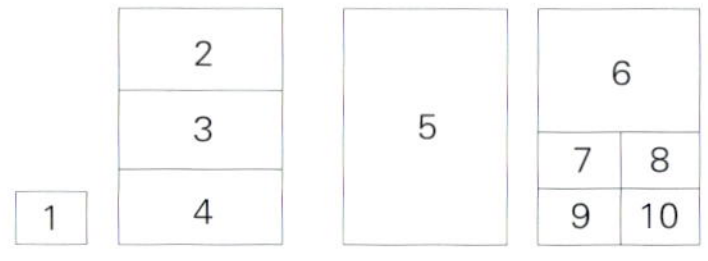

1 面出薰先生专门设计的柱杆灯的草图，详细显示带有直接、间接照明组件的柱杆灯的尺寸和比例
2 外立面
3 户外学习空间
4 车辆入口
5,6 中央庭院
7,8 私人学习空间
9 咖啡—学习屋
10 阶梯教室

教育资源中心居于新大学校园中心，是为毕业生和研究生使用的一幢三层建筑。照明与建筑设计概念相一致，并间接照亮了扫掠曲面——营造出一种柔和的照明效果。冷阴极灯管和无缝荧光灯照亮大部分的空间。定制柱杆灯是户外研究空间的一部分。DALI 镇流器及自动感应的照明灯具能够控制视觉舒适的程度，并且能够有效节能。各处都利用了日光和占用传感器。该项目被新加坡建设局评为白金等级。

外立面上，冷阴极灯管发出的上照线性光与内墙和拱腹上照光发出的柔和光线相结合。其目的是营造一个分层照明的效果，主要强调水平特性。

车辆入口用一个由光组成的欢迎垫突出出来。上层透明教室里的室内光向外漫射，外部的冷阴极灯照明突出了外形。车道中央的一棵古树上的照明设备将光投射到车道地面上。

户外空间中有专门设计的柱杆灯。户外学习空间 2.1m 高、配有 T5 灯具的柱杆灯可以提供高达 300 lx 的照明。这个想法是鼓励学生在具有舒适照明环境的自然／机械通风空间中花更多的时间。

中央庭院里建筑是沿着现有古树而建的，当周围建筑被照亮时，这些树的轮廓就清晰可见。这里没有护柱和任何其他显眼的照明工具。周围背景光和隐藏在树枝中的聚光灯照亮观景木台。古树（Tembusu，新加坡的土生树木）在剪影中高高耸立，与曲线形的建筑相对应，创造出一种美丽的对比。

私人学习空间里，无缝荧光灯被整合进这个特殊吊顶线条里。在受到日光和占用传感器的控制时，这些能够提供 4200K 的色温。白天窗户周围区域的亮度会下降 20%。学习空间传感器控制的自动窗帘控制装置，防止眩光，并且将能源浪费情况降到最低。

咖啡—学习屋是建筑内唯一的承租空间，但它的照明可以反映出其他学习空间的照明理念。这个空间内采用色温为中性白的无缝荧光灯，空间重点是特殊的圆柱和天花板的细节。

200 个座位的阶梯教室内，不显眼的线性 LED 灯条强调了大型悬吊式声鼓。讲台一侧的墙面覆盖层采用可循环木制条，洗墙筒灯重点打亮了这些木质条。高天花板上的所有筒灯可以从顶部更新，减少了对价格昂贵的下照灯或起吊装置的需求。

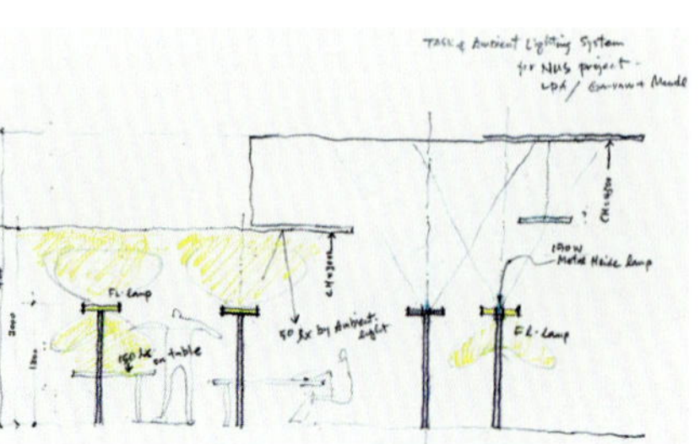

EDUCATION RESOURCE CENTRE

Education Resource Centre

美国华盛顿

Anacostia Neighborhood 图书馆 & Tenley-Friendship 图书馆

ANACOSTIA NEIGHBORHOOD LIBRARY & TENLEY-FRIENDSHIP LIBRARY , WASHINGTON D.C./ USA

建筑设计： The Freelon Group
辅助建筑设计： R. McGhee & Associates
MEP： John J. Christie & Associates (thru 75%CD); Setty & Associates (75% CD thru CA)
景观建筑师： Lappas & Havener
GC： Forrester Construction Company
土木： Delon Hampton & Associates
结构： Stewart Engineering
照明设计： Horton Lees Brogden Lighting Design ——Teal Brogden, Hayden McKay, Alexis Schlemer, Jae Yong Suk, Brian Smith
摄影： Mark Herboth Photography
透视图提供： Horton Lees Brogden Lighting Design

这可不是普通的图书馆。Anacostia Neighborhood 图书馆及其“姐妹”Tenley-Friendship 图书馆的魅力是 Horton Lees Brogden Lighting Design 和 Daylighting & Sustainable studio 共同努力的结果，它为华盛顿哥伦比亚特区公共图书馆区增添了一种令人兴奋的、诱人的新风格。在这里，您能看到创新性的电力和日光设计相结合，能够动态管理，让这幢建筑“更健康”，同时能量消耗和维护问题都很少，让使用者能够直接享受室外景观和日光的变换。

该设计为区域内其他图书馆提供了范例，其照明都设置了日光采集系统，两座图书馆的控制器和照明灯具展示了连续性和功能性上的成功联合，同时也极大地满足了预算紧张和资源限制的要求，白天和晚上都保持了透明度和亮度。在 Tenley 图书馆，Horton Lees Brogden Lighting Design 对于光照角度、装饰、外部铜色垂直尾翼上的穿孔尺寸的研究都有助于将眩光和材料上的发射系数降到最低，并且在无需窗帘的情况下，创造一个艺术的内部视觉环境，平衡与室外动态视野的联系。夜幕降临一直到夜晚，暗槽 T5 荧光灯会照亮墙壁，间接照亮室内天花板，而且能够平衡室内中庭与外部视野之间的亮度关系。

在 Anacostia 图书馆，设计团队根据 Horton Lees Brogden Lighting Design 的日光分析设计门窗布局、天窗位置、长廊和窗户的屏风设计。在面向西南方的视野中，使用三种被动式的日光管理模式，包括一处大型的、向南的悬垂部分、有挡板的高空天窗和西部幕墙外部的室外遮光罩。包裹建筑的遮光物／纱罩／屋顶元素在沿着正北部／南部循环区域被装饰性 T8 荧光吊灯美化，面向东方的天窗引入了柔和、非直射的日光。照明系统分区经过仔细划分，以平衡人工照明和日光，从而保证大部分线性“超级 T8”荧光灯在白天是关闭的。从地板到天花板尺寸的玻璃将北方的光线引入室内，看似简单，但却在实用主义上得到平衡。因为在使用标准 T8 荧光灯时，这些非预期的圆形灯具能够创造出一种新的视觉景观。

两座图书馆都进行了大范围的日光角度研究，以说明何时、何地直射光会照射进来，并且实现了项目目标，即让藏品免受紫外线照射，保证温度和视觉的舒适性，减少吸热量。通过确定全年的日照等级，大部分的电力照明能够对可用的日光作出反应，并且在大部分日光照射时间内关闭。工作期间，使用日光作为环境照明的主要光源，室内照明能源预计能够减少至等效电力照明系统的 50%。除控制系统之外，占用空间控制和时间控制的结合以及局部开关在节约能源的照明控制方案的最终实现中自始至终得到了良好使用。其中，半定制荧光灯悬吊式系统能够为寻找书籍提供专用照明，这一光滑的模块化系统能够根据灵活的空间布局而重新配置。白天 70% 的灯光一般会调暗或关闭。

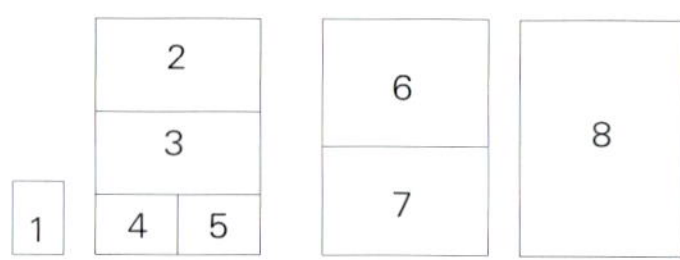

1 Anacostia Neighborhood图书馆中心区域透视图
2 夜幕下的Anacostia Neighborhood图书馆整体效果
3 Anacostia Neighborhood图书馆内部照明
4,5 Anacostia Neighborhood图书馆 内部特色灯具
6 夜幕下的Tenley-Friendship图书馆整体效果
7 Tenley-Friendship图书馆内部照明效果
8 Tenley-Friendship图书馆内部特色灯具

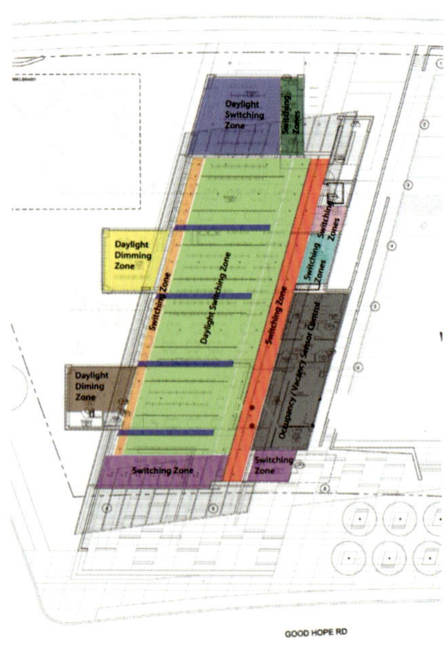

Anacostia Library
1800

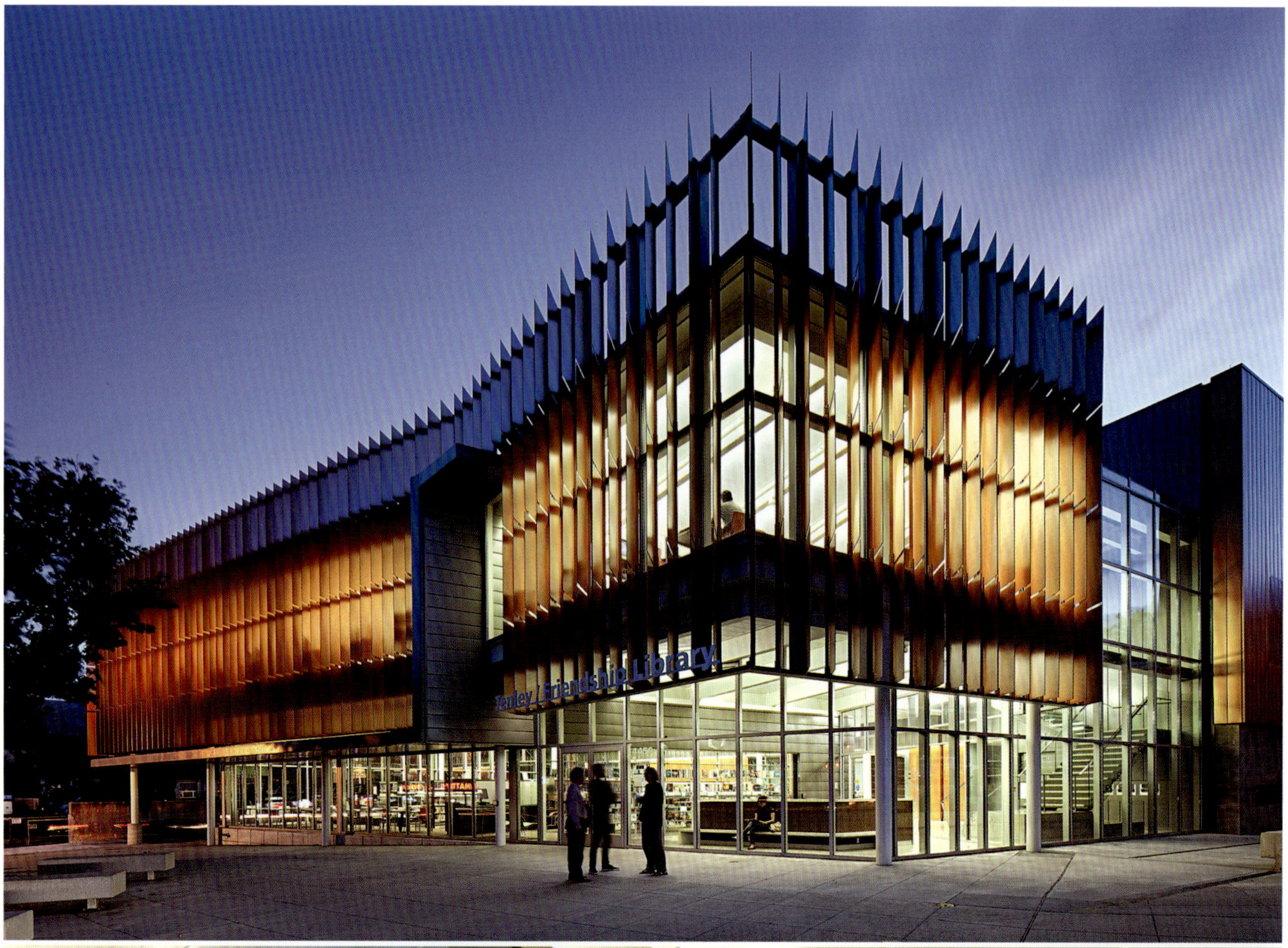
Tenley / Friendship Library

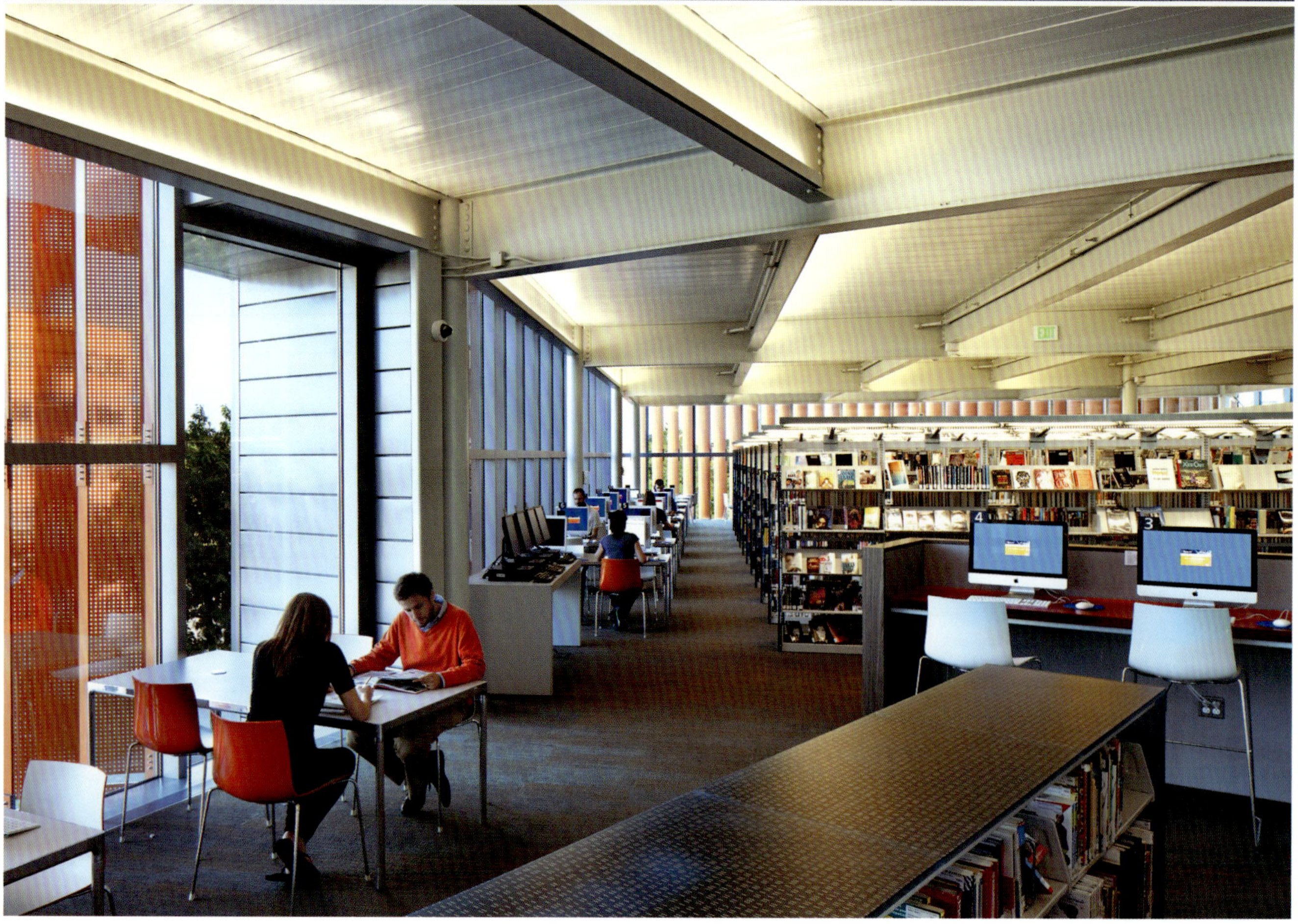

Payless

美国华盛顿

美国和平研究所

UNITED STATES INSTITUTE OF PEACE, WASHINGTON D.C./USA

业主：美国和平研究所
建筑设计：Safdie Architects
照明设计：Lam Partners
完成时间：2011年
总造价：125万美元
面积：300,000平方英尺
奖项：LEED金奖
摄影：Glenn Heinmiller, Lam Partners

美国和平研究所，坐落在华盛顿特区的林肯纪念堂附近，由Safdie建筑事务所设计。其包含写字楼、国际会议中心、教育中心、科研设施，以及公众展览和活动空间。这些多层半透明结构，给照明提出的最具挑战性的问题，是希望用不可见的光源点亮屋顶，可以使得屋顶内外光线都很柔和。Lam Partners设计的主题是将目前整个光源完全隐蔽或消失，既能揭示空间又很生动，但从不会与建筑相竞争。结果是形成了视觉化的平和感觉，在华盛顿特区夜晚天际线中有着自己的特色。

建筑物内周围办公室完全是天光照明。天窗把日光带入走廊，使他们通常不需要使用电气照明。方便的T5带，并把T5融入弯曲天窗框里，能保持整洁原始的天花板表面，并提供双重功能，间接的照亮办公室和走廊。

作为对天窗补充的间接照明，每个办公室都装有订制的带有保护罩的T5线性悬吊式荧光下照灯，旨在阻止外面人通过中庭看到灯具。灯具同时又安装了自动感应开关。

一个中庭主要被致力用于研究活动，而其他主要用于会议和公共活动。在这两个中庭，宁静感和纯度的架构将被保留，尽管里面是繁忙办公室。眼睛被吸引到优美的拱形屋顶，以及被天光洗亮的天花板，让中庭屋顶始终成为视觉焦点。

在圆形会场，天花板本身就是灯具。舒适的照明水平不论对于主持人还是观众都是焦点。隐蔽在一个精心设计的天花板内的可调节T5HO荧光灯带为视频会议提供无眩光照明，最大限度地减少对投影屏幕的漏光。可调节的MR16 HIR为演讲者和标记板提供了有针对性的照明。通过一个视听触摸屏控制的照明系统可以无缝地为不同的房间配置选择灯光场景。

为了融合向前翻曲的礼堂天花板，配置可调光的T5HO，在提供普通照明的同时，又避免了产生光斑的灯槽装置。卤素灯PAR38是为了营造舞台气氛的轨道照明，它隐藏在地板下面。板条墙壁用隐藏的氙气灯带照明，在凹槽处照亮，创造一个开放空间的感觉。这里使用了预设场景控制系统来控制所有灯光。结果形成了一个独特而和平的礼堂效果，它完美地体现研究所本身的特质。

屋顶的完美的形态和质地是让人受启发和平静的。精细的照明设计展现了建筑的架构，并提供足够的光线水平，还避免了可见的照明装置。 T5安装在墙壁的顶端，照亮了中庭的屋顶。沿屋顶一圈的数字式寻址镇流器，使光输出可调，有效地增进了屋顶的弯曲照明效果。在最上面的窗口，使用了MR16 HIR卤素灯和PAR20 陶瓷金卤灯来补充下照光。

中央照明控制系统采用人员占用感应，日光感应，时刻调控，和本地预设场景控制技术，它最大化地节约了能源以及满足使用者要求。

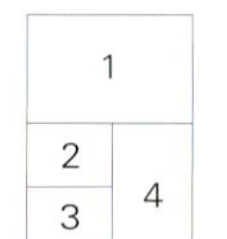

5 6 8 7 9

1　美国和平研究所的翼状屋顶从内部和外部散发出柔和的光线

2　高档可调光的陶瓷金卤灯照亮挑檐，无缝地使光线延伸到屋顶的最低点

3　精细的照明设计展现了建筑的架构，并提供足够的光线水平，还避免了可见的照明装置

4　建筑物内部的光线提供了大部分基地照明

5　为了融合向前翻曲的礼堂天花板，配置可调光的T5HO，在提供普通照明的同时，又避免了产生光斑的灯槽装置

6　每个办公室都装有订制的带有保护罩的T5线性悬吊式荧光下照灯，旨在阻止外面人通过中庭看到灯具（摄影：© Bill Fitz-Patrick/United States Institute of Peace）

7　为了呼应弯曲的白色屋顶的中庭，圆形会场的天花板本身就是一个灯具

8　天窗把日光带入走廊，使他们通常不需要使用电气照明

9　楼梯的照明仅仅由藏在侧壁的石膏板缝里的荧光灯光源提供

10　中央照明控制系统最大化地节约了能源以及满足使用者要求

STATES INSTITUTE OF PEACE

德国萨克森

莱比锡康内维茨新图书馆和媒体中心

THE NEW LIBRARY AND MEDIA CENTER IN CONNEWITZ NEAR LEIPZIG, SAXONY/GERMANY

建筑及照明设计： Léon Wohlhage Wernik Architekten
初期照明顾问： Licht Kunst Licht AG
产品应用： WE-EF, Erco, Luxlift（维护），Regent, Semperlux, Erco, Kotzolt
摄影： Christian Richters

德国萨克森经济科技与文化大学需要改造校园前部停车场处的两栋相连的教学楼。一个是图书馆；另一个是学校的媒体教学中心。设计师的挑战之一是让光能充分展示建筑，同时又不会有“光污染”现象。因此，照明在此处具有双重意义：既要使建筑看上去令人眼前一亮，还要能打动人的情感，形成建筑与人的对话。

图书馆共5层楼高，其中上部3层悬挑出去，凌驾于Gustav-Freytag-Strasse大街之上。夜幕降临后，主入口上方的雨棚上安装的射灯勾勒出空间的轮廓，舒适的灯光令路过的人们忍不住想在此停留。灯光在公共领域和私人领域之间扮演了很好的媒介角色。随意安装的窄光束金卤射灯主要将入口处照亮，引导人们进入楼内。

大厅以及整个大楼的流通区域都采用了绿色的地板。大厅内射灯灯具增加了磨砂漫射罩，使大厅内的光效宁静柔和，与入口的氛围延续统一。大厅一侧安放了天蓝色的座椅，与地面的绿色搭配起来赏心悦目。设计师选择采用漫射荧光灯带的照明方式使色彩看起来更宁静、柔和。明亮的灯带与暗色的清水混凝土墙面形成反差，与建筑外立面的照明效果形成呼应。

前台以及每层楼的信息中心都由建筑师亲自设计，与建筑形成统一的整体。工作台全部采用一种白色的，由天然矿石与丙烯酸聚合混合而成的材料，通过悬挂于上方的荧光灯照亮。

书架和书脊被重点照亮。让人们的视线能够集中在书架区域，忽略未被照亮的天花板区域。书架的照明采用了特殊定制的线性荧光灯。灯具安装了乳色玻璃柔光照，提供柔和的环境光。但美中不足的是，因此采用了非对称反射器并且直接照射在书本上，因此会在空间中投下阴影。

建筑的主楼梯被建筑师作为一个特殊的独立空间进行设计。楼梯的扶手同样使用绿色，强调出楼梯作为一个整体建筑元素的独特性。灯具被巧妙地安装在扶手下，直接照射台阶，强调色彩的质感。天花板上安装了嵌入式射灯，将空间的水平面照亮，并且与只被浅浅洗亮的地板、相对较暗的台阶形成一定反差。在一层和顶层的楼梯间，开设的大面积天窗使阳光能够照进室内。自然光照不足的地方可以通过金卤射灯来弥补。

在阅读空间里，空间内清水混凝土墙面会反射出淡淡的蓝色、紫色和黄色。墙面上安装了上照式洗墙灯，通过将天花板洗亮为房间提供间接照明，光源采用的是150W对称反射器金卤灯，使光效更平滑。光源隐藏在简洁大气的长条形不锈钢外罩中，同样可供安放镇流器。每一个外罩的尺寸为3500×205×150mm。书桌上简洁的LED光源台灯为使用者提供了良好的阅读环境和氛围。

整个建筑的空间设计风格统一，建筑后部的办公区和操作区也一致采用了荧光灯，延续了阅览空间宁静、舒适的风格。

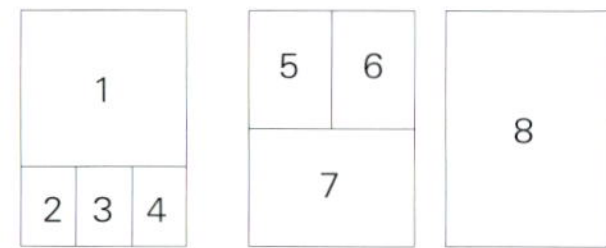

1,2 这个从建筑学上来说悬挑尺度巨大的建筑，采用内透方式被照亮
3 台灯是建筑师自己设计并由灯具厂配合研发的
4 最初的设计是将天花板均匀地照亮，而并不会将彩色墙面照亮。不幸的是，在设计过程中采用了不同灯具而使原有效果无法实现
5 通过嵌入扶手的射灯将楼梯处绿色的地面洗亮，这里的色彩比其他空间更加饱和
6 在建筑的主要空间内，都应用了线性照明元素。根据不同空间的功能需要，照明技术会有所调整
7 在日间，天然光使阅读室墙面的色彩显得十分生动，而夜晚采用人工光的时候便逊色许多。间接照明方式的洗墙灯色调会使墙面颜色看起来暗一些。桌子上的台灯为使用者提供很好的阅读环境
8 书架的照明非常干净，并且是空间的视觉重点。在相对较暗的环境光的衬托下，书脊被特别照亮

中国北京

中欧国际工商学院北京校园

CHINA EUROPE INTERNATIONAL BUSINESS SCHOOL BEIJING CAMPUS, BEIJING/CHINA

业主：中欧国际工商学院 CEIBS
建筑设计：IDOM-ACXT事务所
照明设计：黎欧思照明（上海）有限公司
产品应用：
LED条形灯具：LEOX特殊设计

中欧国际工商学院北京校园位于中关村软件园中，建筑师对空间的把握收放自如，最主要的立面特征是弧形基座上的五个方盒子。绵延建筑基座上的金色格栅使得建筑微妙的张扬起来，为这个校园带来有趣的变奏。

不同形式的体块穿插，整体的弧形外观，方正的深色石材，在某些角度下内敛而蕴藉，展示着世界顶级商学院专业、严谨的学府风范，而在另外一些角度下则显出鲜明锋利的一面，明亮的金色格栅，清澈的玻璃幕墙，锐利的角度，时时刻刻提醒着访客，这也是锐意开拓、思想交锋、火花碰撞的地方。它是建筑，但也不仅仅是建筑。

北侧的窗格－幕墙系统，为室内与室外提供了对话的空间。在日间，自然光透过玻璃，不仅满足了内部共享街的功能性需求，也将室外的景色引入室内。而金属窗格如同帷幕，为内部提供了必要的私密性。在夜间，帷幕被拉开，内敛的光华从格窗之间隐隐透出，蕴藉文雅；上层的盒子明亮清澈，暗示着一个开放、坦率的空间。体块之间没有任何多余的投光，在这样一个远离喧嚣的桃源之地，建筑毫无滞涩的融入了周围环境。

相对的，南侧规整的格栅系统则提供了一个更为激扬的表达空间。有体量、有进深的窗格提供了比通常意义上安装于框架结构上的媒体立面更加宽广而有深度的空间，立面灯光与室内透出的光相得益彰，从而为观者提供了身处其中的享受，弱化了媒体立面常见的只可远观、不可近品的距离感。

照明设计师特别设计了安装于金属框架内的非对称配光 LED 灯具。安装位置在金属框架靠近室内一侧的上部，颜色喷为金色，与框架相同，配电与控制线路由窗框内部连接，从室内看，灯具只是窗框结构的一部分，光源部分做了遮挡以确保室内、室外都不会直接看到光源，精确的非对称配光使得光能最大程度的集中在金属窗格之内。考虑到幕墙本身的金色材质，LED 灯具的光源选择了 2700K 的温暖光色与可调光的电气系统，以恰当的反应幕墙的颜色和质感，并通过 DMX 512 系统实现整体控制，形成媒体立面的动态效果。

由于建筑的尺度与恰到好处的幕墙元素，建筑，景观，灯光，和音乐完美的融合于一体。

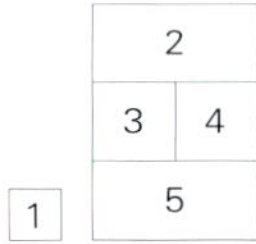

1 灯具安装示意图
2 最主要的立面特征是弧形基座上的五个方盒子
3 夜间，帷幕被拉开，内敛的光华从格窗之间隐隐透出，上层的盒子明亮清澈
4 构成媒体立面的窗格细部
5 绵延建筑基座上的金色格栅使得建筑微妙的张扬起来

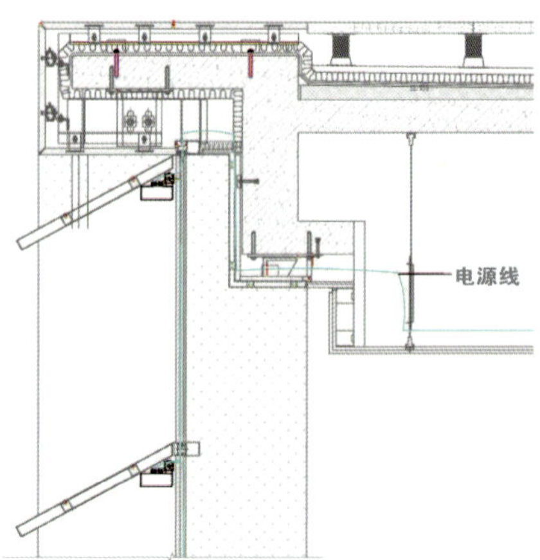

中国北京

中国科学院学术会堂

ACADEMIC HALL OF CHINESE ACADEMY OF SCIENCES, BEIJING/CHINA

设计单位：中科院建筑设计研究院
施工单位：北京克劳沃草业技术开发中心
验收单位：中国科学院科技政策与管理科学研究所
项目地点：北京市海淀区中关村北一街
完成时间：2011.6

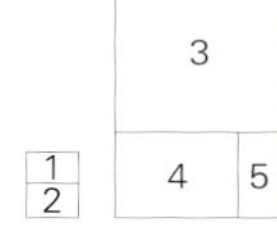

1 正立面分析图
2 建筑外观
3 入口正前方整体光环境效果
4,5 雕塑照明

中国科学院成立于1949年，是国家科学技术的最高学术机构，凝聚了一批以院士为代表的优秀科学家，为了给中国科学院的院士们提供国内国际学术交流的场所，中国科学院于中关村核心区修建学术会堂（院士中心）。为纪念科学的起源来自近代欧洲时期，建筑形式为文艺复兴的新古典主义风格。

科学家们淡薄名利，只为格物穷理。对于这座承载着科学精神的殿堂，设计无需再用绚丽夺目的手法，因为它本身已赢得了尊崇。所以，设计师选择了一种理性的光，它平淡雅致，却意味深长，不失荣耀。

本项目采用了简约、内敛的灯光手法去演绎一种雅致的灯光氛围，引导人们思考学术会堂的主人——院士、学者的风格，思考务实、求真、不浮夸炫耀的科学精神。简约的设计不代表简单的内涵，能够保有平淡之心，独立思考并坚持自己的信仰，才是需要崇尚的价值。

设计充分考虑了灯具的安装细节，对全部灯具均进行了隐藏，观赏者将不会在欧式古典风格的建筑立面上看到任何暴露的灯具。会堂立面壁龛内设置了8尊科学家等身铜像，与白色石雕不同，本项目雕塑采用深青色的铜材，即使用强光也很难照亮，即使照亮效果也不理想，因为灯具设置在前方和底部，既会暴露灯具，也会使雕塑背后产生大面积的阴影。因此，设计师排除了在雕像前方和底部设置射灯的做法，而采用投光灯藏于雕像底部两侧与后侧，虽然雕像亮度不高，却照亮了壁龛，形成剪影效果，突出了雕像的伟岸身姿，增添了艺术氛围。

项目组还对灯具设置的位置、高度、投射方向、角度和灯具配光的选择进行了反复推敲，使建筑在各个方向观测都不会出现眩光。此外，设计从效果、立意、投资、维护中寻求整体平衡，在保障效果的基础上，尽量优化不必要的灯具用量，避免过度照明与能耗，降低日后灯具损坏而产生的频繁维护的工作量，以节约初始投资和维护费用。项目室外照明总耗电8.4KW，照明功率密度（LPD）为1.8W/m^2,远低于《城市夜景照明设计规范》中该类建筑的限定值3.3W/m^2。

在本项目设计中，设计师除了从艺术感性角度去塑造灯光品味，更加真正重视理性的方面，诸如控制灯具数量、节约造价、减少更换维护、减少眩光、隐蔽灯具。廉价的投资不代表廉价的效果，流光艳彩的背后也许空洞乏味而难以持久，在当今照明市场的热烈发展中，盲目追随亮度、彩度、创新度与造价额度司空见惯，而缺乏对设计的理性思考。切实保障照明品质与节约的有机结合，适度理性的进行照明设计与建设，才是本案的出发点与归宿点。

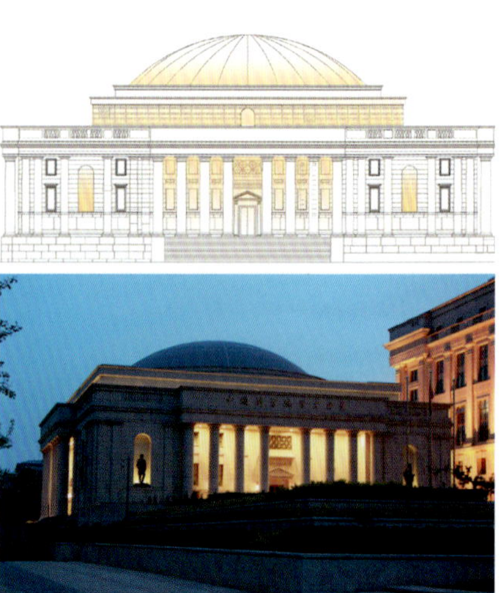

Albert Einstein

中国北京

家盒子

FAMILY BOX, BEIJING/CHINA

建设单位：家·盒子文化有限公司
建筑设计：crossboundaries architects
BIAD国际工作室
机电结构设计：BIAD秦禾工作室
灯光设计顾问：BIAD灯光工作室
平面设计顾问：Didelidi studio
主创建筑师：董灏
设计团队：Binke Lenhardt/蓝冰可，王芳，郑峰，Giacomo Butte/薄昭昭，黄珊芸
摄影：杨超英

家盒子的定位介于游乐场和幼儿园之间，在为12岁以下儿童创造一片天地的同时，也为家长提供相配套的服务。根据其特定使用者和特定功能，照明设计的主要目标为“吸引力”。足够的照度水平和较好的照度均匀度以及一些有趣的照明方式，从安全、舒适、有趣三个方面阐释了具有“吸引力”的光环境。

根据空间功能，公共空间采用了150lx的照度水平，在各个功能盒子里，一般采用300lx的照度。针对各个空间的不同功能，提供合适的功能照明，并提高均匀度。环境多用浅色表面，尽量提高立面照度，同时避免眩光，尽量考虑低亮度光源或间接照明。

在室内“负空间”的公共区域，由于顶面采用的是暴露管线的结构，采用明装筒灯，吊装固定在顶板上，进行均匀度整体环境照明。灯具尺寸小、眩光低，均匀分布在公共空间中。开放空间中的咖啡吧区域，没有设置整体照明，在较低的环境照度下，用较暖色温的射灯重点照亮桌面和装饰画，营造一个温馨的不同环境。公共空间内有些开敞的“盒子”，如儿童超市、嬉水区和Mickey Mouse Area，采用了较密的灯具排列和较高的照度将其区别开。

一些“盒子”的立面，根据其室内设计的具体情况，采用线型洗墙灯将立面洗亮，强调其独立性，形成空间中突出的一个一个发光方块。此外还根据不同“盒子”的形态，做了不同的照明处理，如“悬浮”在地面上的盒子，在盒子底部用灯槽表现以增强悬浮感。

“盒子”内部一般采用嵌入式节能筒灯照明，稍高的照度将其和盒子以外的环境区别开。对于特定的功能和主题，还会采用特定的照明方式，如花灯、射灯和灯槽，营造更为温馨的氛围。有几个盒子没有设置开窗，设计师在盒子内部采用冷色光的LED灯箱，模拟自然光通过白色窗格透入房间，建立室内外的联系。医务室墙面采用了冷色光LED射灯，照亮小“盒子”和里面的装饰品。

游泳池空间采用了造型简洁明快的悬挂式灯具。半球形棱镜玻璃罩不仅减小了眩光，还能将一部分光线散射到墙面和天花板上，把整个空间照亮。出于安全考虑，在攀登架的空间里将灯具嵌入安装在儿童无法触及的顶板上之外，还在立面上与攀登架各层对应安装灯具，让光线深入攀登架各层。

二层楼板上的几处开洞上方，采用了带透镜的冷色HID光源投影灯，光线透过玻璃射向一层地面，在一层看，仿佛从天窗射下的日光。二层经过的儿童影子投射到一层地面，增加了各层之间的联系，孩子们还可以在二层玻璃地面上随意涂鸦或表演手影，增加童趣。

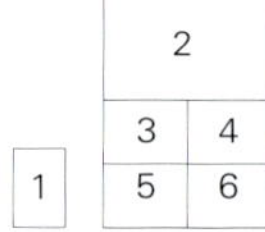

1 楼梯
2 室内照明时兼顾了夜景，从室外看，一个半透明的大玻璃盒子中，包含着一个个发光的小盒子
3 公共空间
4 医务室
5,6 不同的盒子

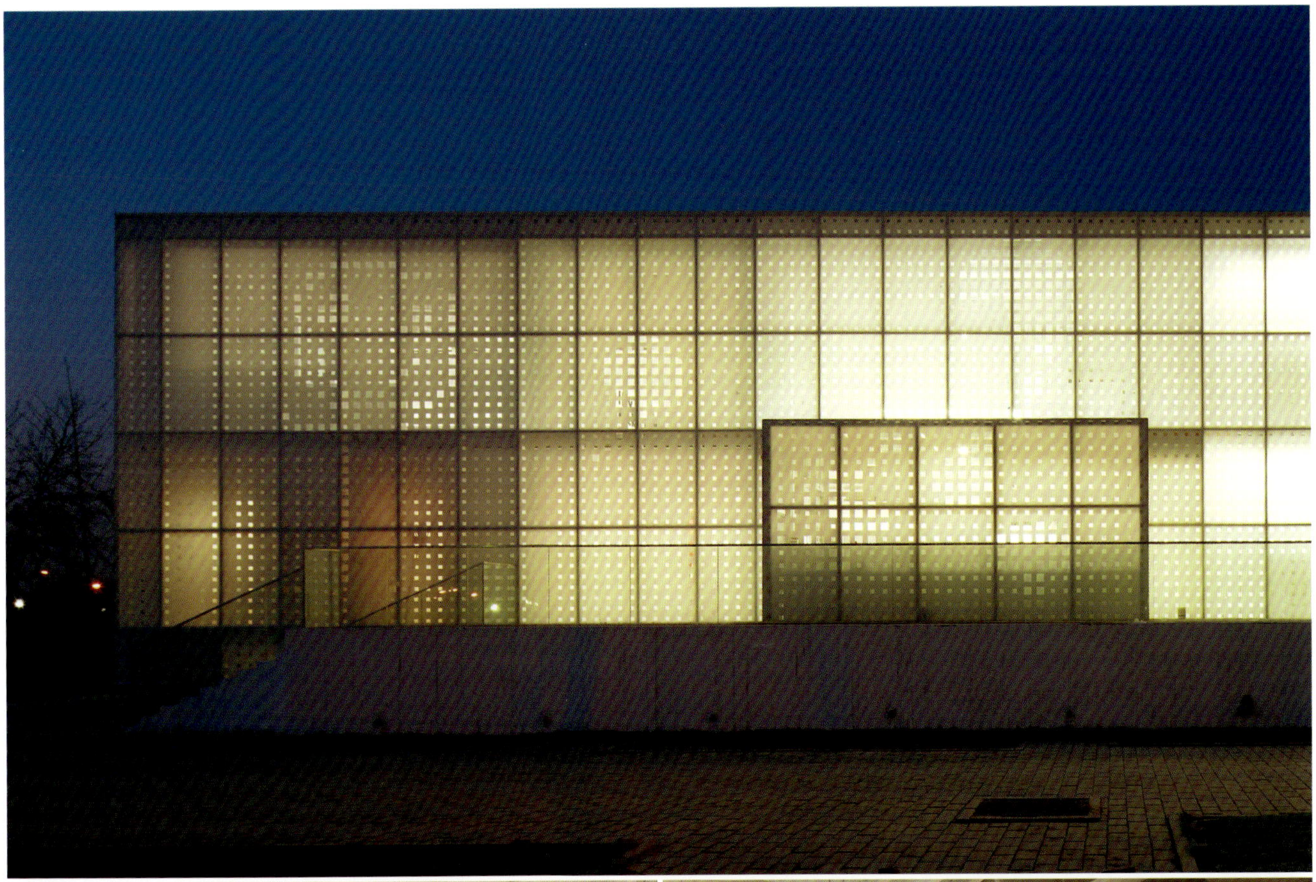

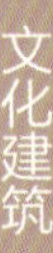

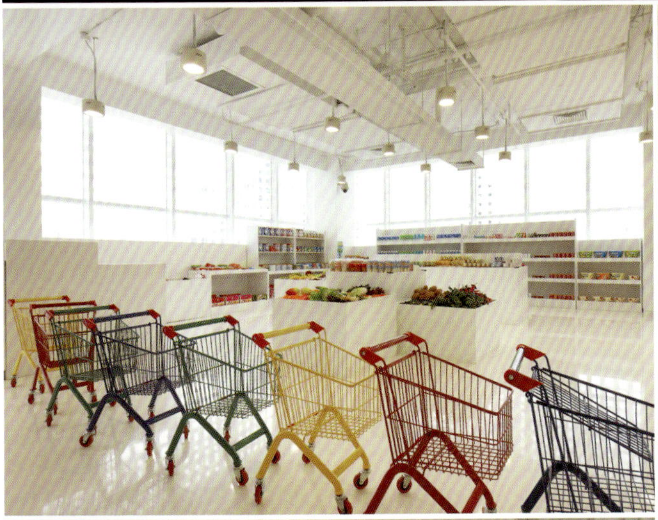

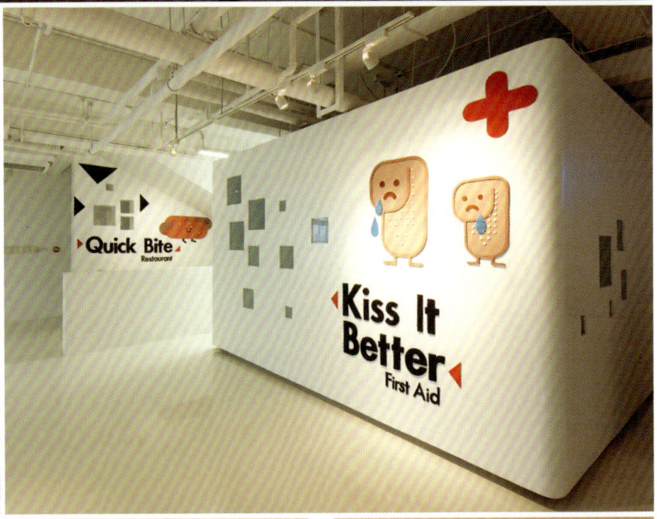
Quick Bite
Kiss It Better
First Aid

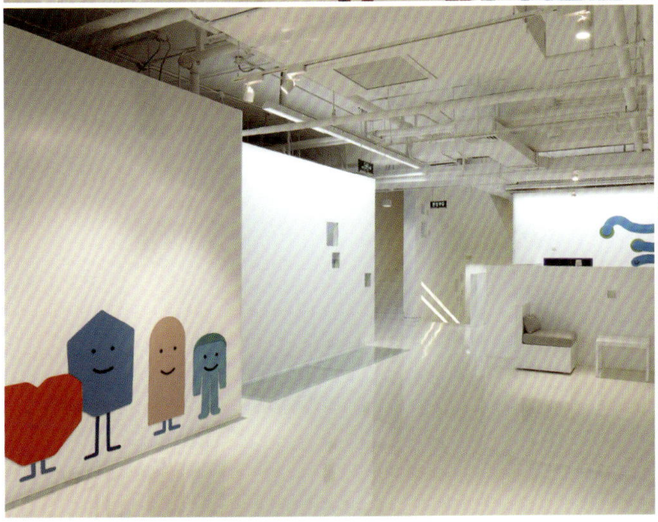

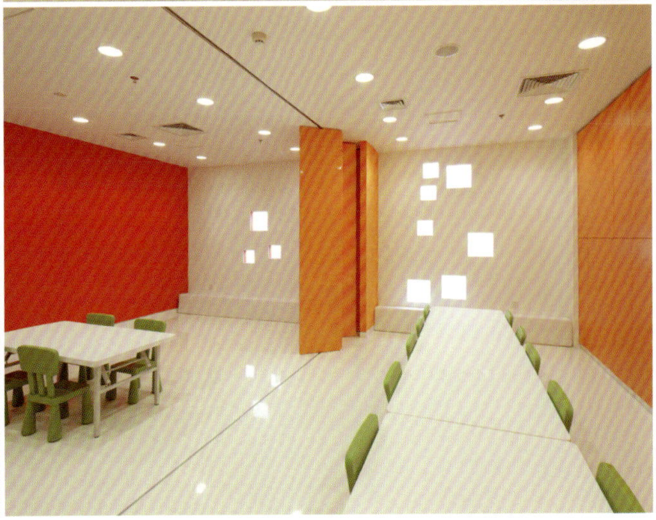

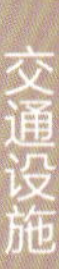

日本横滨

Hongodai 基督教会学校和幼儿园

THE HONGODAI CHRIST CHURCH SCHOOL AND NURSERY, YOKOHAMA/JAPAN

业主：Hiroshi Ikeda / Hongodai 基督教会
建筑设计：Takeshi Hosaka Architects
结构工程师：Ove Arup & Partners Japan Ltd, Hitoshi Yonamine
摄影：Masao Nishikawa

Hongodai 基督教会学校和幼儿园包括一所私人学校以及一座由新教教会管理的幼儿园。学校位于横滨附近，周围游乐场、公园、小山丘、森林环绕。构想是为不同年龄的儿童设计一个与自然环境融为一体的地方。

日光是这个学习和娱乐场所的主要特点。建筑采用全玻璃（建筑面积：265.97m^2），结构简洁。钢结构框架增强了抗震能力，立面结构和地板凭此得以使用木材。通过将细长的钢力矩框架与一种新型、透明、被称作“带有液压减震器的地震玻璃墙”的减震系统结合起来，这座建筑得以实现了无支柱或结构性胶合板墙的设计。这种创新、透明的减震系统，可提前终止地震余震。

在增强抗震能力的同时，保持建筑概念里的透明度并使用熟悉的传统木质断面尺寸。所以尽管表面上这座学校建筑看起来高度透明且华而不实，但事实上它可以承受相当大的地震压力。建筑完工于 2010 年 2 月，仅仅过了一年，8.9 级大地震袭击了日本东北部，在部分海岸线上造成了 10m 高的海啸。Arup 的结构工程师已经确认这所学校经受住了 2011 大地震，而且仍在使用中。

建筑内的光线氛围自然温和。日光从各个方面进入建筑。建筑周围环绕着树木，靠近建筑的树木天然地过滤了太阳光。所有人都需要阳光以刺激维生素 D 的合成，但一个众所周知的事实是现在大多数儿童吸收的阳光太少。英国利物浦大学建筑学院的高级讲师邓肯 M. 斯图尔特（Duncan M. Stewart）在他的一项关于学校孩子对日光和开窗法的态度的研究中指出，相当比例的孩子选择在靠近窗户的地方坐或学习。他确定向外看的视野，看到的内容和性质是重要的。最受欢迎的孩子显然占据了最受青睐的窗边位置。在 Hongodai 基督教会学校，团体动态问题是不存在的，因为日光为每个人而存在。

电力照明设备上，很显然，选择荧光板条灯是因为预算的原因。不幸的是，天花板上一个看似有创意的“安排”并不与设计好的照明方案相符，而且也没有增强灯具的质量。解决方案本身很简单。但它太过简单以至于不能正常工作或适当补充空间里的日光质量。这好像是一个乏味的、临时的解决方案，技术上不是非常有效，也不能满足使用该设施的不同年龄的人的生理需求。

但或许本就不值得向电力照明投入更多的钱。毕竟上课都是在白天而不是晚上。在一天中日光不充足的时候，或者是一年中天气不够晴朗、明亮的时候，这种带有一点点良好意愿的折衷办法是可接受的。

Hongodai 的设施确立了一个榜样，并成为热门话题。为了确认日光的重要性，业主和建筑师采取了必要的结构预防措施，而且已经为孩子们的玩耍和学习开发出一个健康、鼓舞人心的地方。

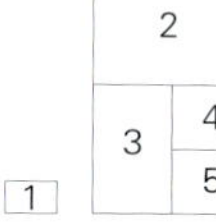

1 学校建筑是全玻璃且透明的。该项目设计在现有的树木和灌木周边，巧妙地与自然景观融为一体。一半的立面墙采用了半透明玻璃元素

2,3 电力照明解决方案是基于荧光技术

4 电力照明设备采用荧光板条的形式安装在天花板上，产生了一系列十字架。不幸的是，简单的方案并不能适当补充空间里的日光质量

5 室内空间

日本东京

武蔵野美术大学图书馆

MUSABI ART UNIVERSITY LIBRARY, TOKYO/JAPAN

建筑设计：藤本壮介建筑设计事务所
照明设计：Sirius Lighting Office Inc.
摄影：Sirius Lighting Office Inc.

这是日本名校武蔵野美术大学的图书馆，面积6500m²的两层的图书馆犹如一个巨大的箱子，将收藏可供开架借阅和闭架阅览的图书各10万册。东京武蔵野美术大学的图书馆有一个非常独特的室内布局，利用作为整面墙的书架，用卷曲的形态延续到室外。

白天的时候，自然光通过天花板缝隙上的天窗照进来。为了使日光柔和的照亮整个图书馆，天窗下面悬挂着多层透明聚碳酸酯板。通过3D−CG照明模拟，我们对日光在不同的季节和一天中的时段进行了估算，计算出人工照明对于光影的影响，从而评估并选择了运用刚在天花板上的漫射材料。

书架之间，空中除了吊灯以外，还悬挂着200盏白炽灯泡。这些灯泡的高度和密度是随机的，仿佛银河中的闪烁的繁星。这条“银河”可以弱化厚重的暑假所带来的压迫感，创造出一种舒服的氛围。

与日间不同，晚间的人工光通过强调层叠的书架制造出景深的特殊效果。书架垂直面上的基本功能照明设置成为弱、中、强三个强度。每个书架都设置在最有效的亮度上从而达到美观和导引的双重作用。通过亮度调节创造出书架影影幢幢的美景，审美和功能在这里得到了统一的体现。同时墙面照度的降低还可以降低能耗。

外观照明方面，透过落地窗可以看到图书馆内林立的书架和倒映在玻璃上的碧草蓝天，形成美丽的对比。

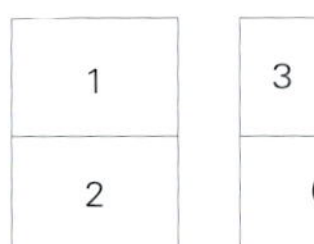

1 武蔵野美术大学图书馆迷人的内透光
2 入口处照明
3 楼梯处照明
4,5 阅读区域照明
6 特色定制吊灯

中国杭州

杭州图书馆新馆

NEW EXPANSION OF HANGZHOU LIBRARY, HANGZHOU/ CHINA

灯具研发：杭州传凯照明电器有限公司 P356
控制器研发：杭州传凯照明电器有限公司
CKLED IR24-1红外人体感应控制器
LED光源：OSRAM

杭州图书馆新馆位于杭州市民中心西北角外环裙楼处，共分地下一层和地上四层，建筑总面积43680m^2，设2200个阅览座位，藏书规模超200万册，在国内同级同类图书馆中首屈一指。

现代化的杭州图书馆采用了先进的设计理念，融入了众多的高新技术手段。无人自助借阅系统、非接触式自动识别技术、全馆覆盖的无线宽带网络、智能化照明系统等，其中的一大特色即为书架上采用的人体感应LED照明系统。当该系统侦测到书架下有读者时，会自动开启书架上方的LED照明光源，方便读者查阅书架上的书籍或就近阅读，读者在书架下的滞留时间内，控制系统会一直维持LED光源照明，当读者离开书架一定距离后，控制系统在没有侦测到下一个读者靠近后，延时一定时间将自动关闭LED光源，以达到最大程度的节能。

该系统由杭州传凯照明电器有限公司设计和施工。光源采用OSRAM原装进口的大功率LED颗粒，从芯片制造到封装全部由德国OSRAM公司完成，德国品质保证了该光源高亮度、高光效和稳定的性能。采用磨砂表面铝型材灯具不仅具有柔和的外观、极佳的触感而且很好地解决了LED的散热问题；亚克力磨砂出光面加上特制的滤光膜，解决了LED近距离照明的眩光问题。考虑到图书馆特殊的环境和氛围要求、安装不得物理损坏书架的要求，灯具和控制器都采用了小体积，并隐藏在书架上的视觉盲点位置。传凯公司设计的传感器配有感应范围调节装置，可以调节感应范围大小，不同尺寸书架的感应范围要求，同时，灯具和传感器的安装采用了3M公司的特殊胶带，加快了安装进度，避免了书架损伤和施工期间影响图书馆正常开放需求。

1 2

1 图书馆书架采用人体感应灯照亮
2 图书馆书架间过道照明效果

德国 Dietenhofen

Dietenhofen 教堂

DIETENHOFEN CHURCH, DIETENHOFEN/GERMANY

业主： the Bishopric of Eichstätt, represented by Priest Leodegar Karg, Financial Manager of the Diocese, and the Dietenhofen-Grosshabersdorf Foundation represented by Priest Sturmius Wagner
建筑师： Diocese architect Karl Frey; Richard Breitenhuber and Robert Fürsich
艺术家： Rudolf Ackermann (十字架节点); Godi and Lukas Hirschi (玻璃设计，室内)
结构工程师： Sailer Stepan and Partners
立面设计： R+R Fuchs
电气工程与照明： Walter Bamberg
摄影： Carl Lang

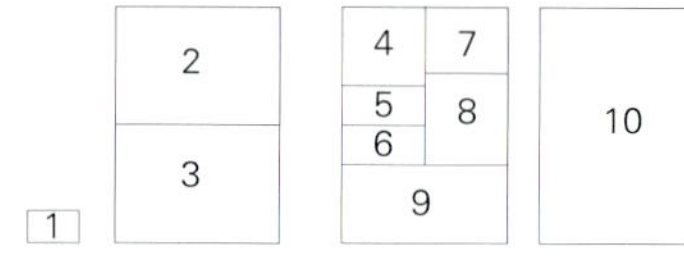

1 手绘草图
2 四处满溢的漫射光线决定了Dietenhofen 教堂的氛围。彩色玻璃部分标示着椭圆平面的"转角"
3 阳光透过红色玻璃窗直射而来，使教堂内变得温暖
4 立面的彩色部分由手工吹制玻璃组成
5,6 日光照亮整个立面。当天空变阴或者太阳下山时，灯槽照明会补充。这让屋顶看上去像漂浮一样
7 总平面图
8 十字架节点正视图、显示十字架节点的平面图
9 新建的椭圆形教堂由钢铁和玻璃构成，外部有矩形框架。地埋灯的缺失和入口上方的阴影或许被看成瑕疵
10 内层的外壳由288块手绘或者彩釉装饰的玻璃窗组成

由项目设计师同时也是教会建筑师的卡尔·弗雷（Karl Frey）以及建筑师理查德·布赖滕胡贝尔（Richard Breitenhuber）、罗伯特·菲尔斯齐（Robert Fursich）所组成的设计团队运用了一种全新的方式来配置德国南部小镇Dietenhofen新教堂的能源系统。他们设计了6个打入地下120m深的管道去获取地热，以用于供暖。教堂的屋顶则装有光电池系统，由此所获得的太阳能经过转化，可以满足包括电气设备在内的全部供电需求。

建筑师卡尔·弗雷将这个长25m、宽20m的建筑设计为一个椭圆形。中央部分呈圆形小屋状，作为对人类最古老的居所形式的缅怀。椭圆形的外部形式则表现为一个十字架，这是基督教一直沿用至今的象征标志。巴洛克风格的建筑师将灵感集中发挥在这个特殊的椭圆上。这个椭圆不仅将建筑的中心部分和长向截面的优点完美结合，同时又暗含着一个由主通道和交叉通道所组成的假想十字形。椭圆有两个实焦点——分别代表了生命力和人类的精神追求。从教堂建筑的角度来看，两个焦点正象征着关于人类存在的基本问题，即人和上帝间究竟是何种关系。置身于教堂之中，日光透过层层薄膜，在复杂结构的过滤下，教堂内产生随早晚和四季而不同的气氛。教堂本身是一个怀旧的帐篷形或者说是圆形结构。

不同角度的蓝色玻璃嵌在教堂的墙壁上，外界的光从玻璃中滤过射入教堂内，洗刷着这座椭圆形的圣地。教堂有着双层外壳，第一层外壳由384片鱼鳞状玻璃组成，经过严格的测试来保证教堂的坚固和稳定。这些玻璃不仅在窗子的内侧形成不同网格纹路，而且巧妙地将结构掩藏在装饰背后。内层的外壳由288块手绘或者彩釉装饰的玻璃窗组成，这一层外壳并不承受载荷，而是让人与斑斓的色彩相亲近。手工吹制的红色、蓝色、绿色和金色的玻璃带来的这种亲近感尤甚：西边有一块垂直的红色区域，相对的东边垂直区域则是蓝绿相间；与北边金色的水平区域遥相呼应的是南边的蓝色区域。教堂内的空间和气氛能给人强烈的冲击，置身在斑斓的色彩中，周围是从简至极的十字架和写有经文的玻璃，祷告者可以自由地与上帝交流。

与自然光相对的是设计师在设计人工光时十分小心谨慎。人工照明由一系列供阅读用的下射灯组成。如果这些灯没有眩光的话就完美了，但是这意味着必须选择圆柱形遮挡以避免光向四周溢散，这个考虑过分提高了电灯的重要性。而另一种天花板布局方式在视觉上弊多于利。一些向上照射的灯被安放在圆柱体的外围。另一方面，在天花板上安装荧光灯进行照明是一个很好的解决方案。

教堂外墙的夜间照明也是谨慎设计的，虽然不连贯。只差两个地埋灯就围成了一圈的照明。入口处的阴影第一眼看上去非常有趣，但在专业照明设计师眼里却可能是一处瑕疵。

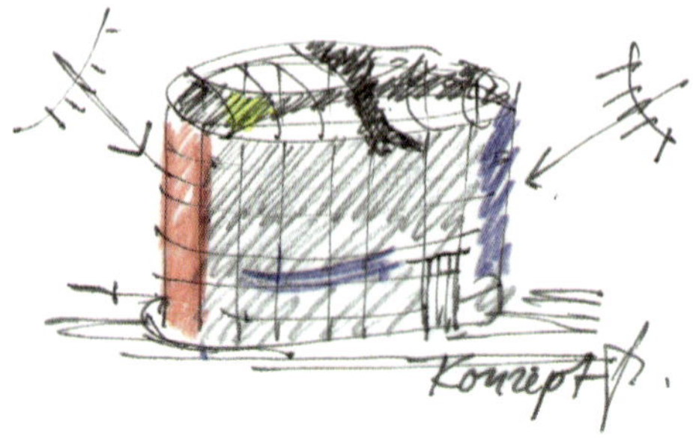

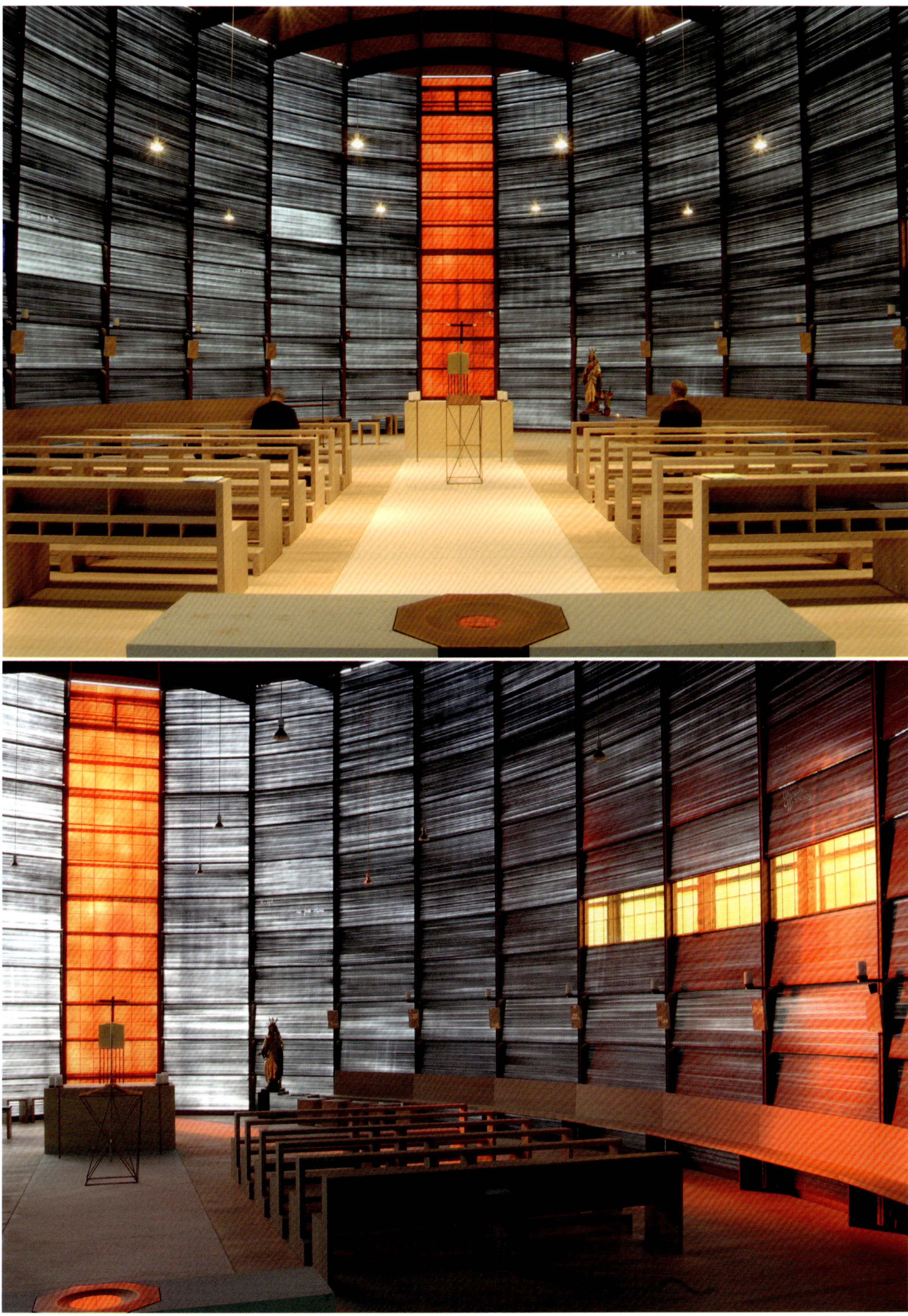

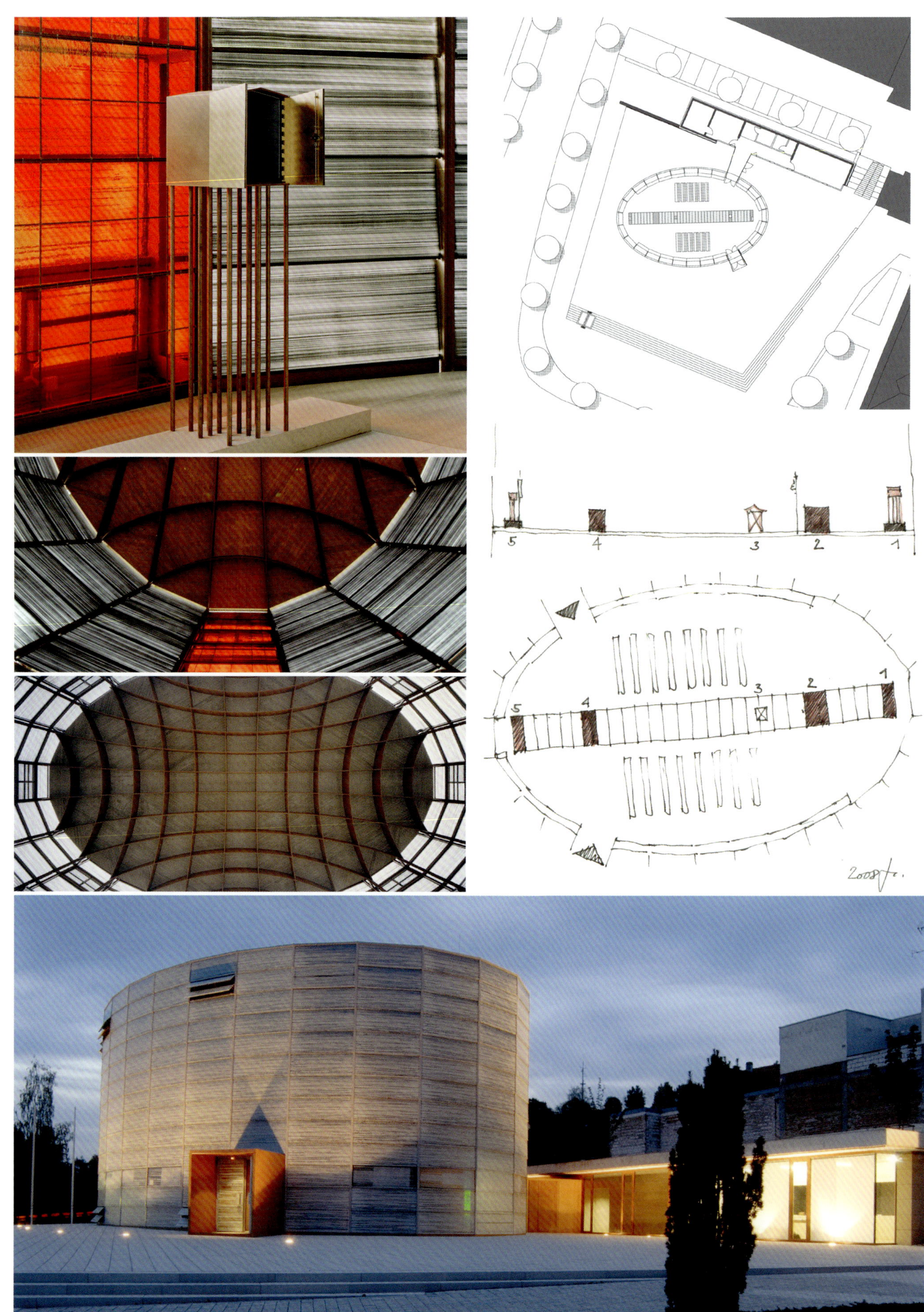
5
4
3
2
1
5
4
3
2
1

奥地利诺因基兴

圣安娜教堂

SANTANA CHURCH, NEUNKIRCHEN/AUSTRIA

照明设计： Silberstreif Planungsgruppe
电气工程： Ingenieurbüro Visoplan Brüggemann
产品应用： STG Licht
完工时间： 2010

宗教场所室内外的照明不仅仅是一项纯技术的挑战。教堂空间的多种使用用途，如仪式、音乐会或“单纯”免费的艺术品欣赏都需要照明设计满足各种需求。教堂作为人们聚集进行礼拜、祈祷的首要场所，礼拜仪式是所有活动中最重要的。除了纯使用要求外还有一系列的理论问题也很关键。在灵性和神学的术语中，词汇“光”能够以不同的方式进行解读。

至少从哥特时代起，光已成为教堂建筑不可分割的组成部分——这不单是因为它的神秘含义。在这些空间中设计光，需要谨慎地平衡日光和电光源。在教堂中的一些特定空间，自然光被视为具有特别的意义。例如，在圣坛周围，光就是个关键性的设计要素。建筑史学家和教会史学家往往将光的历史作为宗教建筑的意义传达，因此要在神圣建筑的历史过程中不断地阐明这种想法的重要意义。有许多人将宗教建筑照明或宗教建筑内的照明视为本领域的终极学知。

建筑物中所有的一切或者是教堂建筑的照明设计之间的联系都要求相当的敏锐度。极少的纯技术方案可满足要求。当为礼拜场所进行照明设计时，怀有敬畏，并尊重教堂建筑的美学和本真性是有所帮助的，有时甚至是关键的。对电光源进行目的性的应用必须建立在一种基本的尊重之上，这是对教堂举办的礼拜仪式、前来做礼拜的人们以及教堂的建筑设计的一种敬意。

这就是说，礼拜场所需要光，以便空间的使用者能够看清他们在做什么。这在教会服侍的空间尤为重要，但也会特别应用在具体的细节和建筑的表现上。如今，人们也期待照明能够满足特别的功能要求——摆放长凳的区域照明等级应当满足阅读要求，在教堂内的照度等级要保证人们能够安全地行进，尤其是在踏步区域。为了避免过度强调光的重要性，只使用需要的那部分光线量，并通过设计来实现，这一点尤为关键。

圣安娜教堂的照明方案设计以一个控制系统提供不同层次的光亮区：高，中，低。这就需要灵敏的亮度水平和色温控制，并突出特别的部位和位置，如圣坛、帷幕、建筑正面和圣像如圣母马利亚（永助圣母）的画像。除了中殿巨大的拱顶石环、唱诗席和侧边过道，照明设计的重要特点就是6m直径的吊灯，可以根据需要对效果进行控制和调节。这使得拱顶必须得到柔和的照明，或者是提供环境光，甚至是为阅读提供明亮、聚集的光线。尽管有这么多的技术可能性，日光穿过教堂窗户照射入空间，仍是最重要的光源。

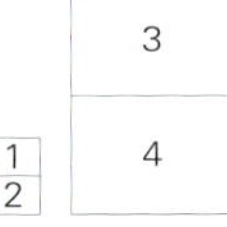

1,2 吊灯细节
3 圣安娜教堂
4 照明方案由多层次的光亮区组成，由一个控制系统进行操作。主要的元素是中殿中的拱顶石环和6m直径的吊灯

西班牙洪达日比亚

曼萨诺圣母升天教堂

NUESTRA SEÑORA DE LA ASUNCIÓN Y DEL MANZANO CHURCH, HONDARRIBIA/SPAIN

业主： Teusa, SA (Tecnicas de Restauracción SA)
照明设计： Intervento——Pablo Barone, Maria Gil de Montes, Miguel Angel Rodríguez, Macarena Risso
电气工程： Juan Carlos
产品应用： Pralibel/Ilumarte，欧司朗
摄影|绘图： Intervento

曼萨诺圣母升天教堂建于洪达日比亚区域政治和军事动荡时期。新的照明设计将原本的黑暗环境转变为由人工光重建的新环境。设计的目的是实现现代化的照明并重新布置电气装置，采用与建筑风格相适宜的高效灯具，并且通过光源和配件的使用让这座 1549 年落成的礼拜场所焕发出新的生命。

曼萨诺圣母升天教堂 44m 长、28m 宽的建筑包括了三种不同高度的中殿、八根柱子、三个多边形小间和交叉拱顶殿。照明设计侧重于建筑的整体解读，没有强调特定的表面。崭新的集成化照明系统可对单个灯具调光控制。

普通照明的系统分为四种类型：直接照明、间接照明、侧面照明和应急照明。前三个系统虽然可以同时操作，但都是独立接线，因为它们是最常被使用的。

选用的光源为带有电子启辉器（10000 小时以上的使用寿命）的荧光灯和显色指数为 85、色温低于 3200K 的 LED（最高 50000 小时的使用寿命），以确保良好的视觉质量并遵守能效规范。该灯具的尺寸按照在中殿安装的高度成比例变化。

Intervento 团队为此项目设计了所有的灯具，包括镀铬吊灯。吊灯上装有一个金色遮光线网，提供了部分直接照明。观察者可以清晰地看到哥特式拱顶所具有的节奏性线条，不会受到眩光或者是外露可见的电线干扰。灯具配有 54W 和 24W 的 T5 荧光灯，并被设计成两种尺寸，可在不同的位置使用。

间接照明使用装有 1W LED 光源的灯具，LED 直接装在灯具的上半部分，装有棱镜来产生 90° 的光束角。侧面照明大部分是由一个带有电子镇流器的高频率线性荧光灯系统构成。荧光灯具有 3200K 的色温和超过 95 的显色指数。由于表面装置的漫射玻璃，线性荧光灯发出的光线略微有所着色。

教堂中心有一个巨大的金色屏风，多个配有 100W QR111 卤素灯的聚光灯强调屏风垂直面的质感。为了保持平衡，礼拜场所由配有非涅尔透镜的 100W 8/24 QR111 卤素灯进行照明。圣坛的墙壁和穹顶由 4 套荧光灯灯具均匀照明，其中两套装在圣坛入口的柱子上，另外两套装在屏风边浮雕的柱子上。直接照明的投射灯每个光源都是 AR111 卤素灯，装在一个垂直长方形条上，照亮拱形天花和圣坛空间。

学习宗教赞美诗的保留区也不再向游客和教徒隐藏。一系列配有线性荧光灯的非对称固定条安装在天花上，对合唱团进行照明，这从教堂中殿观看效果良好。在墙上的两套灯具配有 21W T5 荧光灯，给侧门雕塑提供柔和的光线，刻画出石材的肌理并强化透视效果。两套钢制管状地面灯安装在柱前，标示出圣坛区域。

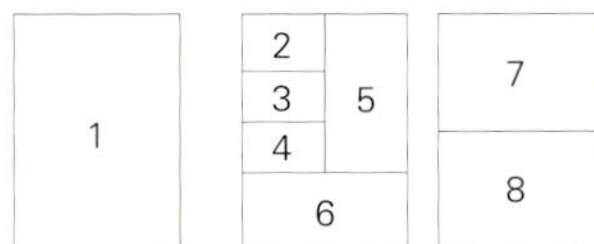

1 照明方案重点放在教堂中殿、圣坛以及屏风上
2 教堂主空间、圣坛以及侧边小圣堂的照明布局
3 教堂中殿的立面
4 教堂一侧过道的立面
5 从教堂长椅上看圣坛，观看者不受柱上安装的灯具眩光影响。对于神父、唱诗班和助祭而言，情况有所不同
6 定制吊灯概念图
7 定制的吊灯满足了礼拜场所的功能要求，教堂中殿的吊灯考虑周到且无眩光
8 照明概念包括了直接的普通照明，以及有目的地进行集中性重点照明

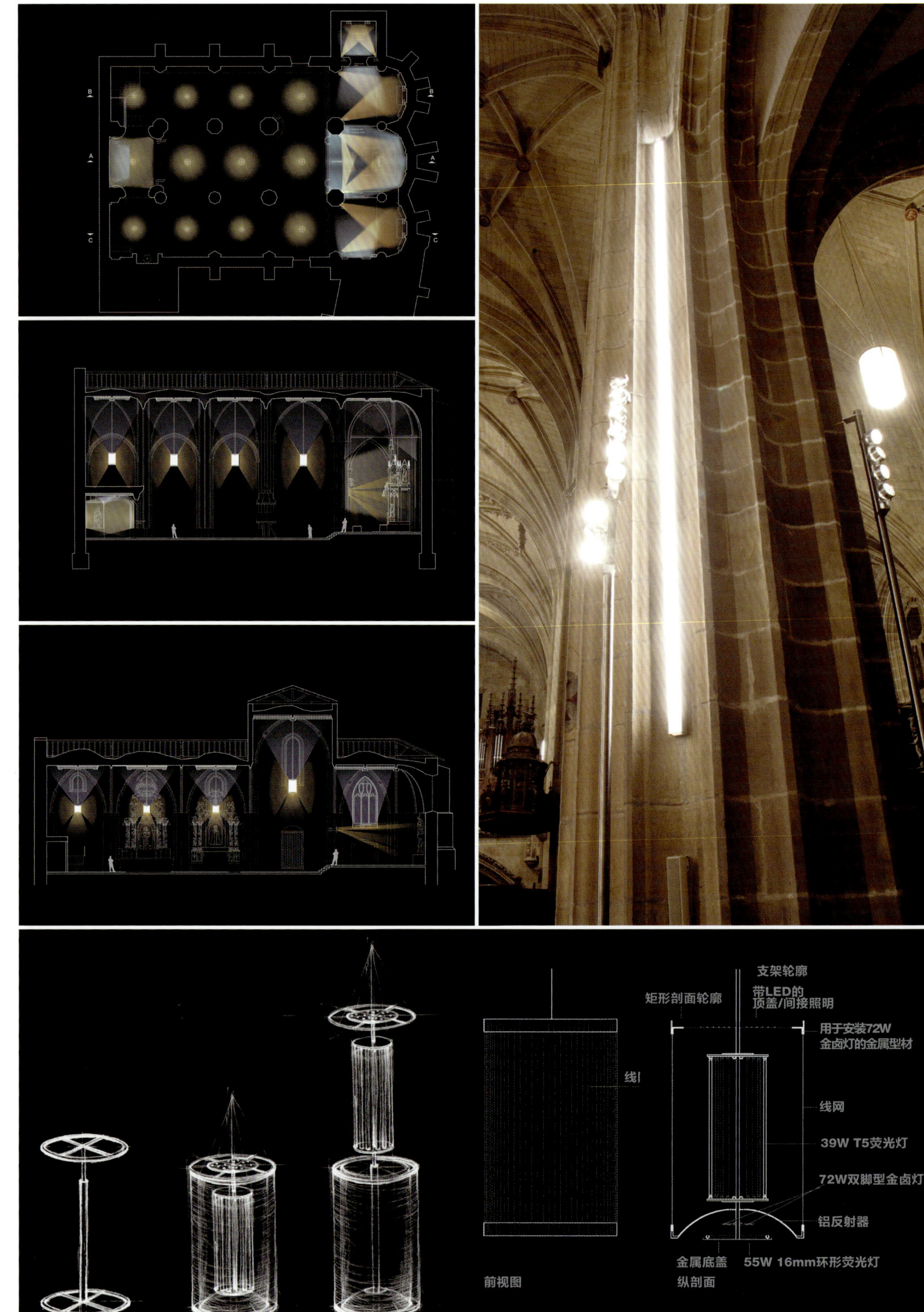

支架轮廓
矩形剖面轮廓
带LED的
顶盖/间接照明
用于安装72W
金卤灯的金属型材
线网
39W T5荧光灯
72W双脚型金卤灯
铝反射器
金属底盖
55W 16mm环形荧光灯
纵剖面
前视图

德国多特蒙德

新圣母教堂骨灰安置所

NEW COLUMBARIUM LIEBFRAUENKIRCHE, DORTMUND/GERMANY

业主： Gemeindeverband Kath. Kirchengemeinden ÖR
建筑设计： Staab Architekten GmbH, www.staab-architekten.com
照明设计： Licht Kunst Licht AG
Licht Kunst Licht AG团队主管： Laura Sudbrock
Licht Kunst Licht AG项目团队： Thomas Möritz，Andreas Schulz
产品应用： Hoffmeister Leuchten GmbH，RSL Lichttechnik GmbH & Co. KG, St. Augustin
摄影： Lukas Roth

市区里新的安葬场所日益缺乏，成本压力促使整个德国市政当局建立新场所用于瓮葬。最理想的做法就是使用几乎从未使用过的市中心平民区教堂。多特蒙德新式哥特式圣母教堂建筑，始建于 1883 年，曾经见证美好的时光。经过两年的改建之后，于 2011 年 1 月完工，成为骨灰安置所。

柏林的 Staab Architekten 提出的令人印象深刻的最小化的概念，在建筑设计竞争中胜出。设计师们通过将现有家具毫不吝啬地加以移除的方式，来努力恢复以前的持续开放的状态和空间的通透性。为了放置骨灰龛，建筑师限制了地面上骨灰龛安葬处的建造。骨灰龛在地面上的定位表达了对传统安葬方式的类比模拟。它们沿着中殿的中线分开，一直延伸到走道。一个通畅的中央走廊是建筑中轴瞄准的中轴线。在这里，放置着用于摆放《亡灵书》和复活节蜡烛的基座。其顶部表面呈正方形分布，用于容纳骨灰盒和之后的题词板。

在多特蒙德的圣母教堂骨灰安置所，其照明设计的开发基于这样一个照明理念，即在空间和氛围品质上，它需要适合于祭奠建筑的背景。照明满足了这样的要求，使其既能胜任葬礼和普世礼拜仪式，又能为哀悼者提供了平静与沉思的场所。独立的开关以及可调光的环境和重点照明结合在一起，可以满足多种不同灯光场景的要求，为了不从教堂建筑结构上分心，灯具作为可见对象融入了背景之中。

在入口区域，一个明显可见的圆形大吊灯单独突出了带有雕像的青铜色水盆。中殿的照明概念最初是为了将访客的视线沿着中轴线导向唱诗班。与余下的空间相比，由于其更高的光照水平，唱诗班成为了视觉上的参考点。投射灯让人难以察觉地安装在柱子后面，重点突出了圣坛、讲经台以及骨灰龛石碑和十字架。唱诗班的长椅则接收到了微妙而同质的照明。中殿的环境照明通过定制设计的 LED 灯具的直接／间接照明来实现，灯具安装于柱顶之上 12.7m 高处。灯具设计紧凑，块状外壳，容纳了 6 个可调节的投射灯。照明元素很大程度上消失在了其外壳之下。

4 个可调节的投射灯以暖色调光巧妙照亮了水平面，创造出一个平静的照明氛围，突出了古铜色骨灰龛坟墓表面的材质和颜色的深度，也使得雕刻清晰可见。剩下的 2 个宽光束角的投射灯以漫射光淡淡地打亮拱形天花板。同时，空间高度变得显而易见。防眩光遮光罩可以防止拱顶接收到杂散光。通过在所有直接投射灯上使用蜂巢状格栅，眩光得以避免。中殿里的照明原则在走廊里得以延续，唱诗班也是这样，柱顶高度略低，相应地光照强度也略低。得益于可连续调光的 LED 技术，照度水平或亮度可轻易适应不同的用户场景。得益于光探头，人工照明可以根据日光的变化而变化。如果自然光照度水平较高，中殿和走廊的人工照明就会关闭。在整个教堂里，使用了 DALI 单独编址的 LED 灯具，它满足了优化照明效率以及超长维护周期的要求。结合了建筑相关联的开关通道，5 个编辑好的照明场景可由一个设计直观的控制面板调用。

1 定制的LED灯具安装于柱顶之上12.7m高处
2 Licht Kunst Licht AG设计的敏感的照明设计，完全由LED技术实现，有效地突出了由Staab Architekten设计的室内设计概念
3 中殿的环境照明通过定制设计的使用LED灯具的直接/间接照明来实现
4 中殿里的照明原则在走廊、唱诗班里得以延续，柱顶高度略低，相应地光照强度也略低
5 为了不从教堂建筑结构上分心，灯具作为可见对象融入了背景之中
6 与余下的空间相比，由于其更高的光照水平，唱诗班成为了视觉上的参考点
7 中殿的照明理念将来访者的视线沿着中轴引向唱诗班，在直接投射灯上使用蜂巢状格栅以避免眩光
8 宽光束角的投射灯以漫射光淡淡地打亮拱形天花板，空间高度也变得显而易见
9,10 4个可调节的投射灯巧妙照明了水平面，2个宽光束角的投射灯打亮拱形天花板
11 一个明显可见的圆形大吊灯单独突出了带有雕像的青铜色水盆

韩国首尔

昌庆宫

CHANGGYEONGGUNG PALACE, SEOUL/KOREA

业主：昌庆宫管理所
照明设计：EON SLD. Co. Ltd
摄影：Nam gung sun

昌庆宫是朝鲜时期宫殿，现在大韩民国历史的历史文化遗产。昌庆宫建于1484年（成宗年间15年），是为了当时的皇帝而建造的宫殿，与其他雄伟而华丽的宫殿不同的是，它的周围尽是郁郁葱葱的树木与流淌溪水的自然景观，仿佛是丛林中宫殿一样。昌庆宫是一座位于首尔的宫殿，它是有着茂密树林和潺潺流水的宫阙花园。

为了纪念文化遗产管理局建立50周年，在2011年冬季的夜晚，向市民们展现了华丽的明政殿（226号国宝）文化遗产以及宫殿优美的夜景。

昌庆宫之光仿佛“追溯历史的宫殿旅行”般的感觉，灯光使人舒适，自己仿佛变成了皇帝在月光的宫殿里散步。

在弘化门（宫殿的正门）、春塘池（湖水）、明政殿（曾是皇帝执政的场所）一带放置了实体的灯，使这些文化财产与夜间的灯光融为一体相互协调，月光在此处无疑让人感觉到历史与传统的香气。在昌庆宫的正门弘华门处使用了高效率且显色性高的灯具，展现了古建彩绘（在木制建筑上，用多种色彩画出纹路，美而庄严的装饰）固有的美。

顺着沿途小径上闪耀的灯光踱步，会听到四面八方传来的树叶声、草丛里昆虫的叫声、流淌着的溪水声等大自然的声音，人们可以一边感受着大自然气息，一边思索。

沿途的小径上照下来的光，形成一个让人再次回忆起往事的空间，让人们心中产生的情愫自由地漂浮起来。因此，为冬季的夜晚增添了光彩的昌庆宫夜景显得十分耀眼。

昌庆宫的灯光与大城市里人工建造的华丽的灯火不同，它的光忽明忽暗并且柔和，好似自然光，仿佛触觉在呼吸的光，保护着这些文化财产。衬着月光的宫殿，来到此地的人一边散步，一边将一天疲倦的心情全部扔掉，没有任何束缚地用一颗平静的心去感受着自由，用一种充裕的心态感受着时间和空间，可谓“风流主人”。在照明器具上避免了灯光的直射与光源外露现象，并减少视觉疲劳，特别是朝鲜时代初期的木质建筑著称，有着重要价值的昌庆宫正门——弘化门更是采用了雅静的光，利用宫殿里面的草丛进行了泛光照明，从外部看弘化门时，而看不到它的照明用具。而指引路线的实体灯则采用朝鲜时期婚礼上使用的青瓷灯笼（用蓝色云彩花纹的绸缎制成灯身，外面用红色的布包裹起来制成的古代灯笼），通过韩国传统的布料照射出温和而洁净的光线。春塘池树木发出的绿光与星光一同被反射后，形成了很神秘的氛围。这隐藏着朝鲜王朝深远历史的光与大自然的风声结合在一起，萦绕在春塘池边。

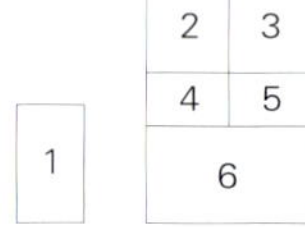

1 步行路
2 昌庆宫夜景全貌春塘池夜景照明
3 正门弘华门处使用了高效率且显色性高的灯具
4 春塘池夜景照明
5 明政殿长廊
6 明政殿

弘化門

明政殿

中国台湾

福安宫

FUAN TEMPLE, TAIWAN/CHINA

项目地点： 台湾台南市北成路120号
空间属性： 地方庙宇
基地面积： 638m²
建筑设计： 王为，郑介文
灯光设计： 日光照明设计顾问有限公司
设计总监： 李其霖
参与设计： 陈玟洁，谢佩妘
灯具订制： 日銧企业有限公司

台南是台湾的发祥地，是全台历史最悠久的都市。府城历经荷兰时期、明郑时期、清领时期、日治时期的变迁使得台南一直是台湾政治经济文化之重心。由于这层历史渊源，经由300多年来所累积的传统文化精华，台南古迹名胜也特别多，成为无可取代的“文化古都”。台南也在历史文化余晖的映照下，积极展开人文发展的文化推演，尤以历史建筑古迹的保存与维护为优先，使得台南的建筑显得更有人文色彩。

以“祈福”概念延伸照明的意象，采用低调温暖3000K的光，利用“光”来描述东方的建筑语汇与地方民俗雕刻的特色结合。低尺度的照明手法结合灯笼的整体设计，赋予人安定的心理感受，也表达保佑乡民的意念。而室外透进来“神性的光”同时结合了门神与灯笼的呼应，传达了向天祈福平安的意念。

利用“光”来表现入口前厅的空间深度，巧妙地将空间光的对比与香炉形成视觉的穿透性，将雕刻石柱与石墙的层次感分别出来。入口意象利用灯光塑造庄严祥和的氛围，并利用投射光源来强调象征吉祥的东方龙柱，借以表达入口门厅的镇殿气势与传承的意象。特别于龙柱上表现强烈的对比光影，柱上的雕龙仿佛有了生命力，在黑暗中指引民众入内祈福。入口门厅利用光影的层次来划分区域，延伸了视觉尺度穿透前、中、后殿，增加空间的视觉深度。

特殊订制的宫廷吊灯与壁灯，协调的安置在神圣的空间里，将照度设定在150lx以内整体的亮度对比掌控了空间庄严而安定的气氛，指引民众托付心灵上的归属。利用光的最高亮度来彰显主神殿的精神所在，将神龛与众神的层次感划分，表达了众神齐心守护家园的意念。

庙宇空间与宫灯的呼应表扬其文化精神，以“祈福”概念为出发，利用庙宇空间与地方民俗特色做结合，以中国传统建筑的格窗元素创造出具有“平安纳福”意象的宫廷吊灯，展示于庙宇空间指引民众托付心灵上的归属，低调温暖的光，塑造了宁静祥和的氛围，予人安定的心理感受，也表达保佑乡民的意念。宫灯利用漫射与下照方式的结合，与庙宇空间做了一次新的尝试。

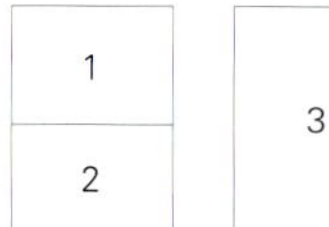

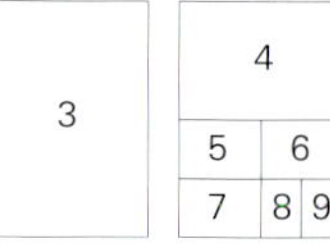

1 庙宇外观，入口于龙柱上表现强烈的对比光影
2 低调温暖3000K的光，塑造了宁静祥和的氛围
3 室外透进来“神性的光”同时结合了门神与灯笼的呼应，表达了向天“祈福平安”的意念
4 入口细部
5 利用光来表现入口前厅的空间深度
6 主殿神龛：利用光的最高亮度来彰显主神殿的精神所在
7 利用光影的层次来划分区域
8 宫廷吊灯以中国传统建筑的格窗元素，创造出具有“平安纳福”意象的宫廷吊灯
9 福安宫六角吊灯订制细部图

福音遙通紫府廟宇巍瞻諸聖赫
保邦家安社稷澤潤臺灣島
風調雨順

福安宮
金屬切割圖騰
金屬烤漆(色另訂)
需預留流蘇掛鉤孔
中國風流蘇
防蚊隔柵
φ100mm H=40mm
金屬骨架寬=4mm

中国西安

秦兵马俑三号坑遗址

THE SITE OF QIN TERRA-COTTA WARRIORS AND HORSES IN PIT NO.3, XI'AN/CHINA

业主：陕西秦始皇兵马俑博物馆
设计师：黄引达，陈昭
施工单位：陕西西安万科时代工程公司
产品应用：Zumtobel
图片提供：陕西秦始皇兵马俑博物馆

兵马俑三号坑属于物质文化遗产，照明设计思路是：远古的坑俑、现代的光色，如何用现代的照明手段对这种气势进行重新的表达与诠释是这次兵马俑三号坑照明设计成功与否的关键。

三号坑在秦始皇兵马俑三个遗址坑中最小，面积约 520m^2；俑坑的建筑布局极为特殊，由车马房和南北厢房组成的平面呈“凹”字形。主展厅建筑外观为覆斗式仿秦建筑，36.24m^2，高 15m，屋顶为钢骨网架，6m 正方一孔，网架上设有马道，供安装灯光、通风管以及维修时使用。

此次选择的光源必须首先要满足文物保护的要求——“去紫除红”。能够满足具体要求的光源，有钨丝灯、卤素灯、LED 和无紫荧光灯等。通过比较最后选择了高效的卤素光源。

灯具选择的要求要符合以下几点：遗址内高窄空间决定了灯具的配光为中窄角度，同时要求灯具必须具备角度与光强的可变性；遗址博物馆对于灯具的控光角度、防眩配件的要求较高；灯具首先要可以安装卤素光源，其次要可以安装红外、紫外的滤镜配件；对于光源的单点控制设计可以根据日光的强弱调整照度的大小，减少文物上光的年曝光量；出于对文物安全的考虑，灯具本身必须具有防坠落设计。

三号坑遗址的文物个体就是修复的兵马俑（北区）与破碎的文物残片（南区），对于一般性博物馆文物个体的表现，在照明上主要控制以下几个方面：均匀性、立体感、亮暗区对比度。

而在三号坑的照明中，除了常规博物馆的个体文物表现外，主要是以坑道的整体氛围表现为主，因此把南北坑道中的群体兵俑当作主体来表现，并在此基础上选取有特色的兵俑予以重点塑造。选择智能灯光控制系统以具体控制到单点灯具、最大限度地满足文物年曝光量的需求、方便及时维护和更换灯具。

压暗周边残缺的挖掘环境，以聚光的方式表现残缺的俑体、鹿角、门楣遗迹等三个重点的区域。光线聚焦在墙角的三个俑的身体，交叉的光束照射在鹿角、门楣的遗迹上。

位于三号俑坑南部的南厢房由东至西分为廊房、俑道、正厅和便房。修复后的场景，主要是用来显现兵马俑原来布置的形式；区域线性光的运用体现了三号坑的兵俑排列方式与其他坑的区别，重点表现的是警卫阵形的关系，而不是每个具体的俑体；而窄光束对于兵俑的细部表情如铠甲的变化、头形发髻的变化等进行细致的刻画。

正对门道的是三号俑坑的车马房，出土驷乘木质战车 1 乘，陶马 4 匹，武士俑 4 个。重点光线塑造马的动作形体风格，用灯光刻画中间与两侧马匹不同的具体特征；而对于车上的军俑，则塑造其不同的表情特征。

1　倒下的武士碎片，在聚光灯的映照下，生动而又凝重
2,3　区域线性光的运用体现了三号坑的兵俑排列方式与其他坑的区别，重点表现的是警卫阵形的关系
4,5　通过宽、中、窄光束的综合运用，突出刻画兵马俑的细部特征，真实还原残留的色彩效果

37
36

中国常州

三河三园

RIVERSIDES AND RIVERFRONT PARKS,CHANGZHOU/CHINA

业主： 常州市铁路建设处，常州市水利建设投资开发有限公司
施工组织： 常州城市照明管理处
照明设计： 北京清华城市规划设计研究院光环境设计研究所
设计指导： 荣浩磊
项目负责人： 李 丽
设计师： 江莉莉，赵俊波，张姗姗，刘斌，曹均，胡熠，赵妍，刘东东
产品应用：
投光灯系列： VAS
地埋灯系列： DECO
LED产品： 乐雷光电，上海大峡谷光电，鑫谷等
定制灯具： 上海因思得
投影灯： 锐声灯光，Studio Duo投影灯

常州三河三园景观改造工程是常州市政府重点建设项目。项目拟通过对河道及两侧地区进行综合整治，整合与提升城市旅游资源。相应照明设计涵盖全线滨水景观，范围包括东坡公园、红梅公园、中华恐龙园 3 处城市公园以及关河（东坡公园 – 青山桥）、北塘河（关河 – 横塘河）、东支河（北塘河 – 沪宁高速公路）两岸建筑及绿地，全长 18km。

本案由于河道窄，驳岸高，建筑界面、河水、驳岸、桥体所形成的槽形空间，景观进深相当局促，观赏视角的选择非常受局限。鉴于观赏距离近（约 15 ~ 30m）、仰角大，照明要求：亮度适宜、光色协调、严格控制眩光以及倒影眩光。确定主要视角后，在有限的载体条件上，强调“水”的特征，并使用先进技术塑造画面感强烈，氛围富有感染力的主题场景，形成统一性、丰富性与特异性兼具，可赏、可入、可游的特色景观，通过景物与游人观感的互动，吸引市民与游客停留。

本案在统一性方面的考虑主要是建立主题、色彩和照明方式的秩序。根据景观设计主题，并综合考虑沿线载体条件，将全线分为 3 个主题段落：历史文化段，都市休闲段以及生态旅游段。

三河三园，顾名思义，是通过沿河游线串联起众多景观节点，展现常州旅游文化的长卷。码头始发点是东坡公园，然后经过古代的罗城遗址（如今改造为体现传统文化氛围的景观新节点）、红梅公园、旧城中心区，之后逐渐进入以高层住宅为主的都市区域，经过水利枢纽进入北塘河段，则是生态旅游区，绿化主体配以适度的景观构筑物组成，而后到达中华恐龙园。照明设计根据全线景观节奏，塑造有变化、有韵律感的不同场景，这里重点介绍以下几处。

东坡码头：该处景观载体多为古典元素，设计上采用柔和的暖黄光照亮主体建筑，烘托整体的传统氛围。河道一侧为木栈道，栏杆上点缀暖黄色方形灯具，河道另一侧的植物采用 3000K 高显色金卤灯统一照亮，两岸相对，连同水中倒影，形成安静内敛而又层次丰富的视觉效果。

青山绿水：住宅建筑体量高大、布局自由稀疏，整体照明不宜表现建筑全貌，在此，设计团队以整体建筑群为底图，精心布置青玉色 LED 线形灯具，以线构面，产生错落有致的抽象图案，意指青山绿水，形成具有自然美感的风景画面，且明暗消隐的场景变换体现风景的幽远。

百草园：在此场景中，左岸建筑照明处理公共楼梯间的外部格构部分、屋顶构架，颜色采用青玉、金黄。而右岸景观的软质载体照明则是以一种柔美的形态形成对话，以还原景物的原色为主，如红色、树木本色、金黄色。

1 三河三园全线设计范围
2 东坡码头的石栏沿线以4000K的LED洗亮，形成统一的滨水界面
3 百草园，绿化景观照明的场景层次
4 东坡码头，情绪饱满的出发点
5 罗城回忆，沉静内敛的古典氛围

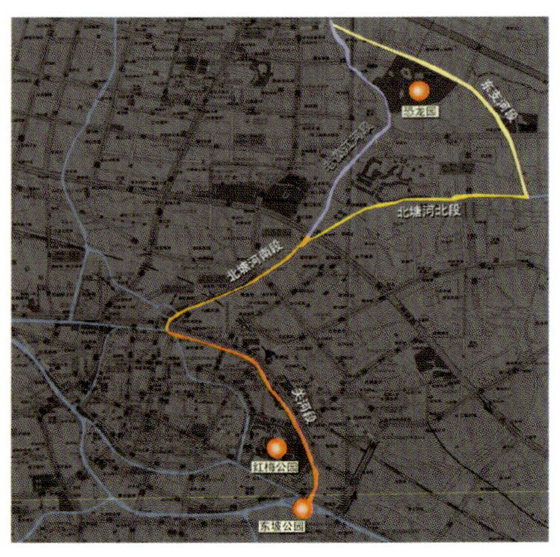

加拿大蒙特利尔

Frères–Charon 广场

FRÈRES-CHARON, MONTREAL/CANADA

建筑设计： Affleck + de la Riva建筑师事务所
景观建筑师： Robert Desjardins
艺术家： Raphaëlle de Groot
照明设计： Gilles Arpin
园艺： Sandra Barone
施工管理： Louis L' Espérance, Q.I.M.
总承建商： Céleb Ltée et Terramex
产品应用： Schreder, Lumec, Philips
长凳： Edge，iGuzzini
控制系统： Sunlite

Frères–Charon 广场是旧蒙特利尔、多媒体城区和新区修道院等街区之间关系的一个重要部分，同样对旧哈伯路和麦吉尔街乃至蒙特利尔夸提亚国际中心也是如此。

Frères–Charon 广场提供了当代城市景观的体验，这也是从 Charon 兄弟于十七世纪在沼泽地区域建造了风车的原始用途上所得到的启发。新的设计是对脱离工业区的城市新生的回应。

该项目使用简洁、精细而又极简主义的建筑语言来创造圆形和圆柱形形态之间的对话，包括一个花园的野生草坪、风车草坪的遗迹和一个观景楼形式的公园亭子。

人们仔细设计 Frères–Charon 广场的街道水平的公共领域以确保它是舒适的、安全的并允许轮椅进入。可持续的主动性包括种植本地野生草坪来显著减轻市政灌溉系统的压力，以及使用耐用的魁北克省的花岗岩进行硬质景观和公园亭子的铺设。花园的布局也为了显示出不同季节的美而设计的。由 Gilles Arpin 发展的照明设计很明显地受到了 Laurant Fachard 在里昂格兰德球场公园里设计的彩色花园的影响。在蒙特利尔，色彩与草木植物对应，因此也会随季节变更而做出反应。照明设计被规划成创造 8 个不同的风景，用于支持在春季绿色和黄色的表现（再现），在夏季结合橙色与蓝色，在秋季添加更多红色并去除蓝色，并在冬季的雪毯上引入不同的色彩。

这个小型的城市公园实现了多个目的：它在有历史背景的空间里，为城镇的这个部分提供了崭新而清晰的身份，向蒙特利尔市民灌输了自豪感，并且在设计方法论上，为真实现场如何变成一个研究平台提供了一个很好的例子。照明计划方案很吸引人，对于照明概念来说真正的问题是"随季节变化的灯光"如何具有可持续性，或者蒙特利尔市民随着时间过去将会习惯于场景以至于不再显得有任何特别之处。自然照明环境时刻在变化，但却不是大幅度的。所以，设计师对这些微妙变化的生理反应是连续的，并定义了人们从心理上和身体上感觉的方式。

在蒙特利尔，可以看到灯光应用于主广场的水平面内，不包括诸如周围环境的立面的垂直表面，其中一些在蒙特利尔最豪华的公寓中，但它们并不是整体概念方案中的一部分。这些立面可能也将会进行处理，这会给该工程项目带来额外的品质。考虑到该工程有最主要的艺术品质，工作任务不是从一个艺术立足点来质疑它。可能我们不应该过度分析像 Frères–Charon 广场这样的工程项目。毕竟，我们应该永不忽视"乐趣方面"。

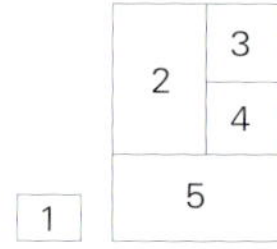

1 俯瞰
2 夜晚灯光赋予花丛新的生命
3,4 城市灯光2.0版本！数码化的灯光推广了一种完全不同的照明方法
5 城区里的自然绿洲由白天设定，多彩的审美体验由夜晚设定。草坪上的白色花卉对反射彩色灯光来说是必不可少的

智利圣地亚哥

Vitacura 区罗卡斯蒂略广场

CASTILLO IN COMUNA VITACURA, SANTIAGO/CHILE

建筑师：Mardones Arquitectosy Asociados, Gonzales Mardones Viviani
照明设计：Paulina Sir
工业设计：Gaspar Arenas Acuña
产品应用：
埋地灯具和支架灯具：Targetti Poulsen / Exterieur Vert
控制系统：Luceviva-Targetti
发光柱：Hess
杆装灯具：Carandini

Vitacura区是人们公认的圣地亚哥最重要的高档生活社区之一，也是这个国家大量的贵族家庭和一些最有影响力的政治和经济领袖们的所在地。这里有一个机场、奢华的酒店、高档商店，在附近甚至还有一个马球和骑马俱乐部。因此，不言而喻，当涉及到罗卡斯蒂略广场的设计时，这个额外漂亮而有声望的街区需要一个额外漂亮而有声望的方案。

该项目是要创造 Vitacura 街道的一个重大空间，切割市区中心的主轴将罗卡斯蒂略和 El Maío 长廊连接起来。公园本身将会成为一个受人们欢迎的放松或会见朋友的场所，还会为大量的临时活动提供场所。它主要为行人设计，但是在需要时也能够应付汽车的需要。人行尺度通过不同的方法实现。公园的布置提供了清晰的结构。小路的几何迷宫提供了空间的简单总览。最引人注目的特色毫无疑问是火烈鸟遮阳棚系列，它们在白天提供了对太阳的遮蔽，在夜幕降临后又被照亮从而作为景观元素。该广场的所有组成部件——座位、餐馆、商店——都在广场水平上可视化地被连接起来，天空则作为最大的主角把大画面连接起来。框定天空的想法是为了创造一个覆盖空间的华盖，里面充盈着光和空气，它包含着确定而典型的城市质量。

当 Paulina Sir 被委托对 Mardones 所设计的火烈鸟们进行照明时，她并不需要为了灵感而看得太远。它们的形状和体积使人联想起了阿塔卡马沙漠中的景观，成群的火烈鸟在地势里优美地选择着它们的行进路线，阳光以其全部的光谱颜色反射着它们色调精美的羽毛。照明设计概念抓住沙漠中变化的颜色，它转化并演变成白天的发展过程，并使用它们将这个空间翻译成神奇的城市环境。就像来自北方的太阳光线在鸟群的自然栖息地掠过真实的鸟群，罗卡斯蒂略广场的火烈鸟由广场北面进行照明，为了在夜幕里产生极富魅力的景观。城市放慢了它的脚步，惊叹于特大型的火烈鸟的景观，变色的灯光使它们看起来像是在公园里移动。

公共照明专题里“必须做到”的议事日程中高度评估能源效率，为了忠于这种现代化趋势，这是智利第一个使用 LED 技术进行照明的广场。Paulina Sir 在广场内的火烈鸟上挑选了强烈的色彩，沿着现场的周边使用低亮度水平白光来延续和支持 Vitacura 街区的城市质量，并且再一次确保了更低的能耗。照明设备密封在座椅、花盆和其他城市家具的背后或下方。埋地射灯对树木进行照明，将它们变成了活的灯具。这意味着设计团队可以省却广场内的灯杆。

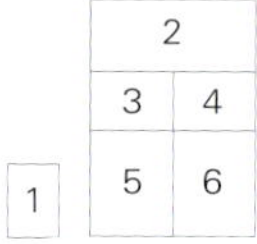

1 作为遮阳棚设计依据的概念草图
2 罗卡斯蒂略广场广场地面平面图，显示了照明布置和各条小路的几何曲径
3 灯具布光示意图
4 照明设计概念俘获了沙漠中太阳变化的颜色。遮阳棚就像优美的火烈鸟一样出没在公园内
5 罗卡斯蒂略广场
6 Frères-Charon 广场花丛灯具变色，为大片城区的花丛带来了生命

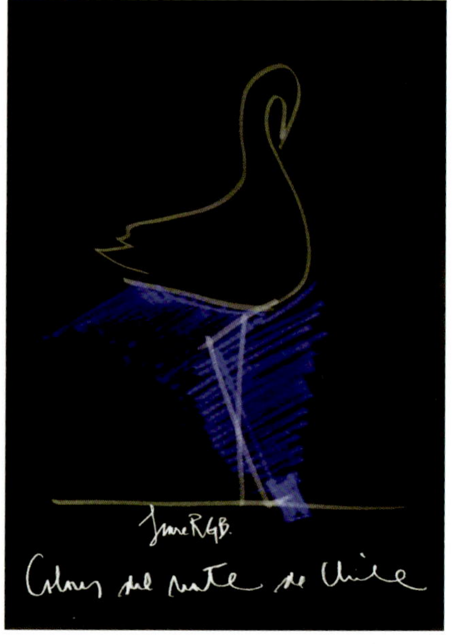

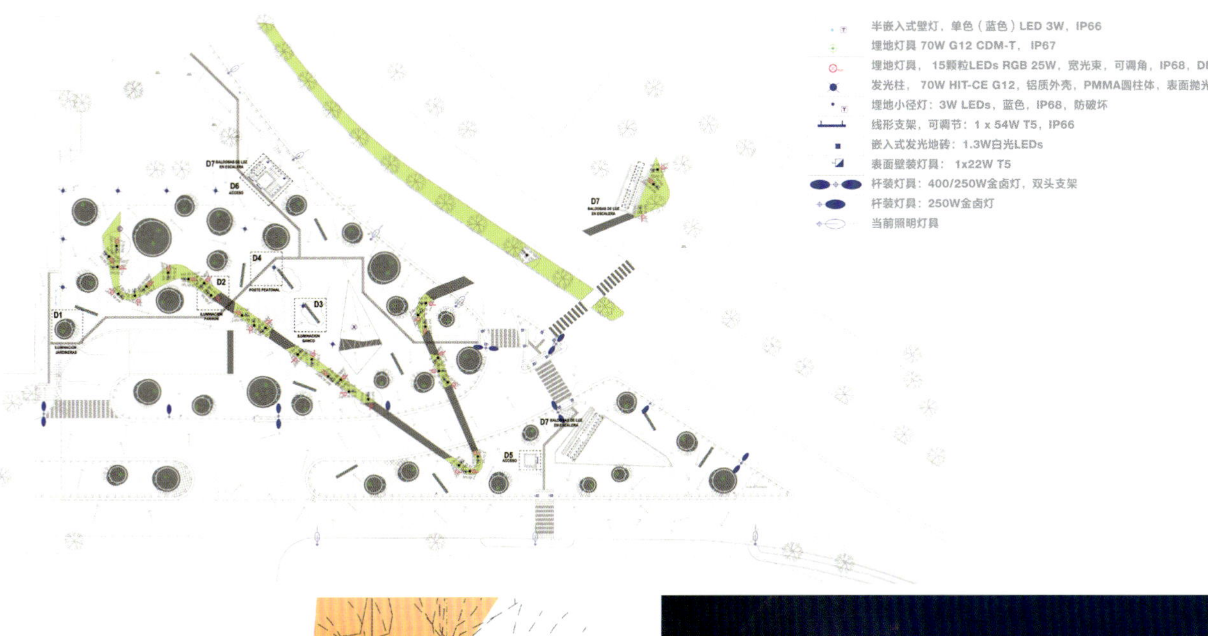

半嵌入式壁灯，单色（蓝色）LED 3W，IP66
埋地灯具 70W G12 CDM-T， IP67
埋地灯具， 15颗粒LEDs RGB 25W，宽光束，可调角，IP68，DMX控制
发光柱， 70W HIT-CE G12，铝质外壳，PMMA圆柱体，表面抛光处理，直径11.4cm
埋地小径灯：3W LEDs，蓝色，IP68，防破坏
线形支架，可调节：1 x 54W T5，IP66
嵌入式发光地砖：1.3W白光LEDs
表面壁装灯具： 1x22W T5
杆装灯具：400/250W金卤灯，双头支架
杆装灯具：250W金卤灯
当前照明灯具

半嵌入式壁灯，单色（蓝色）LED 3W，IP66
埋地灯具 70W G12 CDM-T， IP67

丹麦奥尔堡

奥尔堡海滨

AALBORG WATERFRONT, AALBORG/DENMARK

业主：奥尔堡市路政署和环境部
建筑设计：VibekeRønnonwLandskabsarkitekter，Arkitektfirmaet CF
照明设计：ÅF Lighting, COWI A / S

仅仅在几年前，奥尔堡港海滨场地还是一个工业区。今日这个旧的滨水区已变成一个充满活力的海滨大道。ÅF Lighting 设计和策划了照明解决方案，给海岸创造一个独特的身份，成为一个方便儿童，青少年和成年人的社会互动的海滨。照明解决方案不会造成眩光或扰乱峡湾的视野，天空以及峡湾的另一边的城市。 项目在 2011 年赢得了两个奖项 ：2011 丹麦照明奖和 2011 丹麦道路奖。

奥尔堡位于丹麦北部一个峡湾的旁边。城市的滨水区是以前的一个工业区，但现在已成为一个绿洲，有儿童游乐场，青少年球场以及海港长廊，绿化区域和各种不同的场地。

ÅF Lighting 已规划和设计的照明解决方案，不同地区之间都不一样。孩子们的区域使用灯罩，活动区域运用雕塑照明。码头区域树木被照亮且使用了点光源。港口的改造从 2004 年开始，它已经转变为城市最受欢迎的聚会场所。

照明解决方案是重塑该地区的重要一环，因为照明对塑造该地区的新身份作出了重大贡献。该照明解决方案包括街道照明，功能照明和场景照明设计。街道照明和功能照明，很好地融入新的周边环境和提供良好的视觉舒适度，既无眩光又有高品质的显色性。此设计方案没有与海上的景致相冲突，但为了尊重该地区的自然风景，都经过精心设计和规划。

要确保有一个强有力的视觉特征来支撑此海洋环境，选用了耐候钢灯柱和匹配的射灯。照明设备的选择，不管是在白天还是在夜晚，都进一步增强了海港海洋的感觉，并与周边建筑风格统一。

所有的照明解决方案，都考虑水边照明的问题，并尊重海滨的天然环境。这意味着，照明不会在水中形成反射，不会影响峡湾的自由视野或夜空。精心策划的照明解决方案为海滨增添了独特的视觉特征和形象，促进社会互动，吸引游人享受诗意般的园林空间，海港长廊和不同的场地区域。

奥尔堡海滨在2011年赢得了丹麦照明奖。陪审团选择此项目的原因是，为各个区域选择的照明设计，增强了建筑理念。此外，灯光不会造成任何眩光，尊重整个海湾自然风景，并且留给峡湾对面城镇一览无遗的景色。

今天，奥尔堡海滨已经成为市区受欢迎的休闲区域，随时欢迎奥尔堡市民。

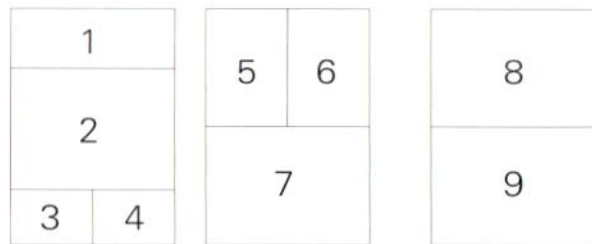

1 场景照明把以前不安全的“模糊地段”转变成了一个令人印象深刻的休闲区
2 模仿室内灯照明效果，照亮的树、草坪灯和其他灯具营造了一个欢迎而有趣的夜晚氛围
3 城市空间的照明，为城市花园创造视觉上的平衡
4 钢板灯柱和匹配的射灯形成特征性的设计
5 有特色的灯柱
6 电线上挂着的射灯照亮街道辖区，建立一个多样化的视觉表达。提供功能照明的灯具与整体视觉和谐统一
7 一个城市花园中被照亮的树木和凉亭
8 被照亮的喷泉、树和精细的立面照明
9 活动区的舞台照明

HEDEGAARD

瑞典赫尔辛堡

赫尔辛堡海滨区域

HELSINGBORG WATERFRONT, HELSINGBORG /SWEDEN

业主：瑞典赫尔辛堡市政局
建筑设计：Katrine Brandt Landscape
照明设计：ÅF Lighting

在最新翻新的赫尔辛堡海滨区，ÅF Lighting 创造了一个引起回忆的、创新性的照明设计。照明的是基于“海洋和天空”以及长廊的建筑设计。通过定制照明解决方案和一个良好调光的照明设计，新的海滨长廊，现在拥有一个充满诗意和强大的照明系统，微妙地整合到景观里，并尊重了该地区的风景。ÅF Lighting 承担了赫尔辛堡（在瑞典南部海岸的一个小镇）新建区域的设计、规划、监督工作。照明工程，包括街道照明和一个广场以及沿着长廊的许多场景性照明设计。此设计理念的目标是创建一个迷人的北欧海滨环境，即使在天黑时间也有利于促进户外生活。照明设计在一个连贯的视觉体验中，结合场景效果和功能照明，将海洋，天空和景观融为一体。项目的总体思路是使用照明技术高效地解决项目中单个场景的照明任务。因此，整个设计需要在功能，美学和维护之间取得平衡。

该项目的主要挑战之一，是设计的照明装置，不会在水中形成反射或干扰黑暗大海的景观。照明不能造成任何眩光或损坏海景，但它应该照亮海滨道和广场，并让人们能看清清晰的夜空和海景。海滨通过使用木制桅杆上，形成了航海的气氛。9m 的木制桅杆配置了 GOBO 投影仪，沿着海滨道随机放置，和停泊在港口的船上的桅杆产生了联系。木制桅杆有红木饰面，桅杆下部有一个灰色的、保护用的钢套管，套管与混凝土路面相协调。隐蔽起来的投影机使用了特殊的百叶和高显色 3000K 的光源，确保该地区愉悦的环境。GOBO 投影机配有两种不同的 ÅF Lighting 所设计的 GOBO 图案。其中一个 GOBO 投影机旨在映射出波浪图案，其他的映射出海滨道上长椅的设计。基于光纤的点光源落在混凝土表面上，GOBO 投影机创造了基于每个位置的视觉体验。沿着海滨道的街道右侧和人行道由路灯提供照明，灯具本身有高品质的配光和平面光圈，使得场景照明能明显的脱颖而出。

灯具被很好地保护，并提供了一种无眩光的照明，在混凝土表面上形成了有趣的光效。在广场上，548 小纤维为基础的点光源，被放置混凝土路面，可以引导游客到达海滩。在漆黑的夜空，点光源发出冷白色光，在整个大背景下好似一张朴素的、闪烁的星毯，与夜空构成一种美丽的关联性。这种类型的安装方式，适用于此环境苛刻的条件，由于只使用了两种光源和持久耐用的亚克力材料，维护非常方便。

2011 年夏天，该项目被评为 IALD（国际照明设计师协会）“优秀奖”。陪审团成员之一在颁奖典礼中激动地说到：“忘记泛光照明、路灯让人厌恶的下降镜头、光侵入和很多室外公共海滨道都有的不自然的感觉。这个项目像是一个操场！照明本身负责为独特的人类交流设置舞台。”另一个评委提到“意想不到的使用投射的阴影图案和灯光效果，为这个户外区域增加了趣味性和动态的质感，产生了一个新的城市空间。”

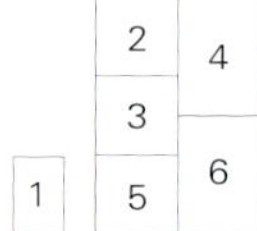

1　**Gobo投影机，波浪纹图案是专门设计的**
2　**Gobo投影机映射出了城市家具设计**
3　**548嵌入式光纤点光源，类似于星空**
4　**自由和不受干扰的海洋和夜空**
5　**暮色中被照亮的棚架作为光的入口，为功能照明和场景照明创造了多种组合**
6　**照明设计创造舒适和吸引人的环境**

中国上海

世博文化中心

EXPO CULTURE CENTER, SHANGHAI/CHINA

建设单位：上海世博演艺中心有限公司
照明设计：同济大学建筑与城市规划学院视觉与照明艺术研究中心
设计人员：郝洛西 林怡 胡国剑 杨秀 吴维聪 周庆堂 缪海琳 李勋栋 秦手雨
室外照明工程：上海城市之光灯光设计有限公司
建筑设计：现代设计集团华东建筑设计研究院
室内设计：SEESONINTERIORS、上海新丽装饰工程有限公司、MANICA ARCHITECTURE、HAMES SHARLEY
景观设计：现代建筑装饰环境设计研究院

1	
2	
3	
4	5

1,2 世博文化中心夜景
3 西入口大型数字媒体墙——“东方之梦”
4 上翘屋面照明可行性分析图
5 室内造型奇异的钻石型多面体

世博文化中心是一个集文化体育、综合演艺、艺术展示、时尚娱乐于一体的文化集聚区。作为中国2010年上海世博会“一轴四馆”永久性场馆之一和开闭幕式的主场馆，该场馆以其穿梭腾飞、极具未来感的独特外形，展现了城市更新区天际轮廓线的节奏与浪漫，为世界呈现出一个永不落幕的城市舞台。

该项目的灯光设计创意注重以实验和研究为基础，以教学和科研成果为支撑，探索和尝试了一种全新的实验性照明设计方法。世博文化中心在世博会期间每天都有各种大型文艺演出活动，接待数以万计的游客，且承担着商业购物、餐饮娱乐等功能。世博会后又将成为集大型综艺活动、体育赛事、时尚演出、休闲娱乐、旅游购物的文化消费集聚地。因此，建筑夜间形象必须与“永不落幕的城市舞台”这一主题相契合，不仅要满足功能照明的要求，还要满足景观照明和艺术照明的要求。此外，作为大型文化娱乐休闲的综合建筑，必须兼顾不同分区的功能照明和气氛照明。

面临如此复杂的设计要求，同济大学建筑与城市规划学院的视觉与照明艺术研究中心设计团队有针对性地将项目按照功能性设计和实验性设计两种思路开展工作：前者主要是指常规空间的照明设计，通过经验分析、计算机模拟和图纸表达来完成；而后者则是本项目创新性设计的核心部分，必须结合照明实验进行试制和比对，实现理想的视觉效果。满足需求的功能性照明设计。

室内照明设计主要根据世博文化中心室内空间的特点，以及室内照明设计的概念要求和室内照明设计载体的不同，将室内的空间大体上分为建筑主要出入口大厅、二层公共环廊、五层室内公共走廊、“钻石体”、溜冰场以及各类功能房间等。该类空间的照明设计是依据我国标准、CIE标准、IESNA标准等国内外相关重要标准确定技术指标，借助Dialux软件对相应的建筑空间进行模拟以辅助灯具的选择与安装间距的确定等设计工作。在满足照明数量的前提下，减少灯具的安装数量和功率密度，同时还兼顾照明设计的质量，突出空间的设计概念，并营造相应的照明氛围。

建筑外观照明设计主要是想创造出一个在浦江边散发出充满时代活力光芒的地标建筑形象。世博文化中心建筑外观照明主要分成上壳、下壳和中部环廊照明三个部分。下壳体主要采用投光照明方式，要求光照分布均匀，营造通体发光的效果，同时结合下壳表面的“采光窗”洞中的内部投光，以达到较佳的视觉效果；上壳体表面仅设置有圆形“窗洞”，并以宇宙星座图的位置布局，呈现出繁星点点的视觉效果；中部环廊以内透光的照明效果为主。整体建筑的超曲面外壳主要以白光投光照明为主，部分时段采用蓝色、红色、绿色等其他颜色以配合内部演出的需要。

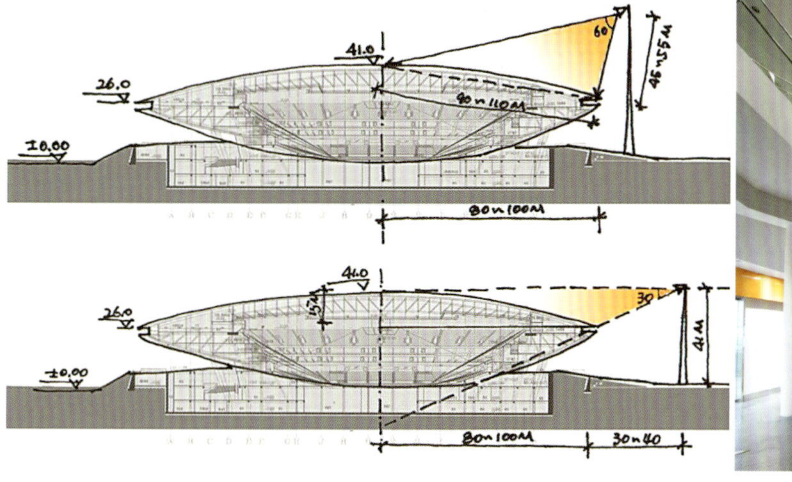
41.0
26.0
±0.00
60°
45~55M
80~110M
80~100M
41.0
26.0
±0.00
30°
41M
80~100M
30~40

中国广州

广州塔

CANTON TOWER, GUANGZHOU/CHINA

完工日期：2010年10月
总建筑面积：114 000m²
总高度：600m
业主：广州新电视塔建设有限公司
建筑设计：information Based Architecture
本地建筑师：广州设计院
结构工程：Arup
照明设计：长沙市规划设计院
产品应用：Philips

广州塔是一座以观光旅游为主，具有广播电视发射、文化娱乐和城市窗口功能的大型城市基础设施。广州塔塔身主体450m（塔顶观光平台最高处454m），天线桅杆150m，总高度600m，取代加拿大的CN电视塔成为世界第一高自立式电视塔，也成为广州的新地标。

历史上的摩天建筑一贯阳刚、棱角分明、简洁、沉重、楼层重复，而广州塔的设计具有阴柔、平滑、曲线轻盈、亲近、空间和楼层平面尺度多样性的特点，简单地说就是性感和复杂兼备。既简单又复杂的广州塔试图在结构与建筑效果之间形成一个新的和谐关系。

自然光在此案例上得到了充分利用，不仅涉及室内空间如何被使用，而且考虑立面上光影的对比关系产生的美学效果，同时不忘遮阳效果以及避免对相邻建筑物造成反射。外层结构设计用作遮阳系统，它能够消除眩光和反射。塔本身的形状使得上部楼层处于理想位置，接收的直射阳光较少。而下部楼层正相反，接收较多的光线，这里外层结构依然起到过滤直射的、刺眼的阳光的作用。厚实的水平环梁和立柱实际是一层屏障，对射入室内的阳光进行反射和扩散。整体效果非常出色，室内空间能够感受到光并且很明亮，但没有直射强光进入。

塔身照明的最大特色是采用了LED泛光照明手法，即灯具安装在立柱后侧打亮柱体，形成剪影效果。这样大规模的使用LED作为泛光光源在国内乃至世界都是首创。同时，为了不影响白天的建筑形式，设计师对灯具位置进行严格限制，尽可能将灯具隐藏起来，因此立柱正立面没有照亮。最终目标是将这位守望着珠江的“岭南少女”的典雅、高贵的气质体现出来，这对LED产品的色彩和整个系统的控制也提出了高要求，必须使用高质量的LED系统并进行谨慎的设计，否则大量的变色极易产生艳俗感。

建筑师与灯光设计师紧密合作，创造性地开发出将LED照明设备整合在复杂的建筑结构上的方案，形成多彩而律动的照明效果，充分展现了“岭南少女般高贵典雅和婀娜多姿”这一核心建筑设计理念。广州塔最大限度地将照明效果与周边环境完美融合，为广州市民和游客带来了愉悦而难忘的灯光体验。

1	2	3
		4
	5	6

1,2 “小蛮腰”华丽身影

3 主立柱采用IED大功率投光灯从两侧进行照射，在水平环梁近主立柱两端的位置安装IED大功率投光灯，在两侧及靠后的位置进行补光

4 在水平环梁上安装线型IED大功率投光灯，对斜撑进行照射在水平环梁靠近牛腿的下方安装IED大功率投光灯对水平环梁底部进行照射，达到洗亮的效果

5 外层网状结构实际是一层屏障，对射入室内的阳光进行反射和扩散

6 观光层室内

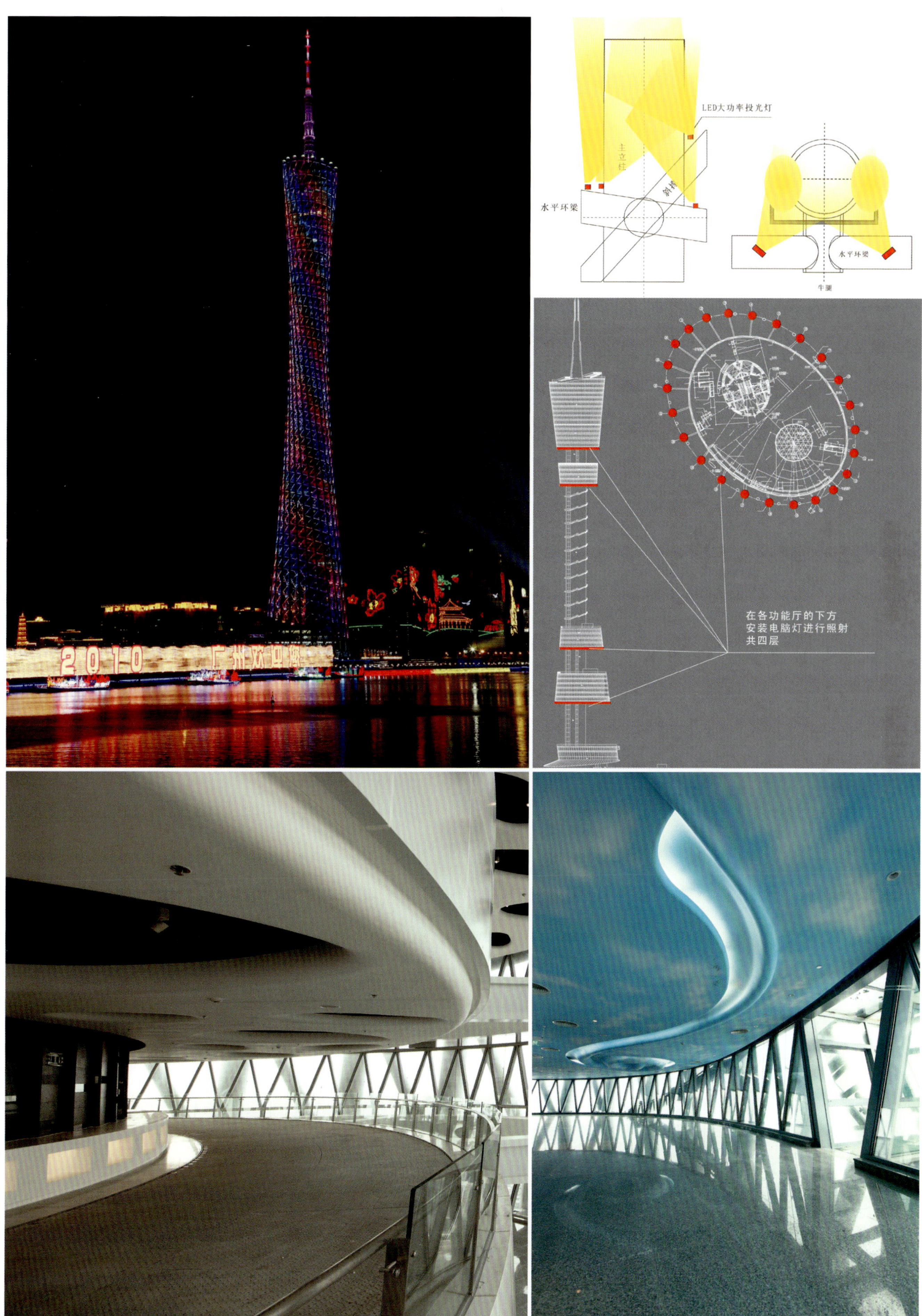
LED大功率投光灯
主立柱
斜柱
水平环梁
水平环梁
牛腿
在各功能厅的下方
安装电脑灯进行照射
共四层

美国加利福尼亚

Playa Vista 中央公园

PLAYA VISTA CENTRAL PARK, CALIFORNIA/USA

照明设计： Horton Lees Brogden Lighting Design——Teal Brogden, Hayden McKay, Alexis Schlemer, Jae Yong Suk, Brian Smith
建筑和景观设计： Michael Maltzan Architects
执行景观建筑： The Office of James Burnett
电气工程： West Coast Design Group
电气工程（壳形演奏台）： Arup
摄影： Henri Khodaverdi

Playa Vista 中央公园位于洛杉矶国际机场北部，Playa Vista 中央公园是社区内一个商业开发区——The Campus 的一个中心装饰品，公园临近 Ballona 湿地。受传统欧洲花园的启发，并作为传统企业广场的替代品，公园被设计为一个向公众开放的娱乐、运动及休闲的地方。

Horton Lees Brogden Lighting Design 与负责建筑和景观的 Michael Maltzan Architecture 以及负责执行景观建筑的 The Office of James Burnett 一起，合作设计这块 7.9 英亩的公园。公园有茂盛的花园和小树林、流水、足球场、沙滩排球场、篮球场、儿童娱乐区和一个壳形草地圆形剧场。通过环境照明和戏剧性的照明，衬托出景观和建筑特色。

在公园的入口，有趣的照明结合艺术性的长椅迎接着游客。人行道被随意布置的阶梯灯照亮，从街道向下延伸，蜿蜒至植被区和一系列的池塘处。间接垂直式照明柔和地被相邻树木的表面所反射，充当了环境照明的角色，为步行者提供安全和舒适的环境享受，并在这些表面和他们在水中的倒影之间产生了交相呼应的画卷，这种效果在整个公园都可以看见。

在前 Howard Hughes 飞机场的原址上，白天公园里的路线图能够令人回忆起 Hughes 的跑道，对角路线交叉穿过，就如交叉穿过飞机跑道的滑行道。因为在洛杉矶国际机场降落时在北方会看到此项目，同样的意图也被移植到晚上强大的照明图景中。为了创造出戏剧性的效果以及区分公园内的不同空间，每个空间的照明都有其特有的性质，中东部到西部路径统一采用具有节奏感的线形模式 LED 来连接各处，LED 在整个线路上闪烁。正北部到南部的景观图案根据不同活动区和植被来设计，照明方案中体现出各自独特的变化。

3 英尺高垂直式 LED "萤火虫" 照明灯与几何形起伏的景观融合在一起，为其中一间景观 "房子" 打造了自然的室外特点。严格定位的上照灯为运动场周围的鲜艳的橙色围栏提供照明，以划分空间，并为运动城内外提供了环境光。在周围围栏和树木倒影的交相呼应中，水起到了重要的媒介作用。

由纤维状建筑组成的壳形演奏台，象征了细胞核和具有连接作用的 "宝石"。建筑所用材料由纤维玻璃 /PTFE 薄膜构成，白天是实心的，晚上就会转化成为发光的灯笼。设计师在室内进行了大量的软件建模和材料测试，确保外部的光源统一，并且限制电缆导管路线的长度，让照明能够与结构内的钢环相结合。室外等级的金属卤素舞台灯配有多种透镜和散光器，强调了浓密的纤维结构，而且少量的可调光灯具为创造不同的照度水平、各种场景、景观的气氛提供了灵活性。壳形演奏台的下部边缘采用线性冷阴极光源，这为壳形演奏台的下半部纤维结构的照明提供了双重用途，并为下层提供了安全照明。良好的照明为人们运动、娱乐和外景欣赏创造出一幅独特的风景画卷。

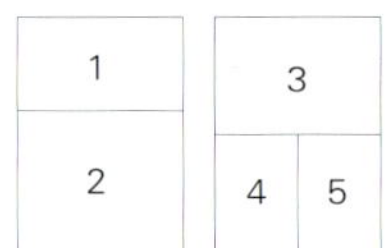

1 总平面图
2 整体效果
3 在周围围栏和树木倒影的交相呼应中，水起到了重要的媒介作用
4 公园里走道
5 线性荧光灯效果

埋地发光图案
入口正门
通往各场所的入口
环行道路
次级道路
重点墙
露天剧场
萤火虫图案
水域
景观墙和被照亮的道路

中国天津

团泊现代农业示范园

TUANBO MODERN AGRICULTURE DEMONSTRATION GARDEN, TIANJIN/CHINA

建筑设计：北京维拓时代建筑设计有限公司
照明设计：天津津彩工程设计咨询有限公司 P386
产品应用：大峡谷、乐雷、雅江、金顶
摄影：周利

团泊农业园位于天津市静海县团泊新城，距天津市中心约 20km，是一个以农业景观为特色的生态园区，总用地面积为 203.48 公顷（约 3000 亩），一期建设用地 132 公顷(约 1980 亩)。整个园区的景观规划十分注重人的参与，注重人们在接触自然时所获得的感受和体验。

照明设计以"关注精神世界，营造人文氛围"为设计理念，秉承园区的规划思想，努力为人们创造一片能够远离喧嚣，找寻心灵暂时歇息角落的净土，营造一个舒适、优雅的光环境。园区按照"一湖、一岛、七片区"的形式进行照明规划，在保证整体光环境协调统一的同时，烘托出各个区域的特点。

其中会所岛是一个以温泉酒店为主题的高级商务休闲活动区。整体设计以建筑为主、景观为辅，分区域、分层次控制亮度，注重不同载体的灯光表现。整体以暖色光为主，局部点缀彩色光，并将景观、灯光和水面的和谐关系表现得淋漓尽致，温馨、舒适的灯光带给游客们高端的精神享受和充分的心灵放松。

其他区域也各有特色。郊野游乐区包含动物园、游乐场、生态餐厅等活动区域，灯光设计在局部添加动态元素，注重与游客的互动和趣味性的表达。设施农业区以温室大棚和生态办公楼为主，灯光设计体现了现代科技照明对农业产品的积极作用。田园风光区和湿地缓冲区，是农业园中最直接体现生态理念的区域，湿地气质出众，这里的灯光设计并没有进行过多的装饰，只是在保证安全性的前提下进行了必要的功能照明，减少了对生态环境的破坏，使照明设计更加合理，同时也体现了设计对自然的尊重。

灯光是塑造和表现农业园整体夜景形象的途径，是农业园特色景观在夜间的延续，更是展现和促进团泊区域经济发展的重要手段。照明设计本着针对性、功能性、美观性和协调性的原则，力求创造一个适宜的休闲度假和生活居住光环境，并致力于将"绿色照明"的理念贯彻始终。

1 会所岛竺园、畅园西南侧夜景
2 会所岛畅园正入口
3 会所岛西南侧通向游船码头的连廊
4 会所岛竺园南侧夜景

中国成都

成都非物质文化遗产国家公园

NATIONAL INTANGIBLE CULTURAL HERITAGE PARK, CHENGDU/CHINA

业主： 成都青羊城乡建设发展有限公司
建筑设计： 美国360设计(Design 360 + Associates Inc)
照明设计： 全景国际照明顾问有限公司（北京）
产品应用： VAS 胜亚 P350

非遗文化，当代人称它历史文化的“活化石”，是一个民族记忆的背影。成都又是个具有丰富历史文化沉淀、和人文资源的城市。所以，无论是武侯祠、杜甫草堂、还是非遗公园，都已经成为具有民族文化积淀和广泛、突出代表性的城市符号。

成都非物质文化遗产国家公园，选址青羊绿舟项目E区马厂片区内，北接光华大道，南临江安河，紧靠绕城高速外侧，离市中心13km，处于成都市和温江区的中心地带，交通便利，总规划面积1780亩，建筑净用地597亩。公园共由四个组团构成，分别为五洲情、世纪舞、西城事、和时空旅组团。

灯光设计师将非遗文化中，“传承”的理念应用到设计的概念中。历史的传承、文化的传承、人的传承。火作为古代的人工光源流传了几千年，烛光、火光；火的颜色金色和红色；火的动感与活力，除了赋予建筑除了色彩以外，还有生命力。随着时代的发展，现在的诸多事物都在注重“以人为本”，建筑是非遗文化的展示、灯光是叙述的载体，人则更注重情感的体验，结合各组团对灯光的要求不同，人在特定的光环境中的感受就更加丰富和细腻。

走近五洲情组团，棕色系的玻璃、铝板、百叶构成了建筑群的第一视觉印象，明亮而生动的色彩，带来愉悦、兴奋的心情。为表现建筑的动感、时尚，在酒店建筑表面使用LED灯具，配套智能调光系统，除了能看到色彩的变幻，还能欣赏到优美的画面慢慢移过。场景一：清晨，那一缕霞光洒向海面，微微荡漾的海浪，波光粼粼的金色，当你用心去感受时，仿佛是对过去的回顾、带来犹如梦境般的体验；场景二：蒙古族长调民歌与灯光变化的节奏共同谱写了新的乐章，在五洲情创造的美好梦境中，领略了非遗文化和先辈的智慧。

世纪舞组团的建筑则是开放性的，由展览馆、商业和弧形墙围合而成了建筑组团的外轮廓，广场中间有高达60m的地标—标示塔，成为组团的中心。夜幕降临时，一场灯光秀拉开了序幕，地面的条形LED灯带，引导着游客来到露天演绎广场的中央，高杆灯的功能照明慢慢变弱，此时，两侧入口上方的弧形景墙投来多条光束，互动投影开始讲述着非遗的历史，昆曲、新疆维吾尔木卡姆艺术，向我们展示着中国的非遗文化。随后，场地四周的数十展空中玫瑰射向夜空，标识塔的LED投光全部开启，一座绚丽缤纷的“光之塔”引来无数的目光和赞叹，伴随着探照灯的交相辉映，焰火、礼花的一同喷射，使这场灯光秀达到了顶峰，高潮过后，所有的灯光缓慢关闭，高杆灯的功能照明缓缓开启，逐渐散开的人群无不回味着刚刚的视听盛宴。

时空旅定位为“不夜城”，影院和游戏设施的灯光较为炫目，比较其他组团，色彩最为丰富。融入了未来流行元素的现代派建筑风格，同时先进科技元素、电影元素的渗入，使人在其中有出入和穿越时空的感受。人类文明发展进程中创造了灿烂的文化，灯光带你感受时光的流动，沟通了过去和现在。

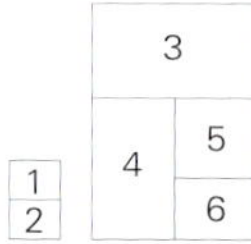

1 赭石门：玄武片岩的肌理配合暖色温投光，立面看起来更有质感，加上灯光小品的点缀，暖色温的营造出的光环境，使通道的照明保证足够的亮度，又不失趣味性

2 宽窄院：石材与玻璃构建的特色景观，极具艺术感和欣赏性。在灯光的映衬下，营造出静谧的氛围

3 五洲情组团：由五星级酒店、会议会展中心、俱乐部三部分组成，大面积的赭石色玻璃幕墙构成了酒店的主要表情。夜间，晶莹、温暖的内透光与横向的线条使建筑显得大气而精致

4 会议会展中心：棕色弧形金属板表皮，显示着建筑曲线的美感，同时赋予建筑土壤般的宁静和深沉，照明设计师选用暖色温金卤光源表现这一特质

5 俱乐部：木色的横向装饰百叶包裹着建筑，蕴含着建筑的私密性，横向连续的线条围合成一个“扭曲和旋转”的发光盒子

6 世纪舞的标识塔：演绎广场的中心，整个公园的制高点，绚丽和多彩的小型LED投射灯，不仅表现出感结构的体量感，更使他成为夜间园区的视觉中心

…环建文建筑设计有限公司 P380
…文建筑设计有限公司

…是重要的景观节点，公园内
…庭院灯和满天星形式相结合
…行刻画，用光色体现山体植
…夜景的观赏性
…泛光将整体塔身照亮，在
…投光灯（特制）将斗拱装

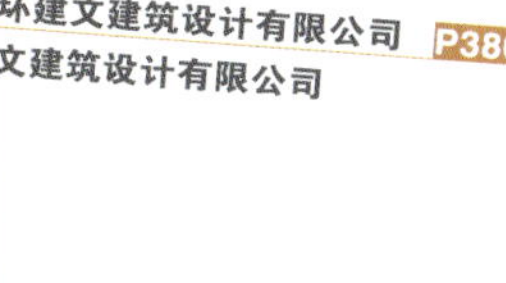

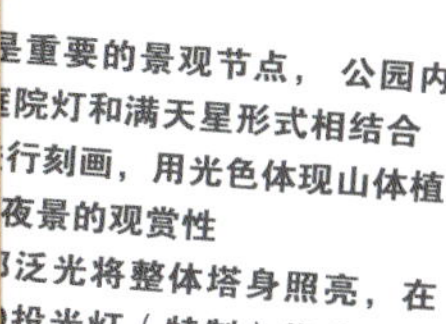

文化建筑
休闲娱乐
商业零售
办公空间
酒店住宅
公共艺术
展览展示
教育研究
历史宗教
城市景观
交通设施

中国重庆

第八届中国（重庆）国际园林博览会

THE EIGHTH CHINA (CHONGQING) INTERNATIONAL GARDEN EXPO, CHONGQING/CHINA

建筑设计：上海复旦规划建筑设计研究景观分院
照明设计：北京高光环艺照明设计有限公司
照明工程承接：北京良业照明技术有限公司 P360

第八届中国（重庆）国际园林博览会于2011年在重庆举办，整个园区占地3000余亩，规模庞大，建筑类型复杂多样，山地地形起伏不平，其中建筑主要组成部分为主展馆、重云塔、巴渝园等，经过对建筑的分析与考量，结合巴渝文化的特点：本次照明设计以符合古典园林风格的素色调光色为主要照明色彩，突出古建筑本色的颜色；整体以暖白光为主体颜色，另外点缀琥珀色与白光，使建筑、园林、照明融为一体，浑然天成。照明是为了凸显建筑在夜晚中的形态，而不是破坏建筑的架构，照明美化了建筑结构，突出了建筑设计的特点，本案实现了灯光与建筑的完美结合。

园区内最瞩目的建筑为重云塔，为保证从不同角度都能清楚看到重云塔的效果，重云塔每层灯具的亮度进行了不同设置，来凸显整个塔形建筑的层次感和立体感，在保证金顶照明效果的前提下，通过控制系统，把灯光的亮度从顶层开始逐层设置不同的亮度级别，开启度设置在200～110灰度级别之间内，从而保证了该建筑的整体效果和照明层次。重庆的阴雨、大雾天气较多，高耸挺拔的重云塔在夜晚的雾霭中若隐若现，犹如一位以纱遮面的妙龄少女，另具一番意境。

此外，专门设计的LED瓦楞灯，灯具颜色与屋顶环境颜色一致，背面带有云纹装饰图案，优美的造型在白天还起到了装饰建筑的作用。本着“见光不见灯”的设计原则，分别对主展馆、巴渝园、廊桥大坝、亭廊等区域，根据各个建筑组群不同的建筑颜色制定相应灯具的外观颜色，通过采用不同安装装饰辅助件如装饰石材板、喷色金属线槽、特殊遮光罩等方式，最终实现了灯具与建筑完美的结合，在中国古建照明项目中树立了又一个典范之作。

1 园博园牌楼
2 巴渝园全景
3 廊桥大坝
4 灯光之塔——重云塔
5 夜色下的园区

州传凯照明电器有限公司 P356
州传凯照明电器有限公司
LED LSC3-V1500雷达控制器
RAM

用全彩雷达导光板灯照亮
电影海报采用雷达导光板灯

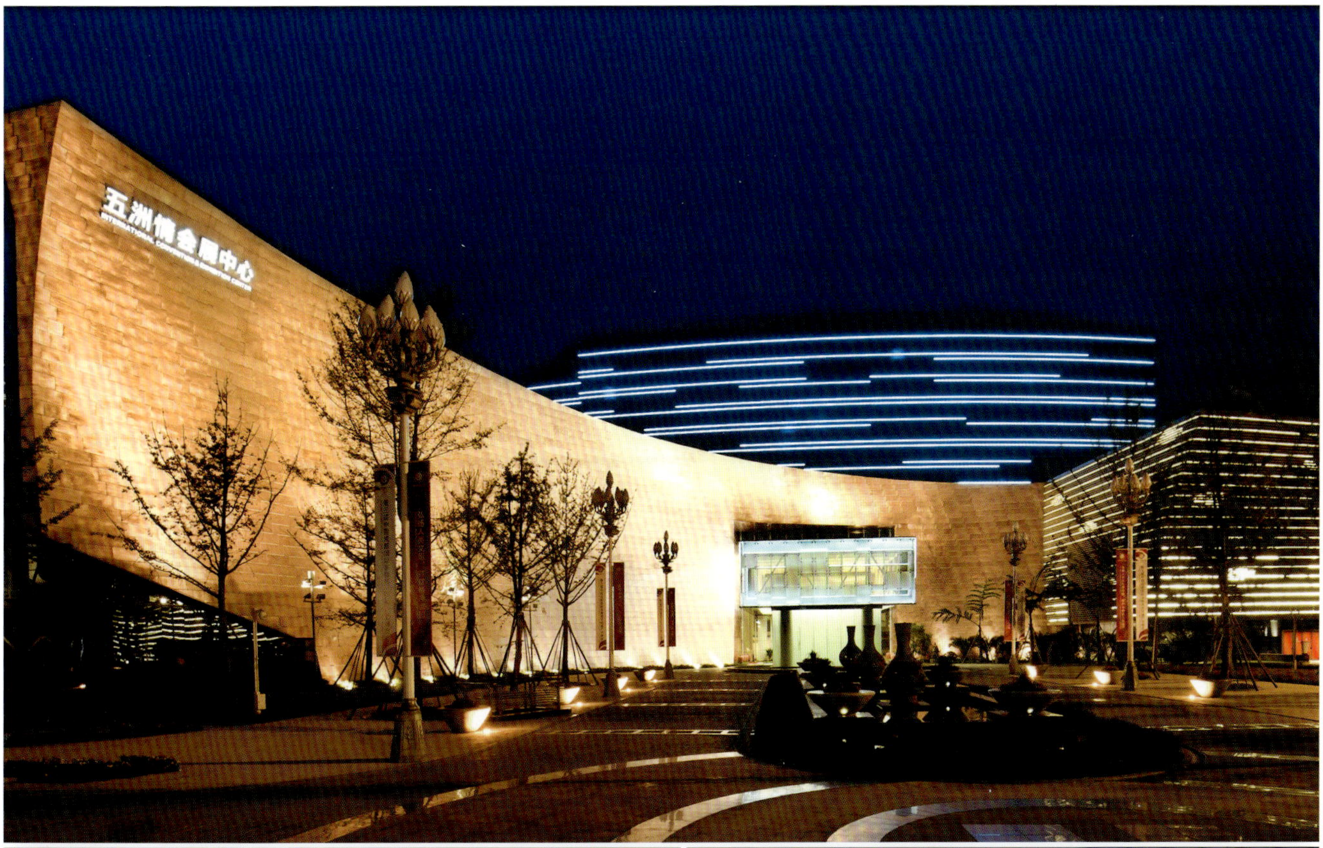
五洲情会展中心

第三届中国成都国际非物质文化遗产节
闭幕式

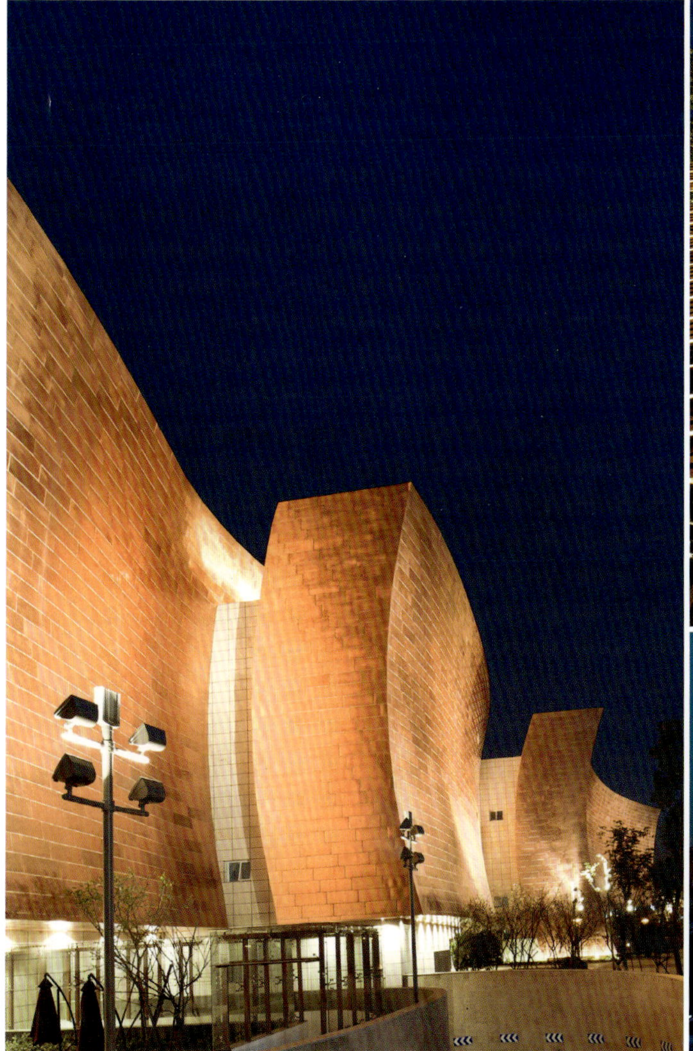

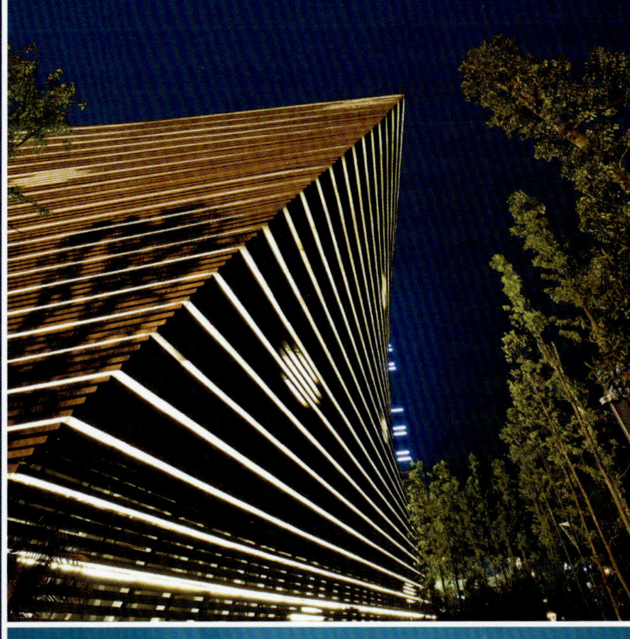

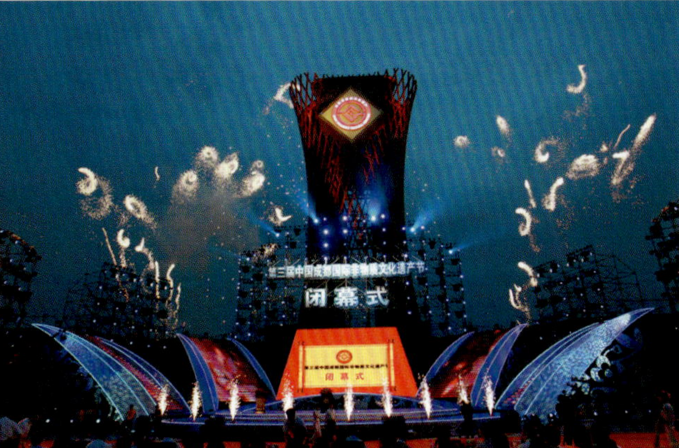

中国湖州

新衣裳街

NEW YISHANG STREET, HUZHOU/CHINA

灯具研发：　杭州传凯照明电器有限公司 P356
控制器研发：杭州传凯照明电器有限公司
　　　　　　CKLED LSC3-V1500雷达控制器
LED光源：　OSRAM

衣裳街是浙江省湖州市中心的一条古街，位于湖州市南街东侧，地处市区繁华商业区。因古时有众多的估衣店（出售旧衣服的店铺）而得名衣裳街。现存有吴兴电话公司旧址、周宅、王宅三处文保单位，另有碧澜堂、接官厅、老公泰旅馆旧址等 12 处文保点，历史建筑 35 处，河埠、码头 18 处，传统街弄 13 条，及成片的清末民初建筑。

古色古香的院落、小桥流水的细腻、古朴优雅的格调，几步一座的百年石桥，转身一条曲径通幽的里弄，让人拾起遗落的旧梦，仿佛只有在电影中的场景，一幕一幕映在眼前。

为了凸显衣裳街的历史文化氛围，此处的地面亮化采用了怀旧电影海报作为源蒙罩，以营造怀旧的历史氛围。所有灯具都采用 OSRAM 高光效 LED、导光板结合，高显色性、高亮度的 LED 完美展现怀旧电影海报的原汁原味的同时起到了良好的环境照明效果。每当游客经过，电影海报下的 LED 在微波传感控制系统的控制下自动点亮，让人感觉到徜徉于历史的长河。

在连接历史街区与现代城区的苕梁桥上采用彩色变换 LED 导光板灯作为桥栏，体现桥两岸从古代跨越到现代的时空变换。灯具采用 OSRAM 原装高光效的全彩三合一 LED，色彩艳丽，结合异型导光板，在微波传感控制系统的控制下，随着人在桥上的走动依次点亮，使人感觉漫步于时空隧道，从古代走进现代。

两者都使用了 CKLED 微波传感控制系统，在照明、景观与人之间搭建了良好的互动桥梁，同时也符合现代绿色、节能的环保照明理念。所有的控制系统和灯具都安装得很隐蔽，使光源很好地融入景观的同时，不让安装的灯具破坏人对环境的感观。

1　衣裳街苕梁桥采用全彩雷达导光板灯照亮
2,3　衣裳街地面怀旧电影海报采用雷达导光板灯照亮

中国宜昌

夜色宜昌一期

THE FIRST PHASE OF NIGHTIME YICHANG,YICHANG/CHINA

业主：宜昌市住建委

照明设计：北京中联环建文建筑设计有限公司 P380

摄影：北京中联环建文建筑设计有限公司

湖北省宜昌市地理位置优越，素以“三峡门户、川鄂咽喉”著称。在长江经济带中处于承东启西的战略部位。

在设计中，强调视觉整体统一，重点突出，照明手法做到分段实施，分类处理，灯具选用做到节能高效，合理利用。为实现夜景灯光照明“功率少增长”的设计目标，改善滨江沿线夜景照明环境，协调道路照明和景观照明的关系，在满足国家道路照明标准前提下，对沿江大道原有道路照明系统进行改造，选用新型节能环保型灯具，在改善城市夜景照明效果的同时，不增加总用电量。

结合景观的布局特点，根据其他城市夜景建设的经验，通过对沿线建筑及数个景观节点的重点建设，以城市亲水公园为载体，提高原有景点观赏游玩品质；对城市滨江夜景的亮化渲染，以长江黄金水道为窗口，提升宜昌城市对外形象。

沿江大道沿街标志建筑。沿江大道沿街重点的建筑节点包括镇江阁、沿街办公及商业建筑群、滨江公园入口等。滨江公园、和平广场、天然塔。滨江公园是城市重要商业街——云集路的对景处，公园的入口大门是重要的景观节点。此方案采用变色的 LED 灯进行轮廓勾边，凸显了中式亭台建筑的特点。天然塔位于滨江公园延伸段内，是宜昌城区唯一保存完好的清代建筑物，砖石层叠、八棱七层、层层出檐，其下皆有斗拱装饰。天然塔灯光设计采用底部泛光将整体塔身照亮，在每层出檐处采用 LED 投光灯（特制）灯将斗拱装饰加以强调。磨基山：作为沿江大道在江对岸的重要视点，是江面的视觉延伸。设计主要针对山体上部的位置进行刻画，用光色体现山体植被的固有色，增强夜景的观赏性。

功能性的照明提升为城市夜色景观，变为自然与人文相结合的旅游资源，彰显宜昌本地文化精髓。通过灯光照明设计，彰显“真山水”，塑造完美“夜色宜昌”。

1 公园的入口大门是重要的景观节点，公园内的绿化照明采用庭院灯和满天星形式相结合

2 山体上部的位置进行刻画，用光色体现山体植被的固有色，增强夜景的观赏性

3 灯光设计采用底部泛光将整体塔身照亮，在每层出檐处用LED投光灯（特制）将斗拱装饰加以强调

中国重庆

渝中半岛

YUZHONG PENINSULA,CHONGQING/CHINA

业主： 重庆市渝中区市政管理局
照明设计： 北京清华城市规划设计研究院 曹钧
产品应用： 宁波易秀光电技术有限公司 P354

由北京清华城市规划设计研究院设计的重庆渝中半岛夜景景观提升工程，第一期总共有 29 幢楼，宁波易秀提供了其中 14 幢楼（东和湾，圣地大厦，怡景大厦，凯旋大厦等）的灯具，灯具 YX-611A 数量总共 9 千多条，其中 1m 的有 7400 条，0.5m 的有 260 条，0.25m 的有 2210 条。大小楼宇安装数量从 1150 条到 160 条不等，平均每幢楼宇需要安装 700 条。

设计师根据重庆地理位置的特点：山城、雾都、两江交汇处，设计出云、林、帆、山效果，效果需要实现统一控制。灯具 1 色温由 2200K(72 颗 3528 贴片）和 6500K(72 颗 3528 贴片）混色跑动，实现山的形成效果，树木的生长。灯具 2 色温 3000K(48 颗 5050 贴片）单色跑动，用来实现帆船起航。控制方式采用 DMX512 控制。

每幢楼高度都是 32 层左右，高空作业非常困难，外墙还有窗檐，吊绳不方便，灯具有横向安装和竖直安装，安装位置不统一。从 6 月初工厂生产灯具，到 7 月 1 日灯具调试完毕，共花费 1 个月的时间，半个月生产灯具，半个月安装调试，时间紧，任务重大。

灯具采用 DMX512 串并信号控制方式，灯具两端用四芯公母对插线，接线简单，安装方便，生产速度非常快。每幢楼都有一台 PC 机和多个分控制，楼宇与楼宇之间能实现整体联动，达到统一变化效果。还可以按照时间，节假日，定格于某个画面，控制效果灵活多样。

1,2 和诚大厦 跑山的效果
3 圣地大厦 树的效果
4 凯旋大厦 跑山的效果
5~7 农行大厦 跑山的效果

中国北京

东华门大街

DONGHUAMEN STREET, BEIJING/CHINA

设计单位：中央美术学院建筑光环境研究所 P384
央美光成（北京）建筑设计有限公司
设计师：常志刚 牟宏毅 张亚婷

东华门大街地处首都北京中心区域，是国家重点文物保护地区，也是重点旅游区域。为更好的展现重点地区的历史文化，结合东华门大街古建筑特色和地处区域古都风貌来规划设计照明方案。

东华门是紫禁城的东侧门，位置在紫禁城的东面偏南，始建于明永乐十八年(1420)。东华门大街光环境规划设计项目位于北京皇城内，故宫东南侧 ，西临筒子河、劳动人民文化宫、东接东黄城根南街。该地区处于喧闹的王府井商业街与森严僻静的故宫城墙之间，独特的城市环境造成地段内具有传统风貌的居住街区的独特建筑环境。

东华门大街东至南河沿大街长约400m，街道两侧建筑皆属此次照明设计的范围。东华门大街属于北京特色旅游的一条清代民国时期建筑民俗景观商街。沿街有餐饮、百货、旅游、民居、酒店、银行等，商业门类齐全，是原汁原味老北京生活的一个缩影，没有受到过度的商业渲染沦为商业功能单一的美食街或者酒吧街。它依然保持着浓郁的老北京民风特色的风貌街区，同时毗邻紫禁城，具有典型的京城符号。

东华门大街光环境意境贴合沿街老北京建筑气质和民俗特色，改善夜间街道景观光环境，服务居民和商家。同时吸引游客，带来商机成为此次设计的脉搏。祥和乐业，老北京风情是我们着重表现的光环境设计意图。

照明亮度等级区别于东华门皇家气度，亮而不眩、闹而不俗，是我们对灯光设计照度及色温的要求，尽管是商街，但是照度控制在表现出建筑细节，色温控制在3000K-4000K，忠实还原建筑色彩的照明原则。灯具型号及外观要求体积小、隐蔽性强、低耗能、安全耐久，因而采用LED节能产品，小功率多点位，利用光影变化详细刻画建筑细节和凸显建筑体态的同时，避免灯具体积对照明效果的影响的隐藏安装做到了极致。

照明工程完工后的东华门大街光环境治理效果，得到了商家、居民的一致好评。平和、理性的设计理念也为街道办事处领导认可。

1	2
3	
4	
5	

1 利用光影变化详细刻画建筑细节和凸显建筑体态的同时，避免灯具体积对照明效果的影响
2 改善夜间街道景观光环境,服务居民和商家，同时吸引游客
3 照明亮度等级区别于东华门皇家气度,亮而不眩、闹而不俗
4 建筑民俗景观商街，沿街有餐饮、百货、旅游、民居、酒店、银行等,商业门类齐全，是原汁原味老北京生活的一个缩影
5 地区处于喧闹的王府井商业街与森严僻静的故宫城墙之间，独特的城市环境造成地段内具有传统风貌的居住街区的独特建筑环境

DRAGONFLY
Massage
Facial
Nail
Waxing
DRAGONFLY
Therapeutic Retreat
悠庭保健会所

中国重庆

第八届中国（重庆）国际园林博览会

THE EIGHTH CHINA (CHONGQING) INTERNATIONAL GARDEN EXPO, CHONGQING/CHINA

建筑设计：上海复旦规划建筑设计研究景观分院
照明设计：北京高光环艺照明设计有限公司
照明工程承接：北京良业照明技术有限公司 P360

第八届中国（重庆）国际园林博览会于 2011 年在重庆举办，整个园区占地 3000 余亩，规模庞大，建筑类型复杂多样，山地地形起伏不平，其中建筑主要组成部分为主展馆、重云塔、巴渝园等，经过对建筑的分析与考量，结合巴渝文化的特点：本次照明设计以符合古典园林风格的素色调光色为主要照明色彩，突出古建筑本色的颜色；整体以暖白光为主体颜色，另外点缀琥珀色与白光，使建筑、园林、照明融为一体，浑然天成。照明是为了凸显建筑在夜晚中的形态，而不是破坏建筑的架构，照明美化了建筑结构，突出了建筑设计的特点，本案实现了灯光与建筑的完美结合。

园区内最瞩目的建筑为重云塔，为保证从不同角度都能清楚看到重云塔的效果，重云塔每层灯具的亮度进行了不同设置，来凸显整个塔形建筑的层次感和立体感，在保证金顶照明效果的前提下，通过控制系统，把灯光的亮度从顶层开始逐层设置不同的亮度级别，开启度设置在 200 ~ 110 灰度级别之间内，从而保证了该建筑的整体效果和照明层次。重庆的阴雨、大雾天气较多，高耸挺拔的重云塔在夜晚的雾霭中若隐若现，犹如一位以纱遮面的妙龄少女，另具一番意境。

此外，专门设计的 LED 瓦楞灯，灯具颜色与屋顶环境颜色一致，背面带有云纹装饰图案，优美的造型在白天还起到了装饰建筑的作用。本着“见光不见灯”的设计原则，分别对主展馆、巴渝园、廊桥大坝、亭廊等区域，根据各个建筑组群不同的建筑颜色制定相应灯具的外观颜色，通过采用不同安装装饰辅助件如装饰石材板、喷色金属线槽、特殊遮光罩等方式，最终实现了灯具与建筑完美的结合，在中国古建照明项目中树立了又一个典范之作。

1 园博园牌楼
2 巴渝园全景
3 廊桥大坝
4 灯光之塔——重云塔
5 夜色下的园区

中国广州

海心沙

HAIXINSHA, GUANGZHOU/CHINA

项目名称：广州海心沙景观照明工程
照明设计：清华城市规划设计研究院
光环境设计研究所
照明工程：广州良业照明工程有限公司 P361

广州亚运会第一次把大型国际运动会的开、闭幕式现场设置在开敞的水面上。“以珠江为舞台，以城市为背景”，海心沙岛正处于广州新中轴和珠江两条城市空间轴线的交点，举行大型盛典，是得天独厚的舞台所在地。

回顾短短几个月实施时间内，海心沙灯光照明项目严格按照亚组委规定的时间计划实施，从 2010 年 4 月首次提案到 10 月份项目效果试调，顺利通过严峻的挑战。工程主要难点集中表现在施工工期短、灯具开发制作技术难、现场缺乏实际试灯条件，而且作为 2010 广州亚运会开幕式场馆，其照明系统要满足演出效果的灯光要求。最终向世人展现了灯光的艺术性、文化性，紧扣节能低碳政策，应用 LED 照明，完美呈现出一个生态、绿色的照明景观。

与以往的设计理念不同的是，海心沙整体照明设计以“表演”为主题，定位为“立足中华文化、融合亚洲文化、彰显岭南文化”，结合珠江、新中轴整体照明设计，寓意立足东方，面向世界，驶向太阳升起的和谐之地。

海心沙岸线以蓝、白两色 LED 条形投光灯洗亮，采用蓝白圆形投光和彩色流星雨灯亮化沿岸树木，拟江水流动效果，寓意“海心沙号”破浪东行。

产品主要技术要求：防触电和防火、防爆以及其他环境条件引起的危险；灯具均采用 IP65 以上防水防尘等级，大部分采用 Class3 级电器防护系数；大部分灯具都带有防眩光挡板，另外如 LED 照树投光灯是采用内加防眩光板和透镜板的防眩光设计；项目中大部分选用大功率单颗 1W CREE 高效超亮 LED 芯片，在光学上严格控制配光，使灯具实际出光率最大，使照明更加环保。

1 海心沙鸟瞰
2 看台背部

爱尔兰都柏林

都柏林机场 2 号航站楼

DUBLIN AIRPORT TERMINAL 2, DUBLIN/IRELAND

业主： 都柏林机场管理局
建筑设计： Pascall & Watson Ltd
照明设计： Arup
摄影： Hans-Christoph Brinkschmidt

Arup 和 Pascall&Watson 建筑事务所，设计的都柏林机场新 2 号航站楼，约 10 万 m²。2010 年 11 月 13 日正式对公众开放，这标志着欧洲的第 13 大机场为国际交通开始贡献自己的力量。Arup 公司的照明团队，被都柏林机场管理局（DAA）任命为机场的内部和外部的日光和电气照明设计。简要说，就是为乘客以及机场工作人员提供最好的国际照明标准的建筑，同时减少能源消耗和维护费用。此项目的照明策略，主要从三个组成部分来反映建筑质量。其中出发口和到达口最重要。在办理登记和出发口天花板高度从 10 ~ 20m 不等，室内空间是被一个点源阵列点亮。到达路线具有普遍较低的天花板高度，正合适引入线性和紧凑型荧光灯光源。天花板灯具与其他设备都很好地融入了建筑风格。

在办理登记和出发区域高高的天花板上，定制设计的金卤灯具被分组，以减轻维护工作和减少视觉混乱感。但在较低的天花板领域，如登记柜台，紧凑型荧光灯光源提供了环境照明。为了保持视觉清晰度和维护的方便性，使用一种照明色温贯穿整个航站楼。登机走廊 E 包括三个层次：到达和出发人流以及休息室。人流的流通路线照明使用，连续线性荧光灯具被嵌顶安装在主要的服务流线上。照明成为一种叙事工具，来引导人们的机场旅程。照明可在建筑中用于加强方向感，并突出结构的线性形式。

日光沿着建筑脊梁，从玻璃外墙以及屋顶天窗进入室内。遮阳系统设计是为了减少热量，同时也选择性的让阳光只穿透到某些区域，以免对乘客造成不适感。智能照明控制系统使用的 DALI 协议，与自然天光相链接。灯具组处理，并可以调光或开关以适应现场作业的条件。高效节能光源，如金卤灯，荧光灯和 LED，用来降低能源消耗并提高灯泡的更换时间与服务，更能减少维修费用。无论白天和电气照明都满足设计参数，并能满足使用目的，易于维护、节约能源、高效运行。整个照明设计方案总体来说减少了 17% CO_2 排放量（与代码兼容设计相比）。正确操控日光和电气照明，能方便旅客在机场找路并加快人流通过短暂的、静态的空间的速度。

此照明方案兼具功能性和质量感，可以优化建筑体，为旅客提供了一个平静和清晰的机场通行感受。都柏林机场 2 号航站楼深受市民欢迎。新航站楼是一座美丽的现代化建筑物，它欢迎游客来到爱尔兰，也提升增加机场接待能力，每年可接待 3200 万人次游客。

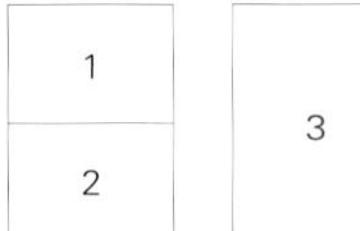

1 都柏林机场2号航站楼外观夜景
2 办理登记手续的大厅
3 融合在屋顶以及垂直交通流线的照明
4 出发口：照明主要由屋顶天窗提供（摄影：Ian Bruce）
5 彩色光用于协助寻路
6 登机走廊E：线性照明突出了交通流线通道
7 连接到T1航站楼的通道：照明给人一种方向感

Críochfort Terminal 2
Geataí Imeachta
Departure Gates
Ardaitheoirí
Lifts
CURRENCY EXCHANGE
FOOD COURT
OAK

FOOD COURT
UPSTAIRS

中国福建

新建福厦铁路泉州站

NEW FUZHOU-XIAMEN RAILWAY,QUANZHOU STATION
FUJIAN/CHINA

照明设计：中建（北京）国际顾问有限公司
主设计师：徐学民
设计团队：刘娜、林清霖、郝秀云
施工：中铁十二局泉州站站房项目部

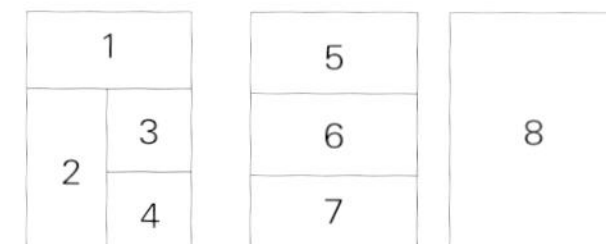

1 夜间全景图
2 出站通道出口照明
3 站前高架落客平台
4 站台雨棚照明
5 二层进站大厅照明
6 二层候车大厅照明
7 三层候车大厅照明
8 进站通廊照明

新泉州站作为福建省的三个重要的铁路枢纽之一，是国家新建福厦沿海高速铁路的重要一站，

总建筑面积 28861.2m²。泉州站建筑设计舒展优雅，站房外形设计宛如巨大的船舸，屋面如同迎风扬起的白帆，给人以丰富的联想。日间其形象及地标作用突出；夜晚，在满足火车站功能照明的前提下，通过对主体立面进行照明设计来塑造建筑夜间景象，延续和深化其规划设计理念，对建筑及其所处环境品质的提升具有重要意义。

泉州站外立面照明考虑所处沿海港口城市环境及建筑性质特点，设计简洁，光色明快、舒畅。照明用灯光反映建筑设计理念，表现现代设计形式与泉州传统文化特色的融合以及空间结构的穿插组织关系，重点强调建筑结构及设计特点，以塑造现代、挺拔、大气的客站夜间形象，营造大中型铁路客站亲人性质。

照明方式主要采用室外泛光照明和内透光。色温以黄白色为主，自底层向上由暖黄色光过渡至白色光，以明快的光色表现建筑轻盈与挺拔，体现泉州滨水城市特色，并通过照明设计反映建筑布局的水平延展和立面结构的序列排布，体现建筑屋顶曲线和立面照明层次，丰富建筑夜间形象。

其中，站房外立面底部照明主要采用暖黄光对建筑底层结构柱和立墙部分进行上投光照明，通过色彩对人的心理作用增强建筑亲切感；在立面石柱顶部投暖白光，水平向均匀打亮屋顶檐口，向屋顶外檐渐弱，表现建筑顶部空间，强调建筑舒展、轻盈顶部结构曲线，同时在屋顶檐口结构槽暗藏线型荧光灯斜向内洗亮结构槽内侧立面，强调屋顶曲线。此外，在结构槽内嵌投光灯斜向下投光，用以提高空间照度，增强建筑立面色彩的饱和度。

站房室内照明中的进站集散大厅，用低眩光的下照筒灯提供大厅匀质空间的基础照明，上下出光的壁灯为室内小立柱提供立面照明，天花安装洗墙灯将红色陶板立面均匀照亮，凸显建筑材质质感的同时，营造出舒适的光环境。

候车大厅采用低眩光的下照筒灯和荧光灯为大厅基础照明，上下出光形式的壁灯为室内小立柱提供立面照明，突出建筑结构，与建筑外立面相呼应的同时增加室内空间的视觉符号。

出站集散大厅选用低眩光下照筒灯和格栅荧光灯，保证地面照度均匀，达到规范要求的同时，确保天花低眩光。

考虑到车站白天和夜间运行模式不同，设计师在照明设计中采用智能照明控制系统，制定了灯具开关的夜间、白天、阴雨天及晴天等不同自然光环境下室内照明的不同控制模式，这样不仅利于节能，而且也使进入车站内的旅客视觉很舒适。

泉 州

3
站台
Platform
泉州站欢迎您
泉州站欢迎您
2
站台
Platform

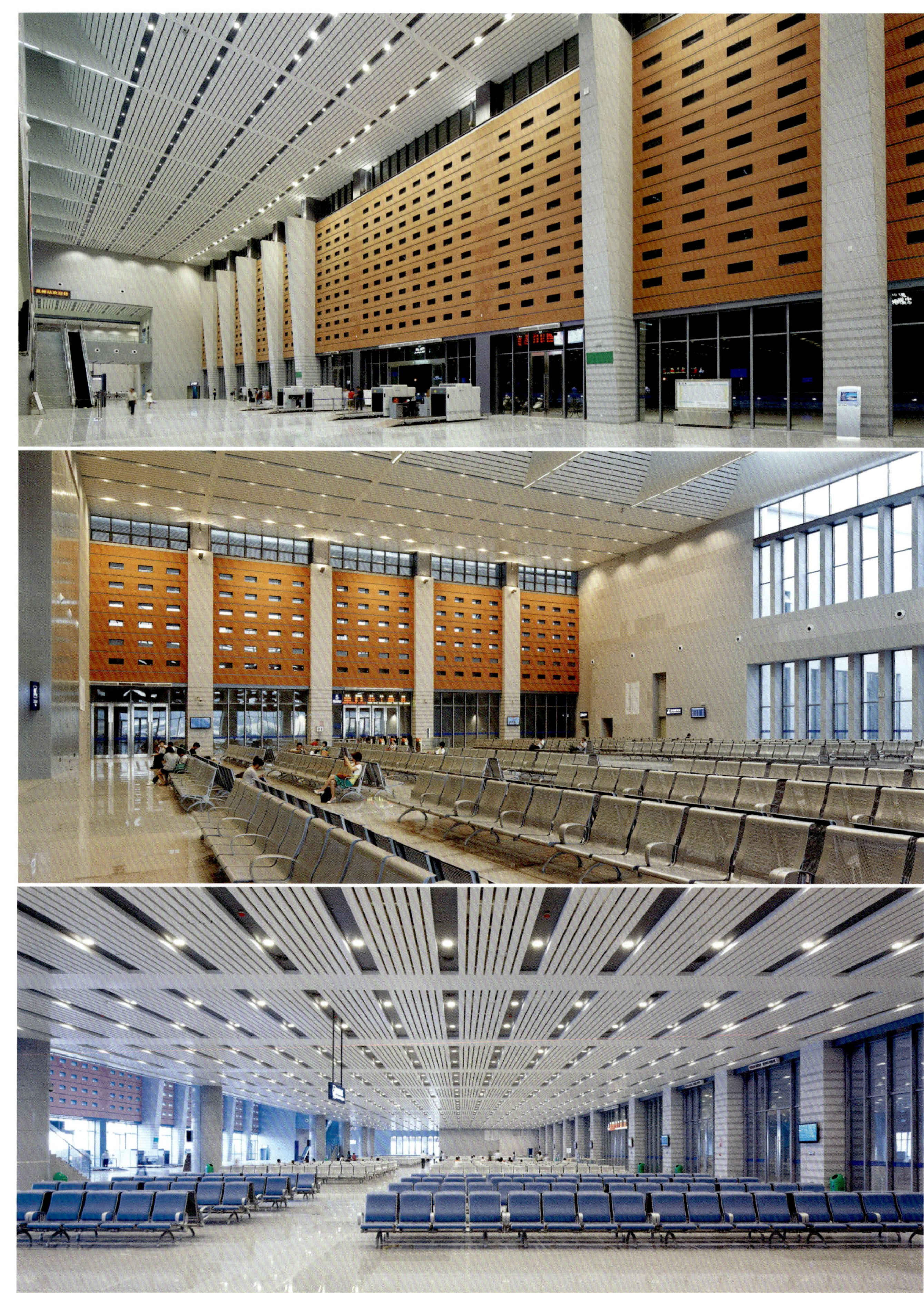

中国广州

广州南站

GUANGZHOU SOUTH RAILWAY STATION, GUANGZHOU/CHINA

业主：新广州火车站建设指挥部
建筑设计：泰瑞·法瑞设计公司（英）、铁道第四勘察设计院、北京市建筑设计研究院
照明设计：北京光景照明设计有限公司
照明设计内容：外立面照明设计、室内照明设计

新广州火车站（广州南站）是中国四大铁路客运枢纽之一的广州铁路枢纽内最主要的客运站，包含高速客运列车、城际列车及普通列车三类线路，衔接武广客运专线、广深港客运专线、广珠城际和广茂铁路四条铁路干线。

新广州火车站位于广州市南部番禺区石壁，建筑为混凝土框架高架结构，多层室内空间，总建筑面积约 60 万 m^2，体量巨大。建筑分地下二层，地上三层。三层为高架层，包括普通旅客候车室、东西广厅及中央大厅、旅客出境联检厅等区域；二层为站台层；首层为出站层；地下一层、二层为市内交通转换层。

作为大型交通建筑，照明设计的重点在于室内照明。室外照明则主要利用建筑本身使用大面积透光幕墙、透光天窗的特性，与室内照明结合形成内透光的照明效果。在新广州火车站的照明设计中，照明与建筑结合、功能与效果结合、系统化照明、照明辅助导向、内外照明统一、综合全面考虑照明节能等设计思想得到了较好的体现。

高架候车层是整个建筑最重要的室内空间，包括东西广厅及连接广厅的中央通廊，以及中央通廊两侧的候车区。整个空间东西长约 400m，南北宽约 200m，最高处空间高度约 30m。其中中央通廊的屋顶为双曲面钢架结构的透光天棚，两侧候车区屋顶为拱形金属屋面，拱顶处设天窗。

中央通廊的照明装饰与功能并重，利用透光天棚两条长边底部的装饰板结构，分别安装向上照射构架结构的投光灯具及向下提供功能照明的可调方向金卤筒灯，既表现了透光天棚的宏大气势，又满足了该区域的功能照明需求，灯具的安装做到了较好的隐蔽。

中央通廊两侧的候车区采用直接照明与间接照明相结合的方式。利用拱顶天窗马道及两端装饰板结构，同时安装间接照明灯具与直接照明灯具。间接照明灯具隐蔽在马道及装饰板结构上方，向拱顶金属板投光。马道处直接照明采用较宽配光的金卤筒灯，拱两端装饰板处直接照明采用可调方向金卤筒灯。两部分直接照明基本覆盖了整个候车区域，加上间接照明的补充，形成了均匀舒适的照明结果。

站台层和出站层的照明以直接照明为主。设计采用了“DARKLIGHT”型节能筒灯，避免灯具本身的高亮度。灯具布置采取大间距、高单灯功率的做法，极大改善了视觉感受。设计方案中还对出站层的大型“V”型清水混凝土轨道桥身做了照明处理，希望能强调其恢宏的气势，形成该空间的独特效果。但由于工期等方面的原因，最终只保留了直接照明部分，这不得不说是一种遗憾。

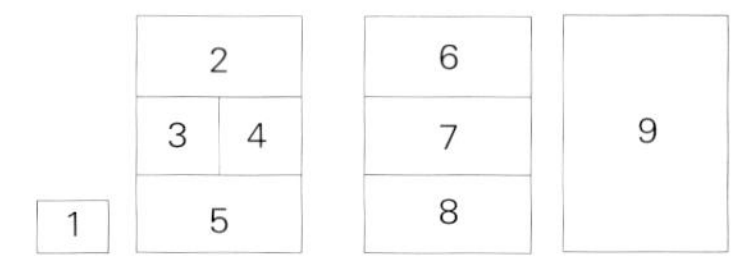

1 鸟瞰效果图
2 从站前广场看新广州站夜景
3 落客平台
4 高架层中央通廊
5 高架层中央通廊及候车区
6,7 高架层候车区
8 出站大厅
9 广厅

广州南站
把乐带回家
创维酷开·云电视

20-23

中国天津

天津西站

TIANJIN WEST RAILWAY STATION, TIANJIN/CHINA

业主： 天津铁路局
总建筑面积： 179.000m²
站台数： 24
建筑设计： gmp
结构设计： schlaich bergermann und partner
中方合作设计单位： 铁道第三勘察设计院集团有限公司
照明设计： CONCEPTLICHT
摄影： Christian Gahl

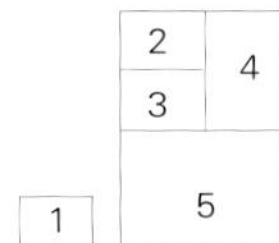

1 总平面图
2,5 宏伟的候车大厅内景对比
3 钢结构和玻璃幕墙构成的菱形编织网状屋面
4 站台东侧视野

天津西站位于北京西南约130公里处，是京沪高铁线上的新枢纽，同时也是城际交通网与城市地铁网的交汇点。一座高57m，跨度约400m的拱形屋顶覆盖在主站房上方，象征着沟通两个城区的桥梁。巨大的券拱传达了城市大门的意象，而其下的长形大厅则寓意着古典式的通廊。两座高20m的C型柱廊建筑对称围合于主站房的东西两侧，构成建筑体的基座。一座逦长的站前广场坐落于车站南侧，形成一个大尺度连续性的城市自由空间，体现了火车站的宏伟规模和文化内涵。

旅客将从位于南北两端的主入口进入新建成的天津西站。入口处高大的玻璃山墙立面顶部挑出的拱形雨篷是主站房设计理念的外在表征，刻画了宏大的空间，令人印象深刻；日光从屋顶透入大厅，使旅客可以清晰的定位空间，同时营造了明亮舒适的室内氛围。

主站房屋面为白色钢框架玻璃幕墙结构，日光通过菱形网格射入室内，屋面底部玻璃趋近透明，这一设计可过滤顶部直射的阳光，更多地引入来自侧面的漫射光线。钢结构拱梁由下至上逐渐增粗增厚，穿插交织，勾勒出拱顶优雅而富有活力的整体形象。乘客可从这里搭乘电梯或手扶电梯抵达下层的站台层面。天津西站从技术设备到工程结构均符合可持续性发展要求，功能杰出完备，设计者以极富当代精神的建筑语汇，重新诠释了近代铁路运输鼎盛时期的经典车站建筑。

在采用人工照明方面，大部分公共区域的照明选择采用中性白光，候车厅被设计为暖光色，以提高美化价值。根据巨型天花板的高度，首先要将眩光合理控制。灯具被排列成两行，使其与屋顶钢结构相适应，看上去，灯具与整体外观自然地融合在一起，灯具本身并不显得突兀。

除了要注重结构美观性之外，对于夜晚的站貌而言，灯具的照度以及光感非常重要。出于本能的自然反应，人的视角一般不可避免地向高处看，为了减少眩光对候车厅的视野产生的消极影响，灯具的光束角被设计成与纵轴成30°，这样与横轴形成60°遮光角并大幅度减弱灯光的固有亮度。廊柱也采用暖色光源进行照明。一方面是为了实现独立效果；另一方面是与前场照明形成对比。设计师在设计时，特别注意避免区域空间和地面形成清晰的轮廓光斑，尤其是柱廊，不照亮门面和圆柱，只照亮地面。另外，采用了矩形白光灯具实现轨道式屋顶的照明，该灯具仅为照亮火车展台。

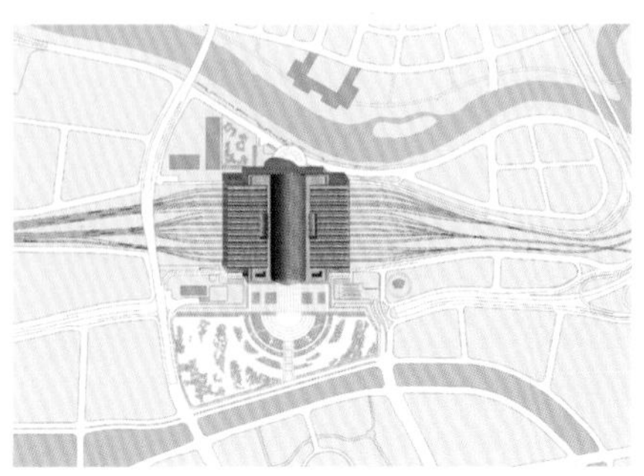

阿联酋阿布扎比

扎耶德桥

SHEIKH ZAYED BRIDGE, ABU DHABI/UAE

业主：Sheikh Sultan Bin Zayed Al Nahyan Chairman Public Works Department
建筑设计：Zaha Hadid Architects
照明设计：Rogier van der Heide and Arup
摄影：Christian Richters

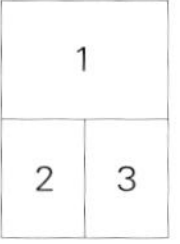

1　扎耶德桥夜景
2,3　动感的彩色照明效果重新塑造了桥梁

经过近 8 年的施工时间，Arup 已经敲定了一个独特的动态照明方案。最先在 Hollands Licht 设计概念基础上发展起来的。当太阳落山后，桥梁结构会被流动的光影像所反映出来。

由扎哈 · 哈迪德建筑师事务所设计，这个桥由混凝土构成，整个桥体以流动的形态横跨在相邻的岸边。

此桥以该国前总统谢赫 · 扎耶德苏尔坦 · 阿勒纳哈扬的名字为命名，桥体总共 842m 长。它是连接阿布扎比岛、大陆以及新的 Maqta 海峡的主要门户。主桥拱形结构上升到一个水面以上 60m 高度，道路最高面则在平均水位 20m 以上的高度。它被看作是在阿布扎比未来城市增长中，有潜力的催化剂。

这个照明场景方案包括动感的彩色照明效果，彩色光线平滑的流动过海峡。发光的姿态重新塑造了桥梁，创造了一个对于从桥通过的使用者，拥抱这个色彩景观的感受。同时给遥远的观众看到了独特的场景效果。

桥梁结构的整体轮廓形状，就是所谓的桥梁脊柱，被动态彩色光所强调和表现。而道路底面功能集成单色的活力细胞照明。整合一体的照明控制系统，可以让这两个部分上形成动态效果，即脊椎和细胞流动变化，可使得桥体上有灯光游走于其上，而形成流动图案效果。

这个由 Arup 设计的有高度艺术感的照明方案，体现阿布扎比的灵魂。这个专门设计的"光之语"和阿拉伯联合酋长国人民一起，庆祝了宗教传统，活动和公共活动。

通过新月，桥梁的照明与阿布扎比大清真寺外观联系在一起。每月一次的两个标志性的建筑，沉浸出深蓝色颜色，同时也明显的反应出都市意识的联系。

最初的照明概念，是由在 Hollands Licht 工作的罗吉尔和范德海德提出的。进一步详细的照明设计是由奥雅纳国际设计团队最终完成。项目的各个阶段，包括 13 个艺术场景的编程，都由 Simone Collon 策划设计的。

中国香港

昂船洲大桥

STONECUTTERS BRIDGE, HONGKONG/CHINA

业主:香港路政署
建筑设计: Wilkinson Ayre International, RMJM Hong Kong
照明设计:Arup Lighting
Arup服务范围:照明设计，桥梁工程，风力工程

昂船洲大桥是世界最长的第二个跨越电缆斜拉桥，主跨 1,018m。大桥横跨蓝巴勒海峡，位于葵涌货柜码头的入口处，成为通往香港这个世界上最有活力的贸易中心之一的一个地标性门户。

它具有以下独特和显著的特点：

拥有世界上最高的独立的单独的桥塔（290m），上半部分是一个独特的不锈钢复合混凝土结构。

分流型的甲板非常适合应对强台风。

天衣无缝的建筑照明设计，与桥的结构融为一体。

将最好的桥梁建筑和照明设计方法相结合，它为香港居民提供了一个标志性建筑，不仅有助于提高两个重要的商业区的连通，并且还增强了他们生活在这个城市的自豪感，无论白天和黑夜。

建筑照明方案将安装在甲板水平面的高亮度的金属投影仪和内置 LED 灯具相结合，为一个城市创造了全新的面貌，同时通过在昂船洲大桥上为高速路提供一个黑白和彩色光敏感的平衡来加强安全。

桥塔上结合了 LED 灯的信号灯和光带是两个关键的建筑元素，创造了一个动态光调色板，在晚上为桥增添了美丽的色彩。每个塔上的半透明玻璃屏幕是 LED 投影仪，配有竖直的洗墙灯，可以作为信号灯。内置在每个灯带的 LED 灯的结合提供了一个独特的分界带，拓宽远观的视角。

建筑照明设计体现了桥周围盛行的夜间条件，特别是在光线充足的货运码头附近 。基础照明场景对 LED 灯编程使其发出清冷的白光，勾勒出这座桥的优雅的线条，在香港黄金之夜的相对陪衬下，更加突显了这座桥的美丽以及其结构的简洁。

先进的照明可视化软件用来模拟照明以确保在远处看这个建筑就可以从周围环境脱颖而出同时避免让高速公路司机分心。

按照设计，整个桥的建筑照明在黄昏时被开启，然后在午夜以后的某个设定的时间点被关掉。由数字复接技术控制的信号灯和灯带内的彩色灯光交叉淡入淡出，在节日场合用特殊的灯光表演表达城市的特色。褪色的速度是预先设置好的，这种动态效果从很远就能看到然而不会引起行驶过桥的任何人的分心。

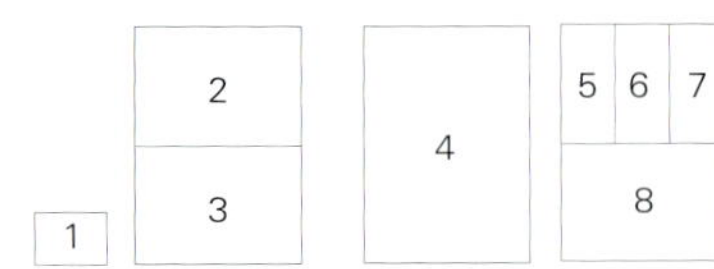

1 白天桥梁景色(Arup提供)
2 将最好的桥梁建筑和照明设计方法相结合，它为香港居民提供了一个标志性建筑(摄影: Kenny Ip)
3 高亮度的金属投影仪和内置LED灯具相结合，为一个城市创造了全新的面貌(摄影: Marcel Lam)
4 基础照明场景对LED灯编程使其发出清冷的白光，勾勒出这座桥的优雅的线条(Arup提供)
5 桥塔上结合了LED灯的信号灯和光带是两个关键的建筑元素，创造了一个动态光调色板，在晚上为桥增添了美丽的色彩(Arup提供)
6 内置在每个灯带的LED灯的结合提供了一个独特的分界带，拓宽远观的视角(摄影: John Nye)
7 在特殊事件中会使用绿色滤光器(摄影: John Nye)
8 由数字复接技术控制的信号灯和灯带内的彩色灯光交叉淡入淡出，在节日场合用特殊的灯光表演表达城市的特色(Arup提供)

交通设施

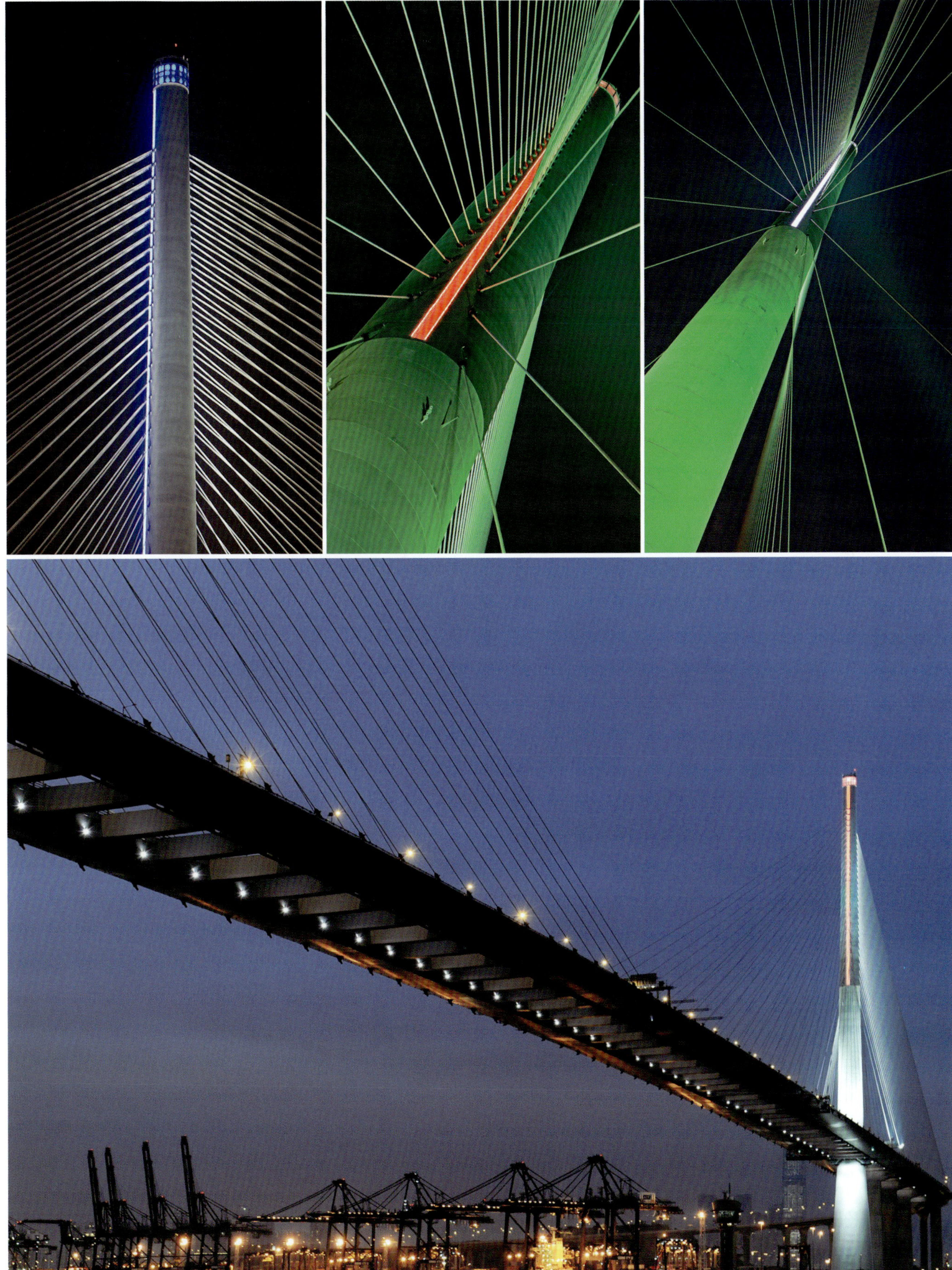

丹麦西兰岛

大贝尔特海峡大桥

THE GREAT BELT BRIDGE, SEELAND/DENMARK

业主：A/S Storebælt，丹麦
建筑：Dissing & Weitling（桥梁建设）
照明设计：ÅF Lighting

有了合适的照明，桥梁可以成为精美建筑，照明效果在夜间可以使观众刮目相看。在过去的 14 年中，大贝尔特海峡大桥不仅已是一个连接丹麦的西部和东部重要基础设施，同样也是一个重要的里程碑。

ÅF Lighting 从一开始便加入这个 18km 的大桥照明设计工作中。整个项目中，设计重点是融合桥梁美学和安全，把桥梁变成一个容易辨认的标志性构筑物。大贝尔特海峡包括一个铁路隧道，以及被一个小岛连起来的两个桥。

西大桥长 6.6km，包括高速公路和铁路桥。东大桥是一座吊桥，最高点傲然屹立在离海平面 75m 高的地方。这座桥是世界上第二大吊桥，ÅF Lighting 不仅为这两座桥梁的设计了照明，而且设计了隧道的照明。该项目包括既美观又实用的桥梁和隧道的照明规划和设计。每年，超过 1000 万辆汽车使用此桥，超过 23000 艘船从它下面航行。因此照明设计的重点，不仅要为大桥两侧的人们创造美丽的景观，而且还要有助于提高安全性——不管是为过桥的驾驶者还是为操作集装箱船从桥下航行的船长。

该项目开始于 1990 年，ÅF Lighting 参与了此项目的所有阶段的照明设计：从规划，开发，设计，监督。此外，从 2007 到 2009 年，ÅF Lighting 又承担了照明设备的翻新工作。两个问题一直是整个项目的中心：照明设计的目的是什么？桥梁和隧道的哪些部分应该被照亮？该项目的第一步是铁路隧道的照明规划和设计。第二步是桥上的吊桥塔照明的规划和设计。第三步是准备功能的要求，以及吊桥塔，锚块和桥墩的照明设备的招标计划。一个主要的挑战是研发灯具，以使夜间沙滩上的人们可以看到被照亮的桥——但只能控制在一定程度上，不能使路上的人和海上的人看到眩光，或制造了黑暗中的光污染。

换句话说，一个重大的挑战是如何平衡照明数量。

相同的情况下，桥塔和锚块照明都应该被照亮，为了在海上可以看到黑暗中的桥梁——但只能在一定程度上，因为要确保不会对任何人造成眩光，因为这可能导致事故的发生。

最终 200 个专门定制的灯具放置在桥一侧。事实上道路是不亮的，但灯具放置在路平面，并照亮桥梁体块而非路面。

此外，所有投影机的设计都确保了易于操作和维护。今天，大贝尔特海峡大桥不但成为丹麦的基础设施不可分割的一部分，也是丹麦辨识度极高的地标性构筑物。灯光将这个混凝土构筑物转变成从黑暗的水面上升起的被照亮的精美桥体。

1
2

1 大桥全景
2 桥梁照明细节

中国甘肃

嘉峪关世纪金桥

CENTURY GOLDEN BRIDGE IN JIA YU GUAN, GANSU/CHINA

照明设计：中科院建筑设计研究院
光环境设计研究所 P381
照明施工：北京北安时代电气设备安装公司
验收单位：甘肃省嘉峪关市建设局
完成时间：2011年11月

世纪金桥位于甘肃省嘉峪关市，连接了嘉峪关市老城与新城，是重要的门户节点。桥长180m，高30m，两侧为11m宽机动车道、3m宽非机动车道和2.5m宽人行便道。大桥为悬索式，由主桥、塔柱、悬索吊杆、桥墩组成，中央塔柱为倒U字形结构，弧度优美且富有特点。

由于桥上为主要交通走廊（从机场进入城区的必经道路），设计重点考虑桥上车行视点效果。设计通过灯光突出桥体的立体感，利用适宜的色彩搭配，创造一种现代、大气、典雅的夜间光环境。桥体底部、中部、上部三个层次设计光色分别以2200K、3000K、4200K为主，底部黄光，向上逐渐变为白光，仿佛从戈壁拔地而起的雪山，与背景中的祁连山脉形成呼应又相得益彰。

塔柱：光色为4200K白光，每个塔柱底部安装8套中光束150W金卤灯照亮底部，同时6套400W窄光束对中上部补光，塔柱顶部椭圆形洞内安装6套36W彩光LED灯具，采用缓慢呼吸式色彩变化，形成亮点。悬索吊杆：采用RGB彩光LED安装于吊杆底部凹槽内，垂直向上照亮斜拉索，有效的避免了对来往车辆的眩光，夜间光色缓慢变化，丰富视觉效果。主桥拉杆：考虑高速路视线，外侧栏杆采用光色3000K的15W线性投光灯照亮，在栏杆上设置6W的LED彩色自发光特制灯具。机非车道分隔栏杆：考虑桥上车行视线，在栏杆上设置1W的LED彩光点光源。主桥侧面：采用LED彩光灯具均匀照亮桥体侧面，连续突出桥面的整体感。

大桥采用点、线、面结合为主，动态和静态结合的照明方式，突出桥体的特征，体现桥梁的个性美与本质美，展示大桥的魅力和气势。

1 2

1 桥体正透视：白色的拱门与淡雅的彩光形成对比，塑造色彩层次
2 局部透视：清新雅致的淡蓝色悬索与远处苍茫的祁连山脉交相辉映

中国广州

珠江十桥

TEN BRIDGES OVER ZHUJIANG, GUANGZHOU/CHINA

照明设计：北京高光环艺照明设计有限公司 P385
竣工时间：2010年10月

跨珠江桥体照明工程包括珠江大桥、人民桥、解放桥、海珠桥、琶洲桥、华南桥、海印桥、江湾桥、东圃桥、广州桥十座桥体。项目历时一年之久，通过设计方案不断升级优化，积极响应国家“节能减排”方针政策，最终确定以“维护增补显节能”为根本出发点，突出重点并重节能首先从方案开始。人民桥、江湾桥、广州桥、解放桥等位于亚运核心和城市核心，选用RGB全彩的LED新型灯具，重点突出、璀璨夺目。珠江大桥东西桥、华南大桥、琶洲大桥、东浦大桥，几座桥梁既不在市中心，也不靠近亚运会开闭幕场地，因此成为节能目标。这几座桥选择了相对经济的钠灯投光灯进行照明。从设计概算看六座桥梁的投资瘦身效果非常明显。 桥梁照明设计过程中另一个难忘的细节是每座桥梁的颜色。在设计过程中，广州市对桥梁的颜色进行统一更新，新的涂装效果干净亮丽，衬托了照明效果，也为色温、色彩的设计选择提供直接依据。正因如此我们从海印桥的红色斜索、人民桥以白鹅潭白天鹅宾馆为主题的白色、海珠桥特有的蓝色、琶洲等桥梁钠光源的金黄等具象的色彩中逐渐摸索，从而形成了桥梁夜景的色彩系统推荐方案。防止眩光、控制眩光是照明永久性的技术追求。如何有效地避免眩光，不光从安装位置和角度考虑，在灯具防眩格栅结构设计上我们也同厂家作了细致的协调。针对不同灯具，不同位置选用不同方向、不同格片数量的格栅，在视觉感受舒适性和景观美观性追求的路上不断前行。珠江沿岸夜景照明控制采用手动、智能控制，三遥系统控制方式综合混用的形式。这也是国内目前较为常见的状态。 而核心区段可动态变化的桥梁全部采用智能照明控制系统，可通过系统编程及时间设置，实现平日、节假日及重大节日等场景控制，最大限度的实现节能效果。

1 海印桥
2 海珠桥
3 琶洲桥
4 广州桥

美国纽约

沃伦街 LED 路灯

WARREN STREET LED STREETLIGHT, NEW YORK/USA

业主：纽约市设计和施工部（DDC）以及纽约市运输部（DOT）
照明设计：Jean Sundin, Enrique Peiniger—Office for Visual Interaction, Inc.
摄影：Freider Blickle

纽约市设计和施工部（DDC）与运输部（DOC）举办的街灯竞赛吸引了来自 23 个国家的 200 多家企业参与。其中包括建筑师、工程师、城市规划师、照明设计师、工业设计师和制造商。开创性的赢家设计将会进入提议 LED 设计方案的最终决赛，并且此后有机会参与纽约街的建设。

Office for Visual Interaction Inc. 负责获胜街灯的设计、制造和原理测试，确保其符合城市的严格设计和性能标准。在 2011 年 10 月，LED 标准街灯——他们设计的第一批纽约市街灯安装在曼哈顿闹市市政厅附近的沃伦街。其设计是 1 ： 1 更换 50 年前引入的现在无处不在的高压钠灯头。纽约市计划在运输部的街灯目录中增加 LED 街灯，并且将它作为行政区内的新型室内标准装饰灯。街灯成为一种图表和纽约市城市景观中的一个整体部分。

街灯的简单性与技术和永恒的设计原理相结合。目前新型的最简单抽象的 LED 设计仅需消耗 95W，节能效果大大超过长期使用的 250W 灯具。灯具光源的小型尺寸展现出细长侧面。这是 2004 年一种非常新颖的方法，使用相同的技术与其他许多街灯设计相比较，更趋向于捆绑式 LED 灯，而且可以装饰周围的环境。

曲线光源弧线是其内壳的直接表现：五个照明模块，每个都包含线性排列的 LED 光源、光学透镜和热量管理。2004 年竞赛时发明的模块化系统在未来可以灵活嵌入，并且具有最先进的技术兼容优势。作为先进技术，在不处理整个照明灯具以及与其他 LED 灯的公用问题时可以插入更多有效的模块。因此，这种街灯在任何时候都可以连续改善，而且成本低，技术改善的节能性更高。

街灯的柔和照明光源必须严格满足光源介质要求和黑暗度标准。在照明技术的边缘，高性能 LED 光学透镜与现有街灯相比可以提供更均匀的分配光源。独立自由形态的透镜能够聚焦光源以及将光源准确输出在 IES 型 II 中等分布格局上，可改善均匀性和发差比。

更换传统的黄色钠灯，白色 LED 灯能够提供为城市公共空间、公园和建筑外立面增加清晰和明亮感。与早期只有单点光源的街灯相比，灯管能够提供更均匀的分配光线，显色指数更佳（大约 80 CRI，与旧钠灯 24CRI 截然不同），色温为 4000k。LED 灯超长的使用寿命极大地减少了维护需求，昏暗的街道越来越少，增加了社区的安全性。

在综合设计中详细规定了灯光弧度、电极和基本连锁及最小公差。灯具的设计逻辑与功能和美学相结合。例如，电极配有防止涂鸦的凹槽，银白色云母会产生一道银色光辉，锥形结构能够增加结构的稳定性。

LED 街灯改善了街景体验，并且为纽约市提供了一个安全的环境，在竞争价格点上能够充分的节能。流行简约式的设计和技术为未来街灯创造了创新的可能。

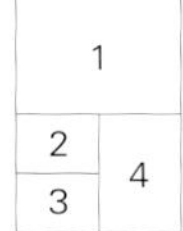

1 曼哈顿闹市沃伦街的三组标准街灯
2 设计的80CRI、4000K LED灯可维持10万小时70%的输出量
3 不同街灯设计开发阶段的元素拼图（OVI提供）
4 经典、现代视觉混合历史和现代市区环境

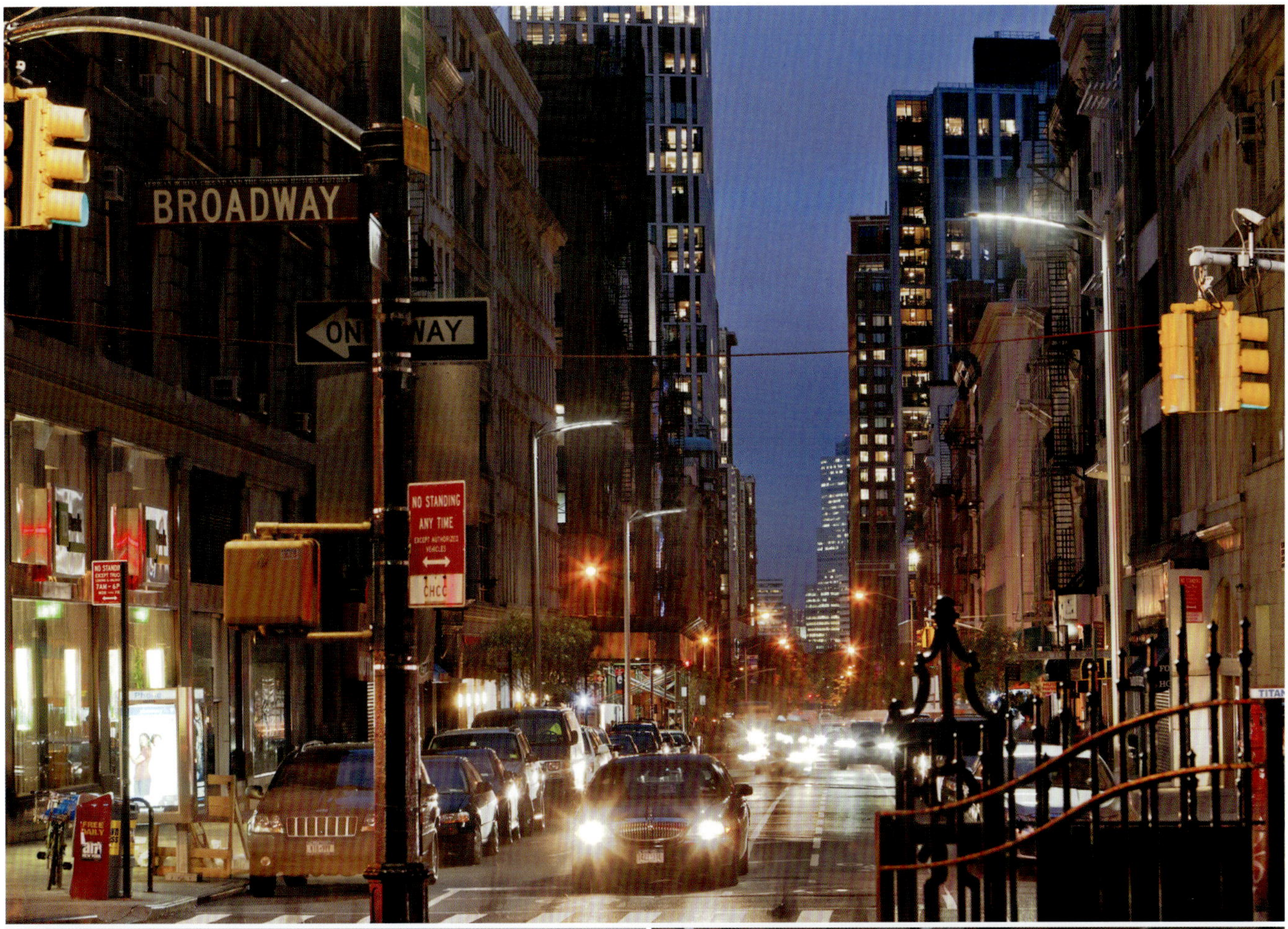
BROADWAY
ON
WAY
NO STANDING
ANY TIME

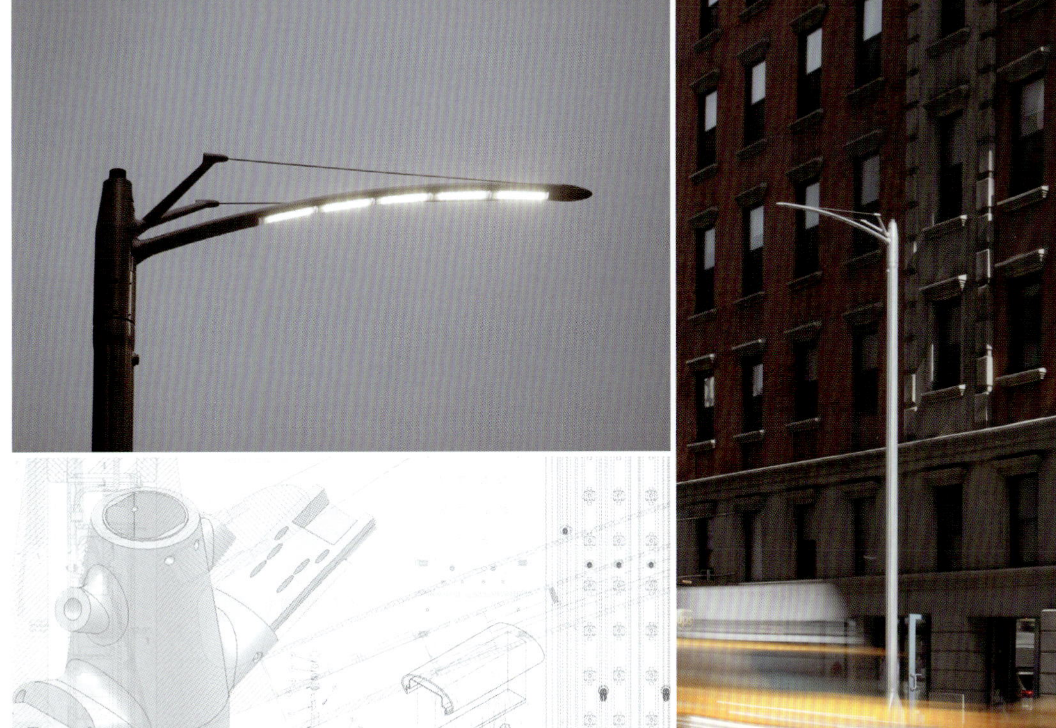

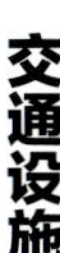

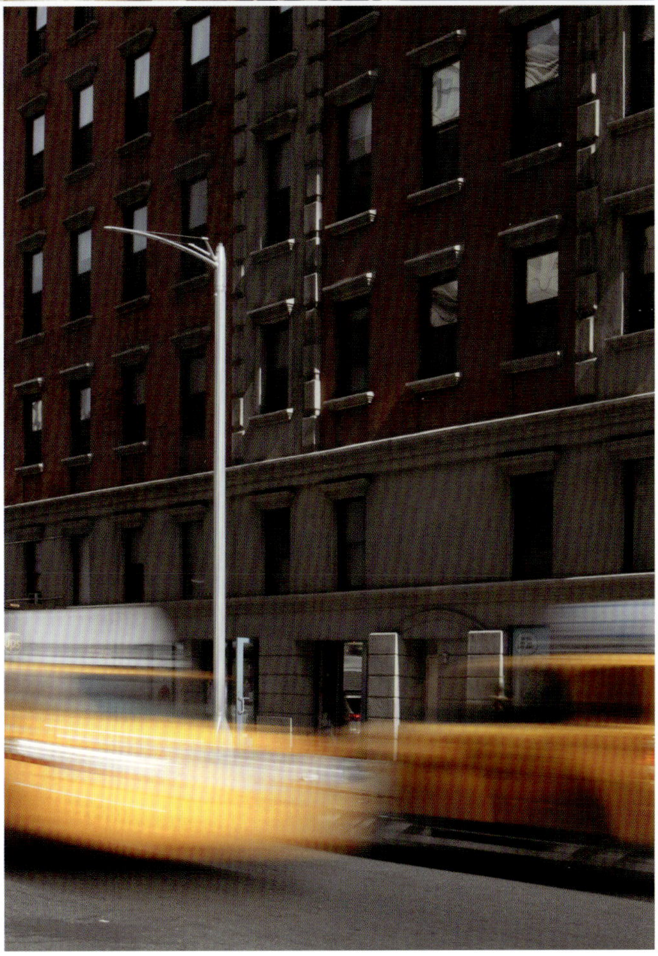

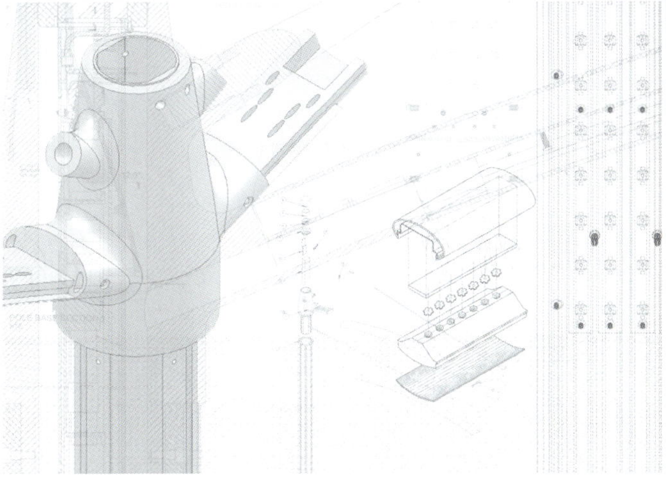

| part 1 - 优秀照明设计案例 100 + | part 3 - 附录 & 索引 |

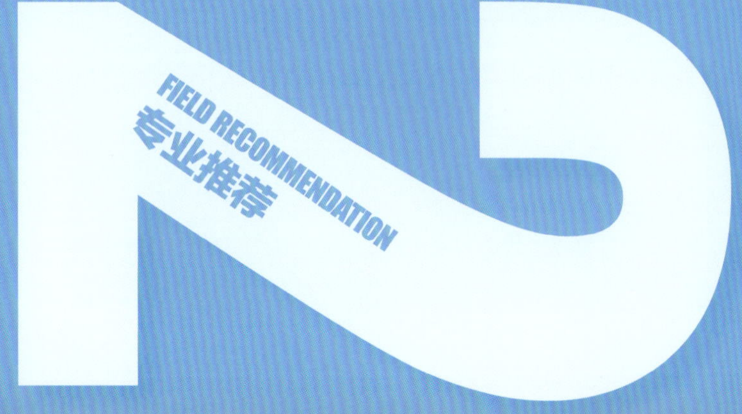

专业推荐

FIELD RECOMMENDATION

VAS 胜亚

公司总部

中国广东省广州市荔湾区
花地大道南中南街
赤岗西约 468 号
邮编：510388

T：+86 20 8140 7699
F：+86 20 8140 6663
E：info@vaslighting.com
www.valighting.com

公司简介

2000 年广州市胜亚 VAS 灯具制造有限公司成立。2004 年 VAS 建立现代化新厂房，公司拥有员工 300 多人，中高级以上专业技术人员 60 多人。公司秉承着“用心装备专业”理念，创造多项专利产品，并达到国际质量标准。2006 年与来自比利时、韩国、香港的工业设计团队合作，自主开发设计的满堂系列投光灯开始走向市场。2008 年在 LED 的研发与生产技术上，VAS 引进了国际团队，并形成自己的 LED 产品系列。经过多年的研发、实验、沉淀之后，2011 年胜亚 VAS 全面推出 LED 产品。2012 年 VAS 研发的 LED 高分辨率的 RGBW 图像能力完全可以模拟户外高清显示屏幕，为打造户外媒体墙增加了新的亮点。

代表项目

西安钓鱼台	广州·番禺锦绣香江会所
北京励骏酒店	郑州金水桥
北京奥林匹克下沉公园	成都非物质文化遗产国家公园
北京南堂宣武门教堂	美国领事馆
天津利顺德酒店	西柏坡革命胜利纪念碑
四川·自贡水涯居大桥	深圳丽思卡尔顿酒店
天津文化中心	杭州西湖
北京嘉铭中心	常州青枫公园
杭州西溪湿地	深圳市民中心
广州萝岗开发区创意大厦	首尔大学
广州中旅大厦	四川大学
常州高架桥	广州雅居乐酒店
上海十六铺老码头	普洱市梅子湖大酒店亮化工程

研发能力

目前，LED 产品正以前所未有的速度发展。为了顺应广大市场的需求，VAS 与国际工业设计团队共同研发产品。同时，VAS 认识到一个能将发光二级管（LED）嵌入印刷电路板（PCB）的灯具制造商实际上就变成了一个电气光源的独立制造商。因此，VAS 在其电气设计、采购、制造以及测试设备上投入巨资，其中包括“LED 生产设备、光学检测、气候检测、散热检测”等。以实现特制的解决方案，集成最优照明控制系统（LCS）模块所需要的各种元素。这些元素包括了分立的白色和彩色的 LED 模组、多芯片白色模块、多芯片 RGB 或 RGBW 模块、PCB 和光学控制装置，以提供需要的配光（镜头和反射器）、散热器以及特定型式操作情况所需的附加电气元件。有强大的研发团队和世界先进的生产设备作支撑。VAS 已经成功推出了 LED 功能照明产品 、LED 色彩照明产品、DMX512 RGB 低分辨率媒体墙等。2012 年 6 月，VAS 可将 DMX512 集成到 DMX2048 高分辨率媒体墙。完全可以模拟户外高分辨率显示屏幕。

VAS PowerPIX——LED RGBW图像能力

DMX512

PowerPIX 平台整合了直观的软件控制技术和强大的建筑级照明灯具，可利用 DMX512 集成到 DMX2048 通道，实现具有独特视觉效果的高清媒体外墙效果。完全可以模拟户外高分辨率显示屏幕。

应用功能：

A.PowerPIX　可寻址像素点内建高可靠性驱动和 LED 阵列监控电路。

B.PowerBOX　集成供电模块和网络数据处理模块，Pixel 的地址节点收集 Pixel 的诊断数据　1 个 PowerBox 可连接 30 个 Pixel。

C.PixelGATE　分配网络数据到 PowerBox　1 个 PixelGATE 可接 1000 个 Pixels。

D.PixelVIEW　控制器　控制和存储所有单元显示内容，提供用户界面和编程功能。

PowerPIX

PowerBOX

PixelGATE

PixelVIEW

安装：

1. 在楼宇和建筑结构的外墙无缝整合稳固、强大的灯具媒体立面

2. 集成到幕墙玻璃挤压件中

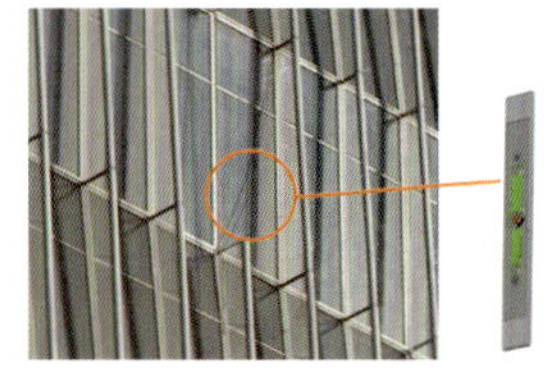

3.Pixel 的间距可以随建筑要求和尺寸准确调节

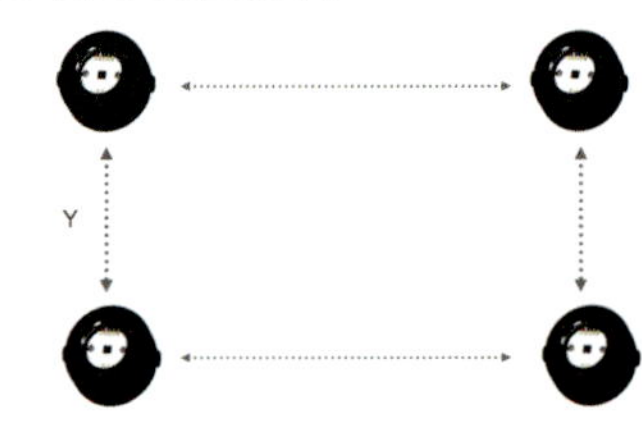

4.Pixel 可视角度

光输出的光束角可根据工程的要求选择　从次结构散射背光照明到数公里距离远的投射照明。

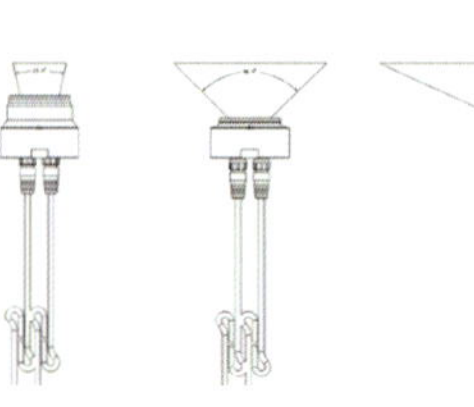

VAS 胜亚

VAS PowerPIX——LED RGBW图像能力

典型的系统构造

本地供电85-265VAC

PixelGATE

1 → 30

光纤或双绞线

PowerBOX

PowerPIX

效果控制器

系统诊断检测

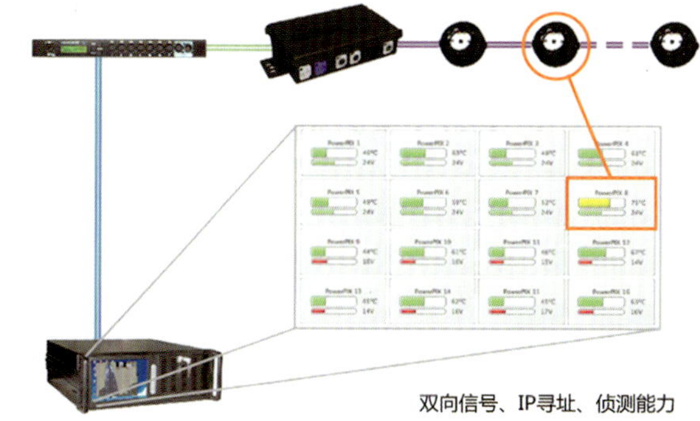

PIXEL

· 4 通道控制 R，G，B，W
· 纯白色和最大化的调色板
· 高效率的 LED 光源
· 独特的功率调整技术
· 高亮度的原色
· 平滑的色彩变化
· 高可靠性电路
· 热检测－日晒高温的保护装置
· 选取了功能强大的材料－防紫外线
· 兼容视频格式

CREE

VAS PowerPIX

PowerPIX 的不同之处

PowerPIX 平台整合了直观的软件控制技术和强大的建筑级照明灯具。具有可靠性，灵活性，易用性等特点。并且可利用 DMX512 集成到 DMX2048 通道，实现具有独特视觉效果的高清媒体外墙功效，完全可以模拟户外高分辨率显示屏幕。

应用范围

媒体墙—在建筑外立面中的应用

可显示动态文字信息

可显示动态图像信息

影像可以全方位的显现在楼体外墙上

WAC LIGHTING

Responsible Lighting™

WAC Lighting（华格照明）1984年成立于美国纽约，从事专业室内照明灯具设计制造近30多年历史，在北美专业室内照明领域享有很高的声誉。产品广泛应用于高档酒店、别墅会所、高端商业地产、博物馆、展览展示空间等众多领域并获得好评，是建筑室内设计师，照明设计师选用的专业级照明品牌。同我们合作过的客户如中国国家博物馆、中国国家动物博物馆、南京世贸大厦、北京德胜凯旋办公楼、上海财富中心大厦、中铝贵州办公楼、北京华润五彩城、沈阳恒隆广场、济南恒隆广场、无锡丽笙酒店、上海威斯汀大饭店、深圳丽斯卡尔顿酒店、LAN Club、M1NT Club、银杏金阁餐厅、Dior与中国艺术家展、BMW 汽车展厅、哈雷戴维森摩托车展厅等对我们的产品、服务都予以肯定，并建立了长期合作关系。

WAC Lighting 销售网络遍布美国各州及加拿大、墨西哥等北美地区，并且扩展至欧洲、大洋洲、印度、东南亚和南非等地。在中国，上海是中国区的销售总部，北京、广州、成都和武汉设有分公司或办公室。

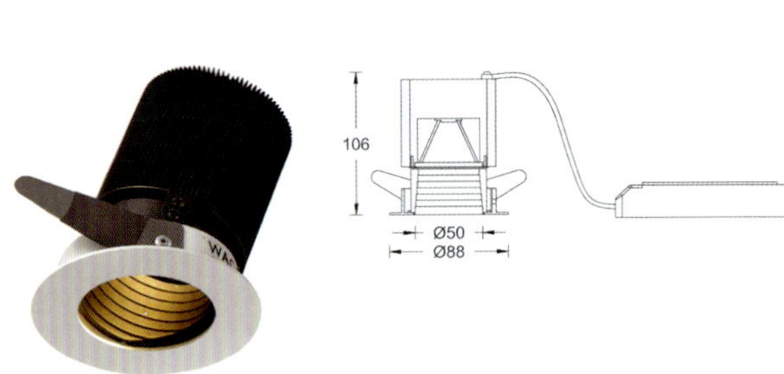

产品名称： ELANA LED
额定功率： 10W
适用光源： 2800K/4000K
安装方式： 嵌入
参考价格： 咨询厂家

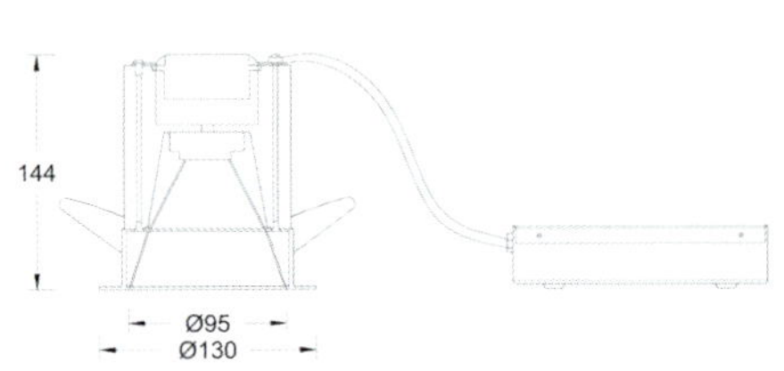

产品名称： PLANA LED
额定功率： 20W/30W
适用光源： 3000K/4000K
安装方式： 嵌入
参考价格： 咨询厂家

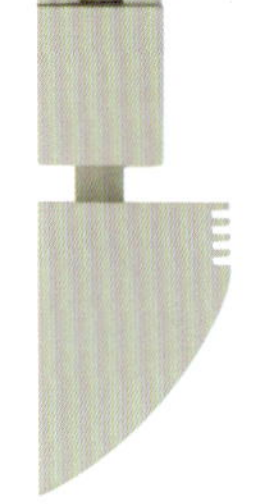

产品名称： PALOMA WALLWASHER
额定功率： 10W/18W/36W
适用光源： 2800K/4000K
安装方式： 导轨
参考价格： 咨询厂家

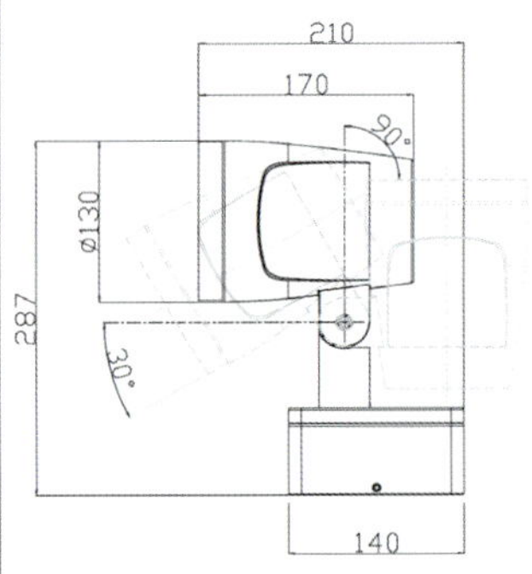

产品名称： PANTHER
额定功率： 20W/35W/70W/150W
适用光源： T4 T6 HID
安装方式： 表面安装
参考价格： 咨询厂家

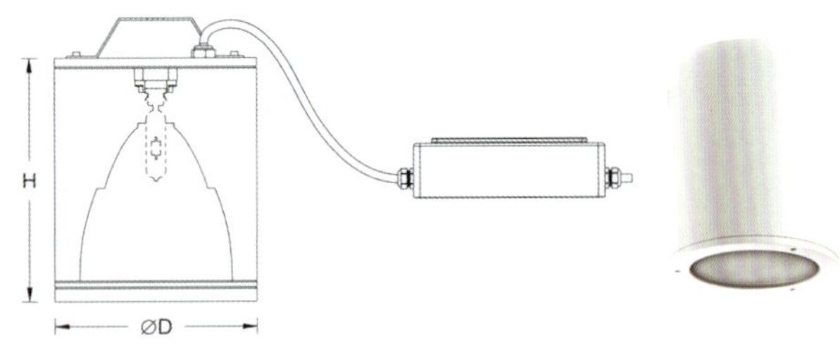

产品名称： SLANA
额定功率： 35W/70W/150W
适用光源： T4 T6 HID
安装方式： 吊装、吸顶
参考价格： 咨询厂家

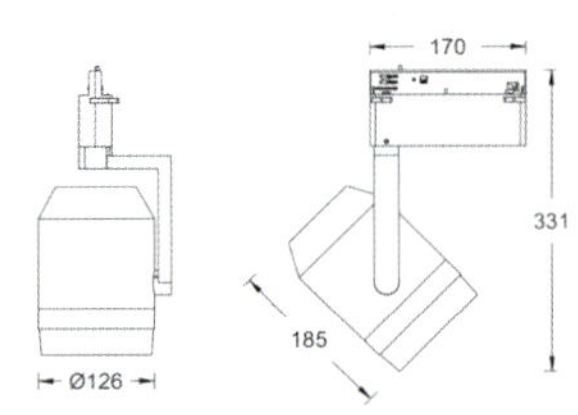

产品名称： PAIOMA LED
额定功率： 10W/20W/30W
适用光源： 3000K/4000K
安装方式： 导轨
参考价格： 咨询厂家

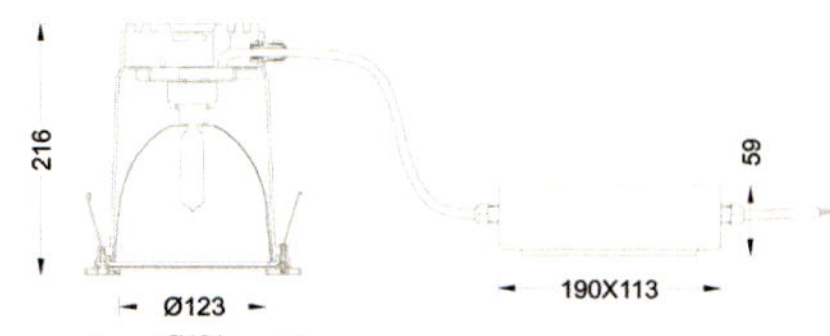

产品名称：LANNE
额定功率：35W/70W
适用光源：T4 T6 HID
安装方式：嵌入
参考价格：咨询厂家

产品名称：ELANA
额定功率：35W
适用光源：MR16
安装方式：嵌入
参考价格：咨询厂家

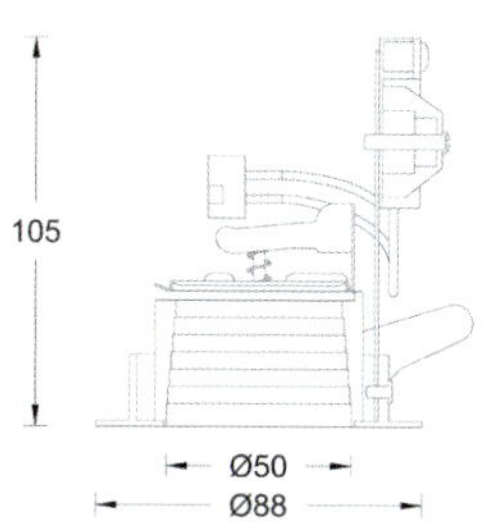

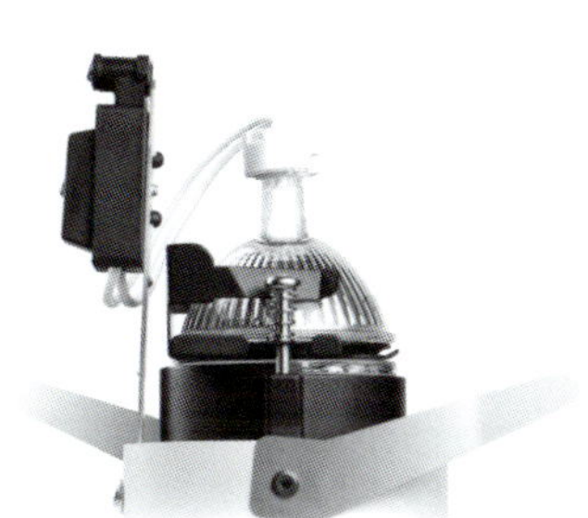

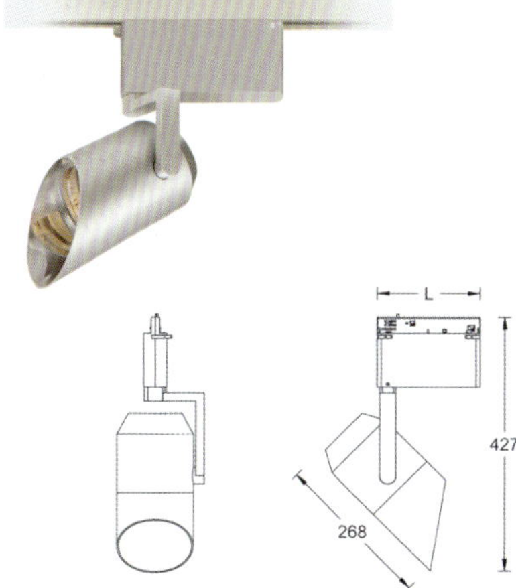

产品名称：PALOMA
额定功率：20W/35W/70W
适用光源：T4 T6 HID
安装方式：导轨
参考价格：咨询厂家

282
162
Ø110

产品名称：TRACK LIGHTS FLEXRAIL
额定功率：20W/35W/50W
适用光源：HID PAR20/30
安装方式：导轨
参考价格：咨询厂家

产品名称：VIVISTAR
额定功率：100W
适用光源：卤素
安装方式：其他
参考价格：咨询厂家

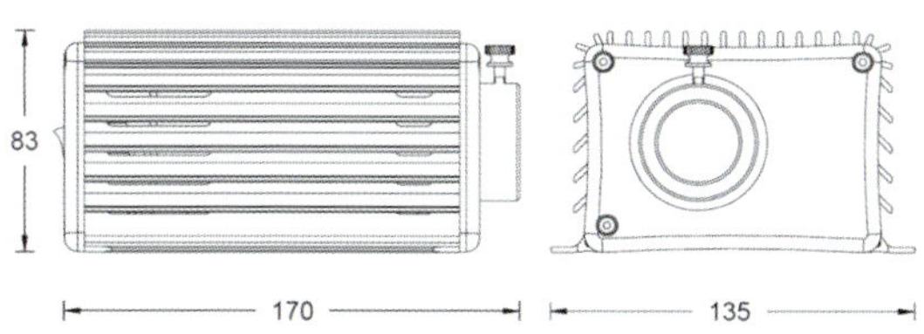

产品名称：QUICK CONNECT PENDANTS
额定功率：4W
适用光源：LED
安装方式：吸顶、导轨
参考价格：咨询厂家

1829
89
Ø96

公司名称： WAC Lighting 华格照明灯具（上海）有限公司

电话： (86) -21- 33933558 **传真：** (86) -21-33621598 **邮编：** 201204

公司地址： 上海市浦东新区张江毕升路 299 弄 14 号楼 **公司网址：** www.waclighting.com

Eshine

Eshine品牌，其中字母E是LED的缩写，体现了公司产品的特色，同时E是EMAIL，ELECTRON，EMOTION等多个单词的首个字母，是代表现代、电子、情感的符号，是现代社会飞速发展的标志。SHINE的中文释义是闪烁，照耀，代表易秀是专业缔造节能的景观照明产品，亮化生活的高科技企业。易秀是[ESHINE]的中文音译，音形意结合，实现了品牌建设元素的统一。

秀，有秀丽、色彩丰富之意，代表易秀光电从事景观照明行业，为生活增添色彩，凸显美观。同时，秀也有一枝独秀，后起之秀的含义，极好的诠释了易秀光电的品牌形象。

产品名称：庭院灯 YX-702
额定功率：12W/24W/36W/54W/72W
适用光源：单色
安装方式：其他
参考价格：咨询厂家

产品名称：草坪灯 YX-801
额定功率：12W/24W/36W
适用光源：单色 /RGB
安装方式：其他
参考价格：咨询厂家

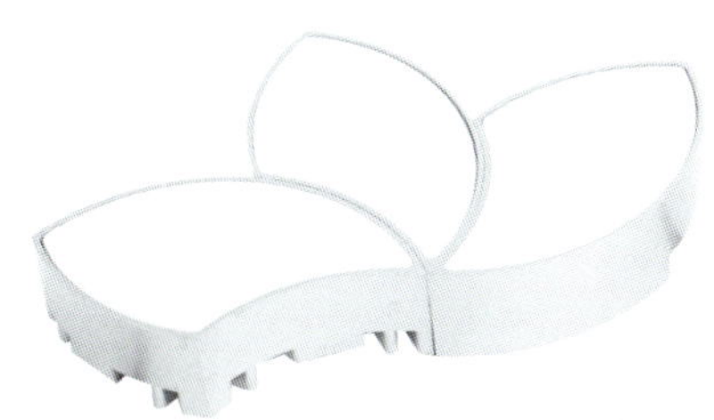

产品名称：点光源 YX-108
额定功率：9W
适用光源：单色 /RGB
安装方式：支架
参考价格：咨询厂家

产品名称：壁灯　YX-208
额定功率：3W/5W
适用光源：单色 /RGB
安装方式：壁挂、支架
参考价格：咨询厂家

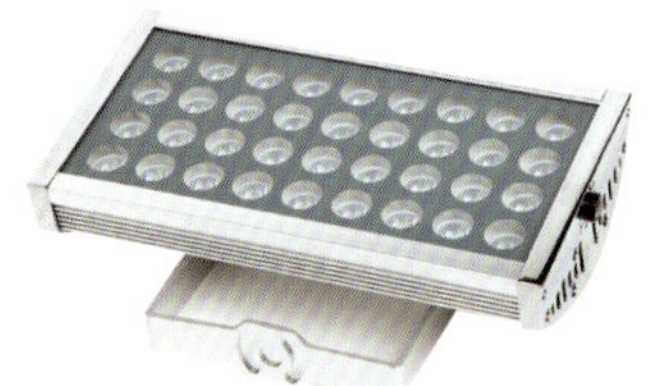

产品名称：投光灯 YX-310
额定功率：36W/108W
适用光源：单色 /RGB
安装方式：支架
参考价格：咨询厂家

产品名称：壁灯 YX-202
额定功率：8W
适用光源：单色 /RGB
安装方式：壁挂、支架
参考价格：咨询厂家

产品名称：投光灯 YX-306
额定功率：9W/27W
适用光源：单色 /RGB
安装方式：支架
参考价格：咨询厂家

产品名称：线条灯 YX-613
额定功率：单排 18W/ 双排 36W
适用光源：单色 /RGB
安装方式：支架
参考价格：咨询厂家

公司名称：宁波易秀光电技术有限公司		
电话：(86) -574-88000180	**传真**：(86) -574-88000386	**邮编**：315000
公司地址：宁波望春工业园区杉杉路 169 号		**网址**：www.eshine-led.com

CKLED®

杭州传凯照明电器有限公司创立于1998年4月，其前身是杭州传凯贸易有限公司，于2001年得到德国欧司朗(OSRAM)的授权，销售其照明产品，是杭州市政道路，桥梁，景观和室内照明产品的主要供应商，取得了不俗的业绩。随着节能绿色环保的要求，传凯在2004年引进技术，专业制造LED灯具，LED模块和灯具的智能控制系统，于2005年首次将德国OSRAM Golden DRAGON大功率LED应用于杭州运河亮化，是OSRAM大功率LED首次在中国大陆应用于建筑照明。之后传凯设计了大量的具有完全自主知识产权的灯具，控制系统和控制软件，产品多次应用于重大照明工程项目。公司理念：产品稳定压倒一切。

产品名称： CKLED DME-4096B 主控制器
额定功率： 5W
功能介绍： 8路DMX512接口，4096个回路，支支持SD卡和以太网接入，内置交换机，多台主控自由级联
安装方式： 其他
参考价格： 咨询厂家

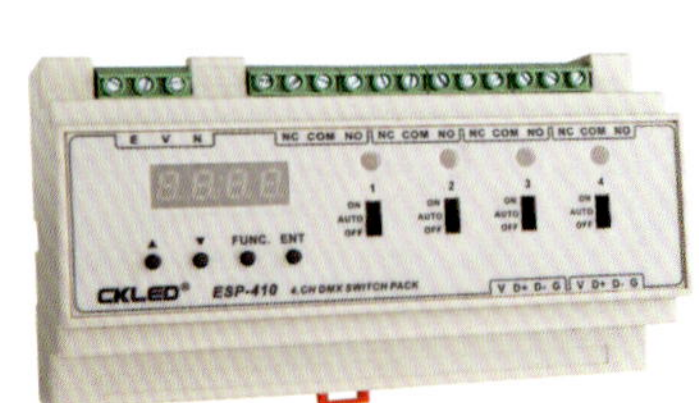

产品名称： CKLED ESP-420/ESP-810
额定功率： 10W
功能介绍： 4路/8路开关量控制，每回路最大负载20A/10A电流；支持DMX512控制，支持上百组区域联动
安装方式： 其他
参考价格： 咨询厂家

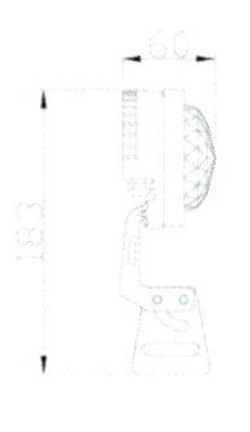

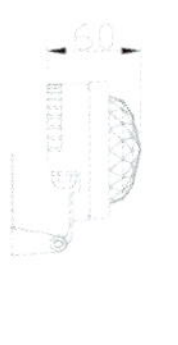

产品名称： CKLED 点光源 22D88M12
额定功率： 4W
适用光源： OSRAM LRTB GFTG
安装方式： 壁挂、支架
参考价格： 咨询厂家

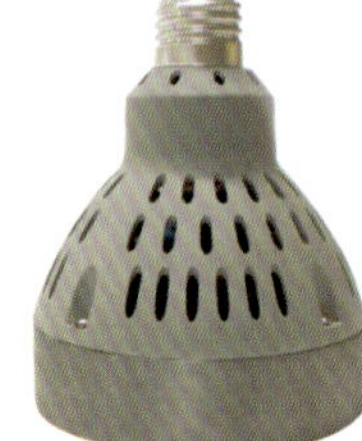

产品名称： CKLED PAR30 灯
额定功率： 45W
适用光源： OSRAM LCWW5AM, LUWW5AM, 17颗大功率LED颗粒，采用特殊散热结构，有效控制灯体温升，内置温度保护电路，功率因数>0.98
安装方式： 其他
参考价格： 咨询厂家

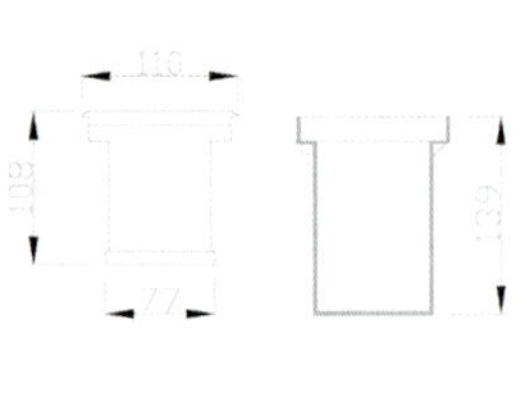

产品名称： CKLED 地埋灯 D100
额定功率： 12W
适用光源： OSRAM LCWW5AM,LUWW5AM, LAW5SM, LTW5SM, LBW5SM, OSRAM LRTB GFTG
安装方式： 埋地
参考价格： 咨询厂家

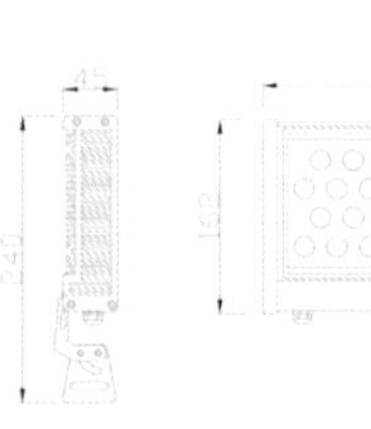

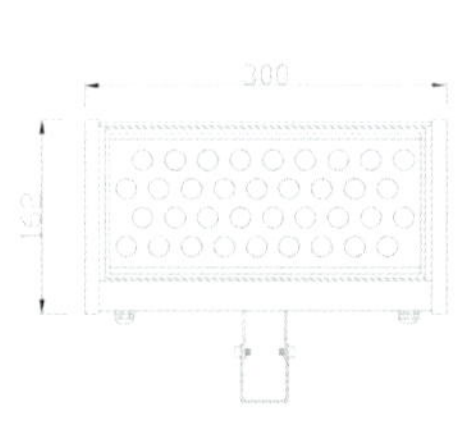

产品名称： CKLED 投光灯 76L195
额定功率： 40W
适用光源： OSRAM LCWW5AM, LUWW5AM, LAW5SM, LTW5SM, LBW5SM
安装方式： 壁挂、支架
参考价格： 咨询厂家

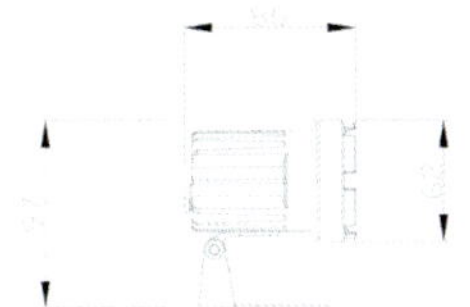

产品名称：CKLED 瓦片灯 22D62W3
额定功率：8W
适 用 光 源：OSRAM LCWW5AM, LUWW5AM, LAW5SM, LTW5SM, LBW5SM
安装方式：壁挂、支架
参考价格：咨询厂家

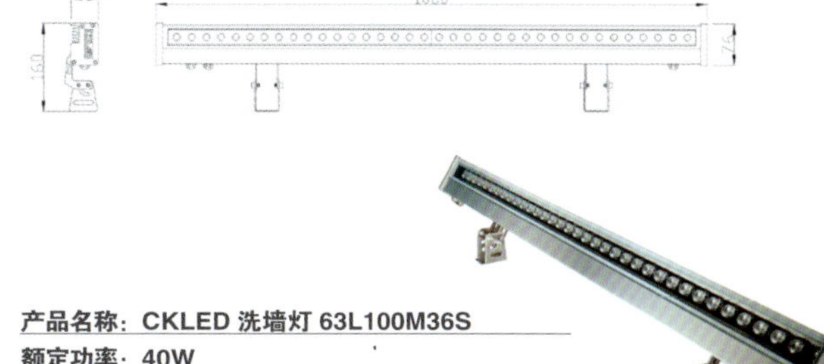

产品名称：CKLED 洗墙灯 63L100M36S
额定功率：40W
适 用 光 源：OSRAM LCWW5AM,LUWW5AM, LAW5SM, LTW5SM, LBW5SM
安装方式：壁挂、支架
参考价格：咨询厂家

产品名称：CKLED 水下灯 D260
额定功率：40W
适 用 光 源：OSRAM LCWW5AM, LUWW5AM, LAW5SM, LTW5SM, LBW5SM
安装方式：埋地、支架
参考价格：咨询厂家

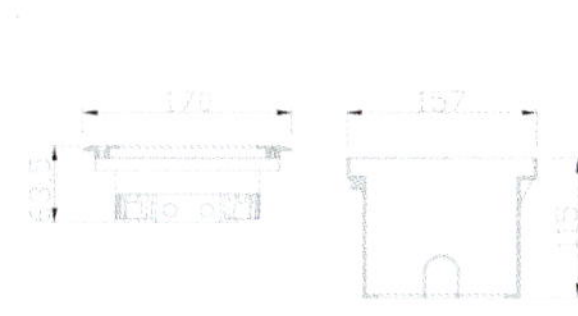

产品名称：CKLED 地埋灯 D170
额定功率：30W
适 用 光 源：OSRAM LCWW5AM, LUWW5AM, LAW5SM, LTW5SM, LBW5SM
安装方式：埋地
参考价格：咨询厂家

产品名称：CKLED 雷达控制器
额定功率：2W
功能介绍：精确探测物体运动，精度高，距离远；自带多种色彩变化模式，不易受环境温度、物体遮拦等影响；根据需求支持多种控制协议
安装方式：其他
参考价格：咨询厂家

产品名称：CKLED LC3-V5000B 分控制器
额定功率：2W
功能介绍：控制3回路RGB 信号，每回路最大负载电流 5A, 1024 级灰度；接收 / 发送 DMX512 信号，自动写址、交流同步、过流 / 短路报警保护，内置数十种变化效果
安装方式：其他
参考价格：咨询厂家

公司名称：杭州传凯照明电器有限公司		
电话：(86) -571-88986198	传真：(86) -571-88985878	邮编：310023
公司地址：杭州市西湖区留下工业园区 7 号 1 幢		公司网址： WWW.CKLED.COM

北京新时空照明技术有限公司

公司总部	公司规模 150人	分公司
北京市朝阳区 东四环中路 82 号， 金长安大厦 A 座 707	T：+86 10 8721 7171 F：+86 10 8776 5964 www.nnlighting.com	华　北 T：+86 10 8721 7171 F：+86 10 8776 5964 环渤海 T：+86 10 8721 7171 F：+86 10 8776 5964 华　东 T：+86 21 8896 6006 F：+86 21 6881 9058 西　南 T：+86 23 8678 9668 F：+86 23 8678 9665 山　东 T：+86 531 8896 6006 F：+86 531 6881 9058 西　北 T：+86 991 6996 927 F：+86 991 6996 927 华　中 T：+86 27 8538 1808 F：+86 27 8538 1807

关键人物

宫殿海　董事长

公司简介

创建于 2004 年，北京新时空照明工程有限公司是照明行业中发展最快、最全面的工程公司之一。公司拥有一批资深照明专业技术骨干，在与照明相关的各类项目中，如公共建筑、城市照明、道路桥梁、园林景观、体育场馆等，提供顾问咨询、规划设计、照明系统研发、产品供应、施工安装、合同能源管理等多层次、宽领域的技术服务。

代表项目

新中国国际展览中心	上海外滩隧道
中钢国际广场	北京主语城
当代 MOMA	奥运媒体村
中国科技馆	鄂尔多斯项目
嘉铭中心办公楼	门头沟项目
重庆解放碑时代广场	马鞍山城市广场
大成国际中心	济南园博园国际会展中心
环球贸易中心	月亮河高尔夫俱乐部
成都来福士广场	乌兰擦布体育馆
济南西站	滨州奥林匹克体育馆
银泰中心	重庆南滨路阳光 100

1 北京饭店
2 鄂尔多斯夜景照明工程
3 中钢大厦
4 北京来福士
5 嘉明中心办公楼
6 成都来福士广场
7 新中国国际展览中心

1

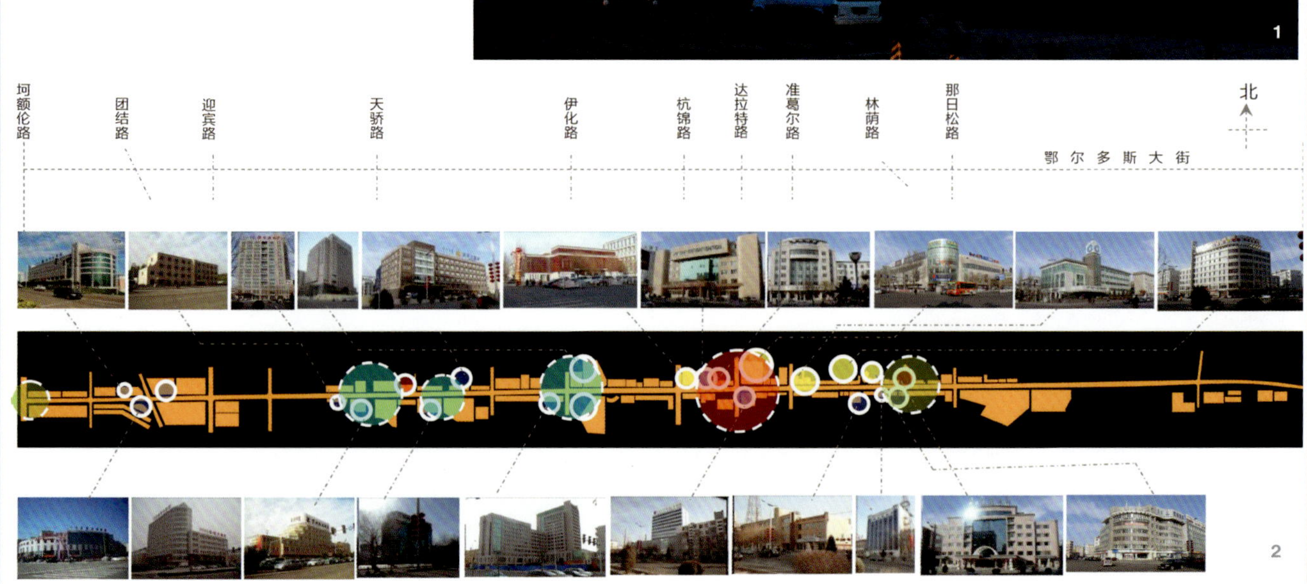

2

3

4

5

6

7

北京良业照明技术有限公司

公司总部	公司规模 150人	关键人物
北京市朝阳区 住邦2000商务中心 1号楼15层 邮编：100025	T：+86 10 8586 2288 F：+86 10 6588 0888 E：fengzy@landsky.cn	王春龙　总经理 连久栋　副总经理 冯志远　规划设计部经理

公司简介

良业照明创立于1996年，核心业务是高端照明节能产品研发推广、城市照明节能系统管理与服务、大型高端照明工程。良业照明在节能型产品研发领域拥有非常丰富的研发和应用经验，承担国家863计划重大科研课题，拥有国内顶级水平的专家，以及电气驱动系统、光学设计、结构设计领域的资深专业技术人员。在城市公共照明节能及智能系统领域开创先河，率先以合同能源管理模式，为城市路灯系统提供节能及智能化改造与管理服务。良业注重核心技术的建设，是业界极少同时拥有城市及道路照明专业承包级资质(B1584011010502–6/1)和照明工程设计专项甲级资质(A111000501–6/1)的专业机构。十数年间，良业在国家体育场（鸟巢）、国家体育馆、国家会议中心、奥林匹克公园中心区演播塔、国家大剧院、人民大会堂、钓鱼台国宾馆、中国国际展览中心（新馆）、广州新白云国际机场、广州珠江两岸、广州萝岗新城、第八届中国（重庆）国际园林博览会、包头体育会展区、廊坊万达广场、成都万达广场等项目上留下自己坚实的步履，是2008年北京奥运会主会场——国家体育场(鸟巢)照明系统指定供应商。良业照明可根据客户项目的不同特点拟定技术方案，提供国际最先进的照明节能技术和高效用能产品，包括：照明能源审计与管理、照明节能改造整体方案设计与施工、照明系统设备维护与管理、照明节能诊断与顾问咨询、照明节能知识传播与人员培训等全过程、全方位的服务，综合节能效率达30%以上。

代表项目

中国三峡坝区灯光规划设计
中国北京钓鱼台国宾馆
中国北京人民大会堂宴会厅
中国北京国家体育场（鸟巢）外立面照明工程
中国北京国家体育馆立面照明工程
中国北京工业大学羽毛球馆场地照明工程
中国北京奥运演播塔景观照明工程
中国北京国家大剧院大型艺术灯工程
中国北京亦庄轻轨沿线景观照明工程
中国北京亦庄博大公园景观照明工程
中国北京瞭望塔夜景照明工程
中国广州新白云国际机场照明工程
中国广州珠江两岸景观照明及白鹅潭灯光秀工程
中国大连期货大厦景观照明工程
中国鄂尔多斯青铜器广场照明工程
中国上海世博会荷兰馆景观照明工程
中国上海世博会卢森堡馆景观照明工程
中国重庆第八届国际园林博览会照明工程
中国包头体育会展区照明工程
中国哈尔滨松花江湿地游景观照明工程
中国廊坊万达广场夜景照明工程
中国成都万达广场夜景照明工程
安哥拉KK项目市政照明工程
安哥拉RED项目市政照明工程

1 包头体育场
2 重庆园博园
3 廊坊万达
4 北京亦庄博大公园

广州良业照明工程有限公司

公司总部	公司规模 150人	代理品牌	关键人物
广州市天河区华利路 59 号 保利大厦东塔 15 层 邮编：510623	T：+86 20 35251566 F：+86 20 38251681 www.landsky.cn	朗波尔 库柏 HESS Martin iGuzzini	胡其昌 总经理 陈先都 副总经理 邓 拓 规划设计部经理

公司简介

广州良业照明作为业界高端的照明服务企业，核心业务定位为大型高端节能照明工程。目前已成功承建了亚运会开闭幕式场馆海心沙工程、深南大道灯光长廊优化提升工程、中山市岐江河滨水景观工程、广州国际灯光节、广州新白云国际机场、珠江两岸等重要项目。

广州良业照明是广东省高新技术企业，拥有国家一级“城市及道路照明专业承包企业”、乙级“照明工程设计企业”资质，是国家第一批节能项目企业。2011 年度中国照明工程百强企业第一名。

广州良业照明致力于建设国际优秀的灯光环境工程，并积极与国际知名设计单位、国内设计院建立起长久合作关系；以专业的设计与工程人员全程管理模式，精细实施照明工程。

除致力于科技研发外，广州良业照明积极贯彻和落实国家节能减排政策，抓住城市照明节能市场的机遇，在中国率先以“合同能源管理”模式推广照明节能新型技术与新型管理服务，帮助我国城市加快实现照明节能及智能化、现代化的管理。

代表项目

广州海心沙岛夜景照明工程
2011 年广州首届国际灯光节
广州西塔夜景照明工程
广州珠江城景观照明工程
广州国际体育演艺中心景观照明工程
广州花城广场景观照明工程
广州珠江两岸及桥梁景观照明工程
广州白云国际机场
广州自行车馆景观照明工程
广州天河体育中心景观照明工程
广州新农村路灯工程
广州省委办公大楼
辛亥革命 100 周年——中山岐江河滨水景观照明工程
深圳大运会——深南大道灯光长廊优化提升工程
深圳市民中心室内照明
深圳西部通道（深港大桥）

1 2010广州国际灯光节/广州西塔
2 广州亚运照明工程——亚运中心体育馆
3 广州花城广场景观照明
4 中山岐江河滨水景观照明

同方股份有限公司光电环境公司

公司总部

北京市海淀区
同方科技广场
A 座 12 层
邮编：100083

公司规模 1000人以上

T：+86 10 8239 0600
F：+86 10 8239 0777
E：tfle@thtf.com.cn
www.tfle.thtf.com.cn

关键人物

苗　晨　总经理
焦长军　副总经理
唐志刚　市场部总经理

代表项目

西安世界园艺博览会景区照明工程
第二十九届奥运会奥林匹克公园中心区龙形水系喷泉
北京奥林匹克森林公园南园照明
第七届中国（济南）国际园林花卉博览园
天津海河两岸夜景照明
无锡蠡湖地区夜景亮化
青岛国际帆船中心亮化
北京首都国际机场起降航线可视核心区夜景照明
新疆省乌鲁木齐米东区中心绿地景观照明
大庆石油科技博物馆照明

1 奥林匹克中心区龙形水系
2 大庆石油科技博物馆
3 西安世界园艺博览会
4 西安世园会内湖喷泉
5 清华同方科技广场夜景照明

公司简介

同方股份有限公司是由清华控股的高科技公司，于 1997 年 6 月 27 日在上海证券交易所鸣锣上市，目前旗下拥有半导体与照明、数字城市、物联网、计算机、微电子与射频技术、多媒体、知识网络、军工、数字电视、环境科技十大规模性产业。截至 2010 年，公司资产总额超过 200 亿元，营业收入超过 180 亿元，品牌价值达 501.23 亿元，历年入选“中国科技 100 强”“守信企业”，名列“世界品牌 500 强”。

同方半导体与照明产业致力于高亮度大功率 LED 照明领域产品的研发生产与应用，形成了大功率 LED 外延片、芯片制造及封装、LED 照明应用产品、照明工程规划设计及项目实施的完整产业链。

同方光电环境公司作为同方股份有限公司半导体与照明产业的骨干企业，依托同方的科研实力、人才资质，以“融合高科技、创造新环境”为宗旨，致力于向客户提供城市景观照明工程、水景艺术工程的规划设计、产品配套、项目管理一体化解决方案，具备城市与道路照明施工一级资质、照明设计甲级资质及水景设计、施工甲一级资质。近年来，公司以“工程带动产品、产品推动工程”的发展方式，将半导体照明技术与景观照明工程结合，致力发展 LED 系列景观照明产品、太阳能系列节能产品的开发与应用，公司通过与众多国内外知名企业建立起多层次的合作关系，将新技术新产品广泛应用于国家级重大工程，如第七届济南国际花卉博览园（第十一届全运会配套工程）、奥林匹克中心区龙形水系（获奥组委优秀工程奖）等。目前，同方照明灯具已积累丰富的经验，并走在业内最前沿。

秉承清华同方“承担、探索、超越”的企业精神，同方光电环境公司不断进取，发扬综合优势，坚持合作模式，持续高速发展，打造国内一流的城市照明系统服务商。

合志同方，共赢未来！

1

2

3

4

5

bpi 碧谱照明设计有限公司

公司总部		公司规模 70人	分公司	
302 Fifth Avenue, 31th Street, 12th Floor, New York, 10001, U.S.A		T：+1 212 924 4050 F：+1 212 691 5418 E：mail@brandston.com www.brandston.com	上海市淮海中路 1273 弄 26 号 T：+86 21 5396 0327 F：+86 21 5396 1087 E：mail@bpi-cn.com	北京市东三环中路 39 号，建外 SOHO，15 号楼 602 室 T：+86 10 5869 5152 F：+86 10 5869 5153 E：bj@bpi-cn.com

关键人物				近期客户		
周鍊	总 裁	Jungsoo Kim	合伙人	嘉里建设	富力地产	九龙仓
Robert Prouse	副总裁	林志明	中国区执行董事	恒隆地产	恒基兆业	
Scott Matthews	合伙人			华润置地	长江地产	

公司简介

bpi 是国际上最早成立也是最主要的灯光设计顾问公司之一。公司从 1966 年创始至今，一直活跃在照明设计领域。目前公司由 5 位合伙人、70 位专业设计师组成，在纽约及上海、北京皆设有办公室。

在照明工程设计和项目管理领域，bpi 均有着卓越的经验，已经在世界各地完成了超过 5000 个工程案例。小到珠宝店、小型公寓照明，大到城区照明规划、城市综合体和交通枢纽照明，都包含在我们的服务范围之内。

从一开始 bpi 就备受公共事业、政府单位方面的客户青睐。这类项目（如自由女神像的照明改造，维吉尼亚州阿灵顿美国女兵纪念馆及华盛顿州国立印第安人博物馆）向来自各个城市地区的游人展现了这个国家重要且有趣的地方。此外，在传统艺术博物馆及特殊的科学方面的展馆照明（如纽约科学大厅，美国自然历史博物馆及数个水族馆）的工作中，基于建筑背景下的出于特殊展示目的的照明方面，我们已经获得了广泛的专业经验及知识积累。

bpi 在 2003 年进入中国后，以国际先进的设计理念和服务意识，很快在中国照明设计领域确立了领导者的地位。先后参与了颐和园灯光规划、首都博物馆展示照明顾问等富有挑战性的项目。在商业地产领域，我们先后承接北京国贸三期（CWTC Ⅲ）、北京国际金融中心（WFC）、上海会德丰广场、上海中心（室内部分）、上海浦江双辉大厦等知名项目的照明设计和顾问工作。并完成了香格里拉、喜达屋、洲际、万豪、雅高等酒店集团旗下的众多五星级酒店的灯光设计，例如北京国贸三期国贸大酒店、北京索菲特大饭店、广州丽思·卡尔顿酒店、三亚瑞吉酒店。这些项目展现了我们在解决新问题方面从人文及设计角度出发，所展现出来的革新的设计理念和完善的解决方案。

bpi 的多年设计经验使我们能卓有成效地将我们的作品的建筑外观与它的设计完美融合，在过去的 40 余年里，我们的客户群体以及我们所获得的奖项可以证明我们所设计项目的成绩。这些奖项体现了专业人士及客户对我们的认可。

1

1 北京环球金融中心（WFC）
2~4 沈阳皇城恒隆广场
5 国贸三期
6,7 未来资产大厦
8 瑞吉酒店
9 浦江双辉大厦
10,11 会德丰广场

北京清华城市规划设计研究院光环境设计研究所

公司总部

北京市海淀区
清河中街清河嘉园东区甲1号楼22层
邮编：100085

T：+86 10 8281 9000
F：+86 10 6277 1154
E：thzm@vip.sina.com

公司规模 44人

关键人物

荣浩磊 所长
李　丽 副所长
陈海燕 副所长
刘　佳 主任工程师
梁　威 主任工程师

近期客户

广州市城乡建设委员会
重庆市渝中区市政管理局
中国建筑科学研究院
常州市城市照明管理处
西安市市政管理委员会
广州市城市规划勘测设计研究院
广东电网公司广州供电局路灯管理所

1 珠江两岸及海心沙
2 弹子石视点观景照明效果图
3 三河三园和奥体及周边
4 北京中心城区景观照明专项规划
5 西安钟楼照明场景
6 海心沙
7 台湾教育中心效果图
8 国家博物馆外立面照明
9 生命之树
10 常州万博国际效果图

公司简介

北京清华城市规划设计研究院成立于1993年，已取得建设部授予的城市规划设计甲级资质，国家旅游局授予的国家旅游规划设计甲级资质，国家住房和城乡建设部授予的国家建筑行业（建筑）专业甲级资质。目前，已形成城乡总体规划、详细规划与城市设计、景观园林规划、风景旅游规划、城市交通规划、物流规划、城市照明规划、环境与市政规划、能源规划、城市声环境设计等专业规划设计所。

光环境设计研究所是一支产学研结合的精英队伍。是国家标准 ——《城市照明规划规范》的主编单位。自建所以来注重国际交流以吸收最新的理念与技术，与法国、德国、中国台湾、日本等著名照明设计事务所有着长久稳固的合作。建所迄今，已完成了200多个重要项目，包括城市照明总体规划（如北京、广州、西安等）、照明详细规划（如重庆渝中半岛、常州一路两区等）、景观照明设计（如奥体中心下沉花园2号院、广州花城广场等）、建筑照明设计（如国家博物馆、广州海心沙亚运会开幕场馆等）。这些项目多次获得了国家教育部、国家级照明工程以及中照协会的照明工程设计奖项。通过这一系列照明科研项目建立了从宏观到微观，从理论到实践紧密结合的设计方法与体系。

本所的设计宗旨：代表委托方的设计利益。美学、人文、经济、生态，四大价值取向的综合，坚持以人为中心的设计。为此本所成立了技术中心（依托清华大学建立了城乡生态规划与绿色建筑教育部重点实验室——绿色照明试验基地）；主要职能包含技术服务、培训活动、科学研究三大部分。为项目提供全面中立的技术支持和检测平台。

1

2
4
5
6
常州博物馆
CHANGZHOU MUSEUM
3
7
8
9
10
Dior
CHANEL

栋梁国际照明设计（北京）中心有限公司

公司总部

北京市海淀区
北洼路45号5层
邮编：100142

T：+86 10 88395071
E：Design@toryo.com.cn
www.toryo.com.cn

公司规模 56人

公司简介

栋梁国际照明设计中心是专门从事城市及建筑照明规划设计的专业团体，由热衷于探索光环境设计理念的设计师许东亮为代表主持由中外专家和设计师组成的专业照明设计师团队。

公司本着建立以“和谐为本”的企业文化，以“速度，简约，守信，发展”的经营方针为导向，培养并吸收了众多来自多方面专业背景的充满创造力的人才，现在由我们规划设计的作品遍布全国很多城市和地区，成为照明设计行业中的领军者，对推动照明设计行业的发展壮大起着积极的作用，深得学术界和社会各界的广泛认可。

公司同时配合大学照明方向的教学活动并指导毕业设计，接纳本科及研究生的实习以提高对照明设计的认知，同时，参与国家研究机构的标准编制，积极参与国内外的光环境学术交流。

栋梁国际照明设计中心关联设计机构：栋梁国际照明设计（北京）中心有限公司；上海栋梁照明设计有限公司；广州栋梁照明设计有限公司；南京栋梁照明设计有限公司；合肥中铁栋梁照明分院

关键人物

许东亮 负责人

分公司

上海栋梁 T：86-21-61732707 / 08 F：86-21-61732709
地址：上海市静安区淮安路668号1E

广州栋梁 T：86-20-31026402 F：86-20-81236285
地址：广州市荔湾区桥中中路186号3梯2楼

南京栋梁 T：86-25-83112009 F：86-25-83112019
地址：南京市玄武区太平门街6号金陵御花园贵宾楼603室

合肥中铁院栋梁国际照明分院
T：86-551-2828356 F：86-551-2828356
地址：合肥长丰南路元一美邦国际9栋203室

近期客户

同济大学设计院	郑州市规划局
中国建筑设计院	西安市市政局
广州建筑设计院	湖州市建设局
中铁合肥设计院	华润地产
联创国际	中信商业地产
杭州市城市管理办公室	绿地集团
南京市市政局	万达集团

1工作室内部空间
2,3 成都某办公建筑外观照明
4 苏阳桥景观照明
5 杭州风景区内公园照明
6 伊金霍洛大剧院外观照明
7 光毯作品

代表项目

成都华润东湖商业项目照明设计（建筑设计：RAD）
成都华润万象城办公及商业部分照明顾问（建筑及商业设计：美国凯利森）
大连高铁站房照明设计（建筑设计：同济大学设计集团）
成都101研究所照明设计（建筑设计：中国航空设计院）
天津北洋园体育中心照明设计（建筑设计：中国建筑设计院）
金泉广场商业酒店项目照明设计（建筑设计：日本菅原史郎事务所）
湖州仁皇山景区景观照明规划设计（景观建筑设计：杭州园林院）
广州高铁站广场照明规划设计（建筑设计：广州建筑设计院）
长沙中信商业项目照明规划设计（景观建筑设计：杭州园林院）
杭州黄龙洞景区项目照明规划设计
杭州武林商圈照明规划
郑州绿地站前广场项目设计（建筑设计：加拿大泛太平洋）
北京中间建筑项目照明规划设计（建筑设计：中国建筑崔恺工作室）
烟台天马栈桥照明规划设计（建筑设计：台湾薛晋屏建筑师事务所）
南京九华山城市风景带照明规划设计
万达集团商业项目照明设计（厦门，泉州，大连，宁波，沈阳等）
重庆万州体育中心（建筑设计：中国建筑设计院）
西安城市街道照明设计

1

2
3
4
5
6
7

北京光景照明设计有限公司

公司总部		公司规模 50人
北京市朝阳区 大羊坊路 77 号 邮编：100122	T：+86 10 5166 3933 F：+86 10 8737 8474 E：beijing@lightandview.com www.lightandview.com	

分公司

香港北角健康東街 39 號柯達大厦 2 期 2203 室
T：+852 3118 4939
F：+852 3747 1606
E：hongkong@lightandview.com

广州市天河区广园快速路 563 号广之旅大厦 20 楼 B
T：+86 20 8759 9039
F：+86 20 8759 9183
E：guangzhou@lightandview.com

关键人物

安小杰	首席设计师
颜荣兴	总工程师

代表项目

北京奥林匹克中心区
北京国家游泳中心（水立方）
广州新白云国际机场
广州歌剧院
新广州火车站（广州南站）
广东省博物馆新馆
重庆市照明规划
青岛浮山湾及奥帆中心
广州亚运城综合体育馆
北京新三里屯时尚文化区
北京西三环国际财经中心
北京颐和安缦酒店（AMAN Resorts）
北京中关村皇冠假日酒店
北京中关村凯宾斯基酒店
北京中成天坛假日酒店
北京将台商务中心酒店（颐堤港）
内蒙古霍林郭勒城市照明规划
成都珠江新城国际
广东博罗县体育中心
北京金长安大厦
上海世博会航空馆
武汉中山舰博物馆
成都喜年广场
厦门汇金国际中心
北京镜湖俱乐部
石家庄东方银座
深圳卓越时代广场 II 期

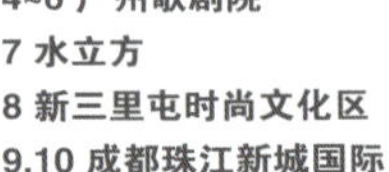

1~3 广州南站
4~6 广州歌剧院
7 水立方
8 新三里屯时尚文化区
9,10 成都珠江新城国际

公司简介

光景照明设计有限公司是一家由中外照明界资深人士合作创建的专业照明设计公司，其总部位于北京市，在香港、广州等地设有分支机构。

光景在北京总部建设有占地约 1000m² 的照明实验室，拥有行业领先的照明环境体验、照明及控制系统实验、灯具产品检验评估等相关的场所和设施。光景实验室还是照明界进行学术交流、技术培训的理想场所。

光景拥有一支优秀的照明设计及服务专业队伍，他们分别来自建筑设计、艺术设计、产品设计、电子及计算机等相关行业。这是一个严谨而又充满活力的团队，他们为国内外众多客户提供着高效、优质的服务。光景的服务包括：照明设计与规划、照明器具研发、照明控制系统研发、节能新技术研究等四大方面，覆盖照明工程领域照明技术与照明艺术的大部分需求。

光景是一个开放的企业，与国内外知名建筑师、照明设计师以及设计单位有着广泛的合作关系。近年来，光景先后承担了广州新白云机场、广东省博物馆新馆、北京奥林匹克中心区、国家游泳中心（水立方）、广州歌剧院等一系列优秀项目的照明设计任务。光景在设计过程中的出色表现，得到了合作方和业主的充分肯定。

注：光景®和光景设计®为北京光景照明设计有限公司注册商标。

1
2

3

ifc
4
5
6
7
WHITE COLLAR
8
Louis Vuitton
ONLY
9
Louis Vuitton

北京远瞻照明设计有限公司

公司总部

北京市海淀区
成府路华清嘉园
16号楼207室

T：+86 10 8286 3386
F：+86 10 8286 3603
E：lighting@zdp.cc
www.zdp.cc

公司规模11人

公司简介

远瞻设计创立于2003年。主要从事城市照明规划和设计、建筑外立面照明设计、景观照明设计、室内照明设计、采光设计、光表演设计、室内设计、产品设计。

近期客户

中国国家博物馆，北京
南京市夫子庙－秦淮风光带管理办公室，南京
江苏省美术馆，南京
北京润泽庄苑房地产开发有限公司，北京
SOHO中国，北京
广州昊和置业有限公司，广州
宁夏中房实业集团股份有限公司，银川
融侨集团股份有限公司，福州
大同市阳光嘉业房地产开发有限责任公司，山西大同
融科智地房地产股份有限公司，北京
青岛中金渝能置业有限公司，山东青岛
自贡市城乡规划建设和住房保障局，四川自贡

代表项目

中国国家博物馆部分展厅室内照明设计，北京
故宫保和殿东庑展厅室内照明设计，北京
广东科学中心建筑外立面、景观、室内部分空间照明设计，广州
光与时光展厅室内设计，北京（获得2011年度Idea Top奖）
光华国际建筑外立面、景观、室内公共空间照明设计，北京
中石化大厦建筑外立面照明设计，北京
中石油大厦建筑外立面、景观、室内公共空间照明设计，北京
融科置地烟台牟平项目示范区建筑外立面、景观、部分室内空间照明设计，山东烟台
广州银行广场建筑外立面、景观、室内公共空间照明设计，广州
光华路SOHO2建筑外立面、景观、部分室内空间照明设计，北京
青岛威斯汀酒店室内照明设计，山东青岛
杭州市城市照明总体规划，杭州
郑州市城市照明总体规划，郑州
王府井地区照明规划和设计，北京
自贡市城市照明详细规划，四川自贡
自贡市2007年度城市光表演设计，四川自贡（与CITELUM合作）
夫子庙－秦淮风光带景观照明设计2010，南京
西塘永宁桥段景观照明设计，浙江嘉善（获得2010年度中国照明10年奖）

1 光与时光 展厅
2~6 杭州市城市照明总体规划
7 中国国家博物馆
8,9 西塘 永宁桥段

关键人物

詹庆旋　徐冰　齐洪海　尹思谨　刘敏　高超　郝增瑞　于跃　吴淑岚　段造　郑铮

1

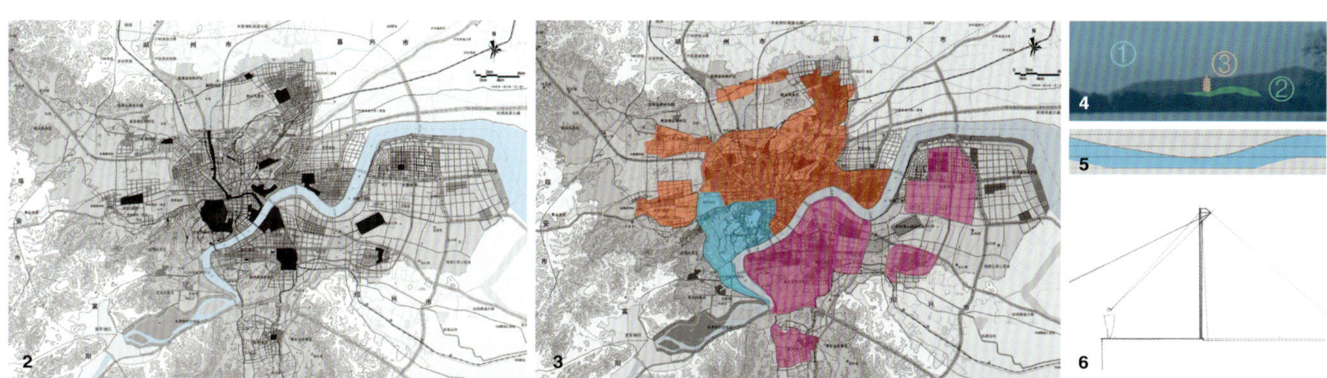

2 3 4 5 6

7

8

9

Digital Power Lighting

公司总部

公司规模20人

138 Riverale Street
#10-756 Singapore
T：+65 6881 2908
E：dpl2008@163.com

分公司

北京市房山区良乡西路大厦5单元1202室
T：+86 18911962758 E：dpl2008@163.com
杭州文三西路499号锋尚苑4幢302室
T：+86 571 87390916 E：1666968396@qq.com
台湾
T：+008 869 1933 7878 E：dpl2008@163.com

关键人物

Liwei Lu	Lighting designer
Peter Kim	Lighting designer
Tianyong Zhou	Assistant designer
Lidan Lu	Assistant designer
Haiyue Liao	Assistant designer

近期客户

无锡丽笙酒店
重庆希尔顿酒店
苏州喜来登酒店
福州喜来登酒店
北京瑞士酒店
三亚中油大酒店
贵阳珀尔曼酒店
上海东方温德姆酒店

1 北京瑞士酒店 全日餐厅
2 福州喜来登酒店 客房
3 杭州九溪 别墅
4 千岛湖大酒店 入口之一
5 舟山喜来登酒店 全日餐厅
6 千岛湖大酒店 全日餐厅
7 千岛湖大酒店 餐厅
8 千岛湖大酒店 包厢
9 北京钟鼎楼 餐厅
10 项目概念

公司简介

DPL believes in the fusion of architectural and visual lighting to enhance our surrounding structures.Individuality is the source of inspiration behind each project, which the company believes will evolve according to our diverse economic and natural environment.DPL does not subscribe to a limited from of lighting design; but instead, allows the abstract art of lighting to permeate through its design proposals. All these are embraced through the passion of the firm's belief that there is no limited from to the field of lighting in our living environment.Instead,lighting as a from in itself is allowed to become an aesthetic and ever-changing feature of our cityscape. Conceptually and technically DPL aims to "paint" and infuse colours in to a black & white portrait.

DPL 是一家专业照明设计及咨询顾问公司，拥有专业的五星级涉外酒店和公寓写字楼照明设计师和顾问队伍。在台湾、北京和杭州设立了设计事务所。曾在中国台湾、香港、新加坡、东南亚国家、北京、上海、杭州、西安、三亚、无锡、深圳等地区进行过酒店照明设计工作。合作过的酒店管理品牌包括洲际，万豪，喜达屋等，与HBA、Wilson、TWM等室内设计公司有过良好的合作关系。

1

2

3

4
5
6
7
8
9
10

上海东方·罗曼城市景观设计有限公司

公司总部		公司规模 40人	关键人物
上海市杨浦区 黄兴路 1501-1511 号 邮编：200093	T：+86 21 6515 2303 F：+86 21 6503 2840 E：dflmsj@126.com www.luomanlianghua.com		孙建鸣　董事长 花泽炜　总经理 傅　萍　设计总监 朱　冰　艺术总监

公司简介

罗曼企业是位于上海杨浦知识创新区，以城市景观灯光、园林道路规划、设计、施工；灯具、光源生产、销售、LED 及相关配套产品研发、推广应用为主营的创新科技集团公司。

十多年来，罗曼人凭着创新、诚信、务实的企业精神，奉行专业化管理、系列化发展、规模化经营的企业理念，形成了以规划设计为龙头、以工程、生产、研发为发展两翼的完整科学的企业布局。

罗曼企业作为景观灯光行业颇具影响力的知名品牌，为上海乃至全国众多城区的夜景灯光奉献了智慧、创意和成果，荣获了大量的国家级、省市级的嘉奖和荣誉证书，并正在为更多的地区提供更专业、更富创意的服务。

上海罗曼企业下属之上海东方·罗曼城市景观设计有限公司系专业从事城市夜景景观规划设计、城市夜间景观照明工程设计，包括道路、桥梁、建筑、园林、广场的艺术照明设计之企业。公司与拥有甲级设计资质的上海东方建筑设计院合作，成立东方·罗曼城市景观设计有限公司。

公司秉承“立足上海、服务全国、走出国门”的经营理念，成功地为上海地区、江浙地区、内蒙甘肃地区、两广地区及蒙古共和国的乌兰巴托、土耳其的安卡拉等地区进行夜景景观灯光整体规划设计，受到各界的一致好评。

公司还与国内外城市景观灯光设计研究机构和相关管理部门有着广泛的学术交流和合作关系。并于 2006 年获准入驻创意园区，为上海市创意产业企业。

近期客户

上海市绿化市容管理局
浙江省湖州市公用事业局、太湖旅游度假区管理委员会规划建设局
满洲里市人民政府、城市行政执法管理局
湖南省株州市城市管理行政执法局
浙江省建德市人民政府、建德市建设规划局
乌海市人民政府、城市行政执法局
土耳其安卡拉市市政府
河南省漯河市建设局
广东省韶关市城市管理局
湖南省岳阳市城市管理局

代表项目

上海外滩建筑夜景设计、施工
上海市五角场城市副中心夜景整体规划、设计、施工
浙江省湖州市城区夜景整体规划、设计、施工
上海市金山区黄金沙滩夜景整体设计、施工
内蒙古满洲里市城市夜景整体设计、施工
湖南省株州市城市夜景设计
浙江省建德市夜景整体规划、设计、施工
内蒙古乌海市城市夜景整体设计、施工
土耳其安卡拉市重点建筑夜景设计

1上海外滩建筑灯光　2上海市展览中心　3南通园博园　4上海辰山植物园　5上海五角场环岛彩蛋　6湖南省株州市卫生局　7土耳其安卡拉市清真寺　8浙江省建德市新安江大桥、月亮岛

1

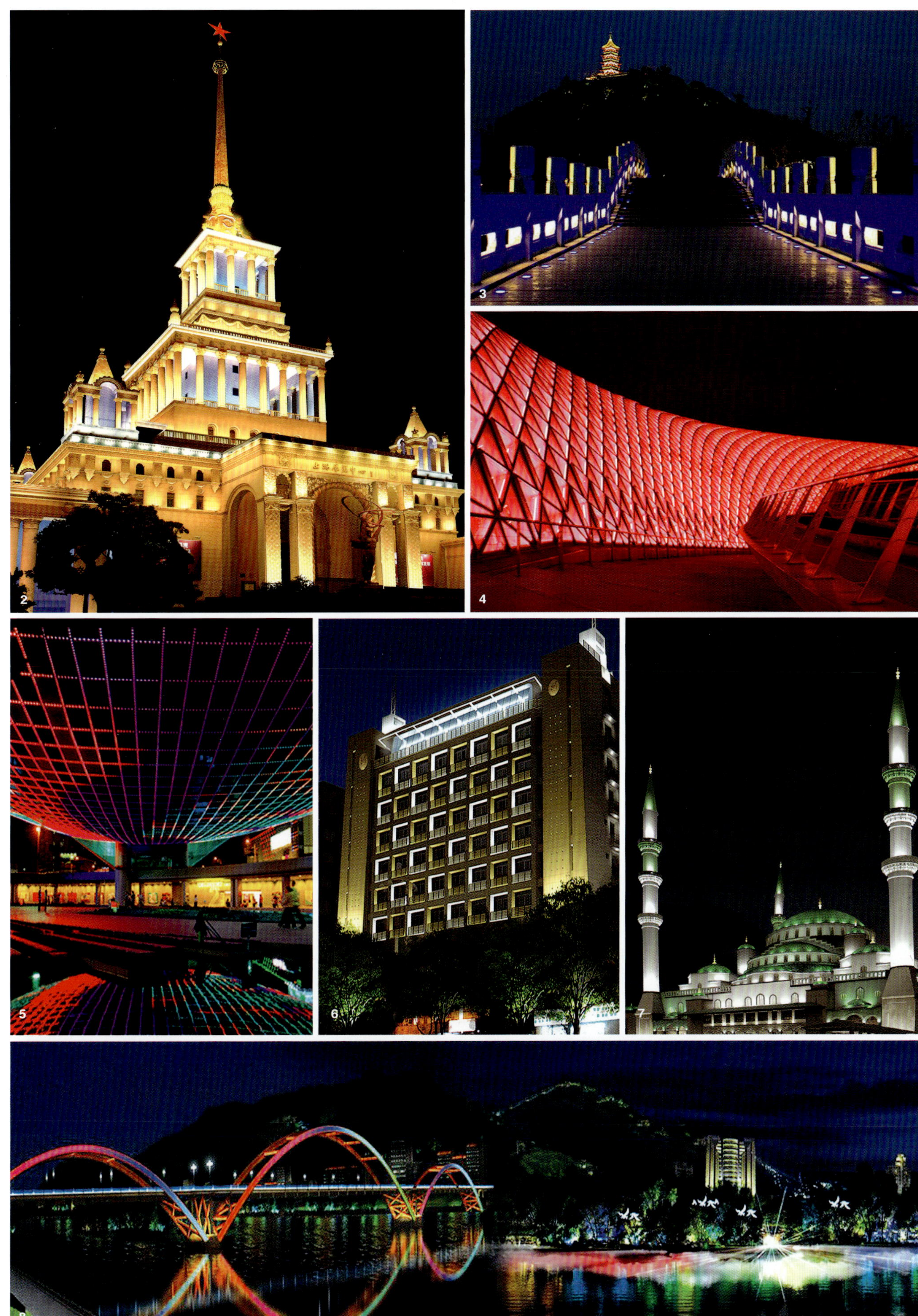
2
3
4
5
6
7
8

深圳市标美照明设计工程有限公司

公司总部	公司规模 55人	关键人物
深圳市深南东路 5015 号 金丰城大厦 A 座 703 邮编：518015	T：+86 755 8246 3991 F：+86 755 2559 7230 E：bume@163.net www.bume.com.cn	陈骁翔　总经理　　高　嵩　设计部经理 丘　蔚　副总经理　张超贤　设计总监

代表项目

中国 / 上海 / 上海宝山万达广场夜景照明工程
中国 / 深圳 / 深圳南山中心区夜景照明设计
中国 / 呼和浩特 / 呼和浩特万达广场照明设计与工程
中国 / 呼和浩特 / 伊利乳都科技示范园照明设计与工程
中国 / 武汉 / 武汉东湖沿岸重要景观节点照明工程
中国 / 深圳 / 深圳机场夜景照明规划设计
中国 / 淮南市 / 淮南市主城区道路照明专项规划
中国 / 西安 / 西安民乐园万达广场夜景照明工程
中国 / 北京 / 北京石景山万达广场夜景照明设计与工程
中国 / 深圳 / 深圳市博物馆室内照明工程
中国 / 济南 / 济南万达广场夜景照明工程
中国 / 晋江 / 晋江万达广场夜景照明工程设计

公司简介

深圳市标美照明设计工程有限公司为专业从事照明设计工程的企业，是致力于提供照明项目设计、照明工程施工、产品配套、项目管理一体化解决方案的供应商。公司具备照明工程专业一级资质，照明工程设计专项乙级资质，取得了ISO9001 认证，是深圳照明学会会员及深圳市照明电器协会理事单位。

公司业务范围涵盖照明项目的设计、规划、工程咨询、施工安装、产品供应及维护保养等全过程，一贯坚持设计、顾问、工程并举，已承担超过百项建筑照明、城市照明、道路照明、旅游照明、商业照明、酒店照明及体育照明项目的规划、设计、工程、施工和产品的销售。

1

1 深圳南山区商业文化中心
2 圣廷苑酒店
3 镇江万达广场
4 北京石景山万达广场
5 深圳机场

2

3

4

5

北京中联环建文建筑设计有限公司

公司总部

北京海淀区北三环西路
甲18号中坤广场E座6层
邮编：100098

T：+86 10 8213 4939
F：+86 10 8212 4676
E：ualighting@qq.com
www.uadesign.cn

公司简介

北京中联环建文建筑设计有限公司于2000年成立。特有的股份制结构，让企业焕发生机。是首都地区拥有建筑工程设计甲级、规划设计乙级和风景园林设计乙级资质的股份制设计公司。十几年来，公司经济高速发展的同时规模也不断扩大，现已发展为以北京为中心、覆盖全国的大型品牌建筑设计机构。公司业务已拓展至全国30个省、市、自治区，分别在上海、深圳、天津和济南等地设有分支机构和办事处。市场占有率和品牌影响力居于行业前列。

公司拥有国家一级注册建筑师、国家一级注册结构工程师、国家注册城市规划师、博士、硕士和高级建筑师（含正教授级）、高级工程师（含正教授级）等众多专业人才。在项目前期可行性研究与策划、城市规划与城市设计、居住区规划与居住建筑设计、大型公共建筑设计、大学校园规划与学校建筑设计、风景园林与环境艺术设计、城市导向系统及夜景照明设计、室内装饰装修设计以及工程咨询与项目管理等领域都有着骄人的业绩。

公司十分重视加强设计研发力量，提高自主创新能力。建筑方案设计是品牌的灵魂，在方案创新方面公司曾多次在多国内外知名设计机构参与的国际竞标中脱颖而出，拔得头筹。公司设计的众多明星项目现已成为地标性建筑，很多作品曾分别荣获国家建设部、北京市、中国建筑艺术网、全国工商联房地产商会、《中国不动产》、北京晚报以及《新地产》等机构和传媒颁发的各种大奖。

中联环和法国设计集团ADPI、美国VTBS、澳大利亚APL、英国OVAL等著名设计公司一直保持很好的合作关系，并成立中外建筑师设计联盟，大幅度开拓国际市场，向品牌全球化的目标逐步迈进。

1 北黑高速收费站国门照明设计
2 济南百花洲景观照明设计
3 海阳帆船俱乐部照明设计
4 海南龙木湾景观照明设计
5 黛溪河景观照明设计——大雁湾节点

中科院建筑设计研究院有限公司 光环境设计研究所

公司总部

北京市海淀区
中关村北一街4号
T：+86 10 6255 5827
F：+86 10 6261 1840
E：lighting@atcas.cn
www.adcas.cn
www.adcaslighting.com

公司规模11人

关键人物

许　楠　光环境设计研究所　所长
徐长生　光环境设计研究所　顾问总工

近期客户

中国科学院科技政策与管理科学研究所
北京林业大学
北京科技大学
嘉峪关市建设局
嘉峪关市规划局
绍兴城北新城建设投资有限公司
九江市云居山拓林湖风景区管理委员会
唐山滦州古镇置业有限公司
海昌集团
首创集团

公司简介

中科院建筑设计研究院有限公司成立于1951年，国家高新技术企业，直属于中国科学院，拥有建筑工程甲级，市政热力甲级，城市规划乙级资质，是中国照明学会会员单位、北京城市照明协会会员单位。

目前公司有员工共606人，其中工程技术人员439人，公司被国家评为首批"全国建筑设计行业诚信单位"，被地产界评为"北京地产十佳建筑设计机构"，获得万科集团最佳设计合作伙伴奖。

我院光环境设计研究所是从事照明规划与设计领域的专业所，依托于中科院的技术力量，注重吸取最先进的照明理念，在城市照明规划，城市街道空间照明规划设计，建筑照明设计，景观照明设计，室内照明设计，道路照明设计等领域具有丰富经验，能够协助业主进行项目策划，项目管理，工程造价资讯等工作。

公司注重国际学术交流及合作设计，与美国 Perkins Eastman 建筑设计事务所、英国 BDP 建筑设计事务所、法国安东尼·贝叙建筑设计公司、西班牙 BYI 建筑师事务所签订了长期合作协议，具有丰富的国际合作经验，赢得了良好声誉。

1 中科院学术会堂
2 嘉峪关世纪金桥
3 绍兴市镜湖新区梅山湿地
4 绍兴市镜湖新区大滩桥

1

2

3

4

浙江城建园林设计院光环境所

公司总部

杭州市钱江路58号
太和广场一号楼308
邮编：310016

T：+86 0571 8651 1187
F：+86 0571 8603 3789
E：a-t-gzs@163.com
www.cjylsjy.com

公司规模16人

关键人物

沈葳　高级工程师
　　　高级照明设计师
　　　AALD资深会员

代表项目

河北省秦皇岛市城区亮化工程
浙江省杭州新天地综合体照明工程
陕西省西安世界园艺博览会照明工程
浙江省奉化雪窦寺景观照明工程
山东省青岛胶南金融广场城市综合体照明工程
浙江省南浔国际旅游度假中心照明工程
安徽省阜阳市泉河风景带两岸景观照明工程
广西省北海老街照明工程
浙江省三门县照明规划
浙江省安吉凤凰山亮化工程
江苏省无锡惠山古街历史文化街区照明工程
浙江省湖州东吴国际广场亮化工程
浙江省嘉兴中港名都亮化工程
浙江省千岛湖大道景观亮化工程
浙江省绍兴环城河景观亮化（灯光秀）工程

公司简介

浙江城建园林设计院光环境所，一路走来已然十年，至今已在全国范围内完成几百个照明案例。大至一个城市的照明规划，小至一幢小楼的照明设计，我们已经组成了一个在照明设计领域经验丰富的团队，得到了有关业主、专家及广大群众的普遍认可和赞誉。

城市光环境既属于工程建设，又是文化建设；既是民生的必需，又蕴涵精神价值；既要开拓进取，又需要调和众多因素，我们力图从城市形象出发，协助政府决策、协助项目投资价值的实现，关怀“市井小民”的惬意生活，更加理解设计的真谛，为“和谐”这个永恒主题增加一分新的注解，也为行业的发展作出一些有益的推动。

1,2 弘法广场
3 雪窦寺全景观
4 弥勒大院

1

2

3

4

福州博维斯照明设计有限公司

公司总部	公司规模16人	关键人物
福建省福州市鼓楼区 工业路 523 号福州大学 东门行政楼附属楼 2 楼 邮编：350009	T：+86 0591 8743 0670 F：+86 0591 8743 0672	吴一禹　福州大学建筑学院特聘教授 高级照明设计师

近期客户

福建省档案局
泉港区建设局
福州市户外广告和灯光夜景建设管理办公室
福建金得隆文化创意产业运营有限公司
莆田市城市建设投资开发有限公司
宿迁市城市照明亮化管理办公室
福建永福集团公司
福建岚辉置业有限公司
福建世欧投资发展有限公司
福建恒力房地产开发有限公司
福建福晟房地产开发有限公司
福建恒宇房地产发展有限公司
福建武夷山三木实业有限公司
泰禾（福建）集团有限公司
广西恒基投资集团有限公司
广西正恒房地产发展有限公司
重庆轩辉置业发展有限公司
湖南嘉福房地产开发有限公司
郑州尚锦房地产开发有限公司
郑州骏龙房地产开发有限公司

公司简介

福州博维斯照明设计公司是福建“嘉博筑业”旗下的一家从事照明设计、照明技术咨询服务与研究的专业服务机构。

公司传承“嘉博筑业”设计团队“严谨、诚信、创造、服务”优良的企业理念，引入境外先进的照明设计理念，以全新的视野，专业的服务精神，从照明项目的前期定位与规划、中期设计到后期施工为客户提供全程的照明顾问与设计、技术服务和咨询。

公司拥有一支由建筑顾问、景观顾问、室内顾问、照明设计师、电气工程师以及智能化设计师众多专业在内的优秀设计团队，为客户提供众多照明解决方案，设计范围包括城市照明规划、各类室内空间照明设计、建筑外观照明设计各类景观照明设计；同时为企业提供各类照明顾问、咨询与培训以及企业标准的制订。2011 年，荣获首届光辉杯——“杰出照明设计公司”，中国“金手指奖”——“十大优秀照明设计工程公司”荣誉称号。

我们的专长是用最少的光，设计最好的照明效果；为客户提供更合理的照明解决方案，创造最大的价值！以严谨落实，求精创实的科学态度，创造超越的设计理念，为提高城市夜空间资源的利用，创造怡人舒适的城市光环境，提升城市的光文化和照明艺术品位做出积极的努力。

1 武夷山自驾游营地建筑及景观
2 连江莲湖夜景
3 福州吉庇路古民居研究中心
4,5,6 三坊七巷南后街

1

2

3

4

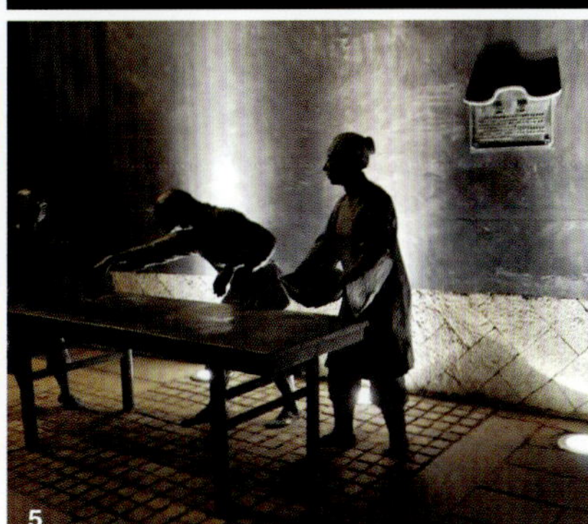
5

6

中央美术学院建筑学院建筑光环境研究所
央美光成（北京）建筑设计有限公司

公司总部	公司规模 20人	关键人物
北京市朝阳区望京西路 48号院金隅国际G座1003 邮编：100102	T：+86 10 8766 6900　+86 10 8472 5964 F：+86 10 6477 1890 E：muhongyi72@163.com	常志刚　副院长 牟宏毅　执行所长 张亚婷　设计总监

公司简介

中央美术学院是中国顶尖的艺术院校，拥有中国最深厚的视觉艺术资源与人文传统的优势，并且拥有相关的设计学科，包括建筑设计、室内设计、景观设计、视觉传达、工业设计、摄影、数码媒体等专业。

中央美术学院建筑光环境研究所有四项职能：教学、科研、设计和研发，央美光成（北京）建筑设计有限公司作为对外实体公司，负责其中的设计和研发。

依托中央美术学院浓厚的艺术氛围，公司注重国际和国内交流，与国内外相关高校和设计单位有广泛的合作，在城市照明规划、建筑与景观照明设计等领域具有强大的设计实力。

公司提供建筑照明、室内照明及景观照明设计、城市照明规划、照明灯具设计、建筑及环境设计，并提供咨询、方案设计、深化设计、灯具选型、现场调试等服务。

照明与空间设计实验室不仅是技术设备先进的实验室，更是国内一流的照明设计教学、科研、光艺术创作和国际学术交流的基地。实验室总面积约260m^2，设备总投资超过200万元，配备了世界顶级的灯具、光源和照明控制系统、照明设计软件和电脑投影设施。实验室划分成若干空间，可模拟多种室外、室内场景，还制作了多种建筑材质和建筑表皮装置，用于进行专题设计研究。

1 创意点亮北京艺术节作品：困石
2 淮安中华文字艺术园夜景照明设计
3 北京国子监夜景规划设计
4 天津文化中心
5 北京奥运支线地铁站设计
6 中央美术学院照明与空间设计实验室

1

2

3

4

5

6

北京高光环艺照明设计有限公司

公司总部	公司规模 41人	关键人物
北京市朝阳区八里庄 西里住邦 2000 商业中心 1 号楼西区 15 层 邮编：100025	T：+86 10 8586 4789 F：+86 10 8586 2460 E：yanbin@gladlighting.com	岳存泽 总经理／设计总监 田 浩 常务副总经理／首席照明设计师 阎 斌 副总经理／技术总监

公司简介

北京高光环艺照明设计有限公司成立于 2002 年，属于北京朗波尔光电股份有限公司全资子公司。公司自成立以来致力于照明设计与研究，先后参与了三峡、珠江两岸、白云机场、首都机场航空区、烟台会展中心、新中国国际展览中心、颐和园、承德照明规划、重庆园博园、温州江心屿、上海世博会荷兰馆和卢森堡馆、2010 年广州亚运珠江十桥等多项照明工程的设计及深化设计。

多年以来公司聚集了一批致力于从事照明事业的优秀设计师，集照明设计理念创意、照明效果设计、照明设备推荐选型、照度计算设计及核准、照明电气设计、照明控制系统设计等多项设计环节的人才于一体，充分发挥设计团队的整体实力，在各大照明项目中多次取得创造性照明设计成果。

公司总部位于北京朝阳区八里庄西里 100 号住邦 2000 商务中心交通便利，办公环境舒适宜人，公司全体员工随照明行业的飞速发展不断发展壮大，成为 2007 年首批取得国家照明专项设计资质的企业之一。

近期客户

承德市城市管理局
朔黄铁路建设有限责任公司
北京朗波尔光电股份有限公司
北京良业照明技术有限公司
广州良业照明工程有限公司
西南交大
恒茂房地产开发有限公司（青山湖区分公司）
温州生态园管委会
莆田路灯所
北京泰吉兴
哈尔滨松北区项目一办
哈尔滨松北区城管局
……

1 重庆园博园巴渝园
2 亚运会开幕海心沙
3 哈尔滨照明规划
4 温州江心屿

1

2

3

4

天津津彩工程设计咨询有限公司

公司总部

天津市河东区卫国道134号海富新都1707
邮编：300161
T：+86 22 5807 8997
F：+86 22 5807 8997
E：jincaisheji@126.com

关键人物

宋彦明　　设计总监

近期客户

天津城投集团
天津市团泊湖投资发展有限公司
天津市海河建设发展投资有限公司
天津城市道路管网配套建设投资有限公司
天津市道桥建设发展有限公司

代表项目

海河夜景照明提升设计
团泊示范镇二期、三期照明设计
团泊现代农业示范园景观照明设计
团泊会所岛室外景观照明设计
天保商业广场一期公寓夜景照明设计
天津时尚舞台国际品牌城泛光照明设计
海河下游后五公里路灯照明设计
黄河道、大明道等路灯照明设计

1 团泊现代农业示范园
2 天津海河中心广场
3 盼水妈

公司简介

天津津彩工程设计咨询有限公司成立于2010年2月，聚集了一批高素质、专业能力强的技术人才，组成了一支技术精湛、技术创新、积极进取、追求卓越的队伍。

我公司拥有先进的技术设备和雄厚的设计实力，同时具有照明工程设计专项乙级资质，风景园林工程设计专项乙级资质以及电力行业（送电工程、变电工程）专业乙级资质，是电力设计专业技术人才密集的科技型企业，拥有一支专业技术较强的技术人才和管理人才队伍，在照明、园林、电力等专业设计领域具有丰富的经验和业绩。

此外，公司专业技术力量雄厚并能在短时间内绘制出精美的透视、鸟瞰、轴测、立面等效果图和施工图，在建模、三维动画演示制作方面也具备相当的实力。凭借自身的发展优势，先后承接了多个有影响力的道路照明、楼体夜景照明、景观绿化照明、变配电等工程设计，使设计队伍的整体素质不断提高，在业内也具有一定的知名度与美誉度。同时致力于与业内著名设计院、所、公司进行技术交流与协作，并得到了有关领导、专家及广大群众的认可和赞美。面对激烈的市场竞争，天津津彩工程设计咨询有限公司以零缺陷的服务追求，坚持“满足法规要求，走技术创新路；实现精品设计，赢得顾客满意。”

1

2

3

天津华怡建源照明设计咨询有限公司

公司总部	公司规模 32人	关键人物
天津市河西区友谊北路55号 合众大厦 B座11F 邮编：300204	T：+86 22 8328 1913 F：+86 22 8328 1901 E：zm_gzs@163.com	沙丽娜　总经理 王振伟　设计总监

公司简介

华怡建源照明设计咨询有限公司隶属于天津建筑设计院，是一家专业从事城市智能照明规划，建筑室内、外照明设计，城市景观照明设计，地标性建筑照明设计及顾问的综合性照明设计咨询工作室。

公司的业务范围遍及国内各大中城市及整个亚洲地区，以专业高端的行业视角为客户提供全方位的最佳照明解决方案。

公司是国内LED建筑照明的率先使用者，将发光二极管的应用拓展到照明领域，引领了新一代照明产品的使用风潮，倡导光学科技照明理念，不断探寻包括材料、电子、通信、显示等在内的多种学科在照明领域的应用。

将视觉影像技术应用到建筑景观照明中，使视觉美学的特效与照明技术的展现完美融合。运用光的无限个性与表情，对每一个建筑空间进行着精彩的诠释。将自然、人文、艺术等更加丰富的元素融入照明设计，赋予建筑独特的灵魂，使建筑照明与人类生活产生绝妙互动，让空间照明影响社会生活。

用国际化的视野及经验，无限的创意思维与理念，致力于专业照明领域的开拓与发展，华怡用优质的项目成果，赢得了业内外的一致认可和高度好评。随着国家对节能减排工程的不断深化和落实，建筑照明作为能源节约的重要组成部分，将迎来新的挑战和机遇。我们有信心、有实力打造最具竞争力的团队，成为行业标准的创立者和行业发展的引领者。

代表项目

中新生态城夜景照明设计导则
天津津利华酒店
天津渤海银行总部业务综合楼室内照明
天津津湾广场
天津站
天津西站
天津市文化中心
珠海华发新城6期
辽宁省营口市文化中心
内蒙古鄂尔多斯碧利斯风情广场及步行街

1 辽宁省营口市文化中心
2 天津市津湾广场
3 天津站

1

2

3

注：按人名（拼音）首字母排序（Alphabet Order）

美洲地区	擅长领域	代表作品
芭芭拉·钱奇·霍尔顿（Barbara Cianci Horton） IALD, LC Horton Lees Brogden Lighting Design 总裁，设计主管 美国纽约 www.hlblighting.com	城市景观 文化建筑 公共艺术 酒店住宅	美国纽约 Rouge Tomate餐厅 美国帕罗奥多斯坦福大学法学院 美国纽约名胜世界赌场 美国波士顿W酒店 美国华盛顿国家二战纪念馆
克劳德·R.恩吉（Claude R. Engle III） Claude R. EngleLighting Consultant 创始人 美国塞维切斯 www.crengle.com	文化建筑 办公空间 交通设施	英国伦敦大英博物馆 英国希思罗机场 法国蓬皮杜中心 法国卢浮宫部分展厅及金字塔入口 北京香山饭店
查尔斯·斯通（Charles G Stone II） IALD, PLDA, IES, LC Fisher Marantz Stone 合伙人，设计主管 美国纽约 www.fmsp.com	文化建筑 办公空间 酒店住宅 城市景观	上海金茂大厦 美国纽约“9·11”纪念碑 苏州博物馆新馆
德里克·波特（Derek Porter） IALD, IESNA Derek Porter Studio 创始人，首席设计师 美国纽约 www.derekporterstudio.com	教育研究 交通设施 办公空间 酒店住宅	美国托皮卡Flexsystems仓储设施 美国格林维尔市自由桥 美国堪萨斯市立公共图书馆主楼
ED·卡彭特（Ed Carpenter） Ed Carpenter Studio 创始人，艺术总监 美国波特兰 www.edcarpenter.net	城市景观	美国达拉斯“Lightstream”光艺术装置 美国奥兰多市政广场光塔
乔治·塞克斯顿（George S. Sexton III） IES, IALD George Sexton Associates 创始人 美国华盛顿 www.gsadc.com	文化建筑 商业零售	2010上海世博会法国馆 路易·威登日本六本木店 路易·威登法国香榭丽舍店 纽约当代艺术博物馆 美国国家历史博物馆
葛兰·施鲁姆（Glenn Shrum） PLDA, IALD, IESNA Flux Studio 创始人 美国巴尔的摩 www.fluxstudio.net	文化建筑 休闲娱乐	马里兰艺术学院Gateway公寓楼 Sprout有机沙龙
吉恩特·帕斯查（Guinter Parschalk） Studioix 创始人 巴西圣保罗 www.studioix.com.br	酒店住宅 商业零售 办公空间 休闲娱乐	巴西圣保罗尤尼卡酒店 巴西圣保罗BELA SINTRA餐厅 巴西圣保罗ONOFRE药房
赫维·德斯科特（Herve Descottes） L' Observatoire International 创始人，设计主管 美国纽约www.lobsintl.com	文化建筑 办公空间 酒店住宅	北京当代MOMA 深圳万科中心 安大略美术馆
霍华德·布朗（Howard Brandston） Brandston Partnership Inc. 创始人 美国纽约 www.brandston.com	文化建筑 商业零售 城市景观	美国纽约自由女神像 美国明尼阿波利斯Gaviidae Common 购物中心 美国亚特兰大桃树中心一期

设计师	擅长领域	代表作品
吉恩·桑迪（Jean Sundin） IESNA, IALD, PLDA Office for Visual Interaction, Inc. 创始人，设计主管 美国纽约 www.oviinc.com	办公空间 城市景观 文化建筑	苏格兰国会大厦 美国空军纪念碑 奥地利伯吉瑟尔滑雪台
莱尼·史温丁格（Leni Schwendinger） IALD, IES Light Projects Ltd. 合伙人，设计主管 美国纽约 www.lightprojectsltd.com	酒店住宅 城市景观 商业零售	美国纽约康尼岛弹跳岛 美国纽约曼哈顿港务局巴士枢纽
马修·塔特里（Matthew Tanteri） IES,IALD,SBSE Tanteri and Associates LLC 创始人，设计主管 美国纽约 www.tanteri.com	商业零售 文化建筑 办公空间	日本东京银座香奈儿旗舰店 波多黎各庞赛艺术博物馆
南希·E.克朗顿（Nancy E. Clanton） PE, FIES, LC, IALD Clanton & Associates 创始人，总裁 美国波尔得 www.clantonassociates.com	城市景观 教育研究	美国依利湖Tom Ridge环境保护中心 美国布鲁姆菲尔德Anthem住区景观
保罗·格利高里（Paul Gregory） Focus Lighting 创始人，总裁 美国纽约 www.focuslighting.com	商业零售 休闲娱乐	美国拉斯维加斯Tourneau Time Dome钟表店 美国纽约Carlos Miele时装店
保罗· 萨弗伊尔（Paul Zaferiou） IALD, RA Lam Partners Inc 主持设计师 美国纽约 www.lampartners.com	文化建筑 教育研究 办公空间 休闲娱乐	西班牙毕尔巴鄂古根海姆美术馆 美国匹兹堡大卫·L.劳伦斯会议中心
兰迪·伯克特（Randy Burkett） FIALD, IES, LC Randy Burkett Lighting Design 创始人，总裁，设计总监 美国圣路易斯 www.rbldi.com	文化建筑 城市景观 办公空间 商业零售	美国杰佛逊国家西拓纪念公园大拱门 美国詹姆斯·C.柯克帕特里克图书馆 美国奥兰多海底公园
理查德·兰弗洛（Richard Renfro） IALD, IES Renfro Design Group, Inc. 创始人 美国纽约 www.renfrodesign.com	文化建筑 历史宗教 教育研究 酒店住宅	美国Nelson-Atkins艺术博物馆扩建新馆 美国大中央车站照明改造 美国路易斯维尔21c博物馆酒店
周鍊（Chou Lien） IALD, IES Brandston Partnership Inc. 总裁，设计总监 美国纽约 www.brandston.com	文化建筑 办公空间 酒店住宅 城市景观	美国自然历史博物馆海洋生物大厅 台湾北港步道桥 北京国际贸易中心 Ⅲ 期
欧洲地区	**擅长领域**	**代表作品**
阿岚·吉乐（Alain Guilhot） AFE，LUCI 法国城市照明管理集团 景观照明设计总监 法国里昂 www.architecture-lumiere.com	城市景观 历史宗教 办公空间	法国里昂市灯光规划设计 中法文化年法国巴黎红色埃菲尔铁塔 马来西亚吉隆坡双子座大楼

欧洲地区	擅长领域	代表作品
亚历山德罗·格拉西亚（Alessandro Grassia） Studio Grassia 创始人 意大利罗马	历史宗教 文化建筑	意大利罗马无名英雄纪念堂 意大利卡塔尼亚中央广场 陕西省博物馆
艾伦·鲁贝格（Allan Ruberg） PLDA ÅF Lighting 总监 丹麦哥本哈根 www.afconsult.com/lighting	城市空间 照明规划 道路照明	丹麦Nyborg桥 瑞典赫尔辛堡海滨 丹麦奥尔堡海滨
安德里亚·舒尔茨（Andreas Schulz） Licht Kunst Licht AG 创始人，设计主管 德国波恩 www.lichtkunstlicht.com	办公空间 文化建筑	德国柏林新万豪酒店 奥地利维也纳Uniqa保险大楼
阿诺德·陈（Arnold Chan） Isometrix Lighting and Design Ltd 创始人，设计主管 英国伦敦 www.isometrix.co.uk	文化建筑 休闲娱乐 酒店住宅 商业零售	美国明尼阿波利斯沃克艺术中心 西班牙马拉加毕加索博物馆 北京瑜舍 伊斯兰艺术博物馆
克里斯汀·巴登巴赫（Christian Bartenbach） Bartenbach LichtLabor 创始人 奥地利因斯布鲁克 www.bartenbach.com	文化建筑 交通设施 商业零售 办公空间	美国Genzyme公司办公楼 新加坡樟宜机场T3航站楼 Europark购物中心 萨拉戈萨桥阁
大卫·阿特金森（David Atkinson） IALD, PLDA David Atkinson Lighting Design Ltd 创始人，主持设计师 英国伦敦 www.dald.co.uk	文化建筑 酒店住宅 商业零售 历史宗教	意大利杜米尼Duomo酒店 英国罗西大教堂
弗洛伦斯·兰（Florence Lam） Arup Lighting 设计主管（伦敦） 英国伦敦 www.arup.com	文化建筑 城市景观 历史宗教	美国达拉斯纳什雕塑中心 加拿大多伦多皇家安大略博物馆新馆 加利福尼亚科学院 新卫城博物馆
戈德·普法瑞（Gerd Pfarré） IALD Pfarré Lighting Design 合伙人 德国慕尼黑 www.lichtplanung.com	城市景观 商业零售 交通设施	德国慕尼黑奥尔特霍夫皇家官邸地下通道 德国慕尼黑Manufactum百货商店
格兰·菲尼克斯（Graham Phoenix） IALD, IESNA Graham Phoenix Lighting Design 创始人，首席设计师 英国伦敦 www.grahamphoenix.co.uk	城市景观 历史宗教	英国伦敦特拉法加广场 英国伦敦杜伦大教堂 英国伊利大教堂
赫伯特·赛博斯（Herbert Cybulska） PLDA Lichtgestaltung+Fotografie 创始人 德国慕尼黑 www.herbertcybulska.com	城市景观	上海Z58“光之诗篇”灯光秀 2006意大利米兰“光的传说”灯光秀

欧洲地区		擅长领域	代表作品
	詹森·布鲁日（Jason Bruges） Jason Bruges Studio 创始人 英国伦敦www.Jasonbruges.com	公共艺术 办公空间 城市景观	Puerta美洲酒店8层记忆墙 莱斯特灯 BBC 1xtra电台灯光秀 2007英国建筑周风之光装置
	乔纳森·斯皮尔斯（Jonathan Speirs） BSc (Hons) Dip Arch, RIBA ARIAS PLDA FRSA Hon, FSLL Speirs and Major Associates 创始人，设计主管 英国爱丁堡 www.samassociates.com	文化建筑 交通设施 城市景观 办公空间	阿布扎比大清真寺 英国盖茨亥德千禧桥 英国伦敦伦敦千禧穹顶 英国伦敦圣玛丽斧街30号大楼 英国无限桥
	凯·皮普（Kai Piippo） Ljusarkitektur 主管，设计总监 瑞典斯德哥尔摩 www.ljusarkitektur.se	办公空间 酒店住宅 休闲娱乐	美国华盛顿瑞典大使馆“瑞典会馆” 瑞典Ice酒店
	凯文·肖（Kevan Shaw） IALD, PLDA, MSLL Kevan Shaw Lighting Design 创始人 苏格兰爱丁堡 www.kevan-shaw.com	酒店居住 商业零售 历史宗教 文化建筑	瑞典斯德哥尔摩皇家维京酒店 苏格兰皇家银行全球总部
	劳伦·弗拉舍尔（Laurent Fachard） ACE, PLDA Les Éclairagistes Associés 创始人 法国里昂	城市景观 历史宗教	1998-2002法国里昂灯光节创意总监 法国里昂格兰公园 法国尼姆古罗马竞技场照明改造
	路易斯·克莱尔（Louis Clair） Light Cibles 创始人 法国巴黎 www.light-cibles.com	城市景观 交通设施 历史宗教	法国巴黎圣母院 法国戴高乐机场 法国巴黎凯旋门 Le CNIT办公楼
	马可·汉默林（Marco Hemmerling） Marco Hemmerling设计工作室 创始人，艺术家 德国科隆 www.marcohemmerling.com	城市景观 公共艺术	“城市透镜”（Cityscope）艺术装置 “身体形态”（Corpform）艺术装置 “光管”艺术装置
	马克·梅杰（Mark Major） BA (Hons) Dip Arch, RIBA, PLDA, IALD, FRSA Speirs and Major Associates 创始人，设计主管 英国伦敦 www.samassociates.com	文化建筑 交通设施 城市景观 办公空间	英国谢菲尔德Magna科学探索中心 英国伦敦圣玛丽斧街30号大楼 More London3号楼
	马丁·路普顿（Martin Lupton） President of PLDA BDP Lighting 主管 英国伦敦 www.bdp.com	文化建筑 教育研究 商业零售 办公空间	威斯敏斯特学院 皇家亚历山大儿童医院 Leeds大剧院 Cornmill花园 Roche总部
	莫里斯·布里（Maurice Brill） Maurice Brill Lighting Design 创始人，创意总监 英国伦敦 www.mbld.co.uk	酒店住宅 商业零售 休闲娱乐 城市景观	英国伦敦芬斯伯里大道广场 英国伦敦Sketch餐厅

设计师	擅长领域	代表作品
迈克尔·霍尔伯特（Michael Hallbert） MH LjusDesign AB 创始人 瑞典斯德哥尔摩 www.ljusdesign.com	城市景观	1994年挪威利勒哈默尔冬季奥运会开闭幕式 瑞典Motala景观瀑布
罗格·纳博尼（Roger Narboni） Agence Concepto 创始人 法国巴涅厄	历史宗教 交通设施 城市景观	法国香波城堡 希腊科林斯湾里奥-安托里恩大桥 京杭大运河杭州主干段
罗杰·范德·海德（Rogier van der Heide） IALD Philips Lighting 首席设计师 荷兰阿姆斯特丹	文化建筑 商业零售 教育研究	韩国首尔西部商厦 荷兰鹿特丹公共图书馆 日本东京银座Prada旗舰店 北京西翠路GreenPix
若普（Roope Siiroinen） PLDA Valoa Design 创始人，设计总监 芬兰坦佩雷 www.valoa.com	城市景观 交通设施 办公空间	芬兰坦佩雷市政厅 芬兰捷瓦斯吉拉Kuokkala桥 芬兰坦佩雷Naistenlahti发电厂
萨利·斯塔瑞（Sally Storey） Lighting Design International 设计主管 英国伦敦 www.lightingdesigninternational.co	酒店住宅 商业零售 休闲娱乐	英国伦敦圣殿教堂 英国伦敦One Aldwych酒店 英国伦敦Fifty俱乐部 开普费拉大酒店
乌里克·布兰迪（Ulrike Brandi） IALD,DWB Ulrike Brandi Licht 创始人，执行董事 德国汉堡 www.ulrike-brandi.de	文化建筑 办公空间 交通设施	德国梅赛德斯-奔驰博物馆 汉堡城市照明总体规划
杨·科萨雷（Yann Kersalé） AIK 创始人 法国温森斯 www.ykersale.com	办公空间 文化建筑 公共艺术	德国邮政大厦 慕尼黑Langenscheidt大楼 哥本哈根大剧院
亚太地区	**擅长领域**	**代表作品**
安小杰 北京光景照明设计有限公司 总设计师 中国北京 www.lightingplan.com	文化建筑 城市景观 办公空间 交通设施	广州新白云国际机场 广州新歌剧院 广东省博物馆新馆
柏万军 北京八番竹照明设计有北京限公司 设计总监 中国北京 WWW.BLD-BJ.COM	文化建筑 休闲娱乐 酒店住宅 公共艺术	北大博雅国际酒店 北京中石化大厦概念 北京中钢集团大厦概念 北京北湖九号北京高尔夫俱乐部 上海万科第五园会所
陈宇晃 MIES 原硕照明设计顾问有限公司 负责人，设计总监 中国台湾 www.oldc.com.tw	文化建筑 休闲娱乐 酒店住宅 城市景观	台北故宫博物院 台湾高雄捷运美丽岛站 台湾宜兰珑山林苏澳冷热泉度假饭店 中国国立台湾美术馆 台北县政府行政大楼

亚太地区		擅长领域	代表作品
	郑康和（Chung, Kangwha） KALD 株式会社 以温SLD 顾问 韩国首尔	城市景观 商业零售	首尔N塔 韩国建国大学星光城
	丁平 英国莱亭迪赛灯光设计合作者事务所 执行董事 中国北京 www.LDPinternational.com.cn	酒店居住 办公空间 商业零售 交通设施	北京香格里拉饭店 北京凯德置地（中国）大厦 北京丽都水岸 广州新火车站
	关永权 MIES 关永权照明设计有限公司 首席顾问设计师 中国香港	酒店住宅 商业零售 休闲娱乐 办公空间	北京财富中心千禧酒店 北京半岛王府饭店 上海金茂君悦酒店 上海半岛酒店 丽江悦容庄二期
	郭明卓 英国大可莱伊照明设计事务所 www.dlld-cn.com	商业零售 办公空间 酒店住宅	三亚.海棠湾九号 外滩 哈密大厦 弘毅投资（上海） 财富中心商业广场
	裕仁户恒（Hirohito Totsune） IALD，注册建筑师 Sirius Lighting Design 总裁 日本东京 http://www.sirius-lighting.jp	商业零售 酒店住宅 城市景观	东京天空树 东京Nikkei 总部大楼 东京日航酒店小教堂 "Luce Mare" 东京滨离宫庭园照明
	江海洋 九格伙伴（北京）照明设计有限公司 设计总监 中国北京 www.chinanine.cn	文化建筑 酒店住宅 历史宗教 展览展示	上海世博会铁路馆 云南白药博物馆展陈 京沪高铁上海虹桥枢纽站 国家开发银行办公楼室内
	面出薰（Kaoru Mende） IALD, IES, AIJ, JUDI, JDC Lighting Planners Associates Inc.（LPA） 创始人，CEO 日本东京 www.lighting.co.jp	文化建筑 酒店住宅 办公空间 商业零售	新加坡ION Orchard购物中心 日本东京国际会议中心 日本六本木山 日本茅野市民馆 巴厘岛乌鲁瓦图阿丽拉别墅度假村
	吕承珉 (株)以温SLD照明设计公司 组长 韩国 http://eondesign.webhard.co.kr	文化建筑 城市景观	首尔南山塔(2005) 首尔市夜间景观规划 (2008) 2021 全州市夜间景观规划 (2010) 金浦市 夜间景观规划 (2011)
	林大为 PLDA, IESNA 周为国际设计顾问有限公司 主持设计师 中国台湾 www.cwilighting.com.tw	办公空间 酒店住宅 休闲娱乐 交通设施	台北润泰敦仁公寓 台湾北港溪观光吊桥 台湾清水休息站
	李美爱 (株) I Light照明设计有限公司 所长 韩国	城市景观 交通设施	国家交通核心技术开发事业_智能照明系统技术研发 (2006-2011) 隧道照明运营及改善工程 (2011) 世宗路 林荫树 夜间景观设计 (2010) 东海市城市设计指标_夜间景观领域 (2010) 首尔METRO(地铁公司) 设计指标_照明领域 (2011)

亚太地区	擅长领域	代表作品
武石正宣（Takeishi Masanobu） Illumination of City Environment 总裁 日本东京 http://www.ice-pick.jp	文化建筑 展览展示	海萤 川崎冈本太郎美术馆 西都原考古博物馆
东宫洋美 （Tomiya Hiromi） Lightscape Design Office 总裁 日本东京 www.ldo.co.jp	交通设施 办公空间	日本中部国际机场 日本东京电力技术开发中心
汪建平 （Richard Wang） 上海艾特照明设计有限公司 （ATL Lighting Design） 设计总监 www.atllighting.com	文化建筑 休闲娱乐 历史宗教 城市景观	无锡灵山梵宫 无锡五印坛城 威海环翠楼 上海绿地云峰总部
王彦智 CIES 大观国际设计咨询有限公司（北京） 合伙人，首席照明设计师 中国北京 www.GDIL-lighting.com.cn	酒店住宅 办公空间 休闲娱乐 交通设施	天津火车站 北京立交桥灯光设计 北京中国建筑与室内设计师俱乐部
萧丽河 萧丽河灯光设计有限公司 设计总监 中国北京 www.lealighting.com	戏剧照明	北京奥运会开幕式灯光设计之一 话剧《商鞅》 昆曲《牡丹亭》
许东亮 CIES 栋梁国际照明设计中心 总经理 中国北京 www.toryolighting.com.cn	商业零售 城市景观 交通设施	北京中关村西区 北京新中关购物中心 郑州郑动新区城市夜景照明规划
许楠 中科院建筑设计研究院有限公司光环境研究所 所长 中国北京 www.adcaslighting.com	文化建筑 休闲娱乐 教育研究 城市景观	中国科学院学术会堂 绍兴镜湖湿地公园 北京林业大学学研中心
姚仁恭 IALD 大公照明设计顾问有限公司 主持设计师 中国台湾 www.chroma33.com	办公空间 交通设施	台湾大都市M39/40 台湾中正机场一期航站楼出入境大厅 台湾仁宝电脑总部
颜华 CIES，IEIJ I.D.STUDIO 艾德联合照明设计事务所 合伙人，设计主管 中国北京	办公空间 商业零售 城市景观 酒店住宅	常州南大街 北京电视台 郑州金水立交桥
富田泰行（Yasuyuki Tomita） IESNA Tomita Lighting design Office Inc. 创始人，总裁 日本东京www.tldo.jp	城市景观 办公空间 酒店住宅	Grantokyo双塔 赤坂金 大阪城公园

亚太地区		擅长领域	代表作品
	郑康和（Chung, Kangwha） KALD 株式会社 以温SLD 顾问 韩国首尔	城市景观 商业零售	首尔N塔 韩国建国大学星光城
	丁平 英国莱亭迪赛灯光设计合作者事务所 执行董事 中国北京 www.LDPinternational.com.cn	酒店居住 办公空间 商业零售 交通设施	北京香格里拉饭店 北京凯德置地（中国）大厦 北京丽都水岸 广州新火车站
	关永权 MIES 关永权照明设计有限公司 首席顾问设计师 中国香港	酒店住宅 商业零售 休闲娱乐 办公空间	北京财富中心千禧酒店 北京半岛王府饭店 上海金茂君悦酒店 上海半岛酒店 丽江悦容庄二期
	郭明卓 英国大可莱伊照明设计事务所 www.dlld-cn.com	商业零售 办公空间 酒店住宅	三亚.海棠湾九号 外滩 哈密大厦 弘毅投资（上海） 财富中心商业广场
	裕仁户恒（Hirohito Totsune） IALD、注册建筑师 Sirius Lighting Design 总裁 日本东京 http://www.sirius-lighting.jp	商业零售 酒店住宅 城市景观	东京天空树 东京Nikkei 总部大楼 东京日航酒店小教堂“Luce Mare” 东京滨离宫庭园照明
	江海洋 九格伙伴（北京）照明设计有限公司 设计总监 中国北京 www.chinanine.cn	文化建筑 酒店住宅 历史宗教 展览展示	上海世博会铁路馆 云南白药博物馆展陈 京沪高铁上海虹桥枢纽站 国家开发银行办公楼室内
	面出薰（Kaoru Mende） IALD, IES, AIJ, JUDI, JDC Lighting Planners Associates Inc.（LPA） 创始人、CEO 日本东京 www.lighting.co.jp	文化建筑 酒店住宅 办公空间 商业零售	新加坡ION Orchard购物中心 日本东京国际会议中心 日本六本木山 日本茅野市民馆 巴厘岛乌鲁瓦图阿丽拉别墅度假村
	吕承珉 (株)以温SLD照明设计公司 组长 韩国 http://eondesign.webhard.co.kr	文化建筑 城市景观	首尔南山塔(2005) 首尔市夜间景观规划 (2008) 2021 全州市夜间景观规划 (2010) 金浦市 夜间景观规划 (2011)
	林大为 PLDA, IESNA 周为国际设计顾问有限公司 主持设计师 中国台湾 www.cwilighting.com.tw	办公空间 酒店住宅 休闲娱乐 交通设施	台北润泰敦仁公寓 台湾北港溪观光吊桥 台湾清水休息站
	李美爱 (株) I Light照明设计有限公司 所长 韩国	城市景观 交通设施	国家交通核心技术开发事业_智能照明系统技术研发(2006-2011) 隧道照明运营及改善工程 (2011) 世宗路 林荫树 夜间景观设计 (2010) 东海市城市设计指标_夜间景观领域 (2010) 首尔METRO(地铁公司) 设计指标_照明领域 (2011)

亚太地区		擅长领域	代表作品
	李其霖（Wilson Lee） 日光照明設計顧問有限公司 www.artlight.com.tw	文化建筑 酒店住宅 历史宗教 城市景观	京城凯悦 凤山基督教会 垦丁H会馆 芳岗山海领市馆 三山国王庙
	李太和 LEOX design partnership黎欧思照明有限公司 设计总监 中国上海 www.leoxdesign.com	文化建筑 办公空间 商业零售 休闲娱乐	中国钻石交易中心 上海世博会世博村 苏州科技文化艺术中心 外滩3号7楼新视角餐厅 上海诺基亚旗舰店
	赖雨农 IALD, IESNA Unolai Design 创始人，设计总监 中国台湾www.unolai.com	商业零售 休闲娱乐 办公空间	路易·威登台中旗舰店 台北国宾大饭店宴会厅/酒廊/扒房 夜上海餐厅浦东店 北京名肴会 台北101塔总裁办公室
	李桐禧 (株) I Light照明设计有限公司 室长 韩国	城市景观 交通设施	首尔市地铁9号线 919施工区建设工程 基本规划（2009) 世宗路 林荫树 夜间景观设计 (2010) 蔚山大学及邻近道路 民间事业提案 施工设计_ 夜间景观领域 (2010) 锦江修建工程 景观照明 （2011） 首尔METRO(地铁公司) 设计指标_照明领域 （2011）
	李喜璿 (株)以温SLD照明设计公司 组长 韩国 http://eondesign.webhard.co.kr	文化建筑 商业零售 办公空间	一山火力发电厂 （2007） 首尔内部循环道路 景观照明 （2008） 首尔 Plaza酒店 （2010） 坡州乐天购物商场 （2011） State Tower(南山) 商业大楼 （2011）
	林志明 MIES BPI碧谱照明设计有限公司 合伙人，中国区执行董事 中国上海 www.brandston.com	办公空间 酒店住宅 商业零售	上海浦西洲际中心及酒店 台湾台北社教馆 台湾桃园市胡同坊餐厅 北京励骏酒店
	马丁·克莱森（Martin Klaasen） IESNA, DAS, ALIA Lighting Images 澳大利亚佩恩 www.lightingimages.com.au	酒店住宅 办公空间 城市景观	新加坡Raffles酒店 上海丽晶酒店 马来西亚吉隆坡Petronas KLCC双塔 上海朱家南水都南岸
	角馆政英（Masahide Kakudate） Masahide Kakudate Lighting Architect & Associates,Inc. 创始人，主持设计师 日本东京 www.bonbori.com	文化建筑 办公空间 商业零售	日本东京国际会议中心 日本大阪吉本大楼 北京建外SOHO
	石井幹子（Motoko Ishii） IALD, IESNA Motoko Ishii Lighting Design Inc. 创始人，总裁，设计总监 日本东京 www.motoko-ishii.co.jp	城市景观 历史宗教 交通设施 文化建筑	日本东京铁塔 日本明石海峡大桥 日本东京浅草寺 2005日本爱知世博会
	朴志哲 (株)以温SLD照明设计公司 组长 韩国 http://eondesign.webhard.co.kr	休闲娱乐 酒店住宅 交通设施	北京dresscode时装店（荷兰）室内设计 广州广东科学中心建筑、室内、景观照明设计 四川自贡水涯居大桥照明设计 北京故宫保和殿两庑展厅照明设计 北京北二环城市公园景观照明设计

亚太地区		擅长领域	代表作品
	齐洪海 远瞻照明 总经理，设计总监 中国 www.zlighting.com.cn	历史宗教 城市景观 文化建筑 商业零售	上岩 DMC综合大楼（友利银行）(2009) Galleria Foret 高层住宅 (2010) 金浦机场 SKY PARK 乐天购物商场 (2010) 金浦机场（国内线）航站楼改建工程 State Tower（光华门）商业大楼
	近田玲子（Reiko Chikada） IALD, IEIJ Reiko Chikada Lighting Design, Inc 首席执行官，主设计师 日本东京www.chikada-design.com	文化建筑 城市景观 酒店住宅 商业零售	九州国立博物馆 岐阜站北广场 东京椿山 四季饭店 银座Takamoto大楼
	内原智史（Satoshi Uchihara） Uchihara Creative Lighting Design 总裁 日本东京 http://www.ucld.co.jp/	文化建筑 交通设施	日本京都金阁寺 日本京都青莲苑 日本东京羽田机场
	荣浩磊 CIES 北京清华城市规划设计研究院光环境研究所 所长 中国北京 www.thupdi.com	城市景观 交通设施 文化建筑 办公空间	北京市中心城区景观照明专项规划 深圳市城市景观照深明规划 北京王府井商业街照明总体规划 北京奥林匹克森林公园照明规划设计 宁波三江六岸
	施恒照 照奕恒照明设计（北京）有限公司 总经理 中国北京	休闲娱乐 酒店住宅 商业零售	苏州太湖高尔夫会馆 苏州太湖酒店
	宋彦明 天津津彩工程设计咨询有限公司 设计总监 中国 www.iali.com.tw	文化建筑 城市景观 酒店住宅	天津时尚舞台国际品牌城泛光照明工程 海河夜景提升照明设计 团泊现代农业园天房光合谷真人CS基地及周边景观附
	石晓蔚 光理设计有限公司 主持设计师 中国台湾 www.iali.com.tw	办公空间 休闲娱乐 城市景观	台湾台北保安宫 台湾宜兰罗东运动公园 台湾台北大方养生美鑽餐厅
	东海林弘靖（Shoji Hiroyasu） IALD LIGHTDESIGN Inc. 创始人，主持设计师 日本东京 www.lightdesign.jp	文化建筑 商业零售 办公空间	日本东京银座二丁目MIKIMOTO珠宝店 日本岐阜瞑想之森市立斋场 东京ZA-KOENJI公共剧院
	斯蒂文·高夫（Stephen Gough） Project Lighting Design 负责人 新加坡	酒店住宅	北京丽晶酒店 北京希尔顿酒店改造 香港四季酒店 香港数码港艾美酒店 北京金融街洲际酒店
	沈葳 浙江城建园林设计院有限公司光环境所 中国 www.cjylsjy.com	文化建筑 酒店住宅 城市景观 交通设施	西安世界园艺博览会 杭州新天地综合体 无锡惠山古街历史文化街区 秦皇岛城区亮化规划设计

亚太地区	擅长领域	代表作品
武石正宣（Takeishi Masanobu） Illumination of City Environment 总裁 日本东京 http://www.ice-pick.jp	文化建筑 展览展示	海萤 川崎冈本太郎美术馆 西都原考古博物馆
东宫洋美 （Tomiya Hiromi） Lightscape Design Office 总裁 日本东京 www.ldo.co.jp	交通设施 办公空间	日本中部国际机场 日本东京电力技术开发中心
汪建平 （Richard Wang） 上海艾特照明设计有限公司 （ATL Lighting Design） 设计总监 www.atllighting.com	文化建筑 休闲娱乐 历史宗教 城市景观	无锡灵山梵宫 无锡五印坛城 威海环翠楼 上海绿地云峰总部
王彦智 CIES 大观国际设计咨询有限公司（北京） 合伙人，首席照明设计师 中国北京 www.GDIL-lighting.com.cn	酒店住宅 办公空间 休闲娱乐 交通设施	天津火车站 北京立交桥灯光设计 北京中国建筑与室内设计师俱乐部
萧丽河 萧丽河灯光设计有限公司 设计总监 中国北京 www.lealighting.com	戏剧照明	北京奥运会开幕式灯光设计之一 话剧《商鞅》 昆曲《牡丹亭》
许东亮 CIES 栋梁国际照明设计中心 总经理 中国北京 www.toryolighting.com.cn	商业零售 城市景观 交通设施	北京中关村西区 北京新中关购物中心 郑州郑动新区城市夜景照明规划
许楠 中科院建筑设计研究院有限公司光环境研究所 所长 中国北京 www.adcaslighting.com	文化建筑 休闲娱乐 教育研究 城市景观	中国科学院学术会堂 绍兴镜湖湿地公园 北京林业大学学研中心
姚仁恭 IALD 大公照明设计顾问有限公司 主持设计师 中国台湾 www.chroma33.com	办公空间 交通设施	台湾大都市M39/40 台湾中正机场一期航站楼出入境大厅 台湾仁宝电脑总部
颜华 CIES，IEIJ I.D.STUDIO 艾德联合照明设计事务所 合伙人，设计主管 中国北京	办公空间 商业零售 城市景观 酒店住宅	常州南大街 北京电视台 郑州金水立交桥
富田泰行（Yasuyuki Tomita） IESNA Tomita Lighting design Office Inc. 创始人，总裁 日本东京www.tldo.jp	城市景观 办公空间 酒店住宅	Grantokyo双塔 赤坂金 大阪城公园

亚太地区		擅长领域	代表作品
	叶虹韬 北京高光环艺照明设计有限公司 中国 http://www.gladlighting.com/	交通设施 城市景观	承德市中心区照明规划设计 珠江桥梁景观照明设计 阿根廷布宜诺斯艾利斯市方尖碑景观照明设计
	袁宗南 IALD, TLA, LTC, SLA 袁宗南照明设计事务所 设计总监 中国台湾 www.jylight.com	历史建筑 交通设施 城市景观	台湾台北居安公园 台湾国父纪念馆 台湾台北世贸中心 台北接云楼
	张耿 北京中联环建文建筑设计有限公司 www.uadesign.cn	文化建筑 公共艺术 历史宗教 城市景观	济南大明湖照明夜景设计 宜昌东站广场
	郑见伟 CIES，IEIJ 北京市建筑设计研究院灯光工作室 中国北京	休闲娱乐 城市景观 办公住宅	上海蘭会所 北京蘭会所 北京奥运中心区夜景照明主持设计
	郑美 (株)以温SLD照明设计公司 社长 韩国 http://eondesign.webhard.co.kr	文化建筑 商业零售 办公空间 历史宗教	江南区夜间景观规划 (2009) 建大星光城 (2006-2009) 金浦机场 SKY PARK 乐天购物商场 (2010) 新罗酒店_宴会厅(2010) 昌庆宫夜间开放Lighting Event & 弘华门(2011)
	朱晓君 北京太傅光达照明设计有限公司 总经理 www.pldlighting.com	文化建筑 商业零售 酒店住宅 展览展示	中国美术馆室内照明 新保利博物馆室内照明 国家大剧院东西展厅照明改造 奔驰汽车展厅 奥迪品味车苑

3 APPENDIX & INDEX 附录&索引

| part 1 - 优秀照明设计案例100+ | part 2 - 专业推荐 |

附录&索引

APPENDIX & INDEX

照明专业术语
LIGHTING TERMINOLOGY

绿色照明

绿色照明是节约能源、保护环境，有益于提高人们生产、工作、学习效率和生活质量，保护身心健康的照明。

视觉作业

在工作和活动中，对呈现在背景前的细部和目标的观察过程。

光通量

根据辐射对标准光度观察者的作用导出的光度量。对于明视觉有：

$$\Phi = K_m \int_0^\infty \frac{d\Phi_e(\lambda)}{d\lambda} \cdot V(\lambda) \cdot d\lambda$$

式中 $d\Phi_e(\lambda)/d\lambda$ —辐射通量的光谱分布；

$V(\lambda)$—光谱光（视）效率；

K_m —辐射的光谱（视）效能的最大值，单位为流明每瓦特（lm/W）。在单色辐射时，明视觉条件下 K_m 的值为 683lm/W(λ_m=555nm 时)。

该量的符号为 Φ，单位为流明（lm），1lm=1cd·1sr。

发光强度

发光体在给定方向上的发光强度是该发光体在该方向的立体角元 $d\Omega$ 内传输的光通量 $d\Phi$ 除以该立体角元所得之商，即单位立体角的光通量，其公式为：

$$I = \frac{d\Phi}{d\Omega}$$

该量的符号为 I，单位为坎德拉（cd），1cd=1lm/sr。

亮度

由公式 $d\Phi/(dA \cdot \cos\theta \cdot d\Omega)$ 定义的量，即单位投影面积上的发光强度，其公式为：

$$L = d\Phi/(dA \cdot \cos\theta \cdot d\Omega)$$

式中 $d\Phi$—由给定点的束元传输的并包含给定方向的立体角 dΩ 内传播的光通量；

dA—包括给定点的射束截面积；

θ—射束截面法线与射束方向间的夹角。

该量的符号为 L，单位为坎德拉每平方米（cd/m²）。

照度

表面上一点的照度是入射在包含该点的面元上的光通量 $d\Phi$ 除以该面元面积 dA 所得之商，即：

$$E = \frac{d\Phi}{dA}$$

该量的符号为 E，单位为勒克斯（lx），1lx=1lm/m²。

维持平均照度

规定表面上的平均照度不得低于此数值。它是在照明装置必须进行维护的时刻，在规定表面上的平均照度。

参考平面

测量或规定照度的平面。

作业面

在其表面上进行工作的平面。

亮度对比

视野中识别对象和背景的亮度差与背景亮度之比，即：

$$C = \frac{\Delta L}{L_b}$$

式中 C —亮度对比；

ΔL —识别对象亮度与背景亮度之差；

L_b —背景亮度。

识别对象

识别的物体和细节（如需识别的点、线、伤痕、污点等）。

维护系数

照明装置在使用一定周期后，在规定表面上的平均照度或平均亮度与该装置在相同条件下新装时在同一表面上所得到的平均照度或平均亮度之比。

一般照明

为照亮整个场所而设置的均匀照明。

分区一般照明

对某一特定区域，如进行工作的地点，设计成不同的照度来照亮该区域的一般照明。

局部照明

特定视觉工作用的、为照亮某个局部而设置的照明。

混合照明

由一般照明与局部照明组成的照明。

正常照明

在正常情况下使用的室内外照明。

应急照明

因正常照明的电源失效而启用的照明。应急照明包括疏散照明、安全照明、备用照明。

疏散照明

作为应急照明的一部分，用于确保疏散通道被有效地辨认和使用的照明。

安全照明

作为应急照明的一部分，用于确保处于潜在危险之中的人员安全的照明。

备用照明

作为应急照明的一部分，用于确保正常活动继续进行的照明。

值班照明

非工作时间，为值班所设置的照明。

警卫照明

用于警戒而安装的照明。

障碍照明

在可能危及航行安全的建筑物或构筑物上安装的标志灯。

频闪效应

在以一定频率变化的光照射下，观察到物体运动显现出不同于其实际运动的现象。

光强分布

用曲线或表格表示光源或灯具在空间各方向的发光强度值，也称配光。

光源的发光效能

光源发出的光通量除以光源功率所得之商，简称光源的光效。单位为流明每瓦特（lm/W）。

灯具效率

在相同的使用条件下，灯具发出的总光通量与灯具内所有光源发出的总光通量之比，也称灯具光输出比。

照度均匀度

规定表面上的最小照度与平均照度之比。

眩光

由于视野中的亮度分布或亮度范围的不适宜，或存在极端的对比，以致引起不舒适感觉或降低观察细部或目标的能力的视觉现象。

直接眩光

由视野中，特别是在靠近视线方向存在的发光体所产生的眩光。

不舒适眩光

产生不舒适感觉，但并不一定降低视觉对象的可见度的眩光。

统一眩光值(UGR)

它是度量处于视觉环境中的照明装置发出的光对人眼引起不舒适感主观反应的心理参量，其值可按 CIE 统一眩光值公式计算。

眩光值(GR)

它是度量室外体育场和其他室外场地照明装置对人眼引起不舒适感主观反应的心理参量，其值可按 CIE 眩光值公式计算。

反射眩光

由视野中的反射引起的眩光，特别是在靠近视线方向看见反射像所产生的眩光。

光幕反射

视觉对象的镜面反射，它使视觉对象的对比降低，以致部分地或全部地难以看清细部。

灯具遮光角

光源最边缘一点和灯具出口的连线与水平线之间的夹角。

显色性

照明光源对物体色表的影响，该影响是由于观察者有意识或无意识地将它与参比光源下的色表相比较而产生的。

显色指数

在具有合理允差的色适应状态下，被测光源照明物体的心理物理色与参比光源照明同一色样的心理物理色符合程度的度量。符号为 R。

特殊显色指数

在具有合理允差的色适应状态下，被测光源照明 CIE 试验色样的心理物理色与参比光源照明同一色样的心理物理色符合程度的度量。符号为 R_i。

一般显色指数

八个一组色试样的 CIE1974 特殊显色指数的平均值，通称显色指数。符号为 R_a。

色温

当某一种光源（热辐射光源）的色品与某一温度下的完全辐射体（黑体）的色品完全相同时，完全辐射体（黑体）的温度，简称色温。符号为 T_c，单位为开尔文（K)。

相关色温

当某一种光源（气体放电光源）的色品与某一温度下的完全辐射体（黑体）的色品最接近时完全辐射体（黑体）的温度，简称相关色温。符号为 T_{cp}，单位为开尔文(K)。

光源量维持率

灯在给定点燃时间后的光通量与其初始光通量之比。

反射比

在入射辐射的光谱组成、偏振状态和几何分布给定状态下，反射的辐射通量或光通量与入射的辐射通量或光通量之比。符号为 ρ 。

照明功率密度(LPD)

单位面积上的照明安装功率（包括光源、镇流器或变压器），单位为瓦特每平方米（W/m²）。

室形指数

表示房间几何形状的数值。其计算式为：

$$RI=\frac{a\cdot b}{h(a+b)}$$

式中 RI —室形指数；

a —房间宽度；

b —房间长度；

h —灯具计算高度。

注：引自《建筑照明设计标准 GB 50034-2004》

医院建筑照明标准值

房间或场所	参考平面及其高度	照度标准值 (lx)	UGR	Ra
治疗室	0.75m 水平面	300	19	80
化验室	0.75m 水平面	500	19	80
手术室	0.75m 水平面	750	19	90
诊室	0.75m 水平面	300	19	80
候诊室、挂号厅	0.75m 水平面	200	22	80
病房	地面	100	19	80
护士站	0.75m 水平面	300	-	80
药房	0.75m 水平面	500	19	80
重症监护室	0.75m 水平面	300	19	80

体育建筑照明质量标准值

类别	GR	Ra
无彩电转播	50	65
有彩电转播	50	80
注：GR 值仅适用于室外体育场地。		

3. 工业建筑

工业建筑一般照明标准值

房间或场所		参考平面及其高度	照度标准值 (lx)	UGR	Ra	备注
通用房间或场所						
试验室	一般	0.75m 水平面	300	22	80	可另加局部照明
	精细	0.75m 水平面	500	19	80	可另加局部照明
检验	一般	0.75m 水平面	300	22	80	可另加局部照明
	精细、有颜色要求	0.75m 水平面	750	19	80	可另加局部照明
计量室、测量室		0.75m 水平面	500	19	80	可另加局部照明
变、配电站	配电装置室	0.75m 水平面	200	-	60	
	变压器室	地面	100	-	20	
电源设备室、发电机室		地面	200	25	60	
控制室	一般控制室	0.75m 水平面	300	22	80	
	主控制室	0.75m 水平面	500	19	80	
电话站、网络中心		0.75m 水平面	500	19	80	
计算机站		0.75m 水平面	500	19	80	防光幕反射
动力站	风机房、空调机房	地面	100	-	60	
	泵房	地面	100	-	60	
	冷冻站	地面	150	-	60	
	压缩空气站	地面	150	-	60	

频闪效应

在以一定频率变化的光照射下，观察到物体运动显现出不同于其实际运动的现象。

光强分布

用曲线或表格表示光源或灯具在空间各方向的发光强度值，也称配光。

光源的发光效能

光源发出的光通量除以光源功率所得之商，简称光源的光效。单位为流明每瓦特（lm/W）。

灯具效率

在相同的使用条件下，灯具发出的总光通量与灯具内所有光源发出的总光通量之比，也称灯具光输出比。

照度均匀度

规定表面上的最小照度与平均照度之比。

眩光

由于视野中的亮度分布或亮度范围的不适宜，或存在极端的对比，以致引起不舒适感觉或降低观察细部或目标的能力的视觉现象。

直接眩光

由视野中，特别是在靠近视线方向存在的发光体所产生的眩光。

不舒适眩光

产生不舒适感觉，但并不一定降低视觉对象的可见度的眩光。

统一眩光值(UGR)

它是度量处于视觉环境中的照明装置发出的光对人眼引起不舒适感主观反应的心理参量，其值可按 CIE 统一眩光值公式计算。

眩光值(GR)

它是度量室外体育场和其他室外场地照明装置对人眼引起不舒适感主观反应的心理参量，其值可按 CIE 眩光值公式计算。

反射眩光

由视野中的反射引起的眩光，特别是在靠近视线方向看见反射像所产生的眩光。

光幕反射

视觉对象的镜面反射，它使视觉对象的对比降低，以致部分地或全部地难以看清细部。

灯具遮光角

光源最边缘一点和灯具出口的连线与水平线之间的夹角。

显色性

照明光源对物体色表的影响，该影响是由于观察者有意识或无意识地将它与参比光源下的色表相比较而产生的。

显色指数

在具有合理允差的色适应状态下，被测光源照明物体的心理物理色与参比光源照明同一色样的心理物理色符合程度的度量。符号为 R。

特殊显色指数

在具有合理允差的色适应状态下，被测光源照明 CIE 试验色样的心理物理色与参比光源照明同一色样的心理物理色符合程度的度量。符号为 R_i。

一般显色指数

八个一组色试样的 CIE1974 特殊显色指数的平均值，通称显色指数。符号为 R_a。

色温

当某一种光源（热辐射光源）的色品与某一温度下的完全辐射体（黑体）的色品完全相同时，完全辐射体（黑体）的温度，简称色温。符号为 T_c，单位为开尔文(K)。

相关色温

当某一种光源（气体放电光源）的色品与某一温度下的完全辐射体（黑体）的色品最接近时完全辐射体（黑体）的温度，简称相关色温。符号为 T_{cp}，单位为开尔文(K)。

光源量维持率

灯在给定点燃时间后的光通量与其初始光通量之比。

反射比

在入射辐射的光谱组成、偏振状态和几何分布给定状态下，反射的辐射通量或光通量与入射的辐射通量或光通量之比。符号为 ρ。

照明功率密度(LPD)

单位面积上的照明安装功率（包括光源、镇流器或变压器），单位为瓦特每平方米（W/m^2）。

室形指数

表示房间几何形状的数值。其计算式为：

$$RI=\frac{a\cdot b}{h(a+b)}$$

式中 RI —室形指数；

a —房间宽度；

b —房间长度；

h —灯具计算高度。

注：引自《建筑照明设计标准 GB 50034-2004》

照明规范
ILLUMINANCE STANDARD

1. 居住建筑

居住建筑照明标准值

房间或场所		参考平面及其高度	照度标准值 (lx)	Ra
起居室	一般活动	0.75m 水平面	100	80
	书写、阅读		300 *	
卧室	一般活动	0.75m 水平面	75	80
	床头、阅读		150 *	
餐厅		0.75m 餐桌面	150	80
厨房	一般活动	0.75m 水平面	100	80
	操作台	台面	150 *	
卫生间		0.75m 水平面	100	80
注 *：宜用混合照明				

2. 公共建筑

商业建筑照明标准值

房间或场所	参考平面及其高度	照度标准值 (lx)	UGR	Ra
一般商店营业厅	0.75m 水平面	300	22	80
高档商店营业厅	0.75m 水平面	500	22	80
一般超市营业厅	0.75m 水平面	300	22	80
高档超市营业厅	0.75m 水平面	500	22	80
收款台	台面	500	-	80

图书馆建筑照明标准值

房间或场所	参考平面及其高度	照度标准值 (lx)	UGR	Ra
一般阅览室	0.75m 水平面	300	19	80
国家、省市及其他重要图书馆的阅览室	0.75m 水平面	500	19	80
老年阅览室	0.75m 水平面	500	19	80
珍善本阅览室	0.75m 水平面	500	19	80
陈列室、目录厅(室)、出纳厅	0.75m 水平面	300	19	80
书库	0.25m 垂直面	50	-	80
工作间	0.75m 水平面	300	19	80

展览馆展厅照明标准值

房间或场所	参考平面及其高度	照度标准值 (lx)	UGR	Ra
一般展厅	地面	200	22	80
高档展厅	地面	300	22	80
注：高于 6m 的展厅 Ra 可降低到 60。				

办公建筑照明标准值

房间或场所	参考平面及其高度	照度标准值 (lx)	UGR	Ra
普通办公室	0.75m 水平面	300	19	80
高档办公室	0.75m 水平面	500	19	80
会议室	0.75m 水平面	300	19	80
接待室、前台	0.75m 水平面	300	-	80
营业厅	0.75m 水平面	300	22	80
设计室	实际工作面	500	19	80
文件整理、复印、发行室	0.75m 水平面	300	-	80
资料、档案室	0.75m 水平面	200	-	80

旅馆建筑照明标准值

房间或场所		参考平面及其高度	照度标准值 (lx)	UGR	Ra
客房	一般活动区	0.75m 水平面	75	-	80
	床头	0.75m 水平面	150	-	80
	写字台	台面	300	-	80
	卫生间	0.75m 水平面	150	-	80
中餐厅		0.75m 水平面	200	22	80
西餐厅、酒吧间、咖啡厅		0.75m 水平面	100	-	80
多功能厅		0.75m 水平面	300	22	80
门厅、总服务台		地面	300	-	80
休息厅		地面	200	22	80
客房层走廊		地面	50	-	80
厨房		台面	200	-	80
洗衣房		0.75m 水平面	200	-	80

学校建筑照明标准值

房间或场所	参考平面及其高度	照度标准值 (lx)	UGR	Ra
教室	课桌面	300	19	80
实验室	实验桌面	300	19	80
美术教室	桌面	500	19	90
多媒体教室	0.75m 水平面	300	19	80
教室黑板	黑板面	500	-	80

医院建筑照明标准值

房间或场所	参考平面及其高度	照度标准值 (lx)	UGR	Ra
治疗室	0.75m 水平面	300	19	80
化验室	0.75m 水平面	500	19	80
手术室	0.75m 水平面	750	19	90
诊室	0.75m 水平面	300	19	80
候诊室、挂号厅	0.75m 水平面	200	22	80
病房	地面	100	19	80
护士站	0.75m 水平面	300	-	80
药房	0.75m 水平面	500	19	80
重症监护室	0.75m 水平面	300	19	80

体育建筑照明质量标准值

类别	GR	Ra
无彩电转播	50	65
有彩电转播	50	80
注：GR 值仅适用于室外体育场地。		

3. 工业建筑

工业建筑一般照明标准值

房间或场所		参考平面及其高度	照度标准值 (lx)	UGR	Ra	备注
通用房间或场所						
试验室	一般	0.75m 水平面	300	22	80	可另加局部照明
	精细	0.75m 水平面	500	19	80	可另加局部照明
检验	一般	0.75m 水平面	300	22	80	可另加局部照明
	精细、有颜色要求	0.75m 水平面	750	19	80	可另加局部照明
计量室、测量室		0.75m 水平面	500	19	80	可另加局部照明
变、配电站	配电装置室	0.75m 水平面	200	-	60	
	变压器室	地面	100	-	20	
电源设备室、发电机室		地面	200	25	60	
控制室	一般控制室	0.75m 水平面	300	22	80	
	主控制室	0.75m 水平面	500	19	80	
电话站、网络中心		0.75m 水平面	500	19	80	
计算机站		0.75m 水平面	500	19	80	防光幕反射
动力站	风机房、空调机房	地面	100	-	60	
	泵房	地面	100	-	60	
	冷冻站	地面	150	-	60	
	压缩空气站	地面	150	-	60	

续前表

房间或场所		参考平面及其高度	照度标准值 (lx)	UGR	Ra	备注
	锅炉房、煤气站的操作层	地面	100	-	60	锅炉水位表照度不小于50lx
仓库	大件库（如钢坯、钢材、大成品、气瓶）	1.0m 水平面	50	-	20	
	一般件库	1.0m 水平面	100	-	60	
	精细件库（如工具、小零件）	1.0m 水平面	200	-	60	货架垂直照度不小于 50lx
车辆加油站		地面	100	-	60	油表照度不小于 50lx
机电、工业						
机械加工	粗加工	0.75m 水平面	200	22	60	可另加局部照明
	一般加工 公差≥0.1mm	0.75m 水平面	300	22	60	应另加局部照明
	一般加工 公差 <0.1mm	0.75m 水平面	500	19	60	应另加局部照明
机电仪表装配	大件	0.75m 水平面	200	25	80	可另加局部照明
	一般件	0.75m 水平面	300	25	80	可另加局部照明
	精密	0.75m 水平面	500	22	80	应另加局部照明
	特精密	0.75m 水平面	750	19	80	应另加局部照明
电线、电缆制造		0.75m 水平面	300	25	60	
线圈绕制	大线圈	0.75m 水平面	300	25	80	
	中等线圈	0.75m 水平面	500	22	80	可另加局部照明
	精密线圈	0.75m 水平面	750	19	80	应另加局部照明
线圈浇注		0.75m 水平面	300	25	80	
焊接	一般	0.75m 水平面	200	-	60	
	精密	0.75m 水平面	300	-	60	
钣金		0.75m 水平面	300	-	60	
冲压、剪切		0.75m 水平面	300	-	60	
热处理		地面至 0.5m 水平面	200	-	20	
铸造	熔化、浇铸	地面至 0.5m 水平面	200	-	20	
	造型	地面至 0.5m 水平面	300	25	60	
精密铸造的制模、脱壳		地面至 0.5m 水平面	500	25	60	
锻工		地面至 0.5m 水平面	200	-	20	
电镀		0.75m 水平面	300	-	80	
喷漆	一般	0.75m 水平面	300	-	80	
	精细	0.75m 水平面	500	22	80	
酸洗、腐蚀、清洗		0.75m 水平面	300	-	80	
抛光	一般装饰性	0.75m 水平面	300	22	80	防频闪
	精细	0.75m 水平面	500	22	80	防频闪

续前表

房间或场所		参考平面及其高度	照度标准值 (lx)	UGR	Ra	备注
复合材料加工、铺叠、装饰		0.75m 水平面	500	22	80	
机电修理	一般	0.75m 水平面	200	-	60	可另加局部照明
	精密	0.75m 水平面	300	22	60	可另加局部照明
电子工业						
电子元器件		0.75m 水平面	500	19	80	应另加局部照明
电子零部件		0.75m 水平面	500	19	80	应另加局部照明
电子材料		0.75m 水平面	300	22	80	应另加局部照明
酸、碱、药液及粉配制		0.75m 水平面	300	-	80	
纺织、化纤工业						
纺织	选毛	0.75m 水平面	300	22	80	可另加局部照明
	清棉、和毛、梳毛	0.75m 水平面	150	22	80	
	前纺：梳棉、并条、粗纺	0.75m 水平面	200	22	80	
	纺纱	0.75m 水平面	300	22	80	
	织布	0.75m 水平面	300	22	80	
织袜	穿综筘、缝纫、量呢、检验	0.75m 水平面	300	22	80	可另加局部照明
	修补、剪毛、染色、印花、裁剪、熨烫	0.75m 水平面	300	22	80	可另加局部照明
化纤	投料	0.75m 水平面	100	-	60	
	纺丝	0.75m 水平面	150	22	80	
	卷绕	0.75m 水平面	200	22	80	
	平衡间、中间贮存干燥间、废丝间、油剂高位槽间	0.75m 水平面	75	-	60	
	集束间、后加工间、打包间、油剂调配间	0.75m 水平面	100	25	60	
	组件清洗间	0.75m 水平面	150	25	60	
	拉伸、变形、分级包装	0.75m 水平面	150	25	60	操作面可另加局部照明
	化验、检验	0.75m 水平面	200	22	80	可另加局部照明
制药工业						
制药生产：配制、清洗、灭菌、超滤、制粒、压片、混匀、烘干、灌装、轧盖等		0.75m 水平面	300	22	80	
制药生产流转通道		地面	200	-	80	

续前表

房间或场所		参考平面及其高度	照度标准值 (lx)	UGR	Ra	备注
橡胶工业						
炼胶车间		0.75m 水平面	300	-	80	
压延压出工段		0.75m 水平面	300	-	80	
成型裁断工程		0.75m 水平面	300	22	80	
硫化工段		0.75m 水平面	300	-	80	
电力工业						
火电厂锅炉房		地面	100	-	40	
发电机房		地面	200	-	60	
主控室		0.75m 水平面	500	19	80	
钢铁工业						
炼铁	炉顶平台、各层平台	平台面	30	-	40	
	出铁场、出铁机室	地面	100	-	40	
	卷扬机室、碾泥机室、煤气清洗配水室	地面	50	-	40	
炼钢及连铸	炼钢主厂房和平台	地面	150	-	40	
	连铸浇注平台、切割区、出坯区	地面	150	-	40	
	精整清理线	地面	200	25	60	
轧钢	钢坏台、轧机区	地面	150	-	40	
	加热炉周围	地面	50	-	20	
	重绕、横剪及纵剪机组	0.75m 水平面	150	25	40	
	打印、检查、精密分类、验收	0.75m 水平面	200	22	80	
制浆造纸工业						
备料		0.75m 水平面	150	-	60	
蒸煮、选洗、漂白		0.75m 水平面	200	-	60	
打浆、纸机底部		0.75m 水平面	200	-	60	
纸机网部、压榨部、烘缸、压光、卷取、涂布		0.75m 水平面	300	-	60	
复卷、切纸		0.75m 水平面	300	25	60	
选纸		0.75m 水平面	500	22	60	
碱回收		0.75m 水平面	200	-	40	
食品及饮料工业						
啤酒	糖化	0.75m 水平面	200	-	80	
	发酵	0.75m 水平面	150	-	80	
	包装	0.75m 水平面	150	25	80	

续前表

房间或场所		参考平面及其高度	照度标准值 (lx)	UGR	Ra	备注
食品	糕点、糖果	0.75m 水平面	200	22	80	
	肉制品、乳制品	0.75m 水平面	300	22	80	
饮料		0.75m 水平面	300	22	80	
玻璃工业						
备料、退火、熔制		0.75m 水平面	150	-	60	
窑炉		地面	100	-	20	
水泥工业						
主要生产车间		地面	100	-	20	
储存		地面	75	-	40	
输送走廊		地面	30	-	20	
粗坯成型		0.75m 水平面	300	-	60	
皮革工业						
原皮、水浴		0.75m 水平面	200	-	60	
轻毂 、整理、成品		0.75m 水平面	200	22	60	可另加局部照明
干燥		地面	100	-	20	
卷烟工业						
制丝车间		0.75m 水平面	200	-	60	
卷烟、接过滤嘴、包装		0.75m 水平面	300	22	80	
化学、石油工业						
厂区内经常操作的区域		操作位高度	100	-	20	
装置区现场控制和检测点		测控点高度	75	-	60	
人行通道、平台、设备顶部		地面或台面	30	-	20	
装卸站	装卸设备顶部和底部操作位	操作位高度	75	-	20	
	平台	地面	30	-	20	
木业和家具制造						
一般机器加工		0.75m 水平面	200	22	60	防频闪
精密机器加工		0.75m 水平面	500	19	80	防频闪
锯木区		0.75m 水平面	300	25	60	防频闪

续前表

房间或场所		参考平面及其高度	照度标准值 (lx)	UGR	Ra	备注
模型区	一般	0.75m 水平面	300	22	60	
	精细	0.75m 水平面	750	22	60	
胶合、组装		0.75m 水平面	300	25	60	
磨光、异形细木工		0.75m 水平面	750	22	80	

注：需增加局部照明的作业面，增加的局部照明照度值宜按该场所一般照明照度值的 1.0 ~ 3.0 倍选取。

4. 公用场所

公用场所照明标准值

房间或场所		参考平面及其高度	照度标准值 (lx)	UGR	Ra
门厅	普通	地面	100	-	60
	高档	地面	200	-	80
走廊、流动区域	普通	地面	50	-	60
	高档	地面	100	-	80
楼梯、平台	普通	地面	30	-	60
	高档	地面	75	-	80
自动扶梯		地面	150	-	60
厕所、盥洗室、浴室	普通	地面	75	-	60
	高档	地面	150	-	80
电梯前厅	普通	地面	75	-	60
	高档	地面	150	-	80
休息室		地面	100	22	80
储藏室、仓库		地面	100	-	60
车库	停车间	地面	75	28	60
	检修间	地面	200	25	60

注：居住、公共建筑的动力站、变电站的照明标准值按《工业建筑一般照明标准》选取。

注：引自《建筑照明设计标准 GB 50034-2004》

照明常用英文词汇表
COMMON VOCABULARY IN LIGHTING

A

absorptance 吸收比（吸收系数）
accent lighting 重点照明
ambipolar diffusion 双极扩散
arc discharge 电弧放电

B

baffle 遮光版
ballast 镇流器
batwing distribution 蝙蝠翼型配光
beam angle 光束角
brightness 视亮度

C

candle（cd） 坎德拉（亮度单位）
carbon arc lamp 炭弧灯
cavity ratio（CR） 空间比
chroma 彩度
chromaticity 色品（色度）
chromaticity diagram 色度图
CIE 1931 standard color-metric system CIE1931标准色度系统
CIE（International Commission on Illumination） 国际照明委员会
clear sky 晴天空
clerestory 高窗，阁楼天窗
color appearance 色表
colorimetry 色度学
color rendering 显色性
color rendering index（Ra） 显色指数
color temperature 色温
columnar cell 柱状细胞
compact fluorescent lamp 紧凑型荧光 灯
cone cell 视锥细胞，圆锥细胞
contrast 对比
contrast rendering factor（CFL） 对比显现因数
contrast sensitivity 对比感受性（对比敏感性）
cornice lighting 檐板照明
correlated color temperature 相关色温
cove lighting 暗灯槽照明
cut-off angle 截光角

D

daylight 天然光
daylight factor 采光系数
daylighting 天然采光
diffuse reflection 漫反射
diffused lighting 漫射照明
dimmer 调光器
direct glare 直接眩光
directional lighting 定向照明
disability glare 失能眩光
discharge lamp 气体放电灯
discomfort glare 不舒适眩光
downlight 下射式灯具；下照灯

E

electroluminescent lamp 场致发光灯
electrode 电极
electroluminescence 场致发光；电致发光
emergency lighting 应急照明

F

filament 灯丝
floodlighting 泛光照明
fluorescent lamp 荧光灯
fluorescent high-pressure mercury lamp 荧光高压汞灯
footcandle（fc） 英尺烛光（照度单位）
footlambert（fl） 英尺朗伯（亮度单位）
full radiator 完全辐射体
fuse 保险丝

G

gas incandescent lamp 充气白炽灯
general lighting 一般照明
glare 眩光
glare index（GI） 眩光指数
green lights 绿色照明

H

high intensity discharge lamp（HID） 高强气体放电灯（HID灯）
high pressure mercury lamp 高压汞灯
high pressure sodium lamp 高压钠灯
high pressure xenon lamp 高压氙灯
homogeneous light 单色光
hue 色调（色相）

I

IALD
（The International Association of Lighting Designers） 国际照明设计师协会
IEIJ
（The Illuminating Engineering Institute of Japan） 日本照明工程学会
IESNA
（Illuminating Engineering Society of North America） 北美照明工程学会

IDA（International Dark-Sky Association）
国际暗天空联盟
illuminance 照度
incandescent lamp 白炽灯
incident angle 入射角
indirect lighting 间接照明
inert gas 惰性气体
infrared radiation 红外辐射
infrared ray 红外线
integrated ceiling unit 综合顶棚单元
internally reflected component（IRC）
室内反射分量
intensity 亮度
inter-reflection 相互反射
isolux 等照度曲线

L

lamp cap 灯头
lamp base 灯座
landscape lighting 景观照明
lead wire 导线
light-emitting diode（LED） 发光二极管
lighting power density（LPD）
照明功率密度
light intensity 光强度
lightness 明度
local lighting 局部照明
localized general lighting 分区一般照明
louver （遮光）格栅
louvered ceiling 格栅顶棚
low pressure discharge 低压放电
low pressure sodium lamp 低压钠灯
lumen（lm） 流明
lumen method 流明法
luminaire 灯具（照明灯具）
luminaire efficiency；light output ratio（of a luminaire）
灯具效率（灯具光输出比）
luminance 亮度
luminance factor 亮度因数
luminance ratio 亮度比
luminous ceiling 发光顶棚
luminous efficacy（of a lamp） （灯的）发光效能（光效）
luminous environment 光环境
luminous flux 光通量
luminous intensity 发光强度
luminous intensity distribution curve
光强分布曲线（配光曲线）
lux（lx） 勒克斯（照度单位）

M

maintained illuminance 维持照度
maintenance factor 维护系数
mesopic vision 过渡视觉；黄昏黎明视觉
metal halide lamp 金属卤化物灯
monochromatic 单色
Munsell color system 孟塞尔色表系统

N

neon arc lamp 氖弧灯
neon lamp 霓虹灯

O

object color 物体色
outdoor lighting 室外照明
overcast sky 全阴天空

P

partly cloudy sky 多云天空
pendant luminaire/suspended fitting
悬吊式灯具（吊灯）
phosphor 荧光粉
photopic vision 明视觉
photometers 光度计
photometry 光度测定
photopic vision 亮视觉；白昼视觉
PLDA
（Professional Lighting Designers′ Association）
职业照明设计师协会
point method 点算法
primary color 原色
prismatic 棱镜的
protected luminaire 防护型灯具

R

radial 射线
radiation 辐射
ratio of glazing to floor area 窗地面积比
recessed luminaire 嵌入式灯具
reflect 反射
reflectance 反射比（反射系数）
reflected glare 反射眩光
reflection angle 反射角
refractive index 反射率
regular reflection 规则反射
refraction 折射
relative spectral power distribution
相对光谱功率分布
room index（RI） 室形指数
room cavity ratio（RCR） 室空间比

S

safety lighting 安全照明
saturated color 饱和色
sawtooth skylight 锯齿形天窗

scattering	散射
scotopic vision	暗（夜，微光）视觉
semi-cylindrical illuminance	半柱面照明
shielding angle	遮光角（保护角）
sidelighting	侧面采光
sky component of daylight factor	采光系数的天空光分量
sky light	天空（漫射光）
skylight	天窗
solid angle	立体角
spacing hight ratio of luminaire	灯具距高比
spectral energy distribution	光谱能量分布
spectral luminous efficiency	光谱光视效率
spectrum	光谱
speed of vision	视觉速度
spotlight	射灯；聚光灯
spread reflection	扩散反射
stand-by lighting	备用照明
sunlight	阳光；直射阳光
surfaced mounted luminaire；ceiling fitting	吸顶灯具

T

task-oriented lighting	指向作业的照明
thermal radiation	热辐射
threshold contrast	阈限对比（临界对比）
toplighting	顶部照明
total internal reflection	全内反射
total reflection	全反射
transmission	透射
transmittance	透射比（透射系数）
trichromatic	三原色的
troffer	灯槽
tungsten-halogen lamp	卤钨灯

U

urban lighting	城市照明
ultraviolet radiation	紫外辐射
unified glare rating（UGR）	统一眩光值
uniform diffuse reflection	均匀漫反射
uniformity of illuminance	照度均匀度
utilization factor	利用系数

V

vacuum lamp	真空灯
value	明度值
veiling reflection	光幕反射
visible light	可见光
visibility	可见度
visibility level（VL）	可见度等级
visual acuity	视觉敏锐度
visual angle	视角
visual field	视野
visual perception	视知觉
visual performance	视觉功效
visual radiation	可见辐射
visual task	视觉作业
vision	视觉

W

wall washing	洗墙灯
wavelength	波长
working plane	工作面

照明设计师项目索引

LIGHTING DESIGNERS' PROJECTS INDEX

建筑师项目索引
ARCHITECTS' PROJECTS INDEX

设计师	国家或地区	项目所在页码
Sang Yong	韩国	138
Suncica Mastelic-Ivic	克罗地亚	114
Staab Architekten GmbH	德国	32/280
3XN	丹麦	158
Tashiprogor co.	乌兹别克斯坦	10
Takeshi Hosaka Architects	日本	264
TVS design	美国	54
The Freelon Group	美国	246
UNStudio	荷兰	84
Vanja Biscanic	克罗地亚	114
Vehovar & Jaustlin Architektur AG	瑞士	194
VibekeRønnonwLandskabsarkitekter	丹麦	298
W Architects Pte Ltd	新加坡	242
Wi lkinson Ayre International	英国	338
Zaha Hadid Architects	英国	26/336
za bor architects	俄罗斯	150
巴马丹拿国际公司	中国香港	126
北京张永和非常建筑设计事务所有限责任公司	中国	120
北京市建筑设计研究院	中国	330
北京多相建筑设计工作室	中国	236
北京维拓时代建筑设计有限公司	中国	311
昌禾国际工程顾问股份有限公司	中国台湾	166
董灏	中国	262
何崴	中国	201
赖军	中国	200
林荣发建筑师事务所	中国台湾	168
李祖原联合建筑师事务所	中国台湾	108
马晓威	中国	208

设计师	国家或地区	项目所在页码
清华大学建筑设计研究院	中国	230
上海复旦规划院建筑设计研究景观分院	中国	320
三门联合建筑师事务所	中国台湾	178
藤本壮介建筑设计事务所	日本	102/266
泰瑞 · 法瑞设计公司	英国	330
铁道第四勘察设计院	中国	330
同济大学建筑设计研究院	中国	192
王振飞	中国	203
王鹿鸣	中国	203
王为	中国台湾	286
杨海	中国	215
现代设计集团华东建筑设计研究院	中国	304
中国建筑设计研究院	中国	48
张博闵设计工程有限公司	中国台湾	174
ZNA 建筑师事务所	美国	142
郑介文	中国台湾	286
仲松	中国	210
张永和	中国	240

策 划 照明设计杂志社
地 址 北京市海淀区中关村东路 8 号东升大厦 B 座 615B
电 话 010-82526728
网 址 www.pldchina.com

美编 于 妙 郑慧晴 李思凝
市场 赵晓波 王子妍 刘炳育 金美玲

图书在版编目（CIP）数据

国际照明设计年鉴．2012 ／ 何崴主编．-- 北京 ：北京理工大学出版社，2012.5
ISBN 978-7-5640-5951-4

Ⅰ．①国… Ⅱ．①何… Ⅲ．①建筑－照明设计－世界－ 2012 －年鉴
Ⅳ．① TU113.6-54

中国版本图书馆 CIP 数据核字 (2012) 第 095283 号

出版发行／北京理工大学出版社
社　　址／北京市海淀区中关村南大街 5 号
邮　　编／100081
电　　话／（010）68914775（办公室）68944990（批销中心）68911084（读者服务部）
网　　址／http：//www.bitpress. com.cn
经　　销／全国各地新华书店
印　　刷／北京天成印务有限责任公司
开　　本／880 毫米 ×1230 毫米 1/16
印　　张／26
字　　数／410 千字　　责任编辑／徐春英
版　　次／2012 年 6 月第 1 版　2012 年 6 月第 1 次印刷　　责任校对／陈玉梅
定　　价／298.00 元　　责任印刷／王美丽